高职高专建筑工程类专业"十三五"规划教材

GAOZHI GAOZHUAN JIANZHUGONGCHENGLEI ZHUANYE SHISANWU GUIHUA JIAOCAI

建筑材料与检测

JIANZHUCAILIAOYUJIANCE

（第2版）

◎主　编　王四清

◎副主编　贺安宁　谭攀静　廖剑锋

U0353668

中南大学出版社
www.csupress.com.cn

内容简介

本教材系高职高专建筑工程类专业"十三五"规划教材,依据我国现行的国家标准、规范及建工、建材、交通、铁道、城建等行业标准、规范、规程编写而成,以房屋建筑工程为主,同时兼顾了道路、铁道及市政等建筑工程领域对部分建筑材料的特殊要求。

本教材重点介绍了常用建筑材料的基本概念、特性、技术要求、应用、质量检测样品的抽取、检测方法及验收等内容,全书共分建筑材料与检测基本知识、岩土及其检测、土工合成材料及其检测、无机胶凝材料及其检测、混凝土用骨料(砂、石)及其检测、混凝土用掺合料与外加剂及其检测、普通混凝土及其检测、建筑砂浆及其检测、建筑用钢材及其检测、墙体与屋面材料及其检测、沥青与沥青混合料及其检测、建筑用防水材料及其检测、给排水用管材及其检测、绝热与吸声材料及其检测、建筑装饰材料及其检测、无机结合料稳定材料及其检测等16个模块,每个模块又分职业知识和职业技能两部分。同时为了让学生更好地掌握相应的职业知识及职业技能,还特地编写了《建筑材料与检测能力训练习题集》和《建筑材料检测实训指导书与实训报告》,与教材配套使用。

本教材适应于房建、道路、铁道及市政等建筑工程技术、工程造价、建筑工程管理等专业的高职高专及成人教育教学用书,亦可供从事土木建筑工程的技术人员参考。

高职高专建筑工程类专业"十三五"规划教材编审委员会

主 任

王运政　胡六星　郑　伟　玉小冰　刘孟良

陈安生　李建华　陈翼翔　谢建波　胡云珍

副主任

（以姓氏笔画为序）

王超洋　卢　滔　刘可定　刘庆潭　刘锡军

杨晓珍　李玲萍　李清奇　李精润　陈　晖

欧阳和平　周一峰　项　林　卿利军　黄金波

委 员

（以姓氏笔画为序）

万小华　龙卫国　邓　慧　叶　姝　吕东风　朱再英

伍扬波　刘小聪　刘天林　刘心萍　刘旭灵　刘剑勇

刘晓辉　许　博　阮晓玲　孙光远　孙湘晖　李为华

李　龙　李　冬　李亚贵　李进军　李丽君　李　奇

李　侃　李海霞　李鸿雁　李　鲤　李　薇　肖飞剑

肖恒升　肖　洋　何立志　何　珊　佘　勇　宋士法

宋国芳　张小军　陈贤清　陈淳慧　陈　翔　陈婷梅

易红霞　罗少卿　金红丽　周　伟　周良德　赵亚敏

胡蓉蓉　徐龙辉　徐运明　徐猛勇　高建平　唐　文

唐茂华　黄光明　黄郎宁　曹世晖　常爱萍　梁鸿颉

彭　飞　彭子茂　彭东黎　蒋买勇　蒋　荣　喻艳梅

曾维湘　曾福林　熊宇璟　樊淳华　魏丽梅　魏秀瑛

出版说明 INSTRUCTIONS

在新时期我国建筑业转型升级的大背景下，按照"对接产业、工学结合、提升质量，促进职业教育链深度融入产业链，有效服务区域经济发展"的职业教育发展思路，为全面推进高等职业院校建筑工程类专业教育教学改革，促进高端技术技能型人才的培养，我们通过充分地调研和论证，在总结吸收国内优秀高职高专教材建设经验的基础上，组织编写和出版了本套基于专业技能培养的高职高专建筑工程类专业"十三五"规划教材。

近几年，我们率先在国内进行了省级高等职业院校学生专业技能抽查工作，试图采用技能抽查的方式规范专业教学，通过技能抽查标准构建学校教育与企业实际需求相衔接的平台，引导高职教育各相关专业的教学改革。随着此项工作的不断推进，作为课程内容载体的教材也必然要顺应教学改革的需要。本套教材以综合素质为基础，以能力为本位，强调基本技术与核心技能的培养，尽量做到理论与实践的零距离；充分体现了《关于职业院校学生专业技能抽查考试标准开发项目申报工作的通知》(湘教通〔2010〕238号)精神，工学结合，讲究科学性、创新性、应用性，力争将技能抽查"标准"和"题库"的相关内容有机地融入教材中来。本套教材以建筑业企业的职业岗位要求为依据，参照建筑施工企业用人标准，明确职业岗位对核心能力和一般专业能力的要求，重点培养学生的技术运用能力和岗位工作能力。

本套教材的突出特点表现在：一、把建筑工程类专业技能抽查的相关内容融入教材之中；二、把建筑业企业基层专业技术管理人员(八大员)岗位资格考试相关内容融入教材之中；三、将国家职业技能鉴定标准的目标要求融入教材之中。总之，我们期望通过这些行之有效的办法，达到教、学、做合一，使同学们在取得毕业证书的同时也能比较顺利地考取相应的职业资格证书和技能鉴定证书。

高职高专建筑工程类专业"十三五"规划教材

编 审 委 员 会

前 言 PREFACE

　　本教材根据高职高专建筑工程类专业"十三五"规划(基于专业技能培养)教材建设的精神编写,以"知识够用,重在实用"为宗旨,注重学生实践技能的训练和专业素质的培养;同时考虑建筑工程相应工种职业资格岗位的要求,对实际工程中常用建筑材料的质量检测样品的抽取、检测及验收等内容进行了强调,以适应我国高等职业教育发展的需要。

　　由于广义的建筑工程包括房屋、公路、铁道、市政、水电、水利等土木建筑工程,且它们所用的主要建筑材料基本上都是相通的,故本教材的内容以房屋建筑工程(含施工、造价、装饰、给排水等专业)常用建筑材料为主,同时增添了公路工程(含道路、桥涵、隧道施工与养护等专业)、铁道工程(含桥涵、隧道、城市轨道施工与养护等专业)对部分建筑材料的特殊要求的有关内容,以适应上述专业的教学需要。

　　本教材依据我国现行的国家标准、规范及建工、建材、交通、铁道、城建等行业标准、规范、规程编写而成,涵盖了我国房屋、公路及铁道建筑工程领域常用建筑材料的基本概念、特性、技术要求、应用、质量检测及验收等内容,全书共分16个模块,每个模块又分职业知识和职业技能两部分;同时为了让学生更好地掌握相应的职业知识及职业技能,特编写了《建筑材料与检测能力训练习题集》(标准化习题)和《建筑材料检测实训指导书与实训报告》(主要建筑材料),以供学生巩固基础知识和技能训练使用,同时也方便教师日常的批阅。

　　本教材同时兼顾了房屋、公路及铁道建筑领域的特点,内容较广,适应房建、公路及铁道等建筑工程技术专业及造价专业的教学使用。考虑到实际教学课时所限,读者可根据专业需要采用主修与选修相结合的方式进行。本教材各模块内容主修专业安排见下表(供参考):

模　块	主修专业	模　块	主修专业
模块一	房屋、公路、铁道工程各专业	模块九	房屋、公路、铁道工程各专业
模块二	公路、铁道工程、造价	模块十	房屋建筑施工、造价
模块三	公路、铁道工程、造价	模块十一	公路工程、造价
模块四	房屋、公路、铁道工程各专业	模块十二	房屋、公路、铁道工程各专业
模块五	房屋、公路、铁道工程各专业	模块十三	建筑给排水、造价
模块六	房屋、公路、铁道工程各专业	模块十四	建筑装饰、造价
模块七	房屋、公路、铁道工程各专业	模块十五	建筑装饰、造价
模块八	房屋、公路、铁道工程各专业	模块十六	公路、铁道工程、造价

　　本教材由湖南高速铁路职业技术学院王四清任主编,湖南高速铁路职业技术学院贺安宁、郑州职业技术学院谭攀静、遵义职业技术学院廖剑锋任副主编。书中的模块七、八、九、

十一、十二由王四清编写；模块二、三、四、五、十六由贺安宁编写；模块六、十三、十五由谭攀静编写；模块一、十、十四由廖剑锋编写。

由于科技的发展，建筑工程领域的新技术、新材料也在不断涌现，加之编者的水平所限，书中的疏漏、不妥，甚至错误之处恐难避免，编者在此恳请广大教师及读者批评与指正，以便今后不断地修改和完善。所有意见和建议敬请发往邮箱：rsqwang@163.com.

友情提示：本教材已于 2018 年进行全面改版升级，新教材书名为《建设工程材料》，主编：王四清，书号 ISBN 978 - 7 - 5487 - 2972 - 3，为高职高专土建类"十三五"规划"互联网 +"创新系列教材之一，敬请广大读者关注中南大学出版社最新图书出版信息，欢迎选购。

编　者

目 录 CONTENTS

模块一 建筑材料与检测基本知识

【教学要求】 结合工程实例阐述建筑材料在建设工程中的作用与地位；简要介绍建筑材料产品的技术标准体系、质量检测的重要性、检测结果的数据处理及检测的相关法律法规；重点讲述建筑材料的物理、力学、耐久性等有关性能的概念及对建筑工程质量的影响。

项目 职业知识

知识一 建筑材料及其在工程建设中的地位

1. 建筑材料的定义与分类

用于建筑工程的材料总称为建筑材料。它是一切建筑工程的物质基础。所有的建筑均是由不同的建筑材料合理地组建起来的。建筑材料种类繁多，通常按材料的化学成分及使用功能分类。

（1）按化学成分分

按化学成分可分为无机材料、有机材料和复合材料。

① 无机材料：是由无机矿物单独或混合物制成的材料。通常指由硅酸盐、铝酸盐、硼酸盐、磷酸盐等原料和（或）氧化物、氮化物、碳化物、硼化物、硫化物、硅化物、卤化物等原料经一定的工艺制备而成的材料，包括非金属材料和金属材料。

非金属材料：如天然石材、砖、瓦、石灰、水泥及制品、玻璃、陶瓷等。

金属材料：如钢、铁、铝、铜及合金制品等。

② 有机材料：一般是由 C、H、O 等元素组成。一般来说，具有溶解性、热塑性和热固性、强度特性、电绝缘性；不过有机材料更容易老化，如木材、沥青、塑料、涂料、油漆等。

③ 复合材料：包括无机材料与有机材料的复合、金属与非金属的复合等，如钢筋混凝土、沥青混合料、树脂混凝土、铝塑板、塑钢门窗等。

（2）按使用功能分

按使用功能可分为建筑结构材料和建筑功能材料。

① 建筑结构材料：是指构成建筑物受力构件和结构所用的材料，如建筑物的梁、板、柱、基础等用材料。

② 建筑功能材料：担负建筑物使用过程中所必需的建筑功能的材料，如起围护作用的墙体、门窗以及起防水、保温、装饰作用等的材料。

2. 建筑材料在工程建设中的地位

（1）建筑材料是构成各种建筑物的物质基础。

（2）建筑材料的质量直接影响工程建设的质量，应根据设计要求，选用质量符合要求的建筑材料。

（3）建筑材料直接影响工程造价。选用是否合理，直接决定工程建设的造价和经济效益。材料费用占工程总造价的50%～60%，应就地取材，合理利用。

（4）建筑材料直接影响工程结构形式和施工方法。应尽量采用高强度、质量轻、耐久性好的新型节能可再生材料以及采用新工艺和工业化生产的材料。

知识二　建筑材料与检测技术标准体系

建筑材料与检测技术标准是建筑材料生产、销售、采购、验收和质量检验的法律依据，包括材料、试验检测、设计、施工、验收等技术标准。根据标准的属性又分为国家标准、行业标准、地方标准、企业标准等。标准的表示方法通常由标准名称、代号、编号和颁布年号等组成。

1. 国家标准

国家标准是指在全国范围内统一实施的标准，包括强制性标准和推荐性标准。

（1）强制性标准：代号为"GB"。是指在一定范围内通过法律、行政法规等强制性手段加以实施的标准，具有法律属性。强制性标准一经颁布，必须贯彻执行。如不执行，造成恶劣后果和重大损失的单位和个人，要受到经济制裁或承担法律责任。

强制性标准主要是指涉及安全、卫生方面，保障人体健康、人身财产安全的标准和法律，行政法规规定强制执行的标准。

工程建设领域的质量、安全、卫生、环境保护及国家需要控制的其他工程建设标准，如：《通用硅酸盐水泥》GB 175—2007、《钢筋混凝土用钢 第1部分：热轧光圆钢筋》GB 1499.1—2008、《混凝土结构工程施工质量验收规范》GB 50204—2002等，均属于强制性标准。

（2）推荐性标准：代号为"GB/T"。推荐性标准又称非强制性标准或自愿性标准，是指生产、交换、使用等方面，通过经济手段或市场调节而自愿采用的一类标准。这类标准，不具有强制性，任何单位均有权决定是否采用，违反这类标准，不构成经济或法律方面的责任。但推荐性标准一经接受并采用，或各方商定同意纳入经济合同中，就成为各方必须共同遵守的技术依据，具有法律上的约束性，如：《建设用碎石、卵石》GB/T 14685—2011、《普通混凝土力学性能试验方法标准》GB/T 50081—2002等。

2. 行业标准

由我国各主管部、委（局）批准发布，并报国务院标准化行政主管部门备案，在该行业范围内统一使用的标准，包括部级标准和专业标准。

建工行业建筑工程技术标准——代号为"JGJ"，如：《普通混凝土用砂、石质量及检验方法标准》JGJ 52—2006。

建材行业技术标准——代号为"JC"，如：《喷射混凝土用速凝剂》JC 477—2005。

铁道行业建筑工程技术标准——代号为"TB"，如：《铁路混凝土工程施工质量验收标准》TB 10424—2010 J 1155—2011。

交通行业建筑工程技术标准——代号为"JTG"，如：《公路桥涵施工技术规范》JTG/T F50—2011。

城市建设标准——代号为"CJJ"，如：《城镇道路工程施工与质量验收规范》CJJ 1—2008。

中国工程建设标准化协会标准——代号为"CECS"，如：《混凝土结构耐久性评定标准》CECS220：2007。

3.地方标准

由省、自治区、直辖市标准化行政主管部门制定，并报国务院标准化行政主管部门和国务院有关行政主管部门备案的有关技术指导性文件，适应本地区使用，其技术标准不得低于国家有关标准的要求，其代号为"DB"，如：《水污染物排放标准》DB44/26—2001（广东省地方标准）。

4.企业标准

企业标准由企业制定，由企业法人代表或法人代表授权的主管领导批准、发布，并报当地政府标准化行政主管部门和有关行政主管部门备案，适应本企业内部生产的有关指导性技术文件。企业标准不得低于国家有关标准的要求，其代号为"QB"。

5.国际标准

国际标准是指国际标准化组织（ISO）、国际电工委员会（IEC）和国际电信联盟（ITU）制定的标准，以及国际标准化组织确认并公布的其他国际组织制定的标准。国际标准在世界范围内统一使用。

6.标准的选用原则

国家标准属于最低要求。一般来讲，行业标准、企业标准等标准的技术要求通常高于国家标准，因此，在选用标准时，除国家强制性标准外，应根据行业的不同选用该行业的有关标准，无行业标准的选用国家推荐性标准或指定的其他标准。

知识三　建筑材料检测工作的重要性

1.材料检测的目的和意义

材料检测就是根据有关标准的规定和要求，采取科学合理的检测手段，对建筑材料的性能参数进行检验和测试的过程。

由于建筑材料的品种繁多，形态各异，性能相差很大，建筑材料的质量、性能的好坏又直接影响工程建设的质量。因此，建筑材料在使用前，均应按有关标准、规范要求进行抽样检测，经检测符合有关标准和设计要求后，方可使用，以确保建设工程的质量。

材料检测工作是工程施工技术管理中的一个重要组成部分，是工程施工质量控制和竣工验收评定工作中不可缺少的一个主要环节。检测报告是工程施工质量控制和竣工验收的重要凭据，且作为竣工验收资料的一部分归档保存。同时，材料检测也是推动科技进步、合理选用建筑材料、降低成本、保护环境和提高经济效益的有效途径。

2.材料检测的步骤

材料检测的步骤主要包括样品的抽取、处置和试验室检测三个步骤。

各种材料及构配件在使用前均应按有关材料标准、施工验收标准的规定，对其质量进行抽样检测。检测样品的抽取和处置均应按有关标准要求分批次和批量随机抽取，所抽取的样品必须具有代表性，这样，检测出来的技术数据才能代表被抽样的一批材料的性能。

在试验室检测时，应严格按现行的有关标准、规程或规范进行，并确保检测结果的真实性和准确性。

知识四　检测原始记录及数据处理

1. 检测原始记录的要求

（1）总体要求

原始记录是检测结果的如实记载。应及时记录，不允许事后补记、追记；不得随意涂改和删减；记录信息应齐全，不得漏记。

（2）记录应表格化

记录表格式应根据检测的要求不同分别制定，记录表中应包括所要求记录的信息及其他必要信息，以便在必要时能够判断检测工作在哪个环节可能出现差错。同时根据原始记录提供的信息，能在一定准确度内重复所做的检测工作（复现性）。

（3）记录信息

包括产品名称、型号、规格、出产批号、批量、生产单位；样品编号、样品物态描述；检测项目、检测地点、检测依据；检测时温、湿度；主要检测仪器名称、型号、编号；检测原始数据、计算结果；检测人、计算人、复核人；检测日期等。

（4）记录的更改

原始记录不允许用铅笔填写，内容应填写完整，应有检测人员、计算和校核人员的签名。原始记录如果确需更改，应在作废数据上画两条水平线（数据应能识别），将正确数据填在上方，盖更改人印章；不允许涂改、刮改、擦改等。

（5）记录中应体现检测仪器的精度

原始记录中应体现所用仪器设备的精度或最小分度值。例如：用分度值为 0.1 g 的天平称得水泥 500 g，应记录 500.0 g。

（6）记录的保管

检测原始记录应按国家有关规定，分类编目并妥善保管至规定的年限。

2. 检测结果的处理与分析

（1）计算结果的修约

经计算的检测结果均应按现行国家标准《数值修约规则与极限数值的表示和判定》GB/T 8170—2008 的有关规定修约到有关检验标准规定的修约间隔和数位。修约规则如下：

① 拟舍弃数字的最左一位数字小于 5 时，则舍去，即保留的各位数字不变。

【例】　将 13.2$\underline{4}$76 修约到一位小数，得 13.2；将 13.2$\underline{4}$76 修约成两位有效位数，得 13。

注：带双下划线的数字为拟舍弃数字的最左一位数字，以下同。

② 拟舍弃数字的最左一位数字大于 5 或者等于 5，且后面的数字并非全部为 0 时，则进 1，即保留的末位数字加 1。

【例 1】　将 11$\underline{6}$7 修约到"百"数位，得 12×10^2（特定时可写为 1200）。

【例 2】　将 10.5$\underline{0}$2 修约到"个"数位，得 11。

③ 拟舍弃数字的最左一位数字等于 5，且后面无数字或全部为 0 时，若所保留的末位数字为奇数（1，3，5，7，9）则进一，为偶数（2，4，6，8，0）则舍弃。

【例1】　将下列数字修约到0.1：

拟修约数值	修约值
2.0 5̲ 0̲	2.0
0.1 5̲ 0̲	0.2

【例2】　将下列数字修约到"千"数位（或10^3），

拟修约数值	修约值
4 5̲ 00	4×10^3（特定时可写为4000）
5 5̲ 00	6×10^3（特定时可写为6000）

④ 负数修约时，先将它的绝对值按上述三条规定进行修约，然后在修约值前面加上负号。

【例】　将数字 −0.0285 修约到0.001，得 −0.028。

⑤ 拟修约数字应在确定修约后一次修约获得结果，而不得多次按进舍规则连续修约。

【例】　将15.4546修约到"个"数位。

正确的修约法：15.4̲546→15；

不正确的修约法：15.4546→15.455→15.46→15.5→16。

⑥ 修约间隔为0.5（即0.5单位修约）时，应将拟修约数值乘以2，按指定数位依进舍规则修约，所得数值再除以2。

【例】　将下列数字修约到"个"数位的0.5单位（或修约间隔为0.5）。

拟修约数值 （A）	乘2 （2A）	2A 修约值 （修约间隔为1）	A 修约值 （修约间隔为0.5）
50.25	100.5̲0	100	50.0
50.38	100.7̲6	101	50.5

⑦ 修约间隔为0.2（即0.2单位修约）时，应将拟修约数值乘以5，按指定数位依进舍规则修约，所得数值再除以5。

【例】　将下列数字修约到"个"数位的0.2单位（或修约间隔为0.2）。

拟修约数值 （A）	乘5 （5A）	5A 修约值 （修约间隔为1）	A 修约值 （修约间隔为0.2）
50.25	251.2̲5	251	50.2
50.38	251.9̲	252	50.4

（2）检测结果的统计分析

① 算术平均值：它是表示一组数据集中位置最有用的统计特征量，经常用样本的算术平均值来代表总体的平均水平。样本（指从产品总体中所抽取的一部分个体，又称子样）的算术平均值用 $\bar{x}$ 表示。如果 n 个样本数据为 $x_1, x_2, \cdots, x_n$，那么，样本的算术平均值按式（1−1）计算：

$$\bar{x} = \frac{1}{n}(x_1 + x_2 + \cdots + x_n) = \frac{1}{n}\sum_{i=1}^{n} x_i \qquad (1-1)$$

② 标准偏差：标准偏差有时也称标准离差、标准差或均方差，它是衡量样本数据波动性（离散程度）的指标。样本的标准偏差 S 按式（1−2）计算：

$$S = \sqrt{\frac{(x_1 - \bar{x})^2 + (x_2 - \bar{x})^2 + \cdots + (x_n - \bar{x})^2}{n - 1}}$$

$$= \sqrt{\frac{\sum\limits_{i=1}^{n} (x_i - \bar{x})^2}{n - 1}} \approx \sqrt{\frac{\sum\limits_{i=1}^{n} x_i^2 - n \cdot \bar{x}^2}{n - 1}} \tag{1-2}$$

③ 变异系数：标准偏差是反映样本数据的绝对波动状况，当测量较大的量值时，绝对误差一般较大；而测量较小的量值时，绝对误差一般较小，因此，用相对波动的大小，即变异系数更能反映样本数据的波动性。

变异系数是标准偏差 S 与算术平均值 $\bar{x}$ 的比值，用 C_V（或 δ）表示，按式（1-3）计算：

$$C_V = \frac{S}{\bar{x}} \tag{1-3}$$

④ 一元线性回归分析：若两个变量 x 和 y 之间存在一定的关系，并通过试验获得 x 和 y 的一系列数据，用数学处理的方法得出这两个变量之间的关系式，这就是回归分析，也就是工程上所说的拟合问题，所得关系式称为经验公式，或称回归方程、拟合方程。

如果两变量 x 和 y 之间的关系是线性关系，就称为一元线性回归或称直线拟合。如果两变量之间的关系是非线性关系，则称为一元非线性回归或称曲线拟合。对于非线性问题，可以通过坐标变换转化为线性回归问题进行处理。

设两变量之间的关系为 $y = f(x)$，通过试验可以得到若干组对应数据 (x_1, y_1)、(x_2, y_2)、$\cdots$、(x_n, y_n)。根据这些数据在平面坐标系中绘出相应的数据点，当点大致分布在一条直线附近时，说明两变量 x 和 y 之间存在线性关系，即可以用一条适当的直线来表示这两个变量的关系，此直线方程式为

$$Y = a + bx \tag{1-4}$$

式中：a，b——回归系数。

平面上的直线很多，而 a，b 值构成的最优直线必须使 $Y = a + bx$ 方程的函数值 Y_i 与实际测量值 y_i 之间的偏差最小。理论分析和工程实践均表明，最小二乘法确定的回归方程偏差最小，平均法次之，端值法偏差最大。为此，下面仅讨论最小二乘法。

最小二乘法的基本原理为：当所有测量数据的偏差平方和最小时，所拟合的直线最优。最小二乘法原理可表示为式（1-5）：

$$Q = \sum_{i=1}^{n} (y_i - Y_i)^2 = \sum_{i=1}^{n} (y_i - a - bx_i)^2 = 最小 \tag{1-5}$$

根据极值原理，要使 Q 最小，只需将上式分别对 a 和 b 求偏导数，并令其等于零，即：

$$\begin{cases} \dfrac{\partial Q}{\partial a} = \sum\limits_{i=1}^{n} \left[-2(y_i - a - bx_i) \right] = 0 & (1-6) \\[4mm] \dfrac{\partial Q}{\partial b} = \sum\limits_{i=1}^{n} \left[-2x_i(y_i - a - bx_i) \right] = 0 & (1-7) \end{cases}$$

由式（1-6）和式（1-7），可以求得：

$$a = \frac{\bar{y} \sum\limits_{i=1}^{n} x_i^2 - \bar{x} \sum\limits_{i=i}^{n} x_i y_i}{\sum\limits_{i=1}^{n} (x_i - \bar{x})^2} \tag{1-8}$$

$$b = \frac{\sum_{i=1}^{n}(x_i - \bar{x})(y_i - \bar{y})}{\sum_{i=1}^{n}(x_i - \bar{x})^2} \qquad (1-9)$$

任何两个变量 x、y 的若干组试验数据,都可以按上述方法配置一条回归直线,假如两变量 x、y 之间根本不存在线性关系,那么所建立的回归方程就毫无意义。因此,需要用相关系数来衡量其相关程度,相关系数 γ 按式(1-10)计算:

$$\gamma = \frac{\sum_{i=1}^{n}(x_i - \bar{x})(y_i - \bar{y})}{\sqrt{\sum_{i=1}^{n}(x_i - \bar{x})^2 \sum_{i=1}^{n}(y_i - \bar{y})^2}} \qquad (1-10)$$

回归后的标准离差 S 按式(1-11)计算:

$$S = \sqrt{\frac{1-\gamma^2}{n-2} \cdot \sum_{i=1}^{n}(y_i - \bar{y})} \qquad (1-11)$$

相关系数 γ 是描述回归方程线性相关密切程度的指标,其取值范围为 $[-1,1]$,γ 的绝对值越接近于 1,x 与 y 之间的线性关系越好,当 $\gamma = \pm 1$ 时,x 与 y 之间符合直线函数关系,称 x 与 y 完全相关,这时所有数据点均在一条直线上。如果 γ 趋近于 0,则 x 与 y 之间没有线性关系,这时 x 与 y 可能不相关,也可能是曲线相关。

对于一个具体问题,只有当相关系数 γ 的绝对值大于临界值 γ_β 时,才可用直线近似表示 x 与 y 之间的关系,也就是 x 与 y 之间存在线性相关关系,其中临界值 γ_β 与测量数据的个数 n 和显著性水平 β 有关,其值见表1-1。

表1-1 相关系数检验表(γ_β)

$n-2$	显著性水平 β		$n-2$	显著性水平 β		$n-2$	显著性水平 β	
	0.01	0.05		0.01	0.05		0.01	0.05
1	1.000	0.997	15	0.606	0.482	29	0.456	0.355
2	0.990	0.950	16	0.590	0.468	30	0.449	0.349
3	0.959	0.878	17	0.575	0.456	35	0.418	0.325
4	0.917	0.811	18	0.561	0.444	40	0.393	0.304
5	0.874	0.754	19	0.549	0.433	45	0.372	0.288
6	0.834	0.707	20	0.537	0.423	50	0.354	0.273
7	0.798	0.666	21	0.526	0.413	60	0.325	0.250
8	0.765	0.632	22	0.515	0.404	70	0.302	0.232
9	0.735	0.602	23	0.505	0.396	80	0.283	0.217
10	0.708	0.576	24	0.496	0.388	90	0.267	0.205
11	0.684	0.553	25	0.487	0.381	100	0.254	0.195
12	0.661	0.532	26	0.478	0.374	200	0.181	0.138
13	0.641	0.514	27	0.470	0.367	300	0.148	0.113
14	0.623	0.497	28	0.463	0.361	400	0.128	0.098

知识五　建筑材料检测的相关法律法规及见证检测制度

1. 建筑材料检测的相关法律法规

建筑工程的设计、施工、质量检测及验收等活动应严格遵守下列法律法规的规定，以确保建筑工程的质量和安全符合国家的建筑工程安全标准。

(1)《中华人民共和国建筑法》[第91号主席令]：为了加强对建筑活动的监督管理，维护建筑市场秩序，保证建筑工程的质量和安全，促进建筑业健康发展，1997年11月1日颁布了该法，并于1998年3月1日起施行。

《建筑法》第三条规定：建筑活动应当确保建筑工程质量和安全符合国家的建筑工程安全标准。

(2)《中华人民共和国刑法》：该法于1979年7月1日第五届全国人民代表大会第二次会议通过，并于1997年3月14日第八届全国人民代表大会第五次会议修订。

《刑法》第一百三十四条规定：工厂、矿山、林场、建筑企业或者其他企业、事业单位的职工，由于不服管理、违反规章制度，或者强令工人违章冒险作业，因而发生重大伤亡事故或者造成其他严重后果的，处三年以下有期徒刑或者拘役；情节特别恶劣的，处三年以上七年以下有期徒刑。

(3)《建设工程质量管理条例》[国务院令第279号]：为了加强对建设工程质量的管理，保证建设工程质量，保护人民生命和财产安全，根据《中华人民共和国建筑法》，于2000年1月30日，国务院颁布了该条例，并于颁布之日起施行。

条例第十六条规定：工程竣工验收应当有工程使用的主要建筑材料、建筑构配件和设备的进场试验报告。

条例第二十九条规定：施工单位必须按照工程设计要求、施工技术标准和合同约定，对建筑材料、建筑构配件、设备和商品混凝土进行检验，检验应当有书面记录和专人签字；未经检验或者检验不合格的，不得使用。

条例第三十一条规定：施工人员对涉及结构安全的试块、试件以及有关材料，应当在建设单位或者工程监理单位监督下现场取样，并送具有相应资质等级的质量检测单位进行检测。

条例第六十五条规定：违反本条例规定，施工单位未对建筑材料、建筑构配件、设备和商品混凝土进行检验，或者未对涉及结构安全的试块、试件以及有关材料取样检测的，责令改正，处10万元以上20万元以下的罚款；情节严重的，责令停业整顿，降低资质等级或者吊销资质证书；造成损失的，依法承担赔偿责任。

(4)《建设工程质量检测管理办法》[建设部令第141号]：为了加强对建设工程质量检测的管理，根据《建筑法》《建设工程质量管理条例》，建设部于2005年8月23日经第71次常务会议讨论通过了《建设工程质量检测管理办法》，并自2005年11月1日起施行。

《办法》第四条规定：从事对涉及建筑物、构筑物结构安全的试块、试件以及有关材料检测的工程质量检测机构应是具有独立法人资格的中介机构。检测机构从事本办法附件一规定的质量检测业务，应当依据本办法取得相应的资质证书。检测机构未取得相应的资质证书，不得承担本办法规定的质量检测业务。

（5）有关建筑工程的材料、设计、施工与验收等技术标准、规范。这些技术标准均对原材料、混凝土、砂浆及建筑构配件等的检测方法、检测频率作出了明确的规定。

（6）各省、市建设行政主管部门依据国家有关法律法规所制定的，适用本地区的建设工程质量监督管理的有关行政法规。

2. 建筑工程建设过程中的见证检测制度

《房屋建筑工程和市政基础设施工程实行见证取样和送检的规定》[建建（2000）211 号]对建筑工程在建设过程中需要见证取样和送检的试块、试件及材料的部位、数量作出了具体规定。

本规定第三条规定：本规定所称见证取样和送检是指在建设单位或工程监理单位人员的见证下，由施工单位的现场试验人员对工程中涉及结构安全的试块、试件和材料，在现场取样，并送至经过省级以上建设行政主管部门对其资质认可和质量技术监督部门对其计量认证的质量检测单位进行检测。

本规定第五条规定：涉及结构安全的试块、试件和材料见证取样和送检的比例不得低于有关技术标准中规定应取样数量的30%。

本规定第六条规定：下列试块、试件和材料必须实施见证取样和送检：用于承重结构的混凝土试块；用于承重墙体的砌筑砂浆试块；用于承重结构的钢筋及连接接头试件；用于承重墙的砖和混凝土小型砌块；用于拌制混凝土和砌筑砂浆的水泥；用于承重结构的混凝土中使用的掺加剂；地下、屋面、厕浴间使用的防水材料；国家规定必须实行见证取样和送检的其他试块、试件和材料。

本规定第八条规定：在施工过程中，见证人员应按照见证取样和送检计划，对施工现场的取样和送检进行见证，取样人员应在试样或其包装上作出标识、封志。标识和封志应标明工程名称、取样部位、取样日期、样品名称和样品数量，并由见证人员和取样人员签字。见证人员应制作见证记录，并将见证记录归入施工技术档案。见证人员和取样人员应对试样的代表性和真实性负责。

本规定第十条规定：检测单位应严格按照有关管理规定和技术标准进行检测，出具公正、真实、准确的检测报告。见证取样和送检的检测报告必须加盖见证取样检测的专用章。

为确保建筑工程质量和安全符合国家的建筑工程安全标准，上述法律法规均对参与工程建设的建设、监理、设计、施工、检测及监督各方的职责作出了明确的规定，违反规定者，将按上述法律法规进行处罚，构成犯罪的尚应追究其刑事责任。

知识六　建筑材料的基本性质

建筑材料在各种建筑工程中起着不同的作用，有的主要承受荷载，有的起围护作用，有的则起保温隔热或表面装饰、防水防潮、防腐、防火等作用。材料在这些外力、阳光、大气、水分及各种介质作用下，会发生受力变形、热胀冷缩、干湿变形、冻融交替、化学侵蚀等现象，这些因素都会使材料产生不同程度的破坏。为了使建筑物和构筑物能够安全、适用、耐久而又经济，必须在工程设计和施工中充分了解和掌握各种材料的性质和特点，以便正确、合理地选择和使用材料，使其性能满足使用要求。

6.1 材料的物理性质

1. 材料与其质量、体积有关的性质

密度是指单位体积物质的质量，其单位可用 g/cm^3 或 kg/m^3 表示（$1\ g/cm^3 = 1000\ kg/m^3$）。但是，由于材料有密实的、多孔的和颗粒堆积等不同状态，材料的密度也就有密实密度（常称密度）、表观密度、体积密度和堆积密度之分。由于材料所处状态不同，相同质量下其体积会有所不同，故其密度值也不相等。

（1）密度

密度是指材料在绝对密实状态下单位体积的质量，用式（1-12）表示和计算：

$$\rho = \frac{m}{V} \tag{1-12}$$

式中：ρ——材料的密度，g/cm^3 或 kg/m^3；

　　m——材料的干质量，g 或 kg；

　　V——材料在绝对密实状态下的体积，cm^3 或 m^3。

绝对密实状态下的体积是指材料的实体矿物所占的体积，不包括任何孔隙在内的体积。但实际上绝对密实的材料是很少的，绝大多数的材料都是含有孔隙的。对于绝对密实的固体材料的密实体积，可用量尺测量计算或用排水法（对于不溶于水中的矿物，其固体矿物浸没于水中后，会排开与其相等体积的水）测定，但对于有孔材料的密实体积，则需将其磨成粒径小于 0.20 mm 的细粉，经干燥后测其粉末的排水体积，并将此体积作为材料的密实体积。材料磨得愈细，测得的密度值愈接近密实密度。

材料的密度与同温度时水的密度的比值，称为该材料的<u>相对密度</u>。

（2）表观密度

表观密度是指材料在自然状态下不含开口孔隙时单位体积的质量，用式（1-13）表示和计算：

$$\rho_0 = \frac{m}{V_0} \tag{1-13}$$

式中：ρ_0——材料的表观密度，g/cm^3 或 kg/m^3；

　　m——材料的干质量，g 或 kg；

　　V_0——材料的表观体积，cm^3 或 m^3。

材料的表观体积中包含了材料的实体矿物及其内部闭口孔隙所占的体积，但不包含开口孔隙所占的体积。

对于规则密实材料的表观体积可用量尺测量其几何尺寸来计算，如钢筋；对于不规则且不溶于水的颗粒材料或粉状材料的表观体积可用排水法测得，如砂、卵石、碎石等。

（3）毛体积密度（体积密度）

毛体积密度是指块体或颗粒材料在自然状态下单位体积的质量，用式（1-14）表示和计算：

$$\rho_b = \frac{m}{V_b} \tag{1-14}$$

式中：ρ_b——材料的毛体积密度，g/cm^3 或 kg/m^3；

　　m——材料的干质量，g 或 kg；

　　V_b——材料的毛体积，cm^3 或 m^3。

材料的毛体积是指块体材料表面轮廓线所包围的体积。包含材料的实体矿物及其内部闭口孔隙和开口孔隙在内的体积。对于规则材料的毛体积可通过用量尺测量其几何尺寸来计算,如砖、砌块等;对于不规则且不溶于水的颗粒材料的毛体积可用排水法测得,但与表观体积的区别是,毛体积包含了开口孔隙中水的体积(即开口孔隙体积)。

(4)堆积密度

堆积密度是指颗粒材料或粉状材料在堆积状态下单位体积的质量,用式(1-15)表示和计算:

$$\rho_{L} = \frac{m}{V_{L}} \tag{1-15}$$

式中:ρ_{L}——材料的堆积密度,g/cm^{3} 或 kg/m^{3};

m——材料的干质量,g 或 kg;

V_{L}——材料的堆积体积,cm^{3} 或 m^{3}。

材料的堆积体积中包括矿物的体积、材料内部闭口和开口孔隙的体积及颗粒间的空隙所占体积。堆积体积可用已知容积的容器量得。

(5)紧密密度

紧密密度也称紧密堆积密度,指颗粒材料或粉状材料按规定方法颠实后单位体积的质量,用式(1-16)表示和计算:

$$\rho_{c} = \frac{m}{V_{c}} \tag{1-16}$$

式中:ρ_{c}——材料的紧密密度,g/cm^{3} 或 kg/m^{3};

m——材料的干质量,g 或 kg;

V_{c}——材料的紧密堆积体积,cm^{3} 或 m^{3}。

材料的紧密堆积体积中包括矿物的体积、材料内部闭口和开口孔隙的体积及按规定方法颠实后颗粒间的空隙所占体积。紧密堆积体积可用已知容积的容器量得。

材料的密度、表观密度、毛体积密度、堆积密度和紧密密度,是材料的主要物理性质,可用于材料的孔隙率或空隙率的计算、材料的质量与体积之间的换算。如材料的用量、运输量和堆积空间的计算,配合比的计算,构件自重的计算等。

(6)孔隙率与密实度

① 孔隙率:是指在材料的自然体积中,内部孔隙体积所占的百分率,用式(1-17)表示和计算:

$$P = \frac{V_{b} - V}{V_{b}} \times 100\% = \left(1 - \frac{\rho_{b}}{\rho}\right) \times 100\% \tag{1-17}$$

式中:P——材料的孔隙率,%;其他符号同前。

② 密实度:是指在材料的自然体积中,被实体矿物所充实的程度,即材料的实体矿物占总体积的百分率,按式(1-18)计算:

$$D = \frac{V}{V_{b}} \times 100\% = \frac{\rho_{b}}{\rho} \times 100\% \tag{1-18}$$

式中:D——材料的密实度,%;其他符号同前。

孔隙率与密实度的关系为 $P + D = 1$。含孔隙的固体材料的密实度 $D < 1$,当 $D = 1$ 时,则

$P=0$，该材料为完全密实的材料。

材料的孔隙率和密实度，从两个不同方面反映了材料的同一个性质——密实程度。材料的许多性质，如材料的表观密度、强度、吸水性、抗冻性、抗渗性、导热性、吸声性、耐蚀性等，都与材料孔隙率的大小和孔隙特征有直接关系。

$$\text{材料的孔隙特征}\begin{cases}\text{孔隙构造}\begin{cases}\text{封闭孔隙}\\\text{开口孔隙}\end{cases}\\\text{孔隙粗细}\end{cases}$$

对于同一类材料而言，孔隙率愈小，其表观密度就愈大，强度就愈高；闭口孔隙愈多，其抗冻性、抗渗性、耐蚀性就愈好；开口连通孔隙愈多，在干燥状态下，其导热性、吸声性就愈好。

（7）空隙率与填充率

① 空隙率：是指散粒状材料在堆积状态下，颗粒间的空隙体积占堆积体积的百分率，用式（1-19）或式（1-20）计算：

堆积空隙率：

$$\nu_L = \frac{V_L - V_0}{V_L} \times 100\% = \left(1 - \frac{\rho_L}{\rho_0}\right) \times 100\% \tag{1-19}$$

紧密空隙率：

$$\nu_c = \frac{V_c - V_0}{V_c} \times 100\% = \left(1 - \frac{\rho_c}{\rho_0}\right) \times 100\% \tag{1-20}$$

式中：ν_L、ν_c——材料的堆积空隙率和紧密空隙率，%；其他符号同前。

② 填充率：是指散粒状材料的堆积体积中，被其颗粒填充的程度，用式（1-21）或式（1-22）计算：

松散堆积状态下：

$$D_L = \frac{V_0}{V_L} \times 100\% = \frac{\rho_L}{\rho_0} \times 100\% \tag{1-21}$$

紧密堆积状态下：

$$D_c = \frac{V_0}{V_c} \times 100\% = \frac{\rho_c}{\rho_0} \times 100\% \tag{1-22}$$

空隙率与填充率的关系为 $\nu_L + D_L = 1$（松散状态下）或 $\nu_c + D_c = 1$（紧密状态下）。

对于同一类颗粒材料而言，空隙率愈小，表明其颗粒级配就愈好，堆积密度就愈大；如果用颗粒材料作为回填材料，压实后的空隙率愈小，表明压实就愈密实；在混凝土配合比设计计算中，也可利用粗骨料的实测空隙率来估算合理砂率。

【例】某混凝土用卵石经洗净烘干后，取900 g 该卵石浸水饱和，然后放入事先装有500 mL 洁净水、容积为1000 mL 的量筒中，此时量筒中的水位已上升至840 mL 处；另取该卵石在高度距离容量筒口5 cm 处，将容积为20L 的容量筒灌满后称得其质量为36.5 kg，该容量筒的质量为5.1 kg，试求该卵石的表观密度、堆积密度及空隙率。如果用堆积密度为1500 kg/m³ 的砂子来填充1 m³ 该卵石的空隙并超量15%，需要多少砂子？

解：① 卵石的表观密度：$\rho_0 = 900 \text{ g}/(840-500)\text{ cm}^3 = 2.65 \text{ g/cm}^3 = 2650 \text{ kg/m}^3$；

② 卵石的堆积密度：$\rho_L = (36.5-5.1)\text{kg}/20\text{ L} = 1570 \text{ kg/m}^3$；

③ 卵石的空隙率：$\nu_{L} = (1 - \rho_{L}/\rho_{0}) \times 100\% = (1 - 1570/2650) \times 100\% = 41\%$；

④ 填充 1 m^{3} 该卵石的空隙并超量 15% 需要的砂子：

$$m = 1 \times 0.41 \times (1 + 15\%) \times 1500 = 707(kg)。$$

2. 材料与水有关的性质

（1）材料的亲水性与憎水性

材料与水接触时，根据材料表面对水的吸附程度，有亲水与憎水两种不同情况。

① 亲水性：材料的表面对水的吸附力较大，即亲水材料与水分子之间的分子亲和力大于水分子本身之间的内聚力，水在材料表面呈摊开状[润湿角 $\theta < 90°$，如图 1-1（a）所示]，材料表面能被水润湿，材料中的开口微孔能将水吸入，具有这种性质的材料称为亲水性材料，如木材、砖、岩石、混凝土等。

② 憎水性：材料的表面对水的吸附力较小，由于水的内聚力作用，水在材料表面收拢成珠状[润湿角 $\theta > 90°$，如图 1-1（b）所示]，材料表面不易被润湿，材料中的微细孔隙不会将水吸入（若憎水性材料的缝隙进入了亲水的粉尘，应另当别论），具有这种性质的材料称为憎水性材料。沥青、石蜡等材料属于憎水性材料。憎水性材料常用作防水材料，或对亲水性材料表面作防水处理。

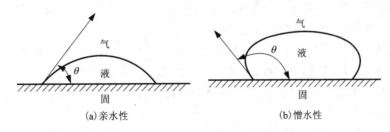

(a)亲水性　　　　　　　　　　　　(b)憎水性

图 1-1　材料的亲水性与憎水性

（2）吸水性

吸水性是指材料在水中吸收水分的性质。材料的吸水性可用质量吸水率或体积吸水率来表示。

质量吸水率（简称为吸水率）是指材料在吸水饱和状态下，所吸收水分的质量与材料干质量比值的百分率，用式（1-23）计算：

$$W_{吸} = \frac{m_{饱} - m_{干}}{m_{干}} \times 100\% \qquad (1-23)$$

式中：$W_{吸}$——材料的质量吸水率，%；

　　　$m_{饱}$——材料吸水饱和时的质量，g；

　　　$m_{干}$——材料烘干至恒重时的质量，g。

对于轻质多孔材料的吸水性，可用体积吸水率表示。即材料在吸水饱和状态下，所吸水分的体积占材料毛体积的百分率，用式（1-24）计算：

$$W_{体} = \frac{m_{饱} - m_{干}}{\rho_{水} V_{b}} \times 100\% \qquad (1-24)$$

式中：$W_{体}$——材料的体积吸水率，%；

　　　V_{b}——材料在干燥状态时的毛体积，cm^{3}；

$\rho_{水}$——水的密度，取 1 g/cm³。

材料吸水性的强弱，取决于材料的亲水性、孔隙率和孔隙特征。一般说来，孔隙率较大的亲水性材料，其吸水率大，吸水性强。但由于封闭孔隙不能进水，粗大孔隙虽易进水，却不易存留，所以具有大量开口连通细微孔隙的亲水性材料（如木材、砖、多孔混凝土等），其吸水性是很强的。如：花岗岩的吸水率为 0.5% ~0.7%；混凝土的吸水率为 2% ~3%；烧结砖的吸水率为 8% ~20%；木材的吸水率可超过 100%。

吸水率大的材料，随着吸水率的增大，其强度会下降，体积膨胀，保温性能降低，抗渗、抗冻性能变差等。

（3）吸湿性

吸湿性是指材料在潮湿环境中吸收水分的性质，用含水率表示。

含水率是指材料在自然状态下，其内部所含水分的质量占材料干质量的百分率，用式（1-25）计算：

$$W_{含} = \frac{m_{含} - m_{干}}{m_{干}} \times 100\% \qquad (1-25)$$

式中：$W_{含}$——材料的含水率，%；

$m_{含}$——材料在吸湿状态下的质量，g；

$m_{干}$——材料烘干至恒重时的质量，g。

材料的吸湿性除与材料的亲水性、孔隙率、孔隙特征有关外，还随着周围环境的温度、湿度而变化。当周围环境较为潮湿时，材料将吸入水分，使含水率增大；反之，当周围环境较为干燥时，材料中的水分蒸发，使含水率下降，直至与外界湿度达到平衡。达到平衡时材料的含水率称为平衡含水率。

材料的吸湿性对其性能有较大影响。如木材，由于吸水或蒸发水分，会造成木材翘曲、开裂等；石灰、石膏、水泥等由于吸湿性强容易造成其失效；保温材料吸水后，其保温性能会大幅度下降等。

（4）耐水性

耐水性是指材料长期在饱和水作用下保持其原有性质的能力。不同材料的耐水性有不同的含义：结构材料的耐水性主要指材料受水后强度的变化；而装饰材料的耐水性主要指材料受水后的颜色变化、霉变、是否会鼓泡起层等。

结构材料的耐水性用软化系数 K_R 表示，用式（1-26）计算：

$$K_R = \frac{f_w}{f_d} \qquad (1-26)$$

式中：f_w——材料吸水饱和状态下的抗压强度，MPa；

f_d——材料在烘干状态下的抗压强度，MPa。

材料在吸水后，由于水分子的浸入，水分被组成材料的微粒表面吸附而形成水膜，削弱了材料微粒间的结合力，同时水分还会溶解其中易溶于水的成分，而使材料的强度有不同程度的下降（软化），严重者会完全丧失其强度（如粘土）。

材料的软化系数，其值在 0 ~1 之间。K_R 越接近于 1，材料的耐水性越好。凡用于受水浸泡或潮湿环境的重要材料，要求 $K_R \geq 0.85$；用于受潮湿较轻或次要部位的材料，要求 $K_R \geq 0.70$。凡 $K_R > 0.85$ 的材料，通常可以认为是耐水材料。

【例】　某烧结砖在自然状态下的质量为 2.6 kg，经烘干后其质量为 2.4 kg，将其浸水饱和后称其质量为 2.9 kg；在干燥状态下测得其抗压强度为 15.6 MPa，浸水饱和后测得其抗压强度为 13.7 MPa，试求该砖的含水率、吸水率及软化系数。

解：① 含水率：$W_含 = [(2.6 - 2.4)/2.4] \times 100\% = 8.3\%$

② 吸水率：$W_吸 = [(2.9 - 2.4)/2.4] \times 100\% = 20.8\%$

③ 软化系数：$K_R = 13.7/15.6 = 0.88$

（5）抗渗性

抗渗性是指材料抵抗压力水（或其他液体）渗透的能力。材料的抗渗性用抗渗等级 P 或渗透系数 K_S 表示。

材料的抗渗等级可分为 P6，P8，P10，P12，＞P12 等。其中的 P 是抗渗等级的代号，其数码代表材料在不发生渗透的前提下所能承受的最大水压。如 P6 代表材料按标准方法作抗渗试验时，在 0.6 MPa 的水压作用下，1 组 6 个试件中 4 个试件未出现渗水，此时的水压乘以 10 即为抗渗等级。抗渗等级按式（1 - 27）计算：

$$P = 10H - 1 \qquad (1 - 27)$$

式中：H——6 个试件中有 3 个试件出现渗水时的水压力值（MPa）。

渗透系数是指一定厚度的材料，在一定水压力作用下，在单位时间内透过单位面积的水量，按式（1 - 28）计算：

$$K_S = \frac{Q \cdot d}{A \cdot t \cdot H} \qquad (1 - 28)$$

式中：K_S——材料的渗透系数，cm/h；

Q——渗透的水量，cm^3；

d——材料的厚度，cm；

A——渗水面积，cm^2；

t——渗水时间，h；

H——静水压力水头，cm。

材料抗渗性能的好与差，主要由材料的孔隙率和孔隙特征决定。开口孔隙越多，大孔含量越多，则抗渗性越差。材料的抗渗性还与材料的憎水性和亲水性有关，憎水性材料的抗渗性优于亲水性材料。提高材料的密实性或使材料内部形成一定数量的封闭孔隙，同样能提高材料的抗渗性能。

（6）抗冻性

抗冻性是指材料在吸水饱和状态下，能经受多次冻融循环作用而不破坏，也不严重降低其强度的性质。

由于水结冰时体积膨胀 9%，材料孔隙内的饱和水结冰膨胀，将对材料的孔壁产生很大的压应力，当此应力超过材料的抗拉强度时，材料将产生内外裂纹、表面剥落，强度下降。随着冻融次数的增加，冻融破坏就越严重。

材料的抗冻性，用抗冻等级表示，分为 F10，F15，F25，F50，F100，F200 等抗冻等级。其中的 F 是抗冻等级的代号，其数码代表冻融循环次数。如 F25 代表材料经过 -20 ~ -18℃下冰冻 4h 后，再经 18 ~ 20℃下溶化 4h，如此循环 25 次后，其质量损失率不超过 5%，强度损失率不超过 25%，裂纹开展不超限。

材料抗冻性的好与差取决于材料的强度、孔隙率和孔隙特征。提高材料的密实性或使材料内部形成一定数量的封闭孔隙，均能提高材料的抗冻性能。

3. 材料的热工性能

在建筑物中，建筑材料除了要满足必要的强度及其他性能要求外，还应考虑节能和舒适的要求，这就要求材料具有一定的热工性质，以维持室内温度。

（1）导热性

材料能传导热量的性质称为导热性。材料传导热量的能力用导热系数 λ 表示。导热系数也称热导率，在数值上等于厚度为 1 m 的材料，当其相对两侧温差为 1 K 时，在 1 s 时间内通过 1 m² 面积所传导的热量，按式（1–29）计算：

$$\lambda = \frac{Q \cdot d}{A \cdot Z \cdot \Delta T} \qquad (1-29)$$

式中：λ——材料的导热系数，W/（m·K）；

Q——材料传导的热量，J；

d——材料的厚度，m；

A——材料的传热面积，m²；

Z——传热时间，s；

ΔT——材料传热时两侧的温差，K。

一些常用材料的导热系数见表 1–2。导热系数越小的材料，其导热性越差，保温隔热性能就越好。

表 1–2　常用材料的热工性质指标

材　料	导热系数 λ/ [W·(m·K)⁻¹]	比热容 c/ [J·(g·K)⁻¹]	材　料	导热系数 λ/ [W·(m·K)⁻¹]	比热容 c/ [J·(g·K)⁻¹]
紫铜	407	0.42	石棉、岩棉、玻璃棉板	0.045~0.050	1.22
建筑钢材	58.2	0.48	水泥膨胀珍珠岩	0.16~0.26	1.17
花岗岩	3.49	0.92	聚乙烯泡沫塑料	0.047	1.38
钢筋混凝土	1.74	0.92	冰	2.20	2.05
烧结粘土砖	0.55	0.84	水	0.58	4.19
松木（横纹）	0.14	2.51	密闭空气（10℃时）	0.025	1.00

材料保温性的好与差，取决于材料的成分和构造。由于密闭空气的导热系数很小，所以，孔隙率较大且为细微封闭孔隙的材料的导热系数也就小，保温性能就好。具有粗大而贯通孔隙的材料，由于有对流作用，其导热系数会增大。材料受潮或吸水受冻后，由于水和冰的导热系数比不流动空气的导热系数大几十倍，会使材料的导热系数增大，保温隔热性能降低。

一般认为，导热系数 λ < 0.23 W/（m·K）的材料，可作为保温隔热材料，这种材料必定是多孔轻质的，且应在干燥环境中使用，以利于发挥其保温隔热的效能。

（2）热容量

热容量是指材料受热时吸收热量、冷却时放出热量的性质，即材料能容纳热量的性质。单位质量材料的热容量用比热容表示。比热容表示 1 g 材料温度升高 1 K 时所吸收的热量，或降低 1 K 时所放出的热量，按式（1–30）计算：

$$c = \frac{Q}{m \cdot \Delta T} \qquad (1-30)$$

式中：c——材料的比热容，J/(g·K)；

    Q——材料吸收或放出的热量，J；

    m——材料的质量，g；

    ΔT——材料受热或冷却前后的温差，K。

用于建筑外围的材料，宜采用导热系数小的材料，能在室内外温差较大的情况下缓和室内温度的波动，对于采暖或供冷的建筑，可起到节约能源的效果。几种常用材料的比热容值见表1-2。

（3）热变形性

材料的热变形性是指温度升高或降低时材料的体积变化，即"热胀冷缩"现象。材料由于温度上升1 K（或下降1 K）所引起的相对伸长值（或相对缩短值）称为线膨胀系数，用 a_L 表示，按式（1-31）计算：

$$a_L = \frac{\Delta L}{L \cdot \Delta T} \qquad (1/K) \qquad (1-31)$$

式中：L——材料的原始长度，mm 或 m；

    ΔL——材料由于温变而引起的伸长值或缩短值，mm 或 m；

    ΔT——材料受热（或冷却）前后的温差，K。

常用材料的线膨胀系数如下：

钢　材　$a_L = (10 \sim 12) \times 10^{-6}/K$

混凝土　$a_L = (5.8 \sim 12.6) \times 10^{-6}/K$

岩石、骨料　$a_L = (6.3 \sim 12.4) \times 10^{-6}/K$

线膨胀系数是一个重要的物理参数，可以用来计算材料在温度变化时所引起的变形，或当温度变形受阻时所产生的温度应力等。

【例】　一根长25 m的钢轨，在温度升高60 K的情况下，其伸长量为：

$$\Delta L = a_L \cdot L \cdot \Delta T = 10 \times 10^{-6} \times 25000 \times 60 = 15 (mm)$$

因此，钢轨接头处要留有适当的轨缝，桥梁或过长的建筑要留有伸缩缝，架空的长管道要设置"Ω"形管节，都是为了适应由于温度变化所引起的材料变形。

如果温度变形受到阻碍，便会在材料内部产生温度应力，当温度应力达到一定极限时，将导致结构破坏。例如铁道上的无缝线路钢轨因温度变化，将会在钢轨内产生巨大的温度应力，给无缝线路的结构带来一些新的问题，如夏季高温时出现的胀轨现象。

（4）耐燃性

耐燃性是指材料对火焰和高温的抵抗能力。它是影响建筑物的防火、建筑结构的耐火等级的一项重要因素。建筑材料按其耐燃性分为如下四类：

①不燃性材料：在空气中遇火或高温高热作用下不起火、不炭化、不燃烧，如钢铁、砖、石、混凝土、石棉等。

②难燃性材料：在空气中遇火或高温高热作用下难起火、难炭化、难燃烧，当火源移走后，已有的燃烧或微燃会立即停止，如经过防火处理的木材、刨花板等。

③可燃性材料：在空气中遇火或高温高热作用下立即起火或微燃，且火源移走后仍能继

续燃烧，如木材等。

④ 易燃性材料：在空气中遇火或高温高热作用下立即起火剧烈燃烧，且火源移走后不易扑灭，如泡沫塑料板等。

4.材料的声学性能

（1）吸声性能

声音起源于物体的振动，它迫使邻近的空气跟着振动而成为声波，并在空气介质中向四周传播。当声波遇到材料表面时，一部分被反射，另一部分穿透材料，其余部分则传递给材料，在材料的孔隙中引起空气分子与孔壁的摩擦和粘滞阻力，其间相当一部分声能转化为热能而被吸收掉。这些被吸收的能量（包括部分穿透材料的声能在内）与传递给材料的全部声能之比，是评定材料吸声性能好坏的主要指标，称为吸声系数，用 α 表示，按式（1－32）计算：

$$\alpha = \frac{E}{E_0} \tag{1－32}$$

式中：E——被材料吸收的能量（包括部分穿透材料的声能在内）；

E_0——传递给材料的全部声能。

吸声系数与声音的频率及声音的入射方向有关。同一材料对高、中、低不同频率的吸声系数是不同的。为了能全面反映材料的吸声性能，规定取 125 Hz，250 Hz，500 Hz，1000 Hz，2000 Hz，4000 Hz 等六个频率的吸声系数来表示材料的频率特性，凡对上述六个频率的平均吸声系数大于 0.2 的材料，称为吸声材料。材料的吸声系数越大，则吸声效果就越好。

具有大量内外连通微孔的多孔材料具有良好的吸声性能。当声波入射到多孔材料的表面时，便很快顺着微孔进入材料内部，使孔隙内的空气分子受到摩擦和粘滞阻力，或使细小纤维作机械振动，部分声能将转变为热能，从而达到阻止声波传播的目的。

（2）隔声性能

声音按传播的途径不同可分为空气传播声和固体传播声两种。要使声波无法传播，最有效的办法就是将其传播介质隔断即可。

建筑上把主要起隔绝声音作用的材料称为隔声材料。隔声材料主要用于外墙、门窗、隔墙以及隔断等。

对于隔绝空气声，隔声效果主要取决于隔声材料的单位面积质量，质量越大，越不易振动，则隔声效果越好。因此须选用密实、沉重的材料，如普通砖、钢板、钢筋混凝土作为隔声材料。

对于隔绝固体声，最有效的措施是采用不连续的结构处理，即在墙壁和承重梁之间、房屋的框架和隔墙及楼板之间加弹性衬垫，如毛毡、软木、橡皮等材料，或在楼板上加弹性地毯；对于强夯地基施工，为了减少对临近建筑的振动，可在强夯地基外周挖壕沟，将固体声转换成空气声后而被吸声材料吸收。

6.2 材料的力学性质

材料的力学性质又称机械性质。它是指材料在外力作用下，抵抗变形和破坏的能力。

1.强度与比强度

（1）强度：是指材料抵抗外力（荷载）破坏的能力。通常情况下，材料内部的应力多由外力作用而引起，并随着外力的增加而增大，当外力超过材料内部质点所能抵抗的极限时，材料即发生破坏，此极限应力值就是材料的强度。

材料所受的外力有压缩、拉伸、剪切和弯曲等多种形式，根据材料所受外力的形式不同，材料的强度分为抗压强度、抗拉强度、抗剪强度和抗折（弯拉）强度四种，如图1-2所示。

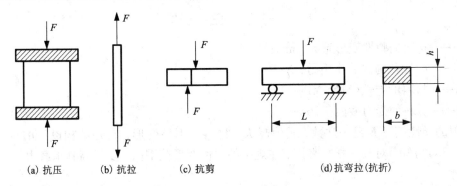

（a）抗压　　　（b）抗拉　　　（c）抗剪　　　　　　（d）抗弯拉（抗折）

图1-2　材料的几种受力状态

材料的抗压强度、抗拉强度和抗剪强度，均可按式（1-33）计算：

$$f = \frac{F}{A} \qquad (1-33)$$

式中：f——材料的强度，包括抗压强度 f_c、抗拉强度 f_t 和抗剪强度 f_v，MPa（N/mm²）；

　　　F——材料受压、受拉或受剪破坏时的最大荷载，N；

　　　A——材料的受力面积，mm²。

材料的抗折强度（又称抗弯拉强度）与材料的截面和受力情况有关，不同形状大小的试件，不同的受力情况，其计算公式是不同的。通常把试件加工成矩形截面，在两支点正中作用一个集中荷载，如图1-2（d）所示，其抗折强度按式（1-34）计算：

$$f_f = \frac{3F \cdot L}{2b \cdot h^2} \qquad (1-34)$$

式中：f_f——材料的抗折强度，MPa；

　　　F——受弯破坏时的最大荷载，N；

　　　L——跨距，即两支点间的距离，mm；

　　　b——材料截面的宽度，mm；

　　　h——材料截面的高度，mm。

强度是材料的主要技术性质之一。凡是用于承重结构的各种材料，都规定了有关强度的测定方法和计算方法，都以其极限强度标准值的大小划分为若干个强度等级或标号，以供结构设计和施工时合理选用。

材料的强度与其组成及结构有关，即使材料的组成相同，如构造不同，则其强度也不同。材料的孔隙率愈大，则强度愈低。

材料的强度还与其含水率状态及温度有关，含有水分的材料，其强度较干燥状态时要低。某些材料随温度的升高，其强度将降低，如沥青混凝土。

（2）比强度：是指按单位体积质量来计算的材料强度，即材料的强度与其表观密度之比。材料的比强度是衡量轻质高强材料的重要参数。

2. 弹性与塑性

（1）弹性：是指材料在外力作用下会产生变形，当外力撤消时，变形随之消失，这种性质称为弹性，这种变形称为弹性变形。弹性变形为可逆变形，其值与外力成正比。按式（1-35）计算：

$$\varepsilon = \frac{F}{E \cdot A} \quad （虎克定律） \tag{1-35}$$

式中：ε——材料的弹性变形系数，mm；

F——弹性范围内的作用力，N；

E——材料的弹性模量，MPa；

A——材料的受力截面积，mm^2。

材料的弹性模量 E 是一常数，其值越大，材料越不易变形，它是结构设计的重要参数。由式（1-35）可知，对某一材料来讲，在规定的弹性变形范围内，要提高其承载力，可加大其截面尺寸。

（2）塑性：是指材料在外力作用下产生变形，当外力撤消后，仍保持已发生的变形，这种性质称为塑性。这种变形称为塑性变形。塑性变形为不可逆变形，这种变形对结构是有害的。建筑物在正常使用情况下，是不允许产生塑性变形的。

单纯弹性变形的材料是没有的。有的材料（如钢材）在受力不太大时表现为弹性，超过弹性限度之后便出现塑性变形。许多材料（如混凝土等）在受力后，弹性变形和塑性变形同时发生，若撤消外力，其弹性变形将消失，但塑性变形仍残留着（称为残余变形）。这种既有弹性又有塑性的变形称为弹塑性变形。

3. 韧性与脆性

（1）韧性：材料在冲击或动荷载作用下，发生较大变形尚不断裂的性质称为韧性。具有这种性质的材料称为韧性材料。如钢材、木材、塑料、橡胶等属于韧性材料。

材料的冲击韧性以试件破坏时单位面积所消耗的功来表示，按式（1-36）计算：

$$\alpha_k = \frac{A_k}{A} \tag{1-36}$$

式中：α_k——材料的冲击韧性，J/mm^2；

A_k——试件破坏时所消耗的功，J；

A——材料的受力截面积，mm^2。

（2）脆性：材料受力达到一定程度时，在没有明显变形的情况下突然断裂的性质称为脆性。具有这种性质的材料称为脆性材料，如生铁、混凝土、砂浆、砖、石、玻璃、陶瓷等均属于脆性材料。

一般来说，脆性材料的抗压强度较高，而抗拉强度却很低。

4. 硬度与耐磨性

材料对受外物压陷、刻划等作用的局部抵抗能力称为材料的硬度。可用刻痕法（能否容易刻出痕迹）、压痕法（硬物压入的深浅）来或回弹法（回弹力的大小）测定材料的硬度。

刻痕法用于天然矿物硬度的测定；压痕法用于钢材、木材硬度的测定；回弹法用于混凝土、砂浆、砖表面硬度的测定。

材料表面抵抗外物磨损的能力称为耐磨性，可用磨耗率来表示，按式（1-37）计算：

$$B = \frac{m_1 - m_2}{A} \qquad (1-37)$$

式中：B——材料的磨耗率，g/cm^2；

m_1——材料磨损前的质量，g；

m_2——材料磨损后的质量，g；

A——材料的受磨损面积，mm^2。

硬度大、强度高的材料，其耐磨性好。铁路的钢轨和用于路面、地面、桥面、阶梯等部位的材料，都要求使用耐磨性好的材料。

6.3 材料的耐久性

材料的耐久性泛指材料在使用条件下，受各种内在和外来自然因素及有害介质的侵蚀而能长久地保持其原有性能的性质。耐久性是衡量材料在长期使用条件下的安全性能的一项综合性指标，包括抗冻性、抗风化性、抗老化性、耐化学腐蚀性等。此外，材料的强度、抗渗性、耐磨性、抗裂性等也与材料的耐久性有密切关系。

1.环境对材料的影响

材料在使用过程中，除受各种外力作用(机械作用)外，还要长期地受到各种自然环境因素的破坏作用。这些破坏作用可以概括为物理、化学和生物作用。

(1)物理作用：材料在长期的阳光、大气、雨水、冰雪等作用下，不断发生干湿变化、热胀冷缩、冻融循环，从而发生内外裂缝、表面剥落，而使材料逐渐破坏，如岩石的风化、沥青和塑料的老化、材料的冻胀破坏、结构的渗漏等。

(2)化学作用：材料在各种化学介质，如酸、碱、盐等物质的水溶液和有害气体的侵蚀作用下，使材料逐渐发生变质而破坏，如钢材生锈、水泥石腐蚀、钢筋混凝土的碳化破坏、混凝土的碱－骨料反应等。

(3)生物作用：材料受菌类、昆虫的侵蚀造成的破坏，如木材腐朽、虫蛀等。

(4)机械作用：包括使用荷载的持续作用，交变荷载引起的材料疲劳、冲击、磨损等。

对于使用中的建筑材料来说，它们所受到的破坏作用往往不是一种，而是上述几种因素共同作用，如果不采取相应的防护措施，材料就会逐渐发生破坏，从而影响到结构的正常使用。

2.提高材料耐久性的措施

(1)设法减轻大气或周围介质对材料的破坏作用，如降低温湿度、排除侵蚀性物质等。

(2)提高材料本身的密实度，改善材料的孔隙构造。

(3)适当改变材料的组成成分，进行憎水性处理及防腐处理。

(4)表面保护，如采用饰面、抹灰、刷防腐涂料等保护措施。

模块二 岩土及其检测

【教学要求】 简要介绍岩土的形成、分类与技术性质；结合工程实例重点讲述岩土在建设工程中的应用及物理、力学性能检测样品的抽取与性能检测。

项目一 职业知识

知识一 岩石的形成、分类与技术性质

1. 岩石的形成

天然岩石是由各种不同的地质作用所形成的，是具有一种或多种矿物组成和一定结构构造的固态矿物的集合体。

岩石的结构是指矿物的结晶程度、晶粒大小、形态及相互排列关系，如玻璃状（非结晶体）、细晶状、粗晶状、斑状、纤维状等。

岩石的构造是指矿物在岩石中的排列及相互配置关系，如致密状、层状、片状、多孔状、流纹状等。

2. 岩石的分类

（1）按矿物组成分

岩石按其矿物组成分为单矿岩和复矿岩。

① 单矿岩：指由单一矿物组成的岩石。如石灰岩就是由 95% 以上的方解石（结晶 $CaCO_3$）组成的单矿岩。

② 复矿岩：指由两种或两种以上矿物组成的岩石。如花岗岩是由长石（铝硅酸盐）、石英（结晶 SiO_2）、云母（钾、镁、锂、铝等的铝硅酸盐）等矿物组成的多矿岩。

（2）按地质成因分

天然岩石按地质成因分类见表 2-1。

表 2-1 天然岩石按成因分类

岩石类别		成　因	特　性	典型岩石
岩浆岩（火成岩）	深成岩	地壳深处的岩浆受上部覆盖层的压力作用缓慢冷凝而形成的岩石	结晶完全，晶粒粗大，结构致密，表观密度大，抗压强度高，孔隙率及吸水率小，抗冻性好	花岗岩、闪长岩、正长岩、橄榄岩
	浅成岩	地壳浅处的岩浆受上部覆盖层的压力作用冷凝而形成的岩石	具有结晶体与玻璃体混合在一起的半晶质结构。岩石性能比深成岩稍差	花岗斑岩辉绿岩

续表 2－1

岩石类别		成　因	特　性	典型岩石
岩浆岩（火成岩）	喷出岩（火山岩）	由火山喷发时喷出的岩浆在地表迅速冷却凝固后形成的岩石	具有细晶粒、隐晶质或玻璃质结构，常含有碎屑、斑晶和很小的气孔。吸水性强、耐高温、抗风化	玄武岩、安山岩浮石
沉积岩（水成岩）	碎屑沉积岩	指风化的岩石碎屑，经风、水的搬运而沉积，长期受覆盖层的压密和胶结物的胶结作用而形成的岩石	呈层状构造。孔隙率和吸水率较大，强度较低，耐久性较差	砂岩、砾岩、页岩
	化学沉积岩	原有岩石中的某些矿物溶解于水后，其溶液、胶体经迁移、沉积、结晶而形成的岩石		石膏、白云岩、菱镁石、石灰岩
	生物沉积岩	由生物遗骸沉积或有机化合物转变而成的岩石		白垩、贝壳岩、珊瑚、硅藻土
变质岩	正变质岩	由岩浆变质而成	具有片理或块状结构，性能一般比原岩浆岩差	片麻岩
	副变质岩	由沉积岩变质而成	具有片理或块状结构，性能一般比原沉积岩好	大理岩、石英岩

3. 岩石的主要技术性质

岩石的性质是由其矿物特性、结构、构造等因素决定的。岩石没有确定的化学组成和物理力学性质，同种岩石，产地不同，其各种矿物的含量、颗粒结构均有差异，因而颜色、强度、耐久性等也有差异。

（1）表观密度

岩石的表观密度与其矿物组成、孔隙率等因素有关。通常，表观密度大的岩石孔隙率小、抗压强度高、耐久性好。同种岩石，表观密度越大，则孔隙率越小，强度、耐久性就越高。常用致密岩石的表观密度为 2400～2850 kg/m^3。

（2）吸水率

岩石的吸水率与岩石的致密程度和岩石的矿物组成有关。深成岩和多数变质岩的吸水率较小，一般不超过 1%。二氧化硅的亲水性较高，因而二氧化硅含量高的岩石则吸水率较高，即酸性岩石（$SiO_2 \geq 63\%$）的吸水率相对较高。岩石的吸水率越小，则岩石的强度与耐久性越高。为保证岩石的性能，工程上有时需限制岩石的吸水率，如饰面用大理岩和花岗岩的吸水率须小于 0.75% 和 1.0%。

（3）耐水性

大多数岩石的耐水性较高，但当岩石中含有较多的粘土或易溶矿物时，其耐水性较低，如粘土质砂岩等。岩石的耐水性用软化系数 K_R 表示。

$K_R > 0.9$ 为高耐水性；K_R 在 0.75～0.9 之间为中耐水性；$K_R < 0.6$ 时不允许用于重要建筑物中。

（4）抗压强度

岩石的强度除与矿物组成有关外，还与岩石的结构有关。岩石的结构越致密、晶粒越细小，强度越高。具有层状构造的岩石，其垂直层理方向的强度较平行层理方向高。

《砌体结构设计规范》GB 50003—2011 规定，石材的强度等级采用边长为 70 mm 的立方体试件抗压强度表示。也可采用边长为 50 mm 的立方体试件，但应对其试验结果乘以 0.86 的换算系数。抗压强度取 3 个试件强度的平均值。

铁路和公路砌体工程用石材，采用边长为 50 mm 的立方体试件或 $\phi 50 \times 50$ mm 的圆柱体试件的抗压强度表示。抗压强度取 6 个试件强度的平均值。

（5）耐磨性

它是指石材在使用条件下抵抗摩擦以及冲击等复杂作用的能力。石材的耐磨性以单位面积磨耗量表示。石材的耐磨性与其矿物的硬度、结构、构造特征以及石材的抗压强度和冲击韧性等有关。矿物愈坚硬、构造愈致密以及岩石的抗压强度和冲击韧性愈高，石材的耐磨性愈好。它反映了石材研磨抛光的难易程度，也是石材保持光泽的主要因素。用于台阶、人行道、地面、楼梯踏步及水流冲刷等场所时，应采用具有高耐磨性的石材。

（6）硬度

岩石的硬度取决于其矿物成分、结构、构造。由致密、坚硬矿物组成的岩石，其硬度就高。岩石的硬度常用莫氏硬度表示，它是一种刻画硬度。

硬度影响岩石的易加工性和耐磨性。由石英、长石组成的岩石，其硬度和耐磨性高，如花岗岩、石英岩等。由白云石、方解石组成的岩石，其硬度和耐磨性较低，如石灰岩、白云岩等。各莫氏硬度级别的标准矿物见表 2-2。

表 2-2 矿物的莫氏硬度表

硬度级别	1	2	3	4	5	6	7	8	9	10
矿物	滑石	石膏	方解石	萤石	磷灰石	长石	石英	黄玉	刚玉	金刚石

如在某石材一平滑面上，用长石刻划不能留下刻痕，而用石英刻划可留刻痕，那么此种石材莫氏硬度为 7。

（7）坚固性

它是指岩石在气候、环境变化和其他外界物理化学因素作用下抵抗破裂的能力。采用硫酸钠饱和溶液侵蚀法检验，即岩石在硫酸钠饱和溶液中经 5 次浸渍与烘干循环（每次循环为浸 4h，再烘 4h）之后，测定其质量损失率来衡量其坚固性，质量损失率愈小，则其坚固性就愈好。该方法原理是利用硫酸钠饱和溶液渗入岩石缝隙后，经烘干，缝隙中的硫酸钠结晶后体积膨胀，产生的膨胀应力导致岩石破坏（类似于冻融破坏）。

一般来讲，岩石的结构愈致密、强度愈高，其坚固性就愈好。

知识二 建筑工程中常用的岩石及石材

2.1 建筑工程中常用的岩石

建筑工程中常用的天然岩石的性能及用途见表 2-3。

表 2-3 建筑工程中常用的天然岩石的性能及用途

名 称	主要矿物成分	主要性能	主要用途
花岗岩（麻石）	长石、石英、云母和普通角闪石。SiO_2 含量达 65% 以上	为全晶质结构，块状构造。呈花点状，有灰白、微黄、淡红、暗红等色。表观密度为 2500~2700 kg/m³，抗压强度为 120~250 MPa，吸水率小于 1%，磨光性、耐磨性、抗冻性、耐水性、耐酸性、抗风化能力均好	基础、墩台、拱石、堤坝、路面、护坡、挡墙、勒脚、栏杆、台阶、沟槽、道砟、耐酸砼（tóng）的粗骨料、装饰石材等

续表 2-3

名 称	主要矿物成分	主要性能	主要用途
大理岩（大理石）	白云岩（CaCO₃·MgCO₃）、方解石（CaCO₃）	具有等粒或不等粒的变晶结构，颗粒粗细不一，晶粒用肉眼可看清，晶粒之间结合牢固，没有任何胶结物质。纯大理岩为白色（俗称汉白玉），含有不同杂质则呈灰色、黄色、玫瑰色、粉红色、红色、绿色、黑色等多种色彩和花纹。表观密度为 2500～2700 kg/m³，吸水率小于 1%，抗压强度为 50～140 MPa，锯切、雕刻、磨光性能好	地面、墙面、柱面、柜台、栏杆、台阶等的衬面装饰。但主要成分为方解石的大理石不宜用于室外；主要成分为白云岩的汉白玉、艾叶青可用于室外
石灰岩（青石）	主要为方解石，以 CaCO₃ 为主	有明显的层理，构造致密，耐水性和抗冻性较好。呈灰白、浅灰、深灰、灰黑、浅黄、淡红等色。表观密度为 2600～2800 kg/m³，吸水率为 2%～10%，抗压强度为 20～160 MPa	基础、墩台、路面、护坡、挡墙、台阶、沟槽、道砟、砼的粗骨料、生产石灰和水泥的原料等
玄武岩	斜长石和辉石。SiO₂ 含量在 45%～52% 之间	具有细粒致密结构或斑状结构，呈气孔状或杏仁状构造。呈深灰色、黑色、棕黑色。表观密度为 2800～3300 kg/m³，吸水率大于 3%，抗压强度为 100～500 MPa，耐酸、耐热、抗风化能力强	基础、墩台、路面；高强度砼的粗骨料；制造岩棉等
砂岩	主要为石英，其次为长石、云母、粘土等	其胶结物的种类不同，性能差别很大。致密的硅质砂岩的性质接近于花岗岩；钙质砂岩的性质类似石灰岩；铁质砂岩的性质比钙质砂岩差	基础、墩台、台阶、衬面、人行道、纪念碑及其他装饰用材
石英岩	石英（SiO₂）	质地均匀致密，硬度大，抗压强度高达 250～400 MPa，加工困难，但耐久性好	饰面、地面、踏步、耐酸衬板、耐磨耐酸的贴面、道路或砼的骨料等

2.2 建筑工程中常用的石材

天然石材具有很高的抗压强度、良好的耐磨性和耐久性，经加工后，表面美观富于装饰性，资源分布广，蕴藏量丰富，便于就地取材，价格低廉，能大大降低工程费用等优点。所以至今仍然在公路、铁路、水利、房屋等砌筑工程的基础、桥涵、护坡、挡土墙、堤岸、沟渠与隧道衬砌等砌筑中和装饰工程中被广泛使用。

天然岩石除用于砌筑工程和装饰工程外，还可用作混凝土、砂浆等的骨料，或用作生产其他建筑材料的原料，如生产石灰、建筑石膏、水泥和无机绝热材料等。

1. 砌体工程用石材

砌体工程也称圬（wū）工。砌体工程用石材主要有片石和料石，它们均为天然岩石经开采和加工而成。《砌体结构设计规范》GB 50003—2011、《铁路混凝土工程施工质量验收标准》TB 10424—2010、《公路桥涵施工技术规范》JTG/T F50—2011 对砌体工程中用石材的具体要求分别见表 2-4、表 2-5、表 2-6。

表 2-4 砌体工程用石材（GB 50003—2011）

石材名称	毛 石	料 石		
		细料石	粗料石	毛料石
用途	基础、勒脚、墙身、堤坝、挡土墙、片石混凝土的骨料等	柱头、墙身、踏步、栏杆、地坪、纪念碑和其他装饰等	基础、勒脚、墙身、地坪、堤坝、挡土墙及外观要求不高的装饰等	
外观要求	形状不规则，中部厚度应≥20 cm	通过加工，外表规则，叠砌面凹入深度应≤1 cm，截面的宽度、高度宜≥20 cm，且不宜小于长度的 1/4	规格尺寸同细料石要求，但叠砌面凹入深度应≤2 cm	外形大致方正，一般不加工或仅稍加修整，高度应≥20 cm，叠砌面凹入深度应≤2.5 cm

表 2 - 5 　铁路砌体工程用石材（TB 10424—2010）

石材名称	片石	块石	料石
用途	基础、排水沟、锥坡、护坡、毛石混凝土的骨料等	基础、排水沟、涵洞、桥梁的墩台及挡土墙等	外观要求较高的涵洞、桥梁的墩台及挡土墙等
外观要求	形状不规则，石块中部厚度应≥15 cm，且长度和宽度不小于厚度	形状规则、大致方正。稍加修整，厚度应≥20 cm，长度和宽度不小于厚度；丁石的长度应比相邻顺石宽度大15 cm	形状规则的六面体。经粗加工，表面不允许凸出，凹入深度应≤2 cm，厚度应≥20 cm，宽度不小于厚度，长度不小于厚度的1.5倍，外露面四周向内修凿的进深应≥10 cm，且修凿面应与外露面垂直，每10 cm应凿切4～5个条纹，丁石的长度应比相邻顺石宽度大15 cm

表 2 - 6 　公路砌体工程用石材（JTG/T F50—2011）

石材名称	片石	块石	粗料石
用途	基础、排水沟、锥坡、护坡、毛石混凝土的骨料等	基础、排水沟、涵洞、桥梁的墩台及挡土墙等	外观要求较高的涵洞、桥梁的墩台、拱石及挡土墙等
外观要求	形状不规则，片石厚度应≥15 cm，用作镶面的片石，应选择表面较平整、尺寸较大者，并应稍作修整	外形应大致方正，上下面应大致方正、平整，厚度应为20～30 cm，宽度应为厚度的1.0～1.5倍，长度应为厚度的1.5～3.0倍。如有锋棱锐角，应敲除。用作镶面时，应从外露面四周向内稍加修凿，后部可不修凿，但应略小于修凿部分	外形应方正，呈六面体，厚度应为20～30 cm，宽度应为厚度的1.0～1.5倍，长度应为厚度的2.5～4.0倍，表面凹陷应≤2 cm。用作镶面时，丁石的长度应比相邻顺石宽度大15 cm，修凿面每10 cm应有錾（zán）路4～5条，侧面修凿面应与外露面垂直，正面凹陷应≤1.5 cm；外露面带细凿边缘时，细凿边缘的宽度应为3～5 cm

2. 颗粒状石材

（1）碎石

碎石是由坚硬岩石经人工或机械破碎而成的公称粒径 >5 mm 的石子。碎石广泛用作普通混凝土和沥青混合料的粗骨料、路基路面的级配碎石、铁路道砟及路基与桥涵等构筑物的过渡段（桥梁、涵洞的台背回填）的填筑等。

① 铁路路基填筑工程用级配碎石：为了提高路基的透水性和承载力，减少路基的沉降，故路基的过渡段和路基基床表层均应用透水性好的级配碎石或级配砂砾进行填筑。

《高速铁路路基工程施工质量验收标准》TB 10751—2010，对铁路路基基床表层和路基与桥涵等构筑物的过渡段填筑用级配碎石的技术要求见表 2 - 7 和表 2 - 8。

表 2 - 7 　基床表层用级配碎石的技术要求

性能参数		技 术 要 求						
颗粒级配	方孔筛边长/mm	0.1	0.5	1.7	7.1	22.4	31.5	45
	过筛质量百分率/%	0～11(5)	7～32	13～46	41～75	67～91	82～100	100
不均匀系数 C_u		≥15						
0.02 mm 以下颗粒含量		≤3%（质量百分率）						
大于 22.4 mm 的颗粒中带有破碎面的颗粒含量		≥30%（质量百分率）						
级配碎石中粘土及其他杂质的含量		0						

注：括号内的数字适用于寒冷地区，不均匀系数 C_u 的计算方法见本模块中的知识四。

26

表 2-8　过渡段用级配碎石的技术要求

性能参数		技术要求									
		通过筛孔（mm）质量百分率/%									
		50	40	30	25	20	10	5	2.5	0.5	0.075
颗粒级配	1	100	95~100	—	—	60~90	—	30~65	20~50	10~30	2~10
	2	—	100	95~100	—	60~90	—	30~65	20~50	10~30	2~10
	3	—	—	100	95~100	—	50~80	30~65	20~50	10~30	2~10
针片状颗粒含量		≤20%（质量百分率）									
质软和易碎颗粒		≤10%（质量百分率）									

　　② 铁路用碎石道砟：碎石道砟是由强度高、耐磨性好的天然岩石经机械破碎、筛选，颗粒表面全部为破碎面的碎石。其质量应符合《铁路碎石道砟》TB/T 2140—2008 的有关规定。

　　道砟的作用是用来排水和减震。比如下雨了，道路中间积水很多，如果没有道砟，这些水就会因排泄不及时而浸湿路基，对路基造成伤害；另外，道砟可以缓冲火车经过时所产生的冲击力，减少路基所承受的冲击力，从而减少路基的下沉。铁路碎石道砟的技术要求见表2-9、表2-10、表2-11、表2-12。

表 2-9　道砟的技术要求（TB/T2140—2008）

性能	项目号	参数	特级	一级	单项评定
抗磨耗、抗冲击性	1	洛杉矶磨耗率（LLA）/%	≤18	18<LLA<27	—
	2	标准集料冲击韧度（IP）	≥110	95<IP<110	若两项指标不在同一等级，以高等级为准。
		石料耐磨硬度系数（$K_{干磨}$）	>18.3	18<$K_{干磨}$≤18.3	
抗压碎性	3	标准集料压碎率（CA）/%	<8	8≤CA<9	—
	4	道砟集料压碎率（CB）/%	<19	19≤CB<22	—
渗水性	5	渗透系数（P_m）/（×10^{-6}cm·s^{-1}）	>4.5		至少有两项满足要求。
		石粉试模件抗压强度/MPa	<0.4		
		石粉液限（LL）/%	>20		
		石粉塑限（PL）/%	>11		
抗大气腐蚀性	6	硫酸钠溶液浸泡损失率/%	<10		
稳定性	7	密度/（g·cm^{-3}）	>2.55		
	8	容重/（g·cm^{-3}）	>2.50		

综合评定：道砟的最终等级以项目号1，2，3，4中的最低等级为准；特级、一级道砟均应满足5，6，7，8项目号的要求。

表 2-10　特级碎石道砟粒径级配（TB/T2140—2008）

方孔筛筛孔边长/mm		22.5	31.5	40	50	63
过筛质量百分率/%		0~3	1~25	30~65	70~99	100
颗粒分布	方孔筛筛孔边长/mm	31.5~50				
	颗粒质量百分率/%	≥50				

表 2-11　铁路用一级碎石道砟粒径经配(TB/T2140—2008)

方孔筛筛孔边长/mm	16	25	35.5	45	56	63	适用铁路
过筛质量百分率/%	0~5	5~15	25~40	55~75	92~97	97~100	新建
	—	0~5	25~40	55~75	92~97	97~100	既有

表 2-12　颗粒形状和清洁度(TB/T2140—2008)

性能参数	技术要求	
	特级	一级
道砟的针状指数/%	≤20	
道砟的片状指数/%	≤20	
道砟中风化颗粒和其他杂石含量/%	≤2	≤5
道砟颗粒表面洁净度(0.1 mm以下粉末的含量)/%	≤0.17	≤1

③ 道砟质量检验：按《铁路碎石道砟试验方法》TB/T 2328.1~19—2008 有关规定进行。

(2)卵石

卵石也称砾(lì)石。是指公称粒径 >5 mm 的天然形成的小石块，颗粒形状为圆卵形，有少量的长条形和片形，表面圆滑。卵石广泛用作混凝土的粗骨料。

(3)砂

砂是指公称粒径 ≤5 mm 的岩石颗粒。包括天然形成的河砂、湖砂、海砂、山砂及由岩块通过机械粉碎加工而成的机制砂。主要用于普通混凝土和沥青混合料的细骨料及砂浆用骨料。

普通混凝土及砂浆用粗细骨料的技术要求，在本教材模块五中再作详细介绍。

3. 板材

建筑工程上常用的岩石板材主要有：由天然岩石加工而成和人造的大理石板材、花岗岩板材等，主要是用于建筑物室内外的饰面，起增强建筑物的美观和提高耐久性等作用。具体在本教材模块十五《建筑装饰材料》中详细介绍。

知识三　土的形成与特性

1. 土的形成

土是一种分布最广、最经济的建筑材料和生产原料。它既可作为建筑地面、公路和铁路路基及水利大坝的填筑材料，也是水泥和砖瓦等烧土制品的生产原料。广义的土包括岩石在内。

天然岩石经过物理、化学风化作用所形成的矿物颗粒(有时还含有机物质)堆积在一起，中间贯穿着孔隙，孔隙中还有水和气体(空气和其他气体)，这种松散的固体颗粒、水和气体的集合体就叫作土。

常将土的固体颗粒(土粒)、颗粒之间孔隙中的水和气体这三部分称为土的三相,即固相、液相和气相。土的三相比例随着周围环境条件的改变而变化。土的三相比例不同,土的状态和工程性质也不同。干土是由固相和气相组成的,而饱和土是由固相和液相组成的,故干土和饱和土都属于两相土。

物理风化不改变土的矿物成分,产生了像碎石和砂等颗粒较粗的土,这类土的颗粒之间没有粘结作用(即内聚力为零),呈松散状态,称为无粘性土。化学风化产生颗粒很细的土,这类土的颗粒之间因为有粘结力而相互粘结,干时结成硬块,湿时有粘性,称为粘性土。这两类土由于成因不同,因而物理性质和工程性质也不一样。

2. 土的特性

土的三相组成物质中,固体部分(土颗粒)一般由矿物质组成,有时含有机质(腐植质及动物残骸等),其构成土的骨架主体,是最稳定、变化最小的部分;液体部分实际上是化学溶液而不是纯水。三相之间的相互作用,固相一般居主导地位,而且还不同程度地限制水和气体的作用,如不同大小土粒与水相互作用,水可呈不同类型(矿物成分水、强结合水、弱结合水、毛细水、重力水等)。从本质上讲,土的工程地质特性主要取决于组成的土粒大小和矿物类型,即土的颗粒级配与矿物成分,水和气体一般是通过其起作用的。当然,土中液相部分对土的性质影响也较大,尤其是细粒土,土粒与水相互作用可形成一系列特殊的物理性质。具体表现为如下特性:

(1)具有较大的压缩性

由于土的固体颗粒之间有孔隙,当受外力作用时,这些孔隙大大缩小,使土具有较大压缩性。这个特性是引起建筑物沉降的内因。

(2)土颗粒之间具有相对移动性

土体受剪时,其抗剪强度是由土颗粒之间表面的摩擦力和内聚力组成的。而一般建筑材料受剪时,其抗剪强度则由材料本身的抗剪裂能力而产生。土颗粒之间的联结(表面摩擦力和内聚力)比颗粒本身的强度低得多,因此,土的抗剪强度就比一般建筑材料低得多。土颗粒之间这种相对移动性是引起地基丧失稳定、产生滑动破坏的内因。

(3)具有较大的透水性

由于土的固体颗粒之间有大的孔隙,水可以在孔隙中流动而透水。而一般建筑材料的透水性往往是很小的。

知识四 土的物理性质指标与物理状态指标

1. 土的物理性质指标

土是由土粒、水分和气体组成的多相体。土中各相所占的数量不仅可以描述土的物理性质和它所处的状态,而且在一定程度上可用来反映土的力学性质。土的各相数量指标是表示土中三相比例关系的物理量。为了便于分析,我们常将土中的土粒、水和气体的体积与质量按相集中成三部分,构成如图 2-1 所示的分析模型,即三相图。土的各部分的体积与质量采用下列符号:

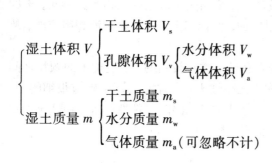

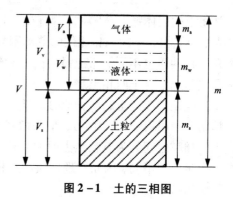

$$\text{湿土体积 } V \begin{cases} \text{干土体积 } V_s \\ \text{孔隙体积 } V_v \begin{cases} \text{水分体积 } V_w \\ \text{气体体积 } V_a \end{cases} \end{cases}$$

$$\text{湿土质量 } m \begin{cases} \text{干土质量 } m_s \\ \text{水分质量 } m_w \\ \text{气体质量 } m_a \text{(可忽略不计)} \end{cases}$$

图 2−1 土的三相图

土的状态与性质都受到三相图数量关系的影响。为了定量地描述土的三相间的关系，并找出它们与土的状态和性质之间的变化规律，首先需要确定反映各相间纯数量关系的指标。有些数量指标必须通过试验直接测定，称为实测指标；而另一些数量指标则可依据实测指标计算出来，称为导出指标。

（1）含水率 w

土的含水率是指土中所含水分质量与干土质量的百分比。按式（2−1）计算：

$$w = \frac{m_w}{m_s} \times 100\% \tag{2−1}$$

土的含水率可用烘干法或酒精燃烧法测定。土的天然含水率差别很大，砂土一般不超过 40%，粘性土多在 10% ~ 80% 之间，而软粘土的含水率可达 100% 以上。

（2）湿密度 ρ 与干密度 ρ_d

① 土的湿密度：是指单位体积湿土的质量。按式（2−2）计算，单位为 g/cm³：

$$\rho = \frac{m}{V} \tag{2−2}$$

湿密度的测定：对于细粒土可采用环刀法或灌砂法进行测定；对于砂类土及最大粒径不超过 75 mm 的砾类土则采用灌砂法进行测定。

② 土的干密度：是指单位体积干土颗粒的质量。可由其湿密度和含水率计算所得，按式（2−3）计算，单位为 g/cm³：

$$\rho_d = \frac{m_s}{V_s} = \frac{\rho}{1 + 0.01w} \tag{2−3}$$

对于同一种土而言，土的干密度愈大，则土就愈密实，孔隙率就愈小。

（3）最大干密度 ρ_{dmax} 与最佳含水率 w_{op}

对于同一种土，在不同含水率状态下，在同一压实条件下，获得的干密度的最大值称为最大干密度；与其相对应的含水率称为最佳含水率，由土的击实试验确定。

（4）土粒比重 G_s

土粒比重指土中矿物颗粒的质量与同体积 4℃ 时纯水的质量之比，按式（2−4）计算：

$$G_s = \frac{m_s}{m_w} = \frac{\rho_d}{\rho_w} = \rho_d \tag{2−4}$$

式中：ρ_w——4℃ 时纯水的密度，为 1 g/cm³。

对于粒径 ≤5 mm 的土，其比重用比重瓶法测定；对于粒径 >5 mm 的土，其比重则用浮称法测定。

若土中既含≤5 mm 的颗粒，也含有 >5 mm 的颗粒时，其土粒混合比重 G_s 按式（2-5）计算：

$$G_s = \cfrac{1}{\cfrac{P_1}{G_{s1}} + \cfrac{P_2}{G_{s2}}} \qquad (2-5)$$

式中：G_{s1}——≤5 mm 土粒的比重；

$\quad G_{s2}$——>5 mm 土粒的比重；

$\quad P_1$——≤5 mm 土粒占总土质量的百分率，%；

$\quad P_2$——>5 mm 土粒占总土质量的百分率，%。

（5）孔隙比 e 与孔隙率 n

土的孔隙比是土中孔隙体积与干土颗粒的体积之比，按式（2-6）计算：

$$e = \frac{V_v}{V_s} = \frac{G_s(1+0.01w)}{\rho} - 1 \qquad (2-6)$$

土的孔隙率（孔隙度）是土中孔隙体积占土的总体积的百分率（%），按式（2-7）计算：

$$n = \frac{V_v}{V} \times 100\% = \left[1 - \frac{\rho}{G_s(1+0.01w)}\right] \times 100\% \qquad (2-7)$$

孔隙比用小数表示，可用它来评价土的密实程度。砂性土的孔隙比一般为 0.5~0.8，粘性土的孔隙比一般为 0.6~1.2。

孔隙比与孔隙率都表示土的孔隙性，其换算关系见式（2-8）：

$$e = \frac{n}{1-n} \qquad (2-8)$$

（6）饱和度 S_r

土中孔隙被水充满的程度称为土的饱和度，即土吸水达到饱和状态后，土中水分的体积占孔隙总体积的百分率（%），按式（2-9）计算：

$$S_r = \frac{V_w}{V_v} \times 100\% = \frac{G_s \cdot w}{e} \qquad (2-9)$$

（7）压实度 K

压实度是用来衡量回填土压密实程度的指标，按式（2-10）计算：

$$K = \frac{\rho_d}{\rho_{dmax}} \times 100\% \qquad (2-10)$$

式中：ρ_d——现场测得的压实后土的干密度，g/cm³；

$\quad \rho_{dmax}$——该填土的理论最大干密度（由土的击实试验确定），g/cm³。

（8）土的颗粒级配

土的颗粒级配是指土颗粒的大小及组成情况，通常以土中各个粒组占总土质量来表示。并以不均匀系数 C_u 和曲率系数 C_c 来评价土的级配优劣情况。

① 不均匀系数：是限制粒径与有效粒径的比值，是反映组成土的颗粒粒径分布均匀程度的一个指标，按式（2-11）计算：

$$C_u = \frac{d_{60}}{d_{10}} \qquad (2-11)$$

式中：C_u——不均匀系数；

    d_{60}——粒径分布曲线上，小于该粒径的颗粒质量占总土质量百分率（即该粒径土过筛质量占总土质量的百分率）为60%的粒径（限制粒径），mm；

    d_{10}——粒径分布曲线上，过筛质量占总土质量为10%的粒径（有效粒径），mm。

    ② 曲率系数：是描述土颗粒粒径分布曲线整体形态的指标，按式（2-12）计算：

$$C_c = \frac{d_{30}^2}{d_{10} \times d_{60}} \tag{2-12}$$

式中：C_c——曲率系数；

    d_{30}——粒径分布曲线上，过筛质量占总土质量为30%的粒径，mm；

    其他符号同上。

不均匀系数一般都大于1。不均匀系数愈接近于1，表明土颗粒愈均匀，级配曲线陡。C_u <5，$C_c \neq 1 \sim 3$ 的土称为匀粒土，级配不良；$C_u \geq 5$，$1 \leq C_c \leq 3$ 的土，级配良好。C_u 越大，表示粒组分布越广，级配曲线平缓。但 C_u 过大，表示可能缺失中间粒径，属不连续级配。

土的颗粒级配检验：对于粒径 >0.075 mm 的土颗粒组成可采用筛分法；对于粒径 ≤0.075 mm 的细粒土可采用密度计法或移液管法。

【例】 某土样筛分析结果见表2-13，试判定该土的级配情况。

表2-13　土样筛分析结果

粒径/mm	60	40	20	10	5	2	1	0.5	0.25	0.075
过筛质量百分率/%	100	90	60	50	40	30	20	10	4	1

解：根据试验结果绘制的土样颗粒级配曲线（可利用 Excel 电子表格的图表功能进行绘制）见图2-2。

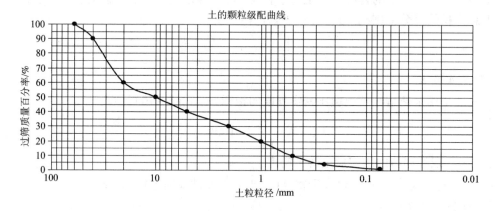

图2-2　土样颗粒级配曲线

不均匀系数和曲率系数计算如下：

$$C_u = \frac{d_{60}}{d_{10}} = \frac{20}{0.5} = 40; \quad C_c = \frac{d_{30}^2}{d_{10} \times d_{60}} = \frac{2^2}{0.5 \times 20} = 2$$

因 C_u >5，C_c 在 1~3 之间，故该土颗粒级配良好。

2. 土的物理状态指标

（1）粘性土的稠度

粘性土的软硬状态，称为稠度。是指粘性土在某一含水率下对外力引起的变形或破坏的抵抗能力，它实质上反映固体颗粒与水溶液发生相互作用时所具有的相对活动性的程度。粘性土由于含水率不同，它的状态会有很大差别，可能是流动的、塑性的、半固态的或固态的。粘性土处于不同状态时，其所含水分形态见表2-14。

表2-14　粘性土不同状态下的水分形态

土的状态	固态	半固态	塑态	液态
土中水分形态	强结合水	强结合水和弱结合水	强结合水、弱结合水和少量自由水	强结合水、弱结合水和大量自由水

注：① 强结合水也称吸附水，是指被颗粒表面负电荷紧紧吸附在土粒周围很薄的一层水。② 弱结合水也称薄膜水，是指在吸附水外面一定范围内的水。③ 自由水是存在于颗粒表面负电荷吸附力作用范围以外的水，它可以在土的孔隙中流动。

随着含水率的变化，粘性土从一种状态变为另一种状态时的含水率称为界限含水率（也称界限含水量）。液限和塑限是两个重要含水率特征值，它们是区分土的塑性状态、流动状态和半固体状态的界限含水率。

液限是指粘性土从流动状态转变为可塑状态时的界限含水率。

塑限是指粘性土由可塑状态过渡到半固体状态时的界限含水率。

粘性土的液限和塑限可用液塑限联合测定仪法或碟式液限仪和塑限搓条法来测定。

当采用液塑限联合测定仪法测定时，建筑工程、铁路工程和公路工程对液限和塑限的具体规定如下：

《建筑地基基础设计规范》GB50007—2011 和《铁路工程土工试验规程》TB 10102—2010 规定，以 76 g 圆锥体沉入土样中深度 $h = 10$ mm 时所对应的含水率为液限；以圆锥体沉入土样中深度 $h_p = 2$ mm 时所对应的含水率为塑限，可在入锥深度 h 与土样含水率 $w(h-w)$ 图上求得。

《公路土工试验规程》JTG E40—2007 规定，可采用 76 g 圆锥体或 100 g 圆锥体进行测定。当采用 76 g 圆锥体测定时，取 $h = 17$ mm 时所对应的含水率为液限，$h_p = 2$ mm 时所对应的含水率为塑限。当采用 100 g 圆锥体测定时，取 $h = 20$ mm 时所对应的含水率为液限，塑限入锥深度 h_p 根据所测液限按公式计算，对于细粒土：$h_p = 29.6 - 1.22w_L + 0.017w_L^2 - 0.0000744w_L^3$；对于砂类土：$h_p = w_L/(0.524w_L - 7.606)$。然后在 $h - w$ 图上求得 h_p 所对应的含水率。

塑性指数是指粘性土具有可塑性时，其含水率的变化幅度。按式（2-13）计算：

$$I_P = w_L - w_P \tag{2-13}$$

式中：I_P——土的塑性指数；

　　w_L——土的液限，%；

　　w_P——土的塑限，%。

塑性指数用百分数的绝对数字表示。例如，$w_L = 34\%$，$w_P = 23\%$，则 $I_P = 34 - 23 = 11$。塑性既然是土的表面活动性的一种反映，那么塑性指数则以具体数量的形式反映了粘性土矿物成分、粒径大小、颗粒形状、水溶液组成对粘性土性质的综合影响，以数字指标表征了表面活动性的强弱。一般认为，$I_P > 4$ 的土才具有塑性；而砂土的 $I_P < 4$，不具备可塑性。因此，

它成为对粘性土进行分类的主要依据。

为了反映具有天然含水率 w_0 的粘性土的稠度状态，通常采用液性指数 I_L 这样一个指标。按式 (2-14) 计算：

$$I_L = \frac{w - w_P}{w_L - w_P} \qquad (2-14)$$

由式 (2-14) 可见，当 $I_L = 1.0$ 时，即 $w = w_L$，土处于流动状态与可塑状态的界限；$I_L = 0$ 时，即 $w = w_P$，土处于可塑状态与半固体状态的界限。按 I_L 的大小将粘性土的软硬程度划分成表 2-15 所列各级。

表 2-15 粘性土的软硬状态 (GB50007—2011)

液性指数	状态	液性指数	状态	液性指数	状态
$I_L \leq 0$	坚硬	$0.25 < I_L \leq 0.75$	可塑	$I_L > 1$	流塑
$0 < I_L \leq 0.25$	硬塑	$0.75 < I_L \leq 1$	软塑		

(2) 无粘性土的相对密度

无粘性土基本上不具有结合水，因此，稠度在这里没有什么意义。对无粘性土而言，最重要的物理状态指标是密实度，因为它反映着无粘性土可压实性的大小。孔隙比在一定程度上能反映这种性质，但无粘性土的孔隙比受土的粒径、形状和级配的影响很大，即使两种土的孔隙比相同，也未必表明它们处于同样的状态。所以工程上，一般采用相对密度来衡量砂土的密实程度。相对密度表达了无粘性土的天然孔隙比与在最疏松状态下的孔隙比和在最紧密状态下的孔隙比之间的关系，可按式 (2-15) 计算：

$$D_r = \frac{e_{max} - e}{e_{max} - e_{min}} \qquad (2-15)$$

式中：D_r——相对密度；

e——天然孔隙比；

e_{max}——最疏松状态下的最大孔隙比；

e_{min}——最紧密状态下的最小孔隙比。

在实用上，无粘性土的相对密度可按式 (2-16) 计算：

$$D_r = \frac{(\rho_d - \rho_{dmin})\rho_{dmax}}{(\rho_{dmax} - \rho_{dmin})\rho_d} \qquad (2-16)$$

式中：ρ_d——无粘性土的天然干密度或填筑层的干密度，g/cm^3 或 kg/m^3；

ρ_{dmax}——无粘性土的最大干密度，g/cm^3 或 kg/m^3；

ρ_{dmin}——无粘性土的最小干密度，g/cm^3 或 kg/m^3。

无粘性土的原状土样难以从地层中取得，可用标准贯入试验测定其密实度。

知识五 土的工程分类

5.1 建筑工程对土的工程分类

《建筑地基基础设计规范》GB50007—2011 将建筑地基的岩土分为岩石、碎石土、砂土、粉土、粘性土和人工填土。具体分类方法如下：

1. 岩石坚硬程度的划分

根据岩块的饱水单轴抗压强度标准值，将岩石划分为坚硬岩、较硬岩、较软岩、软岩和极软岩，详见表2－16。

表2－16　岩石坚硬程度划分（GB50007—2011）

坚硬程度类别	坚硬岩	较硬岩	较软岩	软岩	极软岩
饱水单轴抗压强度标准值（f_{rk}）/MPa	$f_{rk} > 60$	$30 < f_{rk} \leq 60$	$15 < f_{rk} \leq 30$	$5 < f_{rk} \leq 15$	$f_{rk} \leq 5$

2. 碎石土的分类

碎石土为粒径 >2 mm 的颗粒含量超过总土质量50%的土，详见表2－17。

表2－17　碎石土的分类（GB50007—2011）

土名	漂石	块石	卵石	碎石	圆砾	角砾
颗粒形状	圆形及亚圆形为主	棱角形为主	圆形及亚圆形为主	棱角形为主	圆形及亚圆形为主	棱角形为主
粒组含量	大于200 mm 的颗粒含量 >50%		大于20 mm 的颗粒含量 >50%		大于2 mm 的颗粒含量 >50%	

碎石土的密实度可用重型圆锥动力触探仪进行检测。根据重型圆锥动力触探锤击数 $N_{63.5}$，将碎石土的密实程度划分为松散、稍密、中密和密实，详见表2－18。

表2－18　碎石土的密实度（GB50007—2011）

锤击数 $N_{63.5}$/[击·(10 cm)$^{-1}$]	密实度	锤击数 $N_{63.5}$/[击·(10 cm)$^{-1}$]	密实度
$N_{63.5} \leq 5$	松散	$10 < N_{63.5} \leq 20$	中密
$5 < N_{63.5} \leq 10$	稍密	$N_{63.5} > 20$	密实

注：① 重型圆锥动力触探法适用于平均粒径≤50 mm，且最大粒径≤100 mm 的碎石土；② 表中 $N_{63.5}$ 为经综合修正后的平均值。

3. 砂土的分类

砂土是指粒径 >2 mm 的颗粒含量不超过总土质量的50%、粒径 >0.075 mm 的颗粒含量超过总土质量的50%的土，详见表2－19。

表2－19　砂土的分类（GB50007—2011）

土名	粒组含量
砾砂	粒径 >2 mm 的颗粒含量占总土质量的25% ～50%
粗砂	粒径 >0.5 mm 的颗粒含量超过总土质量的50%
中砂	粒径 >0.25 mm 的颗粒含量超过总土质量的50%
细砂	粒径 >0.075 mm 的颗粒含量超过总土质量的85%
粉砂	粒径 >0.075 mm 的颗粒含量超过总土质量的50%

砂土的密实度可用标准贯入仪进行检测。根据标准贯入锤击数 $N_{63.5}$，将砂土的密实程度划分为松散、稍密、中密和密实，详见表2－20。

表 2 - 20　砂土的密实度（GB50007—2011）

锤击数 $N_{63.5}$/[击·(10 cm)$^{-1}$]	密实度	锤击数 $N_{63.5}$/[击·(10 cm)$^{-1}$]	密实度
$N_{63.5} \leq 10$	松散	$15 < N_{63.5} \leq 30$	中密
$10 < N_{63.5} \leq 15$	稍密	$N_{63.5} > 30$	密实

4. 粘性土的分类

粘性土是指塑性指数 $I_p > 10$ 的土。粘性土按塑性指数分类详见表 2 - 21。

表 2 - 21　粘性土的分类（GB50007—2011）

塑性指数	土 名	塑性指数	土 名
$I_p > 17$	粘土	$10 < I_p \leq 17$	粉质粘土

注：表中塑性指数由相应于 76 g 圆锥体沉入土样中深度为 10 mm 时测定的液限计算而得。

5. 粉土

粉土为介于砂土与粘性土之间，塑性指数 $I_p \leq 10$，且粒径 > 0.075 mm 的颗粒含量不超过总土质量 50% 的土。

6. 人工填土

人工填土根据其组成和成因，可分为素填土、压实填土、杂填土、冲填土。素填土为碎石土、砂土、粉土、粘性土等组成的填土。经过压实或夯实的素填土称为压实填土。杂填土为含有建筑垃圾、工业废料、生活垃圾等杂物的填土。冲填土为由水力冲填泥砂形成的填土。

7. 软土

软土包括淤泥、淤泥质土、泥炭、泥炭质土等。

淤泥是指在静水或缓慢的流水环境中沉积，并经生物化学作用形成，其天然含水率 $w > w_L$（液限）、天然孔隙比 $e \geq 1.5$ 的粘性土。$w > w_L$、$1.0 \leq e < 1.5$ 的粘性土或粉土为淤泥质土。含有大量未分解的腐植质，有机质含量 $O_m > 60\%$ 的土为泥炭，$10\% \leq O_m \leq 60\%$ 的土为泥炭质土。

8. 红粘土

红粘土是指由碳酸盐系的岩石，经红土化作用而形成的高塑性粘土，其液限一般大于50%。红粘土经再搬运后仍保留其基本特征，其液限 $w_L > 45\%$ 的土为次生红粘土。

9. 膨胀土

膨胀土是指土中粘粒成分主要由亲水性矿物组成，同时具有显著的吸水膨胀和失水收缩特性，其自由膨胀率 $\delta_{ef} \geq 40\%$ 的高塑性粘土。

10. 湿陷性土

湿陷性土是指在一定压力下，浸水后产生附加沉降，其湿陷系数 $\delta_s \geq 0.015$ 的土。

5.2　公路工程对土的分类及技术要求

《公路土工试验规程》JTG E40—2007 将土分为巨粒土、粗粒土、细粒土和特殊土四大类。具体分类方法如下：

1. 粒组划分

颗粒的粗细对土的性质影响也很大。颗粒愈细，单位体积内颗粒的表面积就愈大，与水接触的面积就愈大，颗粒相互作用的能力就愈强。颗粒粒径的大小称为粒度，把粒度相近的颗粒合为一组，称为粒组。一般地说，同一粒组的土，其物理性质大致相同，不同粒组的土，其物理性质则有较大差别。土的颗粒粒组划分见表2-22。

表2-22　土颗粒粒组划分表

粒径/mm	200		60 20	5 2	0.5 0.25	0.075	0.002
巨　粒　组			粗　粒　组			细　粒　组	
漂　石 (块石)	卵　石 (碎石)		砾粒		砂粒	粉粒	粘粒
		粗砾	中砾	细砾	粗砂 中砂 细砂		

2.巨粒类土

当巨粒含量>75%时，称为巨粒土。其中漂石含量大于卵石含量的为漂石(块石)；漂石含量小于等于卵石含量的为卵石(碎石)。

当50%<巨粒含量≤75%时，称为混合巨粒土。其中漂石含量大于卵石含量的为混合土漂石(块石)；漂石含量小于或等于卵石含量的为混合土卵石(碎石)。

当15%<巨粒含量≤50%时，称为巨粒混合土。其中漂石含量大于卵石含量的为漂石(块石)混合土；漂石含量小于或等于卵石含量的为卵石(碎石)混合土。

3.粗粒类土

粗粒组含量大于50%的土为粗粒类土。包括砾类土和砂类土。

当细粒含量<5%时称为砾类土，其中 $C_u≥5$、$1≤C_c≤3$ 时，为级配良好的砾类土，否则为级配不良的砾类土。

当5%≤细粒含量<15%时称为含细粒土砾。

当15%≤细粒含量<50%时，其中细粒组中粉粒含量≤50%的称为粘土质砾，细粒组中粉粒含量>50%的称为粉土质砾。

粒径>0.5 mm的颗粒多于总土质量50%的为粗砂；粒径>0.25 mm的颗粒多于总土质量50%的为中砂；粒径>0.075 mm的颗粒多于总土质量75%的为细砂。

4.细粒类土

细粒组颗粒含量占总土质量大于或等于50%的土称为细粒土。

细粒土中粗粒组质量少于或等于总土质量25%的土称为粉质土或粘质土。

细粒土中粗粒组质量为总土质量25%~50%(含50%)的土称为含粗粒的粉质土或含粗粒的粘质土。液限 w_L ≥50%的为高液限细粒土；液限 w_L <50%的为低液限细粒土。

细粒土按塑性图分类。见塑性图2-3及表2-23。

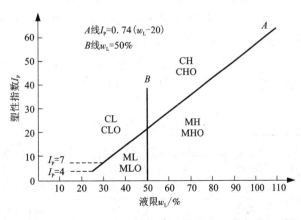

图2-3　塑性图(公路)

表 2 - 23　细粒土按塑性图分类（JTG E40—2007）

在塑性图中的位置		土类名称	土类代号
A 线或 A 线以上	B 线或 B 线以右	高液限粘土	CH
	B 线以左，$I_p = 7$ 线以上	低液限粘土	CL
A 线以下	B 线或 B 线以右	高液限粉土	MH
	B 线以左，$I_p = 4$ 线以下	低液限粘土	ML

注：① 当粗粒组中砾粒组质量多于砂粒组质量时，称为含砾细粒土，应在细粒土代号后缀以代号 G；② 当粗粒组中砂粒组质量多于或等于砾粒组质量时，称为含砂细粒土，应在细粒土代号后缀以代号 S；③ 有机质土塑性图分类方法同细粒土，有机质细粒土的代号应在细粒土代号后缀以代号 O。

5.特殊土类

特殊土包括黄土、膨胀土、红粘土、盐渍土、冻土、软土及有机质土和有机土。

黄土主要是由粉粒组成，呈棕黄或黄褐色，具有大孔隙和垂直节理特征的土。受水浸湿后产生湿陷的黄土，称为湿陷性黄土。

黄土、膨胀土和红粘土按塑性图 2 - 4 定名。

黄土：低液限粘土（CLY），分布范围大部分在 A 线以上，$w_L < 40\%$。

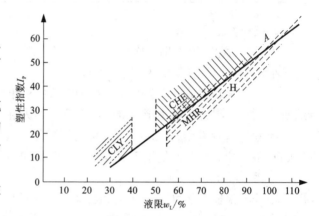

图 2 - 4　特殊土塑性图（公路）

膨胀土：高液限粘土（CHE），分布范围大部分在 A 线以上，$w_L > 50\%$。

红粘土：高液限粘土（MHR），分布范围大部分在 A 线以下，$w_L > 55\%$。

盐渍土是指地表下 1 m 内，土中易溶盐的含量平均大于 0.3% 的土。土的盐渍化使结构破坏以至土层疏松。冬季土体膨胀，雨季时强度降低。在潮湿状态时，含盐量越大，强度越低。且含盐量高时不易被压实。盐渍土又分为弱盐渍土、中盐渍土、强盐渍土和过盐渍土。

有机质土是指有机质含量 $5\% \leqslant O_m < 10\%$，有特殊气味，压缩性高的粘土或粉土。有机质含量 $O_m \geqslant 10\%$ 的土称为有机土。

冻土是指具有负温或零温度，并含有冰晶的土（石）。当自然条件改变时，会产生冻胀、融陷。冻土按冻结状态和持续时间分类，见表 2 - 24。

表 2 - 24　冻土分类（JTG E40—2007）

类　型	持续时间 t/年	地面温度特征	冻融特征
多年冻土	$t \geqslant 2$	年平均地面温度 ≤0℃	季节融化
隔年冻土	$1 \leqslant t < 2$	最低月平均地面温度 ≤0℃	季节冻结
季节冻土	$t < 1$	最低月平均地面温度 ≤0℃	季节冻结

膨胀土、红粘土、软土参照本模块 5.1 的介绍。

6. 公路工程路基填筑材料的技术要求

《公路路基施工技术规范》JTG F10—2006 对路基填筑用材料的技术要求如下：

（1）一般要求

① 含草皮、生活垃圾、树根、腐殖质的土严禁作为填料。

② 泥炭、淤泥、冻土、强膨胀土、有机质土及易溶盐超过允许含量的土及液限 $w_L > 50\%$、塑性指数 $I_p > 26$、含水率不适宜直接击实的细粒土，不得直接用于填筑路基；需要使用时，必须采取技术措施进行处理（如掺入适量石灰进行改良），经检验满足设计要求后方可使用。

③ 粉质土不宜直接用于填筑路床，不得直接填筑于冰冻地区的路床及浸水部分的路堤。

④ 填料的强度（承载比 CBR）和粒径应符合表 2-25 的规定。

表 2-25　路基填筑用材料的最小强度和最大粒径（JTG F10—2006）

项目分类 （路床顶面以下深度）		填料最小强度（CBR）/%			填料最大粒径 /cm
		高速公路、一级公路	二级公路	三、四级公路	
路堤	上路床（0~30 cm）	8.0	6.0	5.0	10
	下路床（30~80 cm）	5.0	4.0	3.0	10
	上路堤（80~150 cm）	4.0	3.0	3.0	15
	下路堤（>150 cm）	3.0	2.0	2.0	15
零填及 挖方路基	0~30 cm	8.0	6.0	5.0	10
	30~80 cm	5.0	4.0	3.0	10

注：① 表中所列强度为浸水 96 h 的 CBR 试验测定值；② 三、四级公路铺筑沥青混凝土和水泥混凝土路面时，应采用二级公路的规定；③ 表中上、下路堤填料最大粒径 15 cm 的规定，不适用于填石路堤和土石路堤。

（2）土石路堤填料要求

① 膨胀岩石、易溶性岩石等不宜直接用于路堤填筑，崩解性岩石和盐化岩石等不得直接用于路堤填筑。

② 天然土石混合填料中，中硬、硬质石料的最大粒径不得大于压实层厚的 2/3；石料为强风化石料或软质石料时，其 CBR 应符合表 2-25 的规定，石料最大粒径不得大于压实层厚。

5.3　铁路工程对土的分类及技术要求

1. 土的工程分类

《铁路工程岩土分类标准》与《建筑地基基础设计规范》对土的分类基本一致。

《铁路路基设计规范》TB 10001—2005 将铁路路基填筑用普通填料按颗粒粒径大小分为巨粒土、粗粒土和细粒土三大类。其中巨粒土、粗粒土填料根据其颗粒组成、颗粒形状、细粒含量、颗粒级配、抗风化能力等又可分为 A、B、C、D 组。

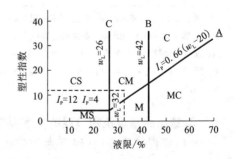

图 2-5　塑性图（铁路）

填料根据土质类型和渗水性分为渗水土和非渗水土。A、B 组填料中，细粒土含量小于 10%、渗透系数 $K_{20} > 1 \times 10^{-3}$ cm/s 的巨粒土、粗粒土（细砂除外）为渗水土，其余为非渗水土。

细粒土根据液限含水率进行分组。当液限 $w_L < 40\%$ 时，为 C 组；当 $w_L \geqslant 40\%$ 时，为 D 组。有机土为 E 组。细粒土按塑性图分类见图 2－5。

注：液限为 76 g 圆锥仪沉入土样中深度为 10 mm 时测定的液限。

《铁路路基设计规范》TB 10001—2005 对路基填筑用填料的工程分类见表 2－26。

表 2－26　填料分类（TB 10001—2005）

填料 类别	填料 名称	符号	说　明	填料 组别
岩块 块石类	硬块石	R_b	粒径 >200 mm 颗粒的质量超过总土质量的 50%，不易风化，尖棱状为主	A
	软块石	R_s	粒径 >200 mm 颗粒的质量超过总土质量的 50%，易风化，尖棱状为主	B、C、D
	漂石块	R_bF	粒径 >200 mm 颗粒的质量超过总土质量的 50%，浑圆或圆棱状为主	A、B、C
碎石类	卵石土	R_gF	粒径 >20 mm 颗粒的质量超过总土质量的 50%，浑圆或圆棱状为主	A、B、C
	碎石土	R_cF	粒径 >20 mm 颗粒的质量超过总土质量的 50%，尖棱状为主	A、B、C
粗粒土 砾石类	圆砾土	G_cF	粒径 >2 mm 颗粒的质量超过总土质量的 50%，浑圆或圆棱状为主	A、B、C
	角砾土	G_fF	粒径 >2 mm 颗粒的质量超过总土质量的 50%，尖棱状为主	A、B、C
砂类	砾　砂	SG	粒径 >20 mm 颗粒的质量超过总土质量的 25%～50%	A、B
	粗　砂	S_c	粒径 >0.5 mm 颗粒的质量超过总土质量的 50%	A、B
	中　砂	S_m	粒径 >0.25 mm 颗粒的质量超过总土质量的 50%	A、B
	细　砂	S_f	粒径 >0.075 mm 颗粒的质量超过总土质量的 85%	B
	粉　砂	SM	粒径 >0.075 mm 颗粒的质量超过总土质量的 50%，细粒土部分以粉粒为主	C
	粘　砂	SC	粒径 >0.075 mm 颗粒的质量超过总土质量的 50%，细粒土部分以粘粒为主	B
细粒土 粉土类	砂粉土	MS	塑性图 A 线以下，C 线以左	B
	粉　土	M	塑性图 A 线以下，B、C 线之间	C
	粘粉土	MC	塑性图 A 线以下，B 线以右	D
粘土类	砂粘土	CS	塑性图 A 线以下，C 线以左	B
	粉粘土	CM	塑性图 A 线以上，B、C 线之间	C
	粘　土	C	塑性图 A 线以上，B 线以右	D
有机质土		W_u	有机质含量 >5%	E

注：① 软块石填料组别：B 组指不易风化的，C 组指易风化的，D 组指强风化及全风化的；② 漂石土、卵石土、碎石土和圆砾土、角砾土的填料组别是根据细粒土含量确定的：细粒土含量 <15% 者为 A 组，细粒土含量在 15%～30% 者为 B 组，细粒土含量 >30% 者为 C 组；③ 填料组别中，A 组指级配良好，B 组指级配不良；④ 级配判定：$C_u \geqslant 5$，$1 \leqslant C_c \leqslant 3$ 的土，级配良好；$C_u < 5$，$C_c \neq 1 \sim 3$，级配不良；⑤ 硬块石的单轴饱和抗压强度 $R_c > 30$ MPa；软块石的单轴饱和抗压强度 $R_c \leqslant 30$ MPa。

2. 铁路路基填筑用填料的技术要求

（1）路堤基床表层（厚度为 0.6 m）填料的技术要求

① Ⅰ级铁路应选用 A 组填料（砂类土除外），当缺乏 A 组填料时，经经济比选后可采用级配碎石或级配砂砾。

② Ⅱ级铁路应优先选用 A 组填料，其次为 B 组填料。对不符合要求的填料，应采取土质改良或加固措施。

③ 填料的颗粒粒径不得大于 150 mm。

（2）路堤基床底层（厚度为 1.9 m）填料的技术要求

① Ⅰ级铁路应选用 A、B 组填料，否则应采取土质改良或加固措施。

② Ⅱ级铁路可选用 A、B、C 组填料。当采用 C 组填料时，在年平均降水量大于 500 mm 地区，其塑性指数不得大于 12，液限不得大于 32%，否则应采取土质改良或加固措施。

③ 填料的最大粒径不应大于 200 mm，或摊铺厚度的 2/3。

（3）路堤基床以下部位填料的技术要求

① 宜选用 A、B、C 组填料。当选用 D 组填料时，应采取加固或土质改良措施；严禁使用 E 组填料。

② 一次铺设无缝线路的 Ⅰ级铁路，路堤与桥台、路堤与硬质岩石路堑连接处的过渡段的基床表层填料与压实标准应与相邻基床表层相同，基床表层以下应选用 A 组填料，当过渡段浸水时，浸水部位的填料还应满足渗水土的要求。

③ 铺设非无缝线路的 Ⅰ、Ⅱ级铁路的桥头路堤及 Ⅰ、Ⅱ级铁路的涵洞两侧路堤填料应采用渗水土填筑。

④ 路堤浸水部位应采用渗水土填料。

⑤ 填料的最大粒径不应大于 300 mm，或摊铺厚度的 2/3。

项目二　职业技能

技能一　岩土性能检测样品的抽取

岩土在使用前应对其性能进行抽样检测。抽样时应及时填写好抽样单，并在抽样单中详细记录试样的名称、规格、取样地点、取样方法、取样数量、取样人、见证人、取样日期、试样编号等信息，抽样单一式两份，其中一份存档，另一份用防水塑料袋包装好，随试样放入试样包装中。对于抽取的试样，应选用合适的包装方式将试样包装好，并在包装外合适的位置贴上封签，以防在运输途中被混淆。

1. 岩石性能检测样品的抽取

岩石性能检测样品的抽取见表 2 - 27。

表 2 - 27　岩石性能检测样品的抽取

用 途	检测项目	试样规格/mm（最小尺寸）	最少试样数量（1 组）	取样部位与要求
砌体材料装饰材料砼用骨料	抗压强度及软化系数	150 × 150 × 150	无明显层理的：3 块有明显层理的：6 块	每一采石场或每批，抽取有代表性的试样至少 1 组
	坚固性			
基础持力层	抗压强度及软化系数	150 × 150 × 150	3 块	桩基础或独立基础：每桩或每基础抽取试样 1 组；条形基础：选取有代表性的部位抽取试样至少 1 组

2. 土样性能检测样品的抽取

土样性能检测样品的抽取见表 2 - 28。

表 2 - 28　土样性能检测样品的抽取

用　途	检测项目	最少试样数量(1 组)	取样部位与要求
填筑工程用填料	界限含水率、颗粒级配、承载比(CBR)、击实试验	100 kg	土样可在试坑、平洞、竖井、去植被后的天然地面及钻孔中采取。对同一土质每 5000 m³ 应抽样进行一次检测

技能二　岩土物理力学性能检测

岩石的抗压强度、土的界限含水率、颗粒级配、击实试验方法。详见配套教材《建筑材料检测实训指导书与实训报告》。

模块三　土工合成材料及其检测

【教学要求】　简要介绍土工合成材料的基本概念与分类；重点讲述常用土工合成材料的特性、技术要求、工程应用及物理、力学性能检测样品的抽取。

项目一　职业知识

知识一　土工合成材料的定义及分类

土工合成材料是岩土工程应用的土工织物、土工膜、土工复合材料、土工特种材料的总称。它是以人工合成的聚合物（如塑料、化纤、合成橡胶等）为原料，制成各种类型的产品，置于土体内部、表面或各种土体之间，发挥加强或保护土体的作用。

土工特种材料包括土工膜袋、土工网、土工网垫、土工格室、土工织物膨润土垫、聚苯乙烯泡沫塑料（EPS）等。

土工复合材料是由上述各种材料复合而成，如复合土工膜、复合土工织物、复合土工布、复合防排水材料（排水带、排水管）等。

知识二　土工布的特性、技术要求及应用

土工布又称土工织物。它是由涤纶、晴纶、锦纶等高分子聚合物的合成纤维，通过针刺或编织而成的透水性土工合成材料，成品为布状。分为织造（有纺）和非织造（无纺）土工织物两种。

织造土工织物是由纤维纱或长丝按一定方向排列机织的土工织物。

非织造土工织物是由短纤维或长丝按随机或定向排列制成的薄絮垫，经机械、热力或化学等联结方式而制成的织物。

1.特性与技术要求

（1）特性

土工布整体连续性好，可做成较大面积的整体。具有质量轻、施工方便、抗拉强度高、抗冷冻、耐老化、耐腐蚀等特性。具有优秀的过滤、排水、隔离、加筋、防护等作用。

（2）技术要求

① 厚度：土工织物的厚度是指其在承受一定压力（一般为 2 kPa）的情况下，织物上下两个平面之间的距离，单位为 mm。土工织物的厚度在承受压力时变化很大，且随加压持续时间的延长而减少，故测定时应对其施加规定的压力，并持续到规定的加压时间（30 s）后读取数据。土工织物的厚度对计算其水力特性指标影响很大。

② 单位面积质量：单位面积质量是指 1 m^2 土工织物的质量有多少克。它既能反映土工织物的均匀程度，还能反映土工织物的抗拉强度、顶破强度和渗透系数等多方面特性。

③ 等效孔径：也称有效孔径。是指能有效通过土工织物的近似最大颗粒直径。通常以 O_{90}、O_{95} 来表示土工织物的等效孔径。如 O_{90} 表示土工织物中 90% 的孔径低于该值。

等效孔径用于表示织物型土工合成材料孔隙大小的指标。土工织物的透水性、导水性和保持土粒的性能都与其孔隙通道的大小和数量有关。

④ 拉伸断裂强度与伸长率：拉伸断裂强度是试验中试样被拉伸至断裂时每单位宽度的最大拉力，以 kN/m 表示。伸长率是指拉伸试验中对应于最大拉力时的应变量，以百分率表示。

土工合成材料的工程应用中，加筋、隔离和减荷作用等，都直接利用了材料的抗拉能力，相应的工程设计中也需要用到材料的抗拉强度。因此抗拉强度是土工合成材料最基本也是最重要的力学特性指标。

土工合成材料的拉伸断裂强度和伸长率与原材料的种类、结构形式、单位面积质量、厚度及生产工艺等因素有关。

⑤ 撕破强力：是指撕破试样所需的最大力。它反映土工织物抵抗撕裂的能力，也能间接反映土工织物的抗拉能力。

⑥ 顶破强力：是指用直径为 50 mm 的圆柱形顶压杆，以 60 mm/min 的速率垂直顶压土工织物，直至顶破时所需的最大力。它反映土工织物抵抗坚硬物体的顶破能力。

⑦ 垂直渗透系数：土工织物起过滤作用时，水流垂直于土工织物平面，水力梯度等于 1 时的渗透流速。垂直渗透系数 k 按式（3-1）计算：

$$k = \frac{v}{i} = \frac{v \cdot \delta}{\Delta h} \tag{3-1}$$

式中：v——垂直土工织物平面水的流速，mm/s；

$\quad\quad i$——土工织物上下两侧的水力梯度，$i = \Delta h/\delta$；

$\quad\quad \delta$——土工织物的厚度，mm；

$\quad\quad \Delta h$——土工织物上下两侧的水位差（即水头），mm。

常用土工布的类型、规格与质量标准见表 3-1。

表 3-1　土工布的类型、规格、技术要求与质量标准

产品类别	产品规格	主控项目	质量标准
长丝纺粘针刺非织造土工布	按断裂强度（kN/m）分为：4.5、7.5、10、15、20、25、30、40、50 等，幅宽和单位面积质量作为辅助	① 厚度 ② 单位面积质量 ③ 断裂强度 ④ 标称（或断裂）伸长率 ⑤ 撕破强力 ⑥ CBR 顶破强力 ⑦ 垂直渗透系数 ⑧ 等效孔径 O_{90} 或 O_{95}	《土工合成材料 长丝纺粘针刺非织造土工布》GB/T 17639—2008
长丝机织土工布	按纵向断裂强度（kN/m）分为：35、50、60、80、100、120、140、160、200、250 等，幅宽和单位面积质量作为辅助		《土工合成材料 长丝机织土工布》GB/T 17640—2008
短纤针刺非织造土工布	按单位面积质量（g/m²）分为：100、150、200、250、300、350、400、450、500、600、800 等，幅宽作为辅助		《土工合成材料 短纤针刺非织造土工布》GB/T 17638—1998
机织/非织造复合土工布	按断裂强度（kN/m）分为：30、40、50、60、70、80、100、120、140		《土工合成材料 机织/非织造复合土工布》GB/T 18887—2002
塑料扁丝编织土工布	按纵-横向断裂强度（kN/m）分为：20-15、30-22、40-28、50-35、60-42、80-56、100-70		《土工合成材料 塑料扁丝编织土工布》GB/T 17690—1999

2. 应用与储存

土工布主要用于铁路、公路、机场的路基填筑,水利堤坝的填筑,遂洞、建筑、环保等工程中,可起到过滤、排水、隔离、防护、加筋的作用。

土工布应储存在干燥、阴凉、清洁、周围不得有酸、碱等腐蚀介质的库房内,不得长期暴晒,并注意防火等事宜。产品自生产日期起,保存期为 12 个月。

知识三　土工格栅的特性、技术要求及应用

土工格栅是由有规则的网状抗拉条带形成的用于加筋的土工合成材料。其开孔可容周围土石或其他土工材料穿入。

土工格栅按生产材料不同分为塑料土工格栅、钢塑土工格栅、玻璃纤维土工格栅和玻纤聚酯土工格栅四大类。按受力特性分为单拉土工格栅(单向拉伸)和双拉土工格栅(双向拉伸)两种。土工格栅形状见图 3-1。

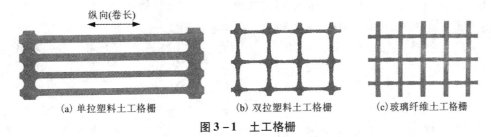

纵向(卷长)

(a) 单拉塑料土工格栅　　(b) 双拉塑料土工格栅　　(c) 玻璃纤维土工格栅

图 3-1　土工格栅

塑料土工格栅是用聚丙烯、聚氯乙烯等高分子聚合物经热塑或模压而成的二维网格状或具有一定高度的三维立体网格屏栅。

钢塑土工格栅由高强度钢丝通过高密度聚乙烯包裹成高强度条带,按平面经纬成直角,经超声波焊接成型的土工合成材料。

玻璃纤维土工格栅以玻璃纤维无碱无捻粗纱为主要原料,采用一定的编织工艺制成的网状结构材料,为保护玻璃纤维和提高整体使用性能,经过特殊的涂覆处理工艺而形成新型优良的土工合成材料。

1. 特性与技术要求

土工格栅具有拉伸强度大、变形小、蠕变(在恒定负荷下,试样的变形随时间的变化)小、摩擦系数大、耐腐蚀、寿命长、抗老化和抗氧化性强,可耐酸、碱、盐等恶劣环境的腐蚀,尺寸稳定性好等性能。双向土工格栅在纵向和横向上都具有很大的拉伸强度;单向土工格栅具有相当高的拉伸强度和拉伸模量。

常用土工格栅的类型、规格、技术要求与质量标准见表 3-2。

2. 应用与储存

双向拉伸塑料土工格栅适用于各种路基和堤坝补强、边坡防护、挡墙和路面抗裂、洞壁补强,大型机场、停车场、码头货场等永久性承载的地基补强。单向土工格栅用于加固软弱地基、加筋沥青或水泥路面、加固江河海堤、处理垃圾掩埋场等。

塑料土工格栅不得露天存放,应避免日光长期照射,并离热源大于 5 m。产品自生产日期起,保存期为 12 个月。玻纤土工格栅应贮存在无腐蚀气体、无粉尘和通风良好干燥的室内。

表 3 – 2　土工格栅的类型、规格、技术要求与质量标准

产品类别		产品规格	主控项目	质量标准
塑料土工格栅	聚丙烯单拉土工格栅（代号 TGDG）	按单向拉伸强度（kN/m）分为：35、50、80、120、160、200 等规格	① 拉伸强度 ② 2% 伸长率时的拉伸强度 ③ 5% 伸长率时的拉伸强度 ④ 断裂伸长率	《土工合成材料 塑料土工格栅》GB/T 17689—2008
	高密度聚丙烯单拉土工格栅（代号 TGDG）	按单向拉伸强度（kN/m）分为：35、50、80、120、160 等规格		
	聚丙烯双拉土工格栅（代号 TGSG）	按双向拉伸强度（kN/m）分为：15×15、20×20、25×25、30×30、35×35、40×40、45×45、50×50 等规格		
玻璃纤维土工格栅（代号 EGA）		按双向断裂强度（kN/m）分为：30×30、50×50、60×60、80×80、100×100、120×120、150×150 等规格		《玻璃纤维土工格栅》GB/T 21825—2008

知识四　土工格室与网垫的特性、技术要求及应用

土工格室与土工网垫都是用合成材料特制的二维和三维结构。

塑料土工格室由长条形的塑料片材，通过超声波焊接等方法连接而成，展开后为蜂窝状的立体网格，未展开时，在同一条片材的同一侧。长条片材的宽度即为格室的高度。塑料土工格室形状见图 3 –2(a)。

 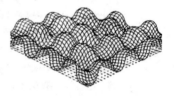

(a) 塑料土工格室　　　(b) 塑料三维土工网垫

图 3 – 2　土工格室与土工网垫

三维土工网垫底面为双向拉伸平面网，表面为非拉伸挤出网，经点焊形成表面呈凹凸泡状的多层塑料三维结构网垫。三维土工网垫的形状见图 3 –2(b)。

1. 特性与技术要求

土工格室伸缩自如，运输时可缩叠起来，使用时张开并充填岩土或混凝土，构成具有强大侧向限制和大刚度的结构体。

三维土工网垫的底层为一高模量基础层，能防止变形和水土流失，表层为起泡层，填入土壤，种上草籽，在草皮没有长成之前，可以保护土地表面免遭风雨的侵蚀，同时在播种初期稳固草籽；植物生长起来后组成的复合保护层可经受高水位、大流速的雨水冲刷；可替代混凝土、沥青、抛石等坡面防护材料，是非常理想的土壤植被防护材料。

常用土工格室与土工网垫的类型、规格、技术要求与质量标准见表 3 – 3。

表 3 – 3　土工格室与土工网垫的类型、规格、技术要求与质量标准

产品类别	产品规格	主控项目	质量标准
塑料土工格室	按片材类型分为：聚乙烯土工格室（代号 PP）和聚乙烯土工格室（代号 PE）	外观、格室片材的拉伸屈服强度、焊接处抗拉强度、格室间连接处抗拉强度	《土工合成材料 塑料土工格室》GB/T 19274—2003
塑料三维土工网垫	按层数可分为二层、三层、四层、五层，分别用 EM2、EM3、EM4、EM5 表示	厚度、单位面积质量、纵横向拉伸强度	《土工合成材料 塑料三维土工网垫》GB/T18744—2002

2. 应用与储存

土工格室用于加固公路、铁路的路基与软土地基、边坡防护与绿化结构、修建挡土墙等。土工格室最大特点是可以完成岩土工程中常规方法难以处理的多种疑难问题，如桥头跳车、软基沉陷、翻浆、塌方和沙漠路基等。同时，施工也很方便。

三维土工网垫主要用于公路、铁路、河道、堤坝、山坡等坡面保护，可有效地防止水土流失、增加绿化面积，改善生态环境。

塑料土工格室和塑料三维土工网垫产品应贮存在干燥、阴凉、清洁的库房内，远离热源、火源，并防止阳光直接照射，贮存期限从生产之日起不超过1年。若暴露存放，则不得超过3个月。

知识五　土工膜的特性、技术要求及应用

土工膜是由聚合物或沥青制成的一种相对不透水薄膜。分为单层土工模和复合土工膜（多层土工膜）。由于单层土工膜抗拉强度低，且抗穿孔能力差，故工程上常用的土工膜为复合土工膜。

以塑料薄膜作为防渗基材，与无纺布复合而成的土工防渗材料，称为非织造布复合土工膜。无纺布作为土工膜的保护层，保护防渗层不受损坏。其防渗性能主要取决于塑料薄膜的防渗性能。

非织造布复合土工膜按膜材分为聚氯乙烯（PVC）、高密度聚乙烯（PE－HD）或中密度聚乙烯（PE－MD）、氯化聚乙烯（CPE）、乙烯－醋酸乙烯共聚物（EVA）等复合土工膜；按基材分为短纤针刺非织造布复合土工膜、长丝纺粘针刺非织造布复合土工膜；按结构分为一布一膜、一布二膜、二布二膜、多布多膜等复合土工膜。

1. 特性与技术要求

单层土工膜具有比重较小，延伸性较强，适应变形能力高，耐腐蚀，耐低温，抗渗性能好。但抗拉强度低、抗穿孔能力差。

复合土工膜具有强度高，延伸性能较好，变形模量大，耐酸碱、抗腐蚀，耐老化，防渗性能好等特点。

常用土工膜的类型、规格、技术要求与质量标准见表3－4。

表3－4　土工膜的类别、规格、技术要求与质量标准

产品类别		产品规格	主控项目	质量标准
聚氯乙烯土工膜（PVC）	单层（代号 TGD）	按厚度（mm）分为：0.30、0.50、0.80、1.00、1.50	厚度、纵横向拉伸强度、纵横向断裂伸长率、纵横向撕裂强度、低温弯折性（－20℃）、纵横向尺寸变化率、耐静水压力、渗透系数、透气系数、热老化性能	《土工合成材料聚氯乙烯土工膜》GB/T 17688—1999
	双层（代号 TGSF）	按厚度（mm）分为：0.60、0.80、1.00、1.50、2.00		
	夹网（代号 TGWF）	按厚度分为：0.50、0.80、1.00、1.50、2.00		
聚乙烯土工膜（PE）	普通高密度（代号 GH－1）	按厚度（mm）分为：0.30、0.50、0.75、1.00、1.25、1.50、2.00、2.50、3.00	密度、纵横向拉伸强度、纵横向断裂伸长率、直角撕裂负荷、抗穿刺强度、常温氧化诱导时间、水蒸汽渗透系数、尺寸稳定性	《土工合成材料聚乙烯土工膜》GB/T 17643—2011
	低密度（GL－1）			
	环保用光面高密度（代号 GH－2S）			
非织造布复合土工膜	短纤针刺非织造布复合土工膜（代号 SN）	按断裂强度（kN/m）分为：5.0、7.5、10、12、14、16、18、20	纵横向断裂强度、纵横向标称断裂强度对应伸长率、CBR 顶破强力、纵横向撕破强力、耐静水压力、垂直渗透系数、剥离强度	《土工合成材料非织造布复合土工膜》GB/T 17642—2008

2. 应用与储存

土工膜适用于水利、市政、建筑、交通、地铁、隧道、堤坝、遂洞、沿海滩涂、围垦、环保等工程的防渗及废料场的防污处理。

聚氯乙烯和聚乙烯土工膜应贮存在干燥、阴凉、清洁的库房内，同时保持包装的完整，膜卷不应堆放过高，堆码高度不超过 1.5 m，并远离热源和化学污染。贮存期限从生产之日起不超过 2 年。非织造布复合土工膜应保证不破损、不玷污、不受潮、防雨淋，且不得长期暴晒。

知识六　排水网与排水板的特性、技术要求及应用

排水网为非拉伸挤出网，经点焊形成表面呈凹凸泡状的多层塑料三维立体结构的塑料网。塑料排水网的形状见图 3-3(a)。

复合排水网由立体结构的塑料网双面粘接渗水非织造土工布组成。复合排水网的形状见图 3-3(b)。

塑料排水板是以高分子聚乙烯或聚苯乙烯为原料，采用高压注塑成型工艺，压制出圆锥突台或圆柱突台的凹凸中空立筋结构，具有立体空间和一定支撑高度的塑料排水板材。塑料排水板的形状见图 3-3(c)。

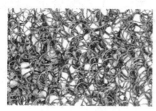  

　(a) 塑料排水网　　　　　　(b) 复合排水网　　　　　　(c) 塑料排水板

图 3-3　排水网与排水板

1. 特性与技术要求

复合排水网具有三层特殊结构，中间筋条刚性大，纵向排列，形成排水通道，上下交叉排列的筋条形成支撑，防止土工布嵌入排水通道，即使在很高的荷载下也能保持很高的排水性能，具有反滤、排水、透气、保护的综合性能，是目前最理想的排水材料。

塑料排水板具有的凹凸中空立筋结构，具有导水能力强、承受压力大、耐化学生物作用和抗老化性等特点。与土工布组成一个排水系统，形成一个具有渗水、贮水和排水功能的系统，可以快速有效导出雨水，大大减少甚至消除防水层的静水压力，通过这种主动导水原理达到主动防水的效果，是淤泥、淤质土、冲填土等饱和粘性土及杂填土运用排水固结法进行软基处理的良好垂直通道，大大缩短了软土固结时间。

常用塑料排水网与塑料排水板的类型、规格、技术要求与质量标准见表 3-5。

2. 应用与储存

塑料排水网、复合排水网及塑料排水板主要用于铁路、公路、隧道、市政工程、水库、护坡等排水工程中，可替代传统的砂粒和砾石层排水材料。

塑料排水网、复合排水网及塑料排水板产品应贮存在干燥、阴凉、清洁的库房内，远离热源、火源，并防止阳光直接照射，贮存期限从生产之日起不超过 1 年。若暴露存放，则不

得超过3个月。

表 3-5　塑料排水网与塑料排水板的类别、规格、技术要求与质量标准

产品类别	产品规格	主控项目	质量标准
塑料排水网	按其结构分为：单层塑料排水网和复合排水网	厚度、单位面积质量、网眼尺寸、拉伸屈服强度	《土工合成材料 塑料土工网》 GB/T 19470—2004
塑料排水板	双面反滤排水板(带)，代号为FF 单面反滤排水板(带)，代号为F 一面反滤排水，另一面隔离防渗排水板(带)，代号为FL; 加筋兼反滤排水板(带)，代号为FT	单位面积质量、纵向通水量、压屈强度	《公路工程土工合成材料 塑料排水板(带)》 JT/T 521—2004

项目二　职业技能

技能　土工合成材料检测样品的抽取

　　土工合成材料在使用前应分批次对其质量进行抽样检测。检测样品的抽取应根据有关产品标准、施工验收标准的规定，在监理人员见证下，随机抽取规定数量的试样，委托有相应资质的检测机构进行检测。经检测合格后，方能使用。

　　土工合成材料质量检测样品的抽取数量和方法见表 3-6。

表 3-6　土工合成材料质量检测样品的抽取

材料名称	组批规则	最少抽样数量	抽样方法
土工布 非织造布复合土工膜	同一生产单位生产的同一品种、同一规格为一批	≤50卷时为2卷 >50卷时为3卷	从批样(抽取的卷)的每一卷中，距端部不少于3 m的部位，随机剪取产品幅宽不少于1 m长作为检测样品
土工格栅	同一原料、同一配方、相同工艺生产的同一规格为一批，且每批不超过500卷。当7d生产尚不足500卷时，则以7d生产量为一批	每批1卷	从每批中随机抽取1卷，去掉外层长度500 mm后，截取产品幅宽不少于1 m长作为检测样品
土工格室	同一原料、同一配方、相同工艺生产的同一规格为一批，且每批不超过500组。当7d生产尚不足500组时，则以7d生产量为一批	≤150组时为8组;151~200组时为13组	从批样(抽取的组)的每一组中，随机剪取产品不少于1 m²作为检测样品
三维土工网垫 塑料三维排水网	同一原料、同一类别、同一生产单位生产的同一规格为一批，且每批不超过500卷	每批1卷	从每批中随机抽取1卷，随机剪取产品幅宽不少于1 m长作为检测样品
塑料土工膜	同一批号的原料、同一配方、同一工艺条件、同一规格的产品，每100t为一批。不足100t时，以订货数为一批	每批3卷	从批样的每一卷中，去掉端部2 m后，在宽度方向上距离两端200 mm处裁取不少于1 m长作为检测样品
塑料排水板	同一配方、同一生产工艺、同一设备稳定连续生产的不超过20万米为一批。小于20万米亦视为一批	每批5卷(盘)	从批样中随机抽取1卷，随机剪取产品幅宽不少于1 m长作为检测样品

模块四　无机胶凝材料及其检测

【教学要求】　简要介绍石灰、通用硅酸盐水泥的生产与凝结硬化机理；重点讲述石灰与通用硅酸盐水泥的特性、技术要求、工程应用、质量检测样品的抽取及物理、力学性能检测方法与检测结果评定。

项目一　职业知识

知识一　胶凝材料的基本概念与分类

1.胶凝材料的概念

胶凝材料是指能够通过自身的物理、化学作用，由浆体变成坚硬的固体，并能将散粒状材料、块状材料或片状材料胶结成为一个整体的材料，亦称为胶结材料。

2.胶凝材料的分类

（1）按化学组成分

根据化学组成不同，胶凝材料可分为有机胶凝材料和无机胶凝材料两大类。

① 有机胶凝材料：是指以天然的或人工合成的有机高分子化合物为基本成分的胶凝材料。建筑工程中常用的有机胶凝材料有沥青和合成树脂等。

② 无机胶凝材料：又称矿物胶凝材料，是以无机化合物为基本成分的胶凝材料。建筑工程中常用的无机胶凝材料有石灰、石膏和水泥等。

（2）按硬化条件分

按硬化条件不同，无机胶凝材料又可以分为气硬性胶凝材料和水硬性胶凝材料。

① 气硬性胶凝材料：是指只能在空气中硬化，并只能在空气中保持和发展其强度的胶凝材料，如石灰、石膏、水玻璃等，仅适用于干燥环境。

② 水硬性胶凝材料：是指既能在空气中硬化，而且还能更好地在水中硬化，并保持和发展其强度的胶凝材料，如各种水泥既适用于地上干燥环境，也可用于潮湿环境或水中。

知识二　石灰的生产及分类

石灰是建筑史上使用较早的一种气硬性胶凝材料。我国著名的万里长城，就是以石灰为主要胶凝材料砌筑的。

石灰具有原料分布广、生产工艺简单、成本低廉的特点，在建筑工程中应用广泛。建筑工程中常用的石灰产品有磨细生石灰粉、消石灰粉和石灰膏。

1.石灰的生产

生产石灰的主要原料有石灰石、白云石、白垩、贝壳等，其主要成分是碳酸钙，其次为碳酸镁。

石灰石经高温煅烧分解，释放出二氧化碳气体，得到以氧化钙为主要成分的块状生石灰，其反应式如下：

$$CaCO_3 \xrightarrow{900 \sim 1100^0 C} CaO + CO_2 \uparrow$$

由于石灰原料中常含有一些碳酸镁，因此生石灰中除含氧化钙外，还含有氧化镁。

$$MgCO_3 \xrightarrow{900 \sim 1100^0 C} MgO + CO_2 \uparrow$$

2. 石灰的分类

（1）按加工方法分

根据加工方法不同，石灰可分为块状生石灰、磨细生石灰粉、消石灰粉和石灰膏。具体分类见表 4-1。

表 4-1　石灰按其加工方法分类

石灰种类	加工方法	主要化学成分
生石灰	石灰原料经煅烧而得的块状石灰	CaO
生石灰粉	将块状生石灰破碎、磨细而成的粉状石灰	CaO
消石灰粉	将块状生石灰用适量水熟化而得到的粉状石灰	Ca(OH)$_2$
石灰膏	将生石灰用过量的水经熟化、沉淀而得到的可塑性膏状体	Ca(OH)$_2$

（2）根据石灰中氧化镁的含量及氧化钙和氧化镁的总含量不同分

根据石灰中氧化镁的含量不同，将石灰分为钙质石灰（$MgO \leqslant 5\%$）和镁质石灰（$MgO > 5\%$）。

根据石灰中氧化钙和氧化镁的总含量分类见表 4-2。

表 4-2　石灰按其氧化镁的含量分类

类别与代号		名称与代号
生石灰块（Q） 生石灰粉（QP）	钙质石灰（CL）	钙质石灰 90（CL90）、钙质石灰 85（CL85）、钙质石灰 75（CL75）
	镁质石灰（ML）	镁质石灰 85（ML85）、镁质石灰 80（ML80）
消石灰（H）	钙质消石灰（HCL）	钙质消石灰 90（HCL90）、钙质消石灰 85（HCL85）、钙质消石灰 75（HCL75）
	镁质消石灰（HML）	镁质消石灰 85（HML85）、镁质消石灰 80（HML80）

（3）根据煅烧程度不同分

根据石灰生产过程中对煅烧温度和时间等控制不同，可分为正火石灰、欠火石灰、过火石灰。其形成原因和特点见表 4-3。

表 4-3　石灰按其煅烧程度分类

石灰种类	形成原因	特点
正火石灰	煅烧温度和时间控制正常，即在低于烧结温度下煅烧、碳酸钙分解完全	产浆量高、有效氧化钙和氧化镁含量高、质量好
欠火石灰	煅烧温度较低、煅烧时间短或岩块尺寸过大，导致碳酸钙不能完全分解，石灰中含有未烧透的内核	产浆量较低，有效氧化钙和氧化镁含量低，使用时粘结力不足，质量较差

石灰种类	形 成 原 因	特 点
过火石灰	煅烧温度过高、煅烧时间过长，导致内部结构致密	过火石灰的表面常被粘土杂质熔化时所形成的玻璃釉状物包覆，与水反应速度十分缓慢。若将过火石灰用于工程中，过火石灰颗粒往往会在正常石灰硬化以后才发生水化作用，并且体积膨胀，使已硬化的砂浆表面产生开裂、隆起等现象，影响工程质量

知识三　石灰的熟化与硬化机理

1.石灰的熟化

块状生石灰加水，使之消解为高分散度的氢氧化钙细粒，这一水化过程即称为石灰的熟化或消化。其反应式如下：

$$CaO + H_2O \longrightarrow Ca(OH)_2$$

生石灰熟化时会放出大量的热（1 kg 生石灰放热可达 1160 kJ），同时其体积膨胀 1.0～2.5 倍，易在工程中造成事故，因此，在石灰熟化过程中应注意安全，防止烧伤、烫伤。

熟化时根据加水量的多少，可得到消石灰粉和石灰膏。

消石灰粉：是由块状生石灰用适量的水熟化而得，加水量通常为石灰质量的 60%～80%，这样既可以充分熟化，又不致过湿成团。工地上常采用分层喷淋法，将打碎了的生石灰块平铺于能吸水的平地上，每层厚约 20 cm，用水喷淋一次，然后上面再铺一层生石灰，接着再喷淋一次，直至 5～7 层为止，最后用砂和土覆盖，以防水分蒸发，使石灰充分熟化，同时又可阻止碳化作用。

石灰膏：是将生石灰放在化灰池中，用过量的水（约为生石灰体积的 3～4 倍）消化成石灰水溶液，然后通过 3 mm×3 mm 筛网过滤，流入储灰坑内，形成石灰浆。储灰坑中的石灰浆会逐渐沉积或浓缩，形成石灰膏。

为消除过火石灰的危害，保证石灰完全熟化，生石灰和磨细生石灰必须在储灰坑内熟化一定时间，这个过程称为"陈伏"。生石灰熟化时间不得少于 7 d，磨细生石灰粉熟化时间不得少于 2 d。陈伏时间越长，石灰熟化得越完全。陈伏期间石灰浆表面应有一定厚度的水层，以隔绝空气，防止碳化。

2.石灰的硬化

石灰浆体在空气中的硬化，是由结晶和碳化两个同时进行的过程来完成的。

（1）结晶过程

石灰浆在干燥过程中，石灰浆体中的游离水分逐渐蒸发，或被砌体吸收，使氢氧化钙溶液达到饱和而析出氢氧化钙晶粒。这些晶粒最初被水膜隔开，但随着水分的不断蒸发，水膜逐渐变薄，晶粒长大并彼此靠近，交错结合在一起，形成结晶结构网，产生强度。此阶段强度很低，若遇水，因毛细管压消失，且氢氧化钙微溶于水，其强度将会丧失。

（2）碳化过程

石灰浆表层的氢氧化钙晶粒与潮湿空气中的二氧化碳反应生成碳酸钙晶粒而使石灰浆硬化。其反应式如下：

$$Ca(OH)_2 + CO_2 + nH_2O \longrightarrow CaCO_3 + (n+1)H_2O$$

碳化作用实际上是二氧化碳遇水形成碳酸后，再与氢氧化钙反应生成碳酸钙。因此，碳化作用不能在没有水分的干燥环境下进行。石灰的碳化作用主要发生在与空气接触的表面，并且碳化生成致密的碳酸钙后，会阻止二氧化碳继续深入内部，也影响到浆体内部水分的蒸发，使氢氧化钙结晶速度减慢，随着时间的推移，碳酸钙晶粒与氢氧化钙晶粒相互交叉、共生，构成紧密交织的结晶网，使硬化后的浆体强度进一步得到提高。因此，石灰浆体的硬化过程具有由表及里、硬化速度逐渐变慢、硬化时间较长的特点。

知识四　石灰的特性、技术要求、应用与储存

1. 石灰的特性

（1）具有良好的可塑性和保水性

生石灰熟化为石灰浆时，能形成颗粒极细（粒径约 1 μm）、呈胶体分散状态的氢氧化钙粒子，表面能吸附一层较厚的水膜，颗粒间的摩擦力减小，使石灰具有良好的可塑性和保水性。在水泥砂浆中掺入石灰膏，可显著提高砂浆的和易性。

（2）凝结硬化慢、强度低

由于空气中二氧化碳含量少，而且硬化后的表层会对内部的硬化起阻碍作用，使碳化作用减慢，所以硬化时间长。同时，石灰浆中含有较多的游离水，水分蒸发后形成较多的孔隙，降低了石灰的密实度和强度。

（3）吸湿性强、耐水性差

生石灰在存放过程中会吸收空气中的水分而熟化，并且发生碳化致使石灰的活性降低。已硬化的石灰浆体，如果长期受到水的作用，会因氢氧化钙的逐渐溶解而导致石灰浆体结构破坏，强度降低，甚至引起溃散，因此石灰耐水性差，不宜在高湿环境下使用。

（4）体积收缩大

石灰浆在硬化过程中，蒸发大量的游离水，引起体积显著的收缩，容易产生开裂。所以，石灰一般不宜单独使用，往往在石灰浆中掺入砂子配成石灰砂浆使用，掺入砂子后，可减少收缩，更主要是能在砂浆内形成连通的毛细孔道，加速其内部水分的蒸发和进一步碳化，以加速其硬化。为了避免收缩裂缝的产生，也可加入麻筋、纸筋等纤维材料，以减少其收缩，提高其抗拉强度，避免开裂。

（5）化学稳定性差

石灰是碱性材料，与酸性物质接触时，容易发生化学反应生成新的物质。

2. 建筑石灰的技术要求

建筑生石灰、生石灰粉及消石灰的技术要求见表 4-4。

（1）细度

细度与石灰的质量有密切关系，石灰粉颗粒愈细，石灰粉与水接触面积就愈大，熟化速度就愈快。

（2）有效氧化钙和氧化镁含量

石灰中产生粘结性的有效成分是活性氧化钙和氧化镁，它们的含量决定了石灰粘结能力的大小，是评价石灰品质的重要指标。

（3）生石灰产浆量和未消化残渣含量

表 4-4　建筑石灰的技术要求（JC/T479-2013、JC/T481-2013）

主控项目		钙质石灰			镁质石灰	
		CL90-Q CL90-QP HCL90	CL85-Q CL85-QP HCL85	CL75-Q CL75-QP HCL75	ML85-Q ML85-QP HML85	ML80-Q ML80-QP HML80
（氧化钙+氧化镁）（CaO+MgO）含量/%，≥		90	85	75	85	80
氧化镁（MgO）含量/%		≤5			>5	
二氧化碳（CO_2）含量/%，≤		4	7	12	7	
三氧化硫（SO_3）含量/%，≤		2			2	
产浆量/[dm³·(10kg)⁻¹]，≥		26			—	
细度	0.2 mm 筛余量/%，≤	2			2	
	90 μm 筛余量/%，≤	7			7	
游离水含量/%，≤		2			2	
安定性		合格				

注：①Q 代表生石灰；QP 代表生石灰粉；②产浆量只是对生石灰的要求，细度只是对生石灰粉的要求，游离水和安定性只是对消石灰的要求，二氧化碳含量对消石灰粉不作要求；③《建筑生石灰》JC/T479—2013，《建筑消石灰》JC/T481—2013。

产浆量是指单位质量的生石灰经熟化后，所产生的石灰浆的体积。生石灰产浆量愈高，表明石灰中的有效氧化钙和氧化镁含量高，故石灰的质量就愈好。

未消化残渣含量是生石灰消化后，未能消化而存留在 5 mm 圆孔筛上的残渣占试样的百分率。未消化残渣含量愈少，表明石灰煅烧愈完全，则石灰质量就愈好。

（4）二氧化碳含量

二氧化碳含量愈高，说明未分解的碳酸盐（即欠火石灰）含量愈高，有效成分（CaO+MgO）含量相对降低，石灰质量就愈差。

（5）消石灰粉游离水含量

游离水含量是指化学结合水以外的含水量。生石灰消化时多加的水残留于氢氧化钙中，残余水分蒸发后留下孔隙，加剧消石灰粉碳化现象的产生，影响其使用质量。

3. 石灰的应用与储存

（1）石灰的应用

① 配制石灰乳。将消石灰粉或石灰膏加入足量的水稀释，制成石灰乳，可用于室内墙体的粉刷。

② 配制砌筑砂浆。将石灰膏与砂、水混合制成石灰砂浆，或将石灰膏与水泥、砂、水混合制成水泥石灰混合砂浆，用于砌体结构的砌筑和抹面工程等。

③ 生产硅酸盐制品。磨细的生石灰粉与砂子、粒化高炉矿渣、炉渣、粉煤灰等加水拌和，经成型、蒸压或蒸养处理，可制得灰砂砖、粉煤灰砖、加气混凝土砌块等硅酸盐制品。

④ 配制石灰土和三合土。消石灰粉与粘土按适当比例拌制，可配成石灰土，或与粘土、炉渣或砂等按适当的配合比拌制，可配成三合土。粘土颗粒表面少量活性氧化硅及氧化铝，在有水存在的条件下可与石灰中的氢氧化钙起反应，生成不溶性的水化硅酸钙和水化铝酸钙，将粘土颗粒粘结起来，同时，石灰改善了粘土的可塑性，提高了粘土的强度和耐水性，可

作为建筑物基础垫层材料、路基填筑的不良土质的改良及作为路面底基层的稳定材料等。

⑤ 生产碳化石灰板。将磨细生石灰、增强纤维(如玻璃纤维)或轻质骨料(如矿渣)搅拌、成型，然后通入二氧化碳进行人工碳化，可制成轻质板材。为减轻自重和提高碳化效果，多制成空心板。碳化石灰空心板的表观密度小(为 700 ~ 800 kg/m³)，有一定的强度，导热系数小，保温性能好，能锯、刨、钉，可作为内隔墙板、天花板等。

(2)石灰的储存

建筑石灰应分类、分等级储存于干燥的库房内，且不宜长期储存。

由于生石灰的吸水、吸湿性极强，极易吸收空气中的水分和二氧化碳，还原为碳酸钙，使其胶凝性能降低，因此，石灰在存放时应注意防水、防潮，并且不宜久存，做到随到随用。又由于生石灰受潮熟化时放出大量的热，而且体积膨胀，所以，储存和运输生石灰时，应采取防水措施，且不应与易燃易爆物品及液体共存、同运，以免发生火灾，引起爆炸，同时应采取适当的防护措施，避免造成人身安全事故。

知识五 硅酸盐水泥的矿物组成及凝结硬化机理

水泥呈粉末状，是一种良好的水硬性无机胶凝材料。

水泥品种很多，按主要矿物成分可分为硅酸盐类、铝酸盐类、硫铝酸盐类、铁铝酸盐类等。按用途和性能又可分为通用水泥(用于一般土木建筑工程的水泥)、专用水泥(具有专门用途的水泥，如道路水泥、白水泥等)、特性水泥(指某种性能比较突出的水泥，如快硬水泥、低热水泥、膨胀水泥等)等。

1. 硅酸盐水泥的概念与矿物组成

(1)硅酸盐水泥的概念

硅酸盐水泥又称波特兰水泥，是指以硅酸盐水泥熟料、0 ~ 5% 石灰石或粒化高炉矿渣、适量石膏磨细制成的水硬性胶凝材料，由英国利兹(Leeds)城的泥水匠阿斯谱丁(J. Aspdin)于 1824 年 10 月 21 日发明。

(2)硅酸盐水泥熟料的矿物组成

硅酸盐水泥熟料由石灰质原料(以碳酸钙为主要成分的石灰岩、泥灰岩、白垩和贝壳等，占 80% 以上)、粘土质原料(如黄土、粘土、页岩、粉砂岩及河泥等)、辅助原料(如硅质校正原料、铝质校正原料、铁质校正原料)，按适当比例混合磨细后，在 1350 ~ 1450℃ 下煅烧至部分熔融，所得以硅酸钙为主要矿物成分的水硬性胶凝物质。

硅酸盐水泥熟料主要矿物组成如下：

① 硅酸三钙：$3CaO \cdot SiO_2$，简写为 C_3S；含量为 37% ~ 60%。

② 硅酸二钙：$2CaO \cdot SiO_2$，简写为 C_2S；含量为 15% ~ 37%。

③ 铝酸三钙：$3CaO \cdot Al_2O_3$，简写为 C_3A；含量为 7% ~ 15%。

④ 铁铝酸四钙：$4CaO \cdot Al_2O_3 \cdot Fe_2O_3$，简写为 C_4AF；含量为 10% ~ 18%。

2. 硅酸盐水泥的凝结硬化机理及影响因素

硅酸盐水泥是由具有不同特性的多种硅酸盐水泥熟料矿物组成的混合物。每一种矿物成分单独与水作用时具有不同的水化特性，对水泥的强度、水化速度、水化热、耐腐蚀性、收缩量的影响也不尽相同。

（1）硅酸盐水泥的水化及凝结硬化过程

水泥的凝结硬化过程是一个很复杂的物理化学过程。

水泥与水拌和成为具有可塑性的水泥浆，表面的熟料矿物立刻与水发生化学反应（水化），同时放出一定热量（水化热）。水泥熟料中各矿物成分的水化反应式如下：

$$2(3CaO \cdot SiO_2) + 6H_2O \longrightarrow 3CaO \cdot 2SiO_2 \cdot 3H_2O + 3Ca(OH)_2$$

硅酸三钙　　　　　　　　　　　水化硅酸钙凝胶　　　　　　氢氧化钙晶体

$$2(2CaO \cdot SiO_2) + 4H_2O \longrightarrow 3CaO \cdot 2SiO_2 \cdot 3H_2O + Ca(OH)_2$$

硅酸二钙　　　　　　　　　　　水化硅酸钙凝胶　　　　　　氢氧化钙晶体

$$3CaO \cdot Al_2O_3 + 6H_2O \longrightarrow 3CaO \cdot Al_2O_3 \cdot 6H_2O$$

铝酸三钙　　　　　　　　　　水化铝酸钙晶体

$$4CaO \cdot Al_2O_3 \cdot Fe_2O_3 + 7H_2O \longrightarrow 3CaO \cdot Al_2O_3 \cdot 6H_2O + CaO \cdot Fe_2O_3 \cdot H_2O$$

铁铝酸四钙　　　　　　　　　　水化铝酸钙晶体　　　　　　水化铁酸钙凝胶

$$3CaO \cdot Al_2O_3 \cdot 6H_2O + 3(CaSO_4 \cdot 2H_2O) + 19H_2O \longrightarrow 3CaO \cdot 2Al_2O_3 \cdot 3CaSO_4 \cdot 31H_2O$$

水化铝酸钙晶体　　　　　　　石膏　　　　　　　　　　高硫型水化硫铝酸钙（钙矾石）

从上述反应式中可以看出，硅酸盐水泥与水作用后，生成的主要水化产物有水化硅酸钙和水化铁酸钙凝胶、氢氧化钙、水化铝酸钙和水化硫铝酸钙（也称钙矾石）晶体。由于钙矾石难溶于水，堆积在水泥熟料表面，减少了熟料与水分的接触面，从而延缓了水泥的水化。

随着时间的推移，水化反应不断深入，水泥浆体逐渐变稠，可塑性下降，但此时强度较低。水泥加水拌和最初形成具有可塑性的浆体，然后逐渐变稠失去可塑性的过程称为水泥的凝结。水泥凝结后，水泥浆体已完全失去可塑性而变成坚硬的石状固体——水泥石，这一过程称为硬化。硬化后的水泥石开始具有一定的强度，并随着时间的推移其强度也将继续增长。

水泥的水化、凝结、硬化是由表及里、由外向内逐步进行的。在水泥的水化初期，水化速度较快，强度增长迅速，随着堆积在水泥颗粒周围的水化产物数量不断增多，阻碍了水泥颗粒与水之间的进一步反应，使得水泥水化速度变慢，强度增长也逐渐减慢。硬化后的水泥石结构是由胶体粒子、晶体粒子、孔隙（凝胶孔和毛细孔）及未水化的水泥颗粒组成。它们在不同时期相对数量的变化，使水泥石的结构和性质也随之改变。当未水化的水泥颗粒含量高时，说明水泥水化程度低；当水化产物含量多，毛细孔含量少时，说明水泥水化充分，水泥石结构致密，硬化后强度高。

（2）影响水泥凝结硬化的主要因素

影响水泥凝结硬化的因素主要有水泥熟料矿物组成、石膏掺量、水泥颗粒的细度、拌和用水量、混合材料的掺量、养护条件等。

① 水泥熟料的矿物组成：水泥熟料中矿物成分的相对含量的多少，使水泥的凝结硬化速度有所不同。铝酸三钙相对含量高的水泥，凝结硬化快；反之，则凝结硬化慢。水泥熟料中各矿物成分的水化速度快慢顺序为 $C_3A > C_3S > C_4AF > C_2S$。

通过改变水泥熟料中各种矿物成分之间的相对含量，水泥的性质也会发生相应改变，从而可以生产出具有不同性质的水泥。如提高硅酸三钙的含量，可制成高强度水泥；提高硅酸三钙和铝酸三钙的含量，可制得快硬早强水泥；降低硅酸三钙和铝酸三钙的含量，可制得低水化热水泥。

② 石膏掺量：加入石膏可延缓水泥的凝结。因为石膏会与水化铝酸钙反应生成难溶的水化硫铝酸钙晶体，覆盖于未水化的铝酸三钙周围，阻止其继续水化。但石膏掺量不能过

多，一般不宜超过3.5%，否则，不但缓凝作用不大，反而会引起体积安定性不良。

③ 水泥颗粒的细度：水泥颗粒的粗细直接影响到水泥的水化和凝结硬化的快慢。水泥颗粒愈细，总表面积就愈大，与水反应时接触面积就越大，水泥的水化反应速度就愈快，凝结硬化也就愈快。

④ 拌和用水量：拌和水泥浆时，首先应保证水泥充分水化所需的水分，同时尚应满足施工所需的流动性和可塑性。如果拌和用水量过多，水泥浆过稀，加大了水化产物之间的距离，减弱了分子间的作用力，延缓了水泥的凝结硬化，同时多余的水在水泥石中形成较多的毛细孔，降低水泥石的密实度，从而使水泥石的强度和耐久性下降。

⑤ 养护条件及养护龄期：养护时的温度和湿度是保障水泥水化和凝结硬化的重要外界条件。提高温度，可以促进水泥水化，加速凝结硬化，有利于水泥强度增长。温度降低时，水化反应减慢，低于0℃时，水化反应基本停止。当水结冰时，由于体积膨胀，还会使水泥石结构遭受破坏。

潮湿环境下的水泥石，能够保持足够的水分进行水化和凝结硬化，水化产物不断填充在毛细孔中，使水泥石结构密实度增大，水泥石强度不断提高。

养护龄期越长，其强度越高。硅酸盐水泥的强度一般在3~7 d内增长最快，28 d以后增长缓慢，但随着时间的推移，强度仍有增长。

⑥ 混合材料掺量：在水泥中掺入活性混合材料后，水泥熟料中矿物成分含量相对减少，从而使其凝结硬化变慢。活性混合材料也可用来调节水泥强度等级、降低生产成本，同时还能取得废物利用和节能环保的功效。

⑦ 储存条件：受潮的水泥因部分水化而结块，从而失去胶结能力，硬化后强度严重降低。储存过久的水泥，因过多吸收了空气中的水分和CO_2而发生缓慢的水化和碳化现象，影响了水泥的凝结硬化，导致强度下降。

知识六　通用硅酸盐水泥的技术要求、特性及应用

1. 通用硅酸盐水泥的分类

通用硅酸盐水泥是以硅酸盐水泥熟料、适量的石膏与规定的混合材料磨细制成的水硬性胶凝材料。主要用于一般土建工程。

按混合材料的品种和掺量分为：硅酸盐水泥、普通硅酸盐水泥、矿渣硅酸盐水泥、火山灰质硅酸盐水泥、粉煤灰硅酸盐水泥和复合硅酸盐水泥六种。现行国家标准《通用硅酸盐水泥》GB 175—2007对六种通用硅酸盐水泥的组分的规定见表4-5。

表4-5　通用硅酸盐水泥的组分

水泥品种	代号	组分	
		（熟料＋石膏）含量	活性混合材料种类及掺量
硅酸盐水泥	P·I	100%	—
	P·II	≥95%	粒化高炉矿渣粉或石灰石粉的掺量≤5%
普通硅酸盐水泥（普通水泥）	P·O	≥80%且<95%	活性混合材料的掺量>5%且≤20%
粉煤灰硅酸盐水泥（粉煤灰水泥）	P·F	≥60%且<80%	粉煤灰的掺量>20%且≤40%
火山灰质硅酸盐水泥（火山灰水泥）	P·P	≥60%且<80%	火山灰质混合材料的掺量>20%且≤40%

水泥品种	代号	组 分	
		（熟料＋石膏）含量	活性混合材料种类及掺量
矿渣硅酸盐水泥（矿渣水泥）	P·S·A	≥50%且<80%	粒化高炉矿渣粉的掺量>20%且≤50%
	P·S·B	≥30%且<50%	粒化高炉矿渣粉的掺量>50%且≤70%
复合硅酸盐水泥（复合水泥）	P·C	≥50%且<80%	活性混合材料的掺量>20%且≤50%

2. 通用硅酸盐水泥的技术要求

通用硅酸盐水泥的技术要求包括化学指标和物理力学指标两方面。

（1）化学指标

① 不溶物：是指水泥经酸和碱处理后，不能被溶解的残余物。主要由水泥原料、混合材料和石膏中的杂质产生。不溶物含量高会影响水泥的活性及粘结质量。

② 烧失量：是指水泥在(950±25)℃下灼烧后的质量损失率。一方面，水泥煅烧不理想或者受潮后，会导致烧失量增加；另一方面，水泥中所掺活性混合材料中的杂质太多，也会导致烧失量较大。烧失量大会使水泥标准稠度用水量增加、与外加剂相容性变差、强度降低、凝结时间延长。

③ 氧化镁含量：是指熟料中的游离氧化镁。由于氧化镁水化缓慢，且水化生成的 $Mg(OH)_2$ 体积膨胀可达1.5倍，过量会引起水泥体积安定性不良，导致结构物破坏。

④ 三氧化硫含量：三氧化硫主要是在水泥的生产过程中因掺入过量石膏带入的。过量的三氧化硫会与水化铝酸钙发生水化反应，生成较多的硫铝酸钙晶体，产生较大的体积膨胀，也会引起水泥体积安定性不良，导致结构物破坏。

⑤ 氯离子含量：水泥中的氯离子含量较高时，容易使钢筋混凝土结构中的钢筋产生锈蚀，降低结构的耐久性。

⑥ 碱含量：水泥的碱含量指水泥中 Na_2O 与 K_2O 的总量，碱含量的大小用 Na_2O + $0.658K_2O$ 的计算值来表示。当水泥中的碱含量较高，骨料又具有一定的活性时，在潮湿环境中容易产生碱-骨料反应，导致结构损坏，降低结构的耐久性。

水泥化学指标的检验按《水泥化学分析方法》GB/T 176—2008 的有关规定进行。

《通用硅酸盐水泥》GB 175—2007 对通用硅酸盐水泥中各化学指标的限量见表4-6。

表4-6 通用硅酸盐水泥的化学指标

水泥品种	代号	技 术 指 标					
		不溶物/%	烧失量/%	MgO/%	SO₃/%	氯离子/%	碱含量/%
硅酸盐水泥	P·Ⅰ	≤0.75	≤3.0	≤5.0	≤3.5	≤0.06 (0.03)	≤0.60 或由供需双方商定
	P·Ⅱ	≤1.50	≤3.5				
普通水泥	P·O	—	≤5.0	≤5.0	≤3.5		
矿渣水泥	P·S·A	—	—	≤6.0	≤4.0	≤0.06 (0.03)	≤0.60 或由供需双方商定
	P·S·B	—	—	—			
火山灰水泥	P·P	—	—	≤6.0	≤3.5		
粉煤灰水泥	P·F	—	—				
复合水泥	P·C	—	—				

注：表中括号中的数字为《公路桥涵施工技术规范》JTG/T F50—2011 的要求。

凡水泥中的不溶物、氧化镁、三氧化硫、氯离子含量及烧失量中的任一项不符合国家标准要求时，即为不合格品。氧化镁、三氧化硫含量不合格的水泥应报废处理，不溶物、氯离子含量和烧失量不合格的水泥可用于不重要的素混凝土垫层。

（2）物理力学指标

① 细度：是指水泥颗粒的粗细程度。水泥颗粒的粗细对水泥质量有很大影响。

水泥颗粒愈细，与水反应时接触面积就愈大，水化速度就愈快，水化反应愈完全、充分，早期强度增长就愈快。但水泥颗粒过细，硬化后收缩量较大，在储运过程中易受潮而降低活性，同时水泥的生产成本也越高。因此，应合理控制水泥细度。

水泥细度可用筛网孔径边长为 80 μm 或 45 μm 方孔筛的筛余质量百分率来表示，也可用比表面积来衡量。

比表面积是指单位质量的水泥粉末所具有的总表面积，以 m^2/kg 表示。比表面积数值的高低与水泥颗粒的粗细大小紧密相关。通常水泥颗粒愈细，则其比表面积就愈大。

《通用硅酸盐水泥》GB 175—2007 中规定：硅酸盐水泥和普通硅酸盐水泥的比表面积应 ≥300 m^2/kg；矿渣硅酸盐水泥、火山灰质硅酸盐水泥、粉煤灰硅酸盐水泥和复合硅酸盐水泥 80 μm 方孔筛筛余率应 ≤10% 或 45 μm 方孔筛筛余率应 ≤30%。

《铁路混凝土工程施工质量验收标准》TB10424—2010 及《公路桥涵施工技术规范》JTG/T F50—2011 规定硅酸盐水泥和普通水泥的比表面积应在 300 ~ 450 m^2/kg 之间。

② 标准稠度用水量：水泥的许多性质都与水泥浆的稀稠程度有关，如凝结时间、收缩量、体积安定性的测定等。为使测试结果具有可比性，测定水泥的凝结时间和体积安定性等性能时，应使水泥净浆在一个规定的稠度下进行测试，这个规定的稠度被称为标准稠度。

水泥标准稠度用水量是指水泥净浆达到标准稠度时所需要的用水量，通常以占水泥质量的百分数来表示。即按《水泥标准稠度用水量、凝结时间、安定性检验方法》GB/T 1346—2011 规定的方法所拌制的水泥净浆，在水泥标准稠度维卡仪下，以

（a）稠度测定　（b）稠度测定试杆

图 4 – 1　标准稠度的测定

试杆[滑杆 + 指针 + 试杆的总质量为 (300 ±1) g] 自水泥净浆表面自由沉入净浆并距底板 (6 ±1) mm 时水泥净浆的稠度为标准稠度，其拌和用水量为该水泥的标准稠度用水量。测定方法见图 4 – 1。

水泥标准稠度用水量的大小主要与水泥的细度、矿物成分有关。不同品种的水泥，其标准稠度用水量也有所不同，一般在 24% ~30% 之间。

③ 凝结时间：水泥凝结时间分初凝和终凝。初凝时间是指从水泥加水拌和时起，至水泥浆开始失去可塑性所需要的时间；终凝时间是指从水泥加水拌和时起，至水泥浆完全失去可塑性，并开始产生强度所需要的时间。

水泥的凝结时间与水泥熟料的矿物组成、拌和用水量、水泥颗粒的细度、周围环境的温度与湿度等因素有关。水泥熟料中铝酸三钙含量增加，水泥凝结硬化愈快；水泥颗粒愈细，水化作用愈快，凝结时间愈短；拌和用水量少、养护时外界温度和湿度高，可以加快水泥的凝结硬化。

水泥凝结时间指标的确定，是从方便于施工的角度来考虑的。水泥的初凝不宜过早，以便施工时有足够的时间来完成混凝土或砂浆的搅拌、运输、浇筑、捣实或砌筑等操作；但水泥的终凝不宜过迟，以便使初凝后的混凝土等能尽快地硬化，缩短施工工期，不影响下一步施工的正常进行。

水泥的凝结时间按《水泥标准稠度用水量、凝结时间、安定性检验方法》GB/T1346—2011规定的方法进行测定。在标准养护条件[温度(20±1)℃，相对湿度≥90%]下，在水泥标准稠度维卡仪下，以试针[滑杆+指针+试针的总质量为(300±1)g]自水泥净浆表面自由沉入标准稠度净浆并距底板(4±1)mm时为水泥达到初凝状态；以试针(终凝试针)自水泥净浆表面自由沉入标准稠度净浆0.5 mm(即在试体表面只见"°"而未见"⊙")时为水泥达到终凝状态。由水泥全部加入水中至初凝到达所经历的时间为水泥的初凝时间；由水泥全部加入水中至终凝到达所经历的时间为水泥的终凝时间。凝结时间用"min"表示。测定方法见图4-2所示。

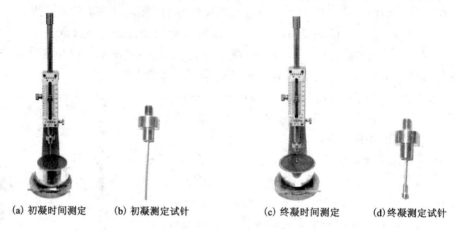

(a) 初凝时间测定　　(b) 初凝测定试针　　　(c) 终凝时间测定　　(d) 终凝测定试针

图4-2　凝结时间的测定

《通用硅酸盐水泥》GB 175—2007 中规定：硅酸盐水泥的初凝时间应≥45 min，终凝时间应≤390 min；普通硅酸盐水泥、矿渣硅酸盐水泥、火山灰质硅酸盐水泥、粉煤灰硅酸盐水泥和复合硅酸盐水泥的初凝时间应≥45 min，终凝时间应≤600 min。

④ 体积安定性：是指水泥浆在凝结硬化过程中，体积变化是否均匀的性质。通用硅酸盐水泥在凝结硬化过程中体积略有收缩，一般情况下水泥石的体积变化比较均匀，即体积安定性良好。如果水泥浆在凝结硬化过程中体积变化不均匀，会导致水泥石出现翘曲变形、开裂等现象，即体积安定性不良。

引起水泥体积安定性不良的主要因素是水泥熟料中的游离氧化钙(f-CaO)、游离氧化镁(f-MgO)含量过多或石膏(SO₃)掺量过多等引起的。

水泥熟料中所含的游离氧化钙和氧化镁均属过烧状态，水化速度很慢，在水泥凝结硬化后才慢慢开始与水反应，生成体积膨胀性物质——Ca(OH)₂和Mg(OH)₂晶体，在水泥石中产生膨胀应力，引起水泥石翘曲、开裂和崩溃。如果水泥中石膏掺量过多，在水泥硬化以后，多余的石膏还会继续与水泥石中的水化铝酸钙反应，生成水化硫铝酸钙晶体，体积增大1.5倍，从而导致水泥石开裂。

《水泥标准稠度用水量、凝结时间、安定性检验方法》GB/T 1346—2011 规定，采用沸煮法检验水泥熟料中过量游离氧化钙所引起的水泥体积安定性不良。检验时可采用雷氏夹法（标准法）或试饼法（代用法），在有争议时以雷氏夹法为准。

雷氏夹法是测定水泥标准稠度净浆在雷氏夹中经沸煮 3 h 后的膨胀值。当两个试件沸煮后的膨胀值均不超过 5.0 mm 时，该水泥体积安定性合格；反之，为不合格。

试饼法是用标准稠度的水泥净浆做成直径为 70～80 mm，中间厚度约为 10 mm，四周渐薄的圆弧形试饼，经沸煮 3 h 以后，用肉眼观察试饼表面有无裂纹，用直尺检查试饼底部有无弯曲、翘曲现象。若试饼表面无裂纹且试饼底部也没有弯曲、翘曲现象，则水泥体积安定性合格；反之，为不合格。安定性检验试件的制作见图 4-3 所示。

(a) 雷氏夹试件制作　　　　　　　　　　(b) 试饼的制作

图 4-3　水泥安定性检验试件的制作

需要指出的是沸煮法能够起到加速游离氧化钙熟化的作用，所以，沸煮法只能检验出游离氧化钙过量所引起的体积安定性不良。游离氧化镁的水化作用比游离氧化钙更加缓慢，因此，游离氧化镁所造成的体积安定性不良，必须用压蒸方法才能检验出来；石膏的危害则需要长时间浸泡在常温水中才能发现。由于游离氧化镁和石膏的危害作用不便于快速检验，所以，国家标准对水泥熟料中氧化镁、三氧化硫的含量作了严格限定，以保证水泥质量。

⑤ 强度及强度等级：水泥的强度是指水泥胶砂试件的抗折、抗压强度。它是划分水泥强度等级的依据。

水泥的强度除了与水泥的矿物组成、细度有关外，还与用水量、试件制作方法、养护条件和养护时间等条件有关。水泥熟料中硅酸三钙、硅酸二钙含量愈高，水泥强度就愈高；水泥颗粒愈细，水化反应完全充分，水泥强度就愈高；拌和用水量少，硬化后水泥石密实度增大，水泥强度提高；保证一定的温度和湿度，有利于水泥的水化，水泥强度提高。

《水泥胶砂强度检验方法（ISO 法）》GB/T 17671—1999 规定水泥胶砂配合比为水泥∶ISO 标准砂∶水 =1∶3∶0.5（质量比），按规定的方法制成 40 mm×40 mm×160 mm 的标准试件，在标准条件[温度(20±1)℃，相对湿度≥90%]下或在(20±1)℃ 的静水中进行养护，分别测其 3 d、28 d 的抗折强度和抗压强度，然后根据 3 d 和 28 d 的抗折强度与抗压强度来评定水泥的强度等级。

抗折强度值的计算：抗折强度 R_f 按式(4-1)计算，精确至 0.1 MPa，也可直接从抗折仪上读取。

$$R_f = \frac{3F_f \cdot L}{2b^3} = \frac{3 \times 100F_f}{2 \times 40^3} = 0.00234375F_f \qquad (4-1)$$

式中：F_f——破坏荷载，N；

　　　L——支持圆柱之间的距离(100 mm)；

　　　b——试件正方形截面的边长(40 mm)。

抗折强度值的确定：以 1 组 3 个棱柱体抗折强度值的平均值作为试验结果。但是，当 3 个强度值中有一个超出其平均值 ±10% 时，应剔除该值后，再取余下 2 个的平均值作为抗折强度试验结果；若有 2 个强度值超出其平均值 ±10% 时，则此组结果作废。

抗压强度的计算：抗压强度 R_c 按式（4-2）计算，精确至 0.1 MPa：

$$R_c = \frac{F_c}{A} = \frac{F_c}{40 \times 40} \times 1000 = 0.625 F_c \qquad (4-2)$$

式中：F_c——破坏荷载，kN；

　　　A——试件受压面积，40×40 mm²。

抗压强度值的确定：以 1 组 3 个棱柱体上得到的 6 个半截棱柱体的抗压强度测定值的算术平均值作为试验结果。但是，当 6 个测定值中有一个超出其平均值的 ±10% 时，就应剔除该值，而以剩下 5 个测定值的平均值为试验结果；若剩下的 5 个测定值中仍有超过其平均值 ±10% 的，则此组结果作废。

水泥强度等级的划分：根据水泥 3 d、28 d 的抗折强度和抗压强度的大小，将通用硅酸盐水泥划分为 32.5、32.5R、42.5、42.4R、52.5、52.5R、62.5、62.5R 若干个强度等级，其中带 R 的为早强型水泥。各强度等级水泥在各龄期的强度值不得低于现行国家标准《通用硅酸盐水泥》GB 175—2007 的规定值见表 4-7。

表 4-7　通用硅酸盐水泥各龄期的强度要求（GB175—2007）

水泥品种	强度等级	抗压强度/MPa，≥		抗折强度/MPa，≥	
		3 d	28 d	3 d	28 d
硅酸盐水泥(P·Ⅰ 或 P·Ⅱ)	42.5	17.0	42.5	3.5	6.5
	42.5R	22.0	42.5	4.0	6.5
	52.5	23.0	52.5	4.0	7.0
	52.5R	27.0	52.5	5.0	7.0
	62.5	28.0	62.5	5.0	8.0
	62.5R	32.0	62.5	5.5	8.0
普通硅酸盐水泥(P·O)	42.5	17.0	42.5	3.5	6.5
	42.5R	22.0	42.5	4.0	6.5
	52.5	23.0	52.5	4.0	7.0
	52.5R	27.0	52.5	5.0	7.0
矿渣硅酸盐水泥(P·S) 火山灰质硅酸盐水泥(P·P) 粉煤灰硅酸盐水泥(P·F) 复合硅酸盐水泥(P·C)	32.5	10.0	32.5	2.5	5.5
	32.5R	15.0	32.5	3.5	5.5
	42.5	15.0	42.5	3.5	6.5
	42.5R	19.0	42.5	4.0	6.5
	52.5	21.0	52.5	4.0	7.0
	52.5R	23.0	52.5	4.5	7.0

凡水泥的凝结时间、体积安定性、水泥胶砂强度中的任一项不符合国家标准要求时，即为不合格品。凝结时间、体积安定性不合格的水泥应报废，强度不合格的水泥可根据其实际强度进行降级使用。

⑥ 密度：水泥的密度与其熟料矿物组成、颗粒粗细、储存时间、储存条件以及熟料的煅烧程度有关，一般为 3.05～3.2 g/cm³。堆积密度为 1.3 g/cm³ 左右。

水泥的密度不作为控制指标，但进行水泥比表面积测定时，需要先测定出水泥的密度值。

【例】 某普通硅酸盐水泥，强度等级为42.5级，经抽样检验测得其3天和28天的抗折和抗压荷载见表4-8(ISO强度)。试计算该水泥的抗折、抗压强度值，并评定该水泥的强度是否合格。

表4-8

试件编号	抗 折				抗 压			
	3d		28d		3d		28d	
	荷载/kN	强度/MPa	荷载/kN	强度/MPa	荷载/kN	强度/MPa	荷载/kN	强度/MPa
1	1.62	3.8	3.52	8.0	37.1	23.2	73.7	46.1
					38.6	24.1	71.8	44.9
2	1.66	3.9	3.21	7.8	37.9	23.7	75.2	47.0
					37.6	23.5	74.4	46.5
3	1.54	3.6	2.75	6.4	38.9	24.3	63.5	39.7
					38.2	23.9	72.6	45.4
水泥强度评定值		3.8		7.9		23.8		46.0

解：1.计算单块试件的抗折、抗压强度：

单块试件的抗折强度按式(4-1)计算、单块试件的抗压强度按式(4-2)计算，结果见表4-8。

2.计算抗折、抗压强度平均值：

3d抗折强度平均值：$\overline{R_f} = \dfrac{3.8 + 3.9 + 3.6}{3} = 3.8(MPa)$

3d抗压强度平均值：$\overline{R_c} = \dfrac{23.2 + 24.1 + 23.7 + 23.5 + 24.3 + 23.9}{6} = 23.8(MPa)$

28d抗折强度平均值：$\overline{R_f} = \dfrac{8.0 + 7.8 + 6.4}{3} = 7.4(MPa)$

28d抗压强度平均值：$\overline{R_c} = \dfrac{46.1 + 44.9 + 47.0 + 46.5 + 39.7 + 45.4}{6} = 44.9(MPa)$

3.抗折、抗压强度的确定：

(1)3d抗折强度：经检查3个测值中没有超出其平均值±10%的，故取3个测值的平均值作为该水泥3d的抗折强度值。

(2)28d抗折强度：经检查 $R_{f,min} = 6.4(MPa) < 0.9\overline{R_f} = 0.9 \times 7.4 = 6.7(MPa)$（超限）；

$R_{f,max} = 8.0(MPa) < 1.1\overline{R_f} = 1.1 \times 7.4 = 8.1(MPa)$（未超限）。

因3个测值中的最小值 $R_{f,min} < 0.9\overline{R_f}$，故应舍去最小值，取余下2个测值的平均值作为该组试件的抗折强度值，即该组试件的抗折强度值为：$(8.0 + 7.8)/2 = 7.9(MPa)$。

(3)3d抗压强度：经检查6个测值中没有超出其平均值±10%的，故取6个测值的平均值作为该水泥28d的抗压强度值。

(4)28d抗压强度：经检查 $R_{c,min} = 39.7(MPa) < 0.9\overline{R_c} = 0.9 \times 44.9 = 40.4(MPa)$（超限）；

$R_{c,max} = 47.0 MPa < 1.1\overline{R_c} = 1.1 \times 44.9 = 49.4 MPa$（未超限）。

因6个测值中的最小值 $R_{c,min} < 0.9\overline{R_c}$，故应舍去最小值，重新计算余下的5个测值的平

均值，经检查，余下的 5 个测值中没有超出其平均值的，故取余下的 5 个测值的平均值作为该组试件的抗压强度值，即：$(46.1+44.9+47.0+46.5+45.4)/5=46.0(MPa)$。

结论：因该水泥 3 d、28 d 的抗折和抗压强度均大于《通用硅酸盐水泥》GB 175—2007 对 P.O42.5 水泥强度的规定值，故该水泥强度合格。

3. 通用硅酸盐水泥的特性、应用与储存

（1）通用硅酸盐水泥的特性与应用

由于通用硅酸盐水泥中所掺活性混合材料的种类与掺量不同，故其特性也有所不同。

1）硅酸盐水泥的特性

由于硅酸盐水泥中熟料多，故其硅酸三钙和铝酸三钙的含量较高，因此硅酸盐水泥具有快硬、早强；抗冻性、耐磨性好；干缩性小；抗碳化性能好等优点。但是，由于其水化速度快，水化热大，故对大体积混凝土工程不利；又由于水化产物中 $Ca(OH)_2$ 和水化铝酸钙的含量较多，不容易被空气中的 CO_2 完全碳化，水泥石能保持一定的碱度，对钢筋提供良好的碱性保护，故其具有良好的抗碳化性和护筋性；由于水化产物中 $Ca(OH)_2$ 含量多，容易与酸性介质发生化学反应，故其耐腐蚀性能较差；硅酸盐水泥受热到 250~300℃时，水化产物开始脱水，体积收缩，强度开始下降，当温度达 400~600℃时，强度明显下降，700~1000℃时，强度降低更多，甚至完全破坏，故其耐热性差。

2）掺活性混合材料硅酸盐水泥的特性

掺有活性混合材料的矿渣水泥、粉煤灰水泥、火山灰水泥及复合水泥，是由硅酸盐水泥熟料和活性混合材料共同组成的硅酸盐水泥，由于分别掺入了磨细矿渣粉、粉煤灰、火山灰质等活性掺合料，故水泥中硅酸盐水泥熟料含量相对减少，因此它们具有以下特点：

① 凝结硬化慢，早期强度低，后期强度发展较快；水化热低；耐腐蚀性能好；抗冻性差；抗碳化能力较差。

由于活性混合材料矿物的活性较熟料矿物活性低，水泥的水化首先是水泥熟料矿物成分的水化，随后是水泥的水化产物氢氧化钙与混合材料的活性矿物发生二次水化反应，并且二次水化反应速度在常温下较慢，所以，这些水泥的水化速度慢、水化热低、早期强度较低。但在硬化后期，随着水化产物的不断增多，水泥的后期强度发展较快；另一方面，由于水泥熟料含量少，水泥水化之后生成的水化产物——$Ca(OH)_2$ 含量较少，而且二次水化反应还要进一步消耗 $Ca(OH)_2$，使水泥石结构中 $Ca(OH)_2$ 的含量更低，因此，这些水泥抵抗海水、软水及硫酸盐腐蚀的能力较强，但抗碳化能力较差。

② 矿渣水泥保水性差、容易泌水、干缩性大、耐热性好、抗渗性差。

由于粒化高炉矿渣是一种耐热材料，故矿渣水泥耐热性好，可耐 700℃高温，可以用于热工窑炉的基础等工程；又由于粒化高炉矿渣棱角较多，拌和用水量较大，且矿渣保持水分的能力差，泌水性较大，在混凝土施工中由于泌水而形成毛细管通道或粗大孔隙，水分的蒸发又容易引起干缩，致使矿渣硅酸盐水泥的抗渗性、抗冻性较差，收缩量较大，因此，不适用于长期处于干燥环境和有抗冻、抗渗要求的混凝土工程。

③ 火山灰水泥保水性好、抗渗性好，耐磨性差。

由于火山灰质混合材料呈疏松多孔结构，故保水性好。在潮湿的条件下养护，可以形成较多的水化产物，水泥石结构比较致密，因而火山灰质硅酸盐水泥具有较高的抗渗性和耐水性，可以优先选用于抗渗工程；但其在干燥环境中，所吸收的水分会蒸发，引起体积收缩且

收缩量较大，在干热条件下表面容易产生起粉现象，耐磨性能差，因此，不适用于长期处于干燥环境和有耐磨要求的混凝土工程。

④ 粉煤灰水泥保水性好、干缩性小、抗裂性能好。

由于粉煤灰为球形颗粒，结构比较致密，比表面积小，对水的吸附能力较弱，拌和时需水量较少，所以粉煤灰硅酸盐水泥保水性好、干缩性比较小、抗裂性能好，非常适用于有抗裂性能要求的混凝土工程；但不适用于有耐磨要求、长期处于干燥环境、有抗冻要求和有抗碳化要求的混凝土工程。

⑤ 复合水泥的特性取决于所掺混合材料的种类、掺量及其相对比例。

由于在复合硅酸盐水泥中掺用了两种以上混合材料，可以相互补充、取长补短，克服了掺入单一混合材料水泥的一些弊病。如矿渣硅酸盐水泥中掺石灰石不仅能够改善矿渣硅酸盐水泥的泌水性，提高早期强度，而且还能保证水泥石后期强度的增长。在需水性大的火山灰质硅酸盐水泥中掺入矿渣粉等，能有效减少水泥的需水量。复合水泥的使用，应根据掺入的混合材料种类，参照掺有混合材料的硅酸盐水泥的适用范围和工程经验合理选用。

通用硅酸盐水泥的性能及适用范围见表4-9。

表4-9 通用硅酸盐水泥的性能及适用范围

	硅酸盐水泥	普通水泥	矿渣水泥	火山灰水泥	粉煤灰水泥	复合水泥
主要性能	快硬早强 水化热较高 抗冻性较好 耐磨性好 抗碳化性好 干缩性较小 耐热性较差 耐腐蚀性较差	与硅酸盐水泥基本相同	凝结硬化较慢、早期强度低但后期强度增长较快、水化热较低、耐硫酸盐侵蚀和耐水性较好、抗冻性差、耐磨性差、抗碳化性差			
			耐热性较好 泌水性大 抗渗性差 干缩性较大	保水性好 抗渗性较好 干缩性较大 干燥环境表面易起灰	需水量较少 干缩性小 抗裂性好 抗渗性较差	与掺入混合材料种类及比例有关，与矿渣水泥、火山灰水泥、粉煤灰水泥相近
适用工程	早强混凝土 高强混凝土 预应力混凝土 抗冻混凝土 耐磨混凝土 抗碳化混凝土	与硅酸盐水泥基本相同。适用于一般混凝土及预应力混凝土工程	大体积混凝土工程、蒸汽养护混凝土构件、抗硫酸盐侵蚀的混凝土工程和一般钢筋混凝土工程			
			高温车间和有耐热、耐火要求的混凝土工程及砂浆	有抗渗要求的混凝土工程及砂浆	有抗裂要求的混凝土工程及砂浆	根据所掺混合材料的种类，参照掺相应混合材料的水泥使用
不适用工程	大体积混凝土； 受化学及海水侵蚀的混凝土； 耐热要求较高的混凝土； 有流动水及压力水作用的混凝土	与硅酸盐水泥相同	早期强度要求较高的混凝土、有抗碳化要求的混凝土、有抗冻要求的混凝土			
			有抗渗要求的混凝土	干燥环境的混凝土 耐磨要求的混凝土		根据所掺混合材料的种类，参照掺相应混合材料的水泥使用

(2)通用硅酸盐水泥的储存

① 应分类储存。不同品种、强度等级、生产厂家、出厂日期的水泥，应分别储存，并加以标识，不得混杂。

② 应防水防潮。水泥在存放过程中很容易吸收空气中的水分产生水化作用，凝结成块，降低水泥强度，影响水泥的正常使用。所以，水泥应在干燥环境条件下存放。袋装水泥在存放时，应用木料垫高约30 cm，四周离墙不少于30 cm，堆置高度一般不超过10袋。存放散装水泥时，应将水泥储存于专用的水泥罐中。对于受潮水泥可以根据受潮程度，通过试验后的具体情况进行使用。

③ 储存期不宜过长。水泥储存时间过长，水泥会吸收空气中的水分缓慢水化而降低强度。袋装水泥储存3个月后，强度约降低10% ~20%；6个月后，降低15% ~30%；1年后降低25% ~40%。因此，水泥储存期不宜超过3个月，使用时应做到先存先用，不可储存过久。超过3个月的水泥需重新进行质量检验，根据检验结果酌情使用。

知识七　硅酸盐水泥石的腐蚀与防止措施

1. 水泥石的腐蚀

水泥制品在正常的使用条件下，水泥石的强度会不断增长，具有较好的耐久性。但在某些腐蚀性介质作用下，水泥石结构逐渐遭到破坏，强度降低，甚至引起整个建筑结构的破坏，这种现象称为水泥石的腐蚀。硅酸盐系水泥石的腐蚀主要表现在如下四方面：

（1）软水侵蚀（溶出性侵蚀）

软水是指重碳酸盐（含 HCO_3^- 的盐）含量较小或不含重碳酸盐的水。如雨水、雪水、蒸馏水、工厂冷凝水以及含重碳酸盐很少的河水与湖水等均属于软水。水泥石长期处于软水环境中，水化产物氢氧化钙会不断溶解，引起水泥石中其他水化产物发生分解，导致水泥石结构孔隙增大，强度降低，甚至破坏，故软水侵蚀又称为溶出性侵蚀。在静水及无压力水的情况下，由于周围的软水容易被溶出的 $Ca(OH)_2$ 所饱和，使溶出作用停止，故对水泥石的影响不大；但在流动的水及压力水的作用下，这种溶出作用将会不断地持续下去，水泥石结构的破坏将由表及里不断地进行下去。当水泥石与环境中的硬水接触时，水泥石中的 $Ca(OH)_2$ 与重碳酸盐发生反应生成的几乎不溶于水的碳酸钙积聚在水泥石的孔隙内，形成致密的保护层，可以阻止外界水的继续侵入，从而可阻止水化产物的溶出。

（2）酸类腐蚀

当水中含有盐酸、氢氟酸、硫酸、硝酸等无机酸或醋酸、蚁酸和乳酸等有机酸时，这些酸性物质会与水泥石中的氢氧化钙发生中和反应，生成的化合物或者易溶于水，或者在水泥石孔隙内结晶膨胀，产生较大的膨胀应力，导致水泥石结构破坏。

例如盐酸与水泥石中的氢氧化钙反应，生成的氯化钙易溶于水中。

$$2HCl + Ca(OH)_2 \longrightarrow CaCl_2 + 2H_2O$$

硫酸与水泥石中的氢氧化钙发生反应，生成体积膨胀性物质二水石膏，二水石膏再与水泥石中的水化铝酸钙作用，生成高硫型的水化硫铝酸钙，在水泥石内产生较大的膨胀应力。

在工业污水、地下水中，常溶解有较多的二氧化碳，它对水泥石的腐蚀作用是二氧化碳溶于水后形成碳酸，再与水泥石中的氢氧化钙反应生成碳酸钙，碳酸钙再与含碳酸的水进一步作用，生成更易溶于水中的碳酸氢钙，从而导致水泥石中其他水化产物的分解，引起水泥石结构破坏。

$$CO_2 + H_2O \longrightarrow H_2CO_3$$

$$Ca(OH)_2 + H_2CO_3 \longrightarrow CaCO_3 + 2H_2O$$
$$CaCO_3 + CO_2 + H_2O \longrightarrow Ca(HCO_3)_2$$

(3)盐类腐蚀

在一些海水、沼泽水以及工业污水中，常含有钠、钾、铵等硫酸盐。它们能与水泥石中的氢氧化钙发生化学反应，生成硫酸钙。硫酸钙进一步再与水泥石中的水化产物水化铝酸钙作用，生成具有针状晶体的高硫型水化硫铝酸钙。高硫型水化硫铝酸钙晶体中含有大量的结晶水，体积膨胀可达1.5倍，致使水泥石产生开裂甚至毁坏。

在海水及地下水中，还常常含有大量的镁盐，主要是硫酸镁和氯化镁。它们与水泥石中的氢氧化钙作用，生成的氢氧化镁松软而无胶凝能力。氯化钙易溶于水，且对钢筋有腐蚀作用；硫酸钙则会引起硫酸盐的破坏作用。

(4)强碱腐蚀

在一般情况下水泥石能够抵抗碱的腐蚀。但如果水泥石结构长期处于较高浓度的碱溶液（如氢氧化钠溶液）中，也会产生腐蚀破坏。

综上所述，引起水泥石腐蚀的根本原因有三个：一是水泥石中存在易被腐蚀的化学物质，如氢氧化钙和水化铝酸钙；其次是水泥石本身不密实，有很多毛细孔通道，腐蚀性介质易于通过毛细孔深入到水泥石内部，加速腐蚀的进程；三是外界因素的影响，如环境中有无侵蚀性介质存在，环境温度与湿度，介质的浓度等。

水泥石的腐蚀是一个极为复杂的物理化学变化过程，水泥石受到腐蚀介质作用时，往往是几种类型的腐蚀同时存在，相互影响。

2. 水泥石腐蚀的防止措施

(1)根据工程所处的环境特点，合理选用水泥品种。在有腐蚀性介质存在的工程环境中，应选用水化产物氢氧化钙含量比较低的水泥，以提高水泥石的耐腐蚀性能。

(2)降低水灰比，提高水泥石的密实程度、改善孔隙结构。如掺入外加剂减少用水量，改进施工工艺等。

(3)敷设保护层。如防腐涂料，耐酸陶瓷、塑料、沥青等。

知识八　其他水泥的特性、质量标准及应用

1. 专用水泥

专用水泥是指有专门用途的水泥，如道路硅酸盐水泥、白色硅酸盐水泥等。

(1)道路硅酸盐水泥

道路硅酸盐水泥（简称道路水泥）是由道路硅酸盐水泥熟料、适量石膏、规定的混合材料磨细制成的水硬性胶凝材料，代号为 P·R。

道路硅酸盐水泥是为适应我国水泥混凝土路面的需要而发展起来的。为提高道路混凝土的抗折强度、耐磨性和耐久性，道路硅酸盐水泥熟料中铝酸三钙含量应≤5.0%；铁铝酸四钙含量应≥16.0%。

《道路硅酸盐水泥》GB 13693—2005规定：道路硅酸盐水泥熟料中三氧化硫含量应≤3.5%；氧化镁含量应≤5.0%；游离氧化钙含量应≤1.0%；烧失量应≤3.0%；细度用比表面积法测定时为300～450 m²/kg；初凝时间应≥1.5 h，终凝时间应≤10 h；体积安定性用

沸煮法检验必须合格；28 d 干缩率应≤0.10%；28 d 磨耗量应≤3.0 kg/m²。

根据 3 d 和 28 d 的抗压强度与抗折强度，道路硅酸盐水泥分为 32.5、42.5 和 52.5 三个强度等级。各龄期强度要求见表 4 – 10。

表 4 – 10　道路水泥各龄期强度要求（GB13693—2005）

强度等级	技术指标			
	抗压强度/MPa，≥		抗折强度/MPa，≥	
	3 d	28 d	3 d	28 d
32.5	16.0	32.5	3.5	6.5
42.5	21.0	42.5	4.0	7.0
52.5	26.0	52.5	5.0	7.5

道路硅酸盐水泥具有早强和抗折强度高、干缩性小、耐磨性好、抗冲击性好、抗冻性和耐久性比较好、裂缝和磨耗病害少的特点，主要用于公路路面、机场跑道、城市广场、停车场等工程。

（2）白色硅酸盐水泥

白色硅酸盐水泥，简称白水泥。是由氧化铁含量少的硅酸盐水泥熟料、适量石膏及规定的混合材料，磨细制成的水硬性胶凝材料。代号为 P·W。

一般硅酸盐水泥呈灰色或灰褐色，这主要是由于水泥熟料中的氧化铁所引起的。当氧化铁的含量在 0.5% 以下时，水泥接近白色。

为了保证白度，煅烧时应采用天然气、煤气或重油作燃料。粉磨时不能直接用铸钢板和钢球，而应采用白色花岗岩或高强陶瓷衬板，用烧结瓷球等作为研磨体。由于这些特殊的生产措施，使得白色硅酸盐水泥的生产成本较高，因此白色硅酸盐水泥的价格较贵。

《白色硅酸盐水泥》GB/T2015—2005 规定：白色硅酸盐水泥熟料中氧化镁含量应≤5.0%；初凝时间应≥45 min，终凝时间应≤10 h；细度用 80 μm 方孔筛检验其筛余率应≤10.0%；体积安定性用沸煮法检验必须合格。

白色硅酸盐水泥根据 3 d 和 28 d 的抗折强度与抗压强度划分为 32.5、42.5 和 52.5 三个强度等级。

白色硅酸盐水泥的白度值不得低于 87。白色硅酸盐水泥具有强度高，色泽洁白的特点，可用来配制彩色砂浆和涂料、彩色混凝土等，用于建筑物的内外装修，同时也是生产彩色硅酸盐水泥的主要原料。

2. 特性水泥

（1）低热水泥

低热水泥包括低热硅酸盐水泥（P·LH）、中热硅酸盐水泥（P·MH）和低热矿渣硅酸盐水泥（P·SLH）。

从熟料的矿物成分来看，铝酸三钙和硅酸三钙水化热较大，同时游离氧化钙也会增加水泥的水化热，降低水泥的抗拉强度，所以对其含量应加以限制。

《中热硅酸盐水泥　低热硅酸盐水泥　低热矿渣硅酸盐水泥》GB 200—2003 规定：

中热硅酸盐水泥熟料：硅酸三钙含量应≤55%，铝酸三钙含量应≤6%，游离氧化钙含量应≤1.0%。

低热硅酸盐水泥熟料：硅酸二钙含量应≥40%，铝酸三钙含量应≤6%，游离氧化钙含量应≤1.0%。

低热矿渣硅酸盐水泥熟料：铝酸三钙含量应≤8%，游离氧化钙含量应≤1.2%，氧化镁含量宜≤5.0%；如果水泥经压蒸安定性试验合格，则熟料中氧化镁的含量允许放宽到6.0%。

低热硅酸盐水泥和中热硅酸盐水泥水化热较低，抗冻性与耐磨性较高，抗硫酸盐侵蚀性能好，适用于水利大坝、大体积水工建筑物，以及其他要求低水化热、高抗冻性、高耐磨、有抗硫酸盐侵蚀要求的混凝土工程。

低热矿渣硅酸盐水泥水化热更低，抗硫酸盐侵蚀性能好，适用于大体积构筑物、厚大基础等大体积混凝土工程，还可用于有抗硫酸盐侵蚀要求的混凝土工程。

（2）抗硫酸盐硅酸盐水泥

根据抵抗硫酸盐侵蚀的程度不同，抗硫酸盐硅酸盐水泥分为中抗硫酸盐硅酸盐水泥（P·MSR）和高抗硫酸盐硅酸盐水泥（P·HSR）两种。

硅酸盐水泥熟料中最容易被硫酸盐腐蚀的成分是铝酸三钙。因此，抗硫酸盐硅酸盐水泥熟料中铝酸三钙的含量比较低。由于在水泥熟料的烧成过程中，铝酸三钙数量与硅酸三钙数量之间存在一定的相关性，如果水泥熟料中铝酸三钙含量较低，则硅酸三钙的含量相应地也较低。但是在抗硫酸盐硅酸盐水泥熟料中硅酸三钙的含量不宜太低，如果水泥熟料中硅酸三钙的含量太低，则不利于水泥强度的增长。

《抗硫酸盐硅酸盐水泥》GB 748—2005 规定：中抗硫酸盐硅酸盐水泥熟料中，硅酸三钙含量应≤55.0%，铝酸三钙含量应≤5.0%；高抗硫酸盐硅酸盐水泥熟料中，硅酸三钙含量应≤50.0%，铝酸三钙含量应≤3.0%。

抗硫酸盐硅酸盐水泥的抗侵蚀能力按《水泥抗硫酸盐侵蚀试验方法》GB/T 749—2008 的规定进行试验，以抗蚀系数 K 来评定。抗蚀系数是指水泥试件在人工配制的浓度为 3%（质量分数）的硫酸钠溶液中，浸泡 28 d 后的抗折强度 $R_液$ 与同时浸泡在饮用水中试件的抗折强度 $R_水$ 之比来表示，按式（4-3）计算：

$$K = \frac{R_液}{R_水} \qquad\qquad (4-3)$$

抗硫酸盐硅酸盐水泥的抗硫酸盐腐蚀系数不得小于 0.8。

《抗硫酸盐硅酸盐水泥》GB 748—2005 规定：抗硫酸盐硅酸盐水泥熟料中氧化镁含量应≤5.0%；三氧化硫含量应≤2.5%；可溶物含量应≤1.5%；烧失量应≤3.0%；水泥的比表面积应≥280 m²/kg；初凝时间应≥45 min，终凝时间应≤10 h；体积安定性用沸煮法检验必须合格。

抗硫酸盐硅酸盐水泥根据 3 d 和 28 d 的抗压强度与抗折强度划分为 32.5 和 42.5 两个强度等级。

抗硫酸盐硅酸盐水泥具有较高的抗硫酸盐侵蚀能力，水化热较低，主要用于受硫酸盐侵蚀的海港、水利、地下隧道、引水、道路与桥梁基础等工程。

（3）膨胀水泥

一般硅酸盐水泥在空气中硬化时，体积会发生收缩。收缩会使水泥石结构产生微裂缝或裂缝，降低水泥石结构的密实性，影响结构的抗渗、抗冻、耐腐蚀性和耐久性。膨胀水泥在硬化过程中体积不但不发生收缩，而且还略有不同程度的膨胀。当这种膨胀受到水泥混凝土中钢筋的约束而膨胀率又较大时，钢筋和混凝土会一起发生变形，钢筋受到拉力，混凝土受到压力，这种压力是由水泥水化产生的体积变化所引起的，所以叫自应力。

低热微膨胀水泥是以粒化高炉矿渣为主要成分，加入适量硅酸盐水泥熟料和石膏，磨细制成的具有低水化热和微膨胀性能的水硬性胶凝材料。代号为 LHEC。

《低热微膨胀水泥》GB2938—2008 规定：熟料中三氧化硫含量为 4.0% ~ 7.0%；氯离子含量应≤0.06%；比表面积应≥300 m²/kg；初凝时间应≥45 min，终凝时间应≤12 h；体积安定性用沸煮法检验必须合格；线膨胀系数：1 d 应≤0.05%，7 d 应≤0.10%，28 d 应≤0.60%；强度等级为 32.5。

膨胀水泥在约束变形条件下所形成的水泥石结构致密，具有良好的抗渗性、抗冻性和抗裂性。主要用于补偿收缩混凝土结构工程(混凝土结构的后浇带、管道的接头等)，配制防水砂浆和防水混凝土，结构的加固与修补，浇注机器底座和固结地脚螺栓等。

3. 铝酸盐水泥

凡以铝酸钙为主的铝酸盐水泥熟料，磨细制成的水硬性胶凝材料，称为铝酸盐水泥，代号为 CA。根据 Al_2O_3 的含量分为：CA－50、CA－60、CA－70、CA－80 四种。技术要求应符合《铝酸盐水泥》GB 201—2000 的有关规定。

(1)铝酸盐水泥的特性与应用

① 凝结硬化快，早期强度增长快。适用于紧急抢修工程和早期强度要求高的混凝土工程。

② 具有较高的耐热性能。硬化后的水泥石在高温下(900℃以上)仍能保持较高的强度。如采用耐火的粗细骨料(如铬铁矿等)，可制成使用温度达 1300 ~ l400℃的耐热混凝土，也可作为高温炉炉衬材料。

③ 具有较好的抗渗性和抗硫酸盐侵蚀能力。这是因为铝酸盐水泥的水化产物主要为低钙铝酸盐，游离氧化钙含量极少，硬化后的水泥石中没有氢氧化钙，并且水泥石结构比较致密，因此，铝酸盐水泥具有较高的抗渗性、抗冻性和抗硫酸盐侵蚀能力，适用于有抗渗、抗硫酸盐侵蚀要求的混凝土工程。但铝酸盐水泥不耐碱，不能用于与碱溶液接触的工程。

④ 水化热大，而且集中在早期放出。铝酸盐水泥的 1 d 放热量约相当于硅酸盐水泥的 7 d 放热量。因此，适用于混凝土的冬季施工，但不宜用于大体积混凝土工程。

(2)铝酸盐水泥使用时的注意事项

① 由于铝酸盐水泥水化产物晶体易发生转换，导致铝酸盐水泥的后期强度会有所降低，尤其是在高于 30℃的湿热环境下，强度下降更加明显，甚至会引起结构的破坏。因此，铝酸盐水泥不宜用于长期承受荷载作用的结构工程。

② 铝酸盐水泥最适宜的硬化温度为 15℃左右。一般施工时环境温度不宜超过 30℃，否则，会产生晶体转换，水泥石强度降低。所以，铝酸盐水泥拌制的混凝土构件不能进行蒸汽养护。

③ 铝酸盐水泥使用时，严禁与硅酸盐水泥或石灰相混，也不得与尚未硬化的硅酸盐水泥接触，否则将产生"瞬凝"现象，以至无法施工，且强度很低。

项目二　职业技能

技能一　建筑用石灰及水泥检测样品的抽取

建筑用石灰及水泥在使用前应分批次对其质量进行抽样检测。检测样品的抽取应根据有关产品标准、施工验收标准的规定，在监理人员见证下，随机抽取规定数量的试样，委托有相应资质的检测机构进行检测。经检测合格后，方能使用。

建筑用石灰及水泥质量检测样品的抽取数量和方法见表4-11。

表4-11　建筑石灰及水泥质量检测样品的抽取

石灰名称	组批规则	抽样方法与抽样数量
生石灰	同一生产单位生产的日产量200 t以上时，每批不超过200 t；日产量不足200 t时，每批不超过100 t；日产量不足100 t时，每批不超过日产量	从本批产品不同部位抽取。取样点不少于25个，每个点取至少2 kg，混合均匀后用四分法缩分至4 kg，装入密封容器内作为检测样品
生石灰粉		散装生石灰粉采用随机取样或用自动取样器取样；袋装石灰应从本批中随机抽取10袋，并从每袋中抽取等量的试样，总量不少于3 kg，混合均匀后用四分法缩分至300 g，装入密封容器内作为检测样品
消石灰粉	同一生产单位生产的以100 t为一批；不足100 t亦为一批	从本批中随机抽取10袋，并从每袋中抽取等量的样品，总量不少于1 kg，混合均匀后用四分法缩分至250 g，装入密封容器内作为检测样品
通用硅酸盐水泥	同一生产单位生产的同品种、同强度等级的水泥为一批。散装水泥以500t/批；袋装水泥以200t/批，当不足上述数量时，也按一批计	袋装水泥：从检验批中随机抽取不少于20袋水泥，用专用取样管，沿水泥包装袋对角线插入抽取等量的水泥样品，总量至少12 kg 散装水泥：从散装水泥卸料处或输送水泥运输机具的出料处，在流动的水泥流中随机抽取水泥样品，总量至少12 kg

技能二　水泥物理指标的检测

水泥物理指标检测项目主要有水泥的细度（或比表面积）、标准稠度用水量、凝结时间、体积安定性、胶砂强度。检测方法详见配套教材《建筑材料检测实训指导书与实训报告》。

模块五　混凝土用骨料（砂、石）及其检测

【教学要求】　简要介绍混凝土用砂、石的分类与生产；重点讲述混凝土用砂、卵石、碎石的技术要求及对混凝土质量的影响，质量检测样品的抽取与物理、力学性能检测方法。

项目一　职业知识

知识一　混凝土用砂的分类及技术要求

1. 混凝土用砂的分类

公称粒径≤5.0 mm的骨料称为细骨料，通称为砂，包括天然砂和机制砂两大类。

天然砂是指自然条件形成的，经人工开采和筛分的公称粒径≤5.0 mm的岩石颗粒。

机制砂是指经除土开采、机械破碎、筛分而成的公称粒径≤5.0 mm的岩石颗粒。

砂是混凝土、砂浆中重要组成原材料之一，其质量好坏直接影响混凝土、砂浆的质量，从而影响建筑工程的质量。砂的分类见表5-1。

表5-1　建筑用砂的分类

按产源分	天　然　砂			机制砂(人工砂)
	河砂、湖砂、山砂、淡化海砂			包括矿山尾矿和工业废渣颗粒
按细度模数 μ_f 分	粗　砂	中　砂	细　砂	特细砂
	3.1~3.7	2.3~3.0	1.6~2.2	0.7~1.5
按技术要求分	Ⅰ类		Ⅱ类	Ⅲ类

2. 混凝土用砂的技术要求

（1）颗粒级配与粗细程度

① 颗粒级配：砂的颗粒级配是指不同粒径的砂粒搭配比例。良好的级配指粗颗粒的空隙恰好由中颗粒填充，中颗粒的空隙恰好由细颗粒填充，如此逐级填充使砂形成最致密的堆积状态，空隙率达到最小值，堆积密度达到最大值，这样不仅用来填充空隙的浆料少，多余的浆料可形成较厚的包裹层，有利于水泥浆的润滑与胶结作用，而且可得到较高的密实度，从而使混凝土的强度和耐久性得以加强。因此，砂的颗粒级配情况也能反映其空隙率的大小。

砂根据其在筛孔边长为0.60 mm的方孔（对应于公称直径为0.63 mm）筛上的累计筛余百分率 β_4 划分为三个级配区。Ⅰ区 β_4=71%~85%（粗砂）、Ⅱ区 β_4=41%~70%（中砂）、Ⅲ区 β_4=16%~40%（细砂）。《普通混凝土用砂、石质量及检验方法标准》JGJ 52—2006、《建设用砂》GB/T 14684—2011、《铁路混凝土工程施工质量验收标准》TB10424—2010及《公

路桥涵施工技术规范》JTG/T F50—2011 对砂的级配区的划分见表5-2。

表5-2 砂的颗粒级配区

方孔筛筛孔边长/mm	累计筛余率/% 级配区		
	Ⅰ区	Ⅱ区	Ⅲ区
4.75	10~0	10~0	10~0
2.36	35~5	25~0	15~0
1.18	65~35	50~10	25~0
0.60	85~71	70~41	40~16
0.30	95~80	92~70	85~55
0.15	100~90	100~90	100~90

注：砂的实际颗粒级配与表5-2中所列数字相比，除4.75 mm和0.60 mm筛档外，可以略有超出，但超出总量应≤5%。

各筛的分计筛余和累计筛余百分率按下列方法计算：

第i个筛的分计筛余百分率α_i等于第i个筛的筛余质量m_i与筛后各个筛上的筛余质量之和(含筛底内的颗粒质量)$\sum m_i$的百分数，按式(5-1)计算，精确至0.1%：

$$\alpha_i = \frac{m_i}{\sum m_i} \times 100\% \qquad (5-1)$$

第i个筛的累计筛余百分率β_i等于第i个筛的分计筛余百分率加上筛孔大于该筛的各筛的分计筛余百分率之和，精确至1%。计算方法见表5-3。

表5-3 分计筛余和累计筛余百分率计算表

砂的公称粒径/mm	圆孔筛的孔径/mm	方孔筛筛孔边长/mm	分计筛余质量m_i/g	分计筛余百分率α_i/%	累计计筛余百分率β_i/%	通过率/%
5.0	5.0	4.75	m_1	$\alpha_1 = 100\,m_1/\sum m_i$	$\beta_1 = \alpha_1$	$100 - \beta_1$
2.5	2.5	2.36	m_2	$\alpha_2 = 100\,m_2/\sum m_i$	$\beta_2 = \alpha_1 + \alpha_2$	$100 - \beta_2$
1.25	1.25	1.18	m_3	$\alpha_3 = 100\,m_3/\sum m_i$	$\beta_3 = \alpha_1 + \alpha_2 + \alpha_3$	$100 - \beta_3$
0.63	0.63	0.60	m_4	$\alpha_4 = 100\,m_4/\sum m_i$	$\beta_4 = \alpha_1 + \alpha_2 + \alpha_3 + \alpha_4$	$100 - \beta_4$
0.315	0.315	0.30	m_5	$\alpha_5 = 100\,m_5/\sum m_i$	$\beta_5 = \alpha_1 + \alpha_2 + \alpha_3 + \alpha_4 + \alpha_5$	$100 - \beta_5$
0.16	0.16	0.15	m_6	$\alpha_6 = 100\,m_6/\sum m_i$	$\beta_6 = \alpha_1 + \alpha_2 + \alpha_3 + \alpha_4 + \alpha_5 + \alpha_6$	$100 - \beta_6$
≤0.16	筛底	筛底	m_7	—	—	—

筛后累计质量：$\sum m_i = m_1 + m_2 + m_3 + m_4 + m_5 + m_6 + m_7$

以筛孔尺寸为横坐标，累计筛余百分率为纵坐标，绘制粒径与累计筛余百分率的关系曲线称为砂的级配曲线。见图5-1。

砂的颗粒级配的评定：通过筛分析得到的各筛上的累计筛余百分率均在标准规定的相应级配区内时，表明该砂的颗粒级配良好。但是，砂的实际颗粒级配不一定完全符合规范要求，规范规定，除4.75 mm和0.60 mm筛档外，可以略有超出，但超出总量应≤5%，此时砂的颗粒级配可评定为合格；若超出总量>5%，则该砂的颗粒级配可评定为不合格或级配不良。

当天然砂的实际颗粒级配不符合要求时，也可采取相应的技术措施进行调整，使其级配符合要求。例如某砂粗颗粒过多，则可以按一定比例掺入较细的砂子加以调整，使之符合要求。

② 粗细程度：砂的粗细程度是指不同粒径的砂粒混合在一起的总体粗细程度，不是指其平均粒径，用细度模数（μ_f）来衡量。细度模数愈大，表示砂就愈粗，单位质量总表面积就愈小。

砂子粗细的划分：根据细度模数的大小划分为粗砂（$\mu_f = 3.1 \sim 3.7$）、中砂（$\mu_f = 2.3 \sim 3.0$）、细砂（$\mu_f = 1.6 \sim 2.2$）和特细砂（$\mu_f = 0.7 \sim 1.5$）。

砂的细度模数按式（5-2）计算：

$$\mu_f = \frac{\beta_2 + \beta_3 + \beta_4 + \beta_5 + \beta_6 - 5\beta_1}{100 - \beta_1} \quad (5-2)$$

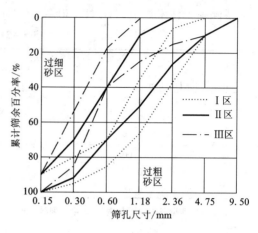

图 5-1 砂的级配曲线

式中：β_1、β_2、β_3、β_4、β_5、β_6——4.75 mm、2.36 mm、1.18 mm、0.60 mm、0.30 mm、0.15 mm方孔筛的累计筛余百分率，%。

砂的颗粒级配和粗细情况可通过筛分析试验进行检验。

【例】 称取某干砂500 g进行筛分析试验，试验结果见表5-4，试判断该砂的级配和粗细情况。

表5-4 砂样筛分析试验结果

筛孔尺寸/mm	筛余质量 m_i/g	分计筛余 α_i/%	累计筛余 β_i/%	筛孔尺寸/mm	筛余质量 m_i/g	分计筛余 α_i/%	累计筛余 β_i/%
4.75	30	6.0	6.0	0.30	80	16.0	78.8
2.36	46	9.2	15.2	0.15	85	17.0	95.8
1.18	148	29.6	44.8	筛底	21	4.2	100.0
0.60	90	18.0	62.8	$\sum m_i$	500		

解：1.计算分计筛余和累计筛余百分率，计算结果见表5-4。

2.根据0.60 mm筛孔的累计筛余百分率确定级配区。该砂在0.60 mm筛孔上的累计筛余为62.8%，故该砂的级配区属Ⅱ区，然后将各筛的实测累计筛余与Ⅱ区对应的各筛累计筛余的规定范围进行比较，是否均在规定的范围内。经比较，该砂在各筛上的累计筛余百分率均在标准级配区内，故该砂级配良好。也可采用作图法，绘制粒径与累计筛余百分率的关系曲线，将标准规定的级配范围和实测砂样的级配结果同时绘制在图上，通过曲线的分布情况来判定砂颗粒级配情况。

3.计算细度模数：

$$\mu_f = \frac{\beta_2 + \beta_3 + \beta_4 + \beta_5 + \beta_6 - 5\beta_1}{100 - \beta_1} = \frac{15.2 + 44.8 + 62.8 + 78.8 + 95.8 - 5 \times 6.0}{100 - 6.0} = 2.8$$

因μ_f在2.3~3.0之间，故该砂为中砂。

综合评定：该砂为Ⅱ区级配良好的中砂。

（2）有害物质

砂中有害物质包括：泥（粒径≤0.075 mm颗粒）、石粉（机制砂中粒径≤0.075 mm颗

74

粒)、泥块(粒径>1.18 mm 的粘土团)、云母、轻物质、有机物、硫化物、硫酸盐、氯化物、草根、树叶、贝壳、炉渣及活性矿物等。

泥土成浆,包裹在砂粒表面,影响了水泥浆与砂的粘结;云母和轻物质自身低强易碎;硫化物、硫酸盐会造成水泥石的腐蚀;有机物会影响混凝土的凝结硬化;氯盐对钢筋有锈蚀作用;活性矿物易与混凝土中的碱产生碱-骨料反应,造成混凝土膨胀开裂。总之,这些有害物质均会影响混凝土的强度及耐久性。因此,对这些有害物质应加以限量。

《普通混凝土用砂、石质量及检验方法标准》JGJ 52—2006、《铁路混凝土工程施工质量验收标准》TB 10424—2010 及《公路桥涵施工技术规范》JTG/T F50—2011 中,对混凝土用砂中有害物质的限量见表5-5。

表5-5　砂中有害物质限量

有害物质名称		JGJ52—2006			TB 10424—2010、JTG/T F50—2011		
		≥C60	C30～C55	≤C25	<C30	C30～C45	≥C50
含泥量(按质量计)/%,≤		2.0	3.0	5.0	3.0	2.5	2.0
泥块含量(按质量计)/%,≤		0.5	1.0	2.0	0.5		
云母含量(按质量计)/%,≤		2.0;有抗渗、抗冻要求的为1.0			0.5		
轻物质含量(按质量计)/%,≤		1.0			0.5		
有机物含量(比色法)		颜色不深于标准色。如深于标准色,则应配制成水泥砂浆进行强度对比试验,其抗压强度比应≥0.95					
硫化物及硫酸盐含量(按SO$_3$质量计)/%,≤		1.0			0.5		
氯化物含量(以Cl$^-$质量计)/%,≤		钢筋混凝土0.06;预应力混凝土0.02			0.02		
机制砂石粉含量(按质量计)/%,≤	MB值<1.40(合格)	5.0	7.0	10.0	10.0	7.0	5.0
	MB值≥1.40(不合格)	2.0	3.0	5.0	5.0	3.0	2.0

注:① MB值为亚甲蓝试验测得的亚甲蓝值;② 表中 TB 10424—2010 和 JTG/T F50—2011 栏指标为高性能混凝土用砂要求。

(3)坚固性

砂的坚固性是指砂在气候、环境变化和其他外界物理、化学因素作用下抵抗破裂的能力。混凝土用砂应满足一定的坚固性要求,以保证混凝土的耐久性。

天然砂的坚固性用硫酸钠溶液法检验,即测定硫酸钠饱和溶液渗入砂粒缝隙后形成结晶的胀裂力对砂粒的破坏程度来判断其坚固性。混凝土用砂在硫酸钠饱和溶液中经5次浸渍与烘干的循环之后,其质量损失率应符合表5-6的规定。

表5-6　砂的坚固性要求

规范	混凝土所处环境条件及性能要求	5次循环后的质量损失率/%
JGJ52—2006	在严寒及寒冷地区室外使用并经常处于潮湿或干湿交替状态下的混凝土;对于有抗疲劳、耐磨、抗冲击要求的混凝土;有腐蚀介质作用或经常处于水位变化区的地下结构混凝土	≤8
	其他条件下使用的混凝土	≤10
TB 10424—2010 JTG/T F50—2011	钢筋混凝土和预应力混凝土结构	≤8

（4）压碎指标值

压碎指标值是指机制砂（人工砂）抵抗压碎的能力。

压碎指标值的测定：将人工砂先筛分成 4.75 ~ 2.36 mm、2.36 ~ 1.18 mm、1.18 ~ 0.60 mm、0.60 ~ 0.30 mm 四个粒级，并计算其分计筛余百分率，然后分别取各粒级砂约 300 g（m_0）装入专用压碎指标仪中，振实后装上压头，放入压力试验机中，以 0.5 kN/s 的加荷速率加压到 25 kN，并持压 5s 后，以同样速率卸荷，取出用该粒级的下限筛进行过筛，称取筛余质量（m_i），按式（5 - 3）计算该粒级的压碎指标值 δ_i，精确至 0.1%：

$$\delta_i = \frac{m_0 - m_i}{m_0} \times 100\% \tag{5 - 3}$$

根据各粒级的分计筛余百分率 α_i 和各粒级的压碎指标值 δ_i，按式（5 - 4）计算该砂总的压碎指标值 δ_{sa}，精确至 1%：

$$\delta_{sa} = \frac{\alpha_1\delta_1 + \alpha_2\delta_2 + \alpha_3\delta_3 + \alpha_4\delta_4}{\alpha_1 + \alpha_2 + \alpha_3 + \alpha_4} \times 100\% \tag{5 - 4}$$

JGJ 52—2006 规定机制砂的总压碎指标值应 <30%。

TB 10424—2010 规定机制砂的总压碎指标值应 <25%。

JTG/T F50—2011 规定机制砂单级最大压碎指标值：Ⅰ类砂应 <20%；Ⅱ类砂应 <25%；Ⅲ类砂应 <30%。

（5）表观密度、堆积密度、空隙率

《建设用砂》GB/T 14684—2011 和《公路桥涵施工技术规范》JTG/T F50—2011 中规定：砂的表观密度应 ≥2500 kg/m³，松散堆积密度应 ≥1400 kg/m³，空隙率应 ≤44%。

一般来讲，砂的表观密度愈大，表明其内部孔隙就愈少，强度就愈高；堆积密度愈大，表明其空隙率就愈小，颗粒级配就愈好。

砂的堆积密度与其含水率的大小有关。当含水率为 1% ~5% 时，其堆积密度比干燥状态的堆积密度逐渐减小，当含水率为 6% ~7% 时，由于水的表面张力的影响，砂子表面一定厚度的水膜起到一些粘结作用，并能阻止砂粒的靠近而形成较大的松装体积，故其堆积密度最小；当含水率达到 10% 左右时，由于水膜过厚，水膜将不起粘结而起润滑作用，砂子可以滑动靠近，堆积体积变小，故其堆积密度最大。

（6）碱活性

砂中含有活性矿物（活性 SiO_2、活性碳酸盐）时，对于长期处于潮湿环境中的混凝土结构，这些活性矿物能与混凝土中的碱发生化学反应（也称碱 - 骨料反应），生成膨胀性凝胶物质，从而导致混凝土产生膨胀、开裂甚至破坏。故长期处于潮湿环境中的混凝土结构用砂，应采用快速砂浆棒法或砂浆长度法进行碱活性检验。

砂中有无活性矿物的判定方法：

① 由砂制备的砂浆试件养护至规定龄期后应无裂缝、酥裂、胶体外溢等现象。

② 采用快速砂浆棒法检验时，砂浆棒 14 天膨胀率 <0.10% 时，可判定无潜在危害。

③ 采用快速砂浆棒法检验时，砂浆棒 14 天膨胀率 >0.10% 时，可判定有潜在危害。

④ 采用快速砂浆棒法检验时，砂浆棒 14 天膨胀率在 0.10% ~0.20% 时，需用砂浆长度法再进行检验，当 6 个月砂浆膨胀率 <0.10% 或 3 个月膨胀率 <0.05% 时，可判定无潜在危害；否则，应判定有潜在危害。

对于有潜在危害的砂尽量不使用,如必须使用,则应采取能抑制碱－骨料反应的有效措施。如使用低碱水泥或加入合适的活性掺合料(如粉煤灰、矿渣粉、硅灰)降低水泥用量等措施。

知识二　混凝土用石子的分类及技术要求

1.混凝土用石子的分类

公称粒径 >5 mm 的岩石颗粒称为粗骨料,通称为石子。其品种有天然卵石和机制碎石两种。

卵石:也称砾石,是指由自然风化、水流搬运和分选、堆积形成的公称粒径 >5.0 mm 的岩石颗粒。其表面圆滑,空隙率和总表面积均较小,拌制混凝土时水泥浆需用量较少,工作性较好,但与水泥浆的粘结力不如碎石。

碎石:是指由天然岩石、卵石或矿山废石经机械破碎、筛分制成的公称粒径 >5.0 mm 的岩石颗粒。颗粒多棱角,表面粗糙,空隙率和总表面积均较大,用碎石拌制的混凝土,所需的水泥浆较多,但水泥浆与碎石的粘结力较强。因此,拌制较高强度混凝土时,宜用碎石或碎卵石。

2.混凝土用石子的技术要求

石子是混凝土中重要组成原材料之一,其质量好坏直接影响混凝土的质量,从而影响建筑工程的质量,因此应选用符合设计和有关标准要求的石子,确保混凝土结构的质量。

《普通混凝土用砂、石质量及检验方法标准》JGJ 52—2006、《建设用碎石、卵石》GB/T 14685—2011、《铁路混凝土工程施工质量验收标准》TB10424—2010 及《公路桥涵施工技术规范》JTG/T F50—2011 对混凝土用石子的技术要求,均作出了具体规定。具体技术要求如下:

(1)表观密度、堆积密度、空隙率

GB/T 14685—2011 规定:石子的表观密度应≥2600 kg/m^3,松散堆积密度应≥1350 kg/m^3,空隙率应≤47%。

TB 10424—2010 规定:石子的表观密度应≥2600 kg/m^3,紧密空隙率应≤40%。

(2)最大粒径

石子的最大粒径是指石子公称粒级的上限。如 5~40 mm 粒级的石子,最大粒径即为 40 mm。

① 石子粒径大小对混凝土性能的影响:使用粒径较大的石子拌制混凝土时,由于石子的总表面积较小,在水泥浆量相同的条件下,水泥浆包裹层较厚,有利于润滑和粘结。因此,在允许条件下,石子的粒径宜选大一些。但由于构件尺寸和钢筋疏密程度所限,又不能选得太大。另外,石子粒径越大,其内部存在缺陷的可能性也大,影响混凝土的强度及耐久性。

② 最大粒径的选用原则:《混凝土结构工程施工质量验收规范》GB 50204—2002 规定:粗骨料最大颗粒粒径不得超过构件截面最小尺寸的1/4,且不得超过钢筋最小净间距的3/4。对混凝土实心板,骨料的最大粒径不宜超过板厚的1/3,且不得超过 40 mm。

《铁路混凝土》TB/T 3275—2011 规定:混凝土用粗骨料应采用坚硬耐久的碎石、卵石或两者的混合物,其最大公称粒径不宜超过钢筋的混凝土保护层厚度的2/3,在严重腐蚀环境条件下不宜超过1/2,且不应超过钢筋最小间距的3/4;配制C50 及以上混凝土时,最大公称粒径不应大于 25 mm。

JTG/T F50—2011 规定：混凝土用粗骨料的最大粒径，除大体积混凝土外，不宜超过 25 mm，且不得超过钢筋保护层厚度的 2/3。

（3）颗粒级配

石子的颗粒级配是指不同粒径的石子颗粒搭配情况。可采用筛分析法进行检验。

① 级配的划分：混凝土用石子的颗粒级配分为连续粒级（5~10、5~16、5~20、5~25、5~31.5、5~40 mm 6 种）和单粒粒级（10~20、16~31.5、20~40、31.5~63、40~80 mm 5 种），具体见表 5-7。

表 5-7 卵石、碎石的颗粒级配

级配情况	公称粒级 /mm	累计筛余/% 方筛孔筛孔边长/mm								
		2.36	4.75	9.50	16.0	19.0	26.5	31.5	37.5	53.0
连续粒级	5~10	95~100	80~100	0~15	0					
	5~16	95~100	85~100	30~60	0~10	0				
	5~20	95~100	90~100	40~80	—	0~10	0			
	5~25	95~100	90~100	—	30~70	—	0~5	0		
	5~31.5	95~100	90~100	70~90	—	15~45	—	0~5	0	
	5~40	—	95~100	70~90	—	30~65	—	—	0~5	0
单粒粒级	10~20	—	95~100	85~100	—	0~15	0			
	16~31.5	—	95~100	—	85~100	—	—	0~10	0	
	20~40	—	—	95~100	—	80~100	—	—	0~10	0

② 石子级配对混凝土性能的影响：石子的级配良好与否，直接影响混凝土的水泥用量及和易性。级配良好的石子，其空隙率就小，用于填充骨料空隙所需水泥浆量也就少，在水泥浆量相同的条件下，包裹和润滑石子颗粒的水泥浆层就厚，故拌制的混凝土的和易性好、强度高。

③ 改善级配的措施：在混凝土配合比设计时，应优先选用连续粒级的石子，当石子的级配不能满足连续粒级的要求时，可采用不同粒径大小的单粒粒级的石子进行掺配或采用几个不同级配的石子进行掺配，使其满足连续粒级的要求。合成级配计算方法见表 5-8。

表 5-8 石子合成级配计算表

粒径/mm		37.5	31.5	26.5	19.0	9.5	4.75	2.36	掺配比例
级配 a 累计筛余率/%		β_1^a	β_2^a	β_3^a	β_4^a	β_5^a	β_6^a	β_7^a	P_1
级配 b 累计筛余率/%		β_1^b	β_2^b	β_3^b	β_4^b	β_5^b	β_6^b	β_7^b	P_2
级配 c 累计筛余率/%		β_1^c	β_2^c	β_3^c	β_4^c	β_5^c	β_6^c	β_7^c	P_3
合成级配	累计筛余率/%	β_1	β_2	β_3	β_4	β_5	β_6	β_7	
	通过率/%	$100-\beta_1$	$100-\beta_2$	$100-\beta_3$	$100-\beta_4$	$100-\beta_5$	$100-\beta_6$	$100-\beta_7$	

合成级配各筛的累计筛余率按下列方法计算：

先估算级配 a 的掺配比例（质量百分比）为 P_1、级配 b 的掺配比例为 P_2、级配 c 的掺配比

例为 P_3，且 $P_1 + P_2 + P_3 = 100\%$，然后分别按式 $\beta_1 = (\beta_1^a \cdot P_1 + \beta_1^b \cdot P_2 + \beta_1^c \cdot P_3)/100$，$\beta_2 = (\beta_2^a \cdot P_1 + \beta_2^b \cdot P_2 + \beta_2^c \cdot P_3)/100$，$\beta_i = (\beta_i^a \cdot P_1 + \beta_i^b \cdot P_2 + \beta_i^c \cdot P_3)/100$，依此类推计算出各筛的累计筛余率。也可利用计算机 Excel 电子表格进行试算。

（4）有害物质

石子中的有害物质是指泥(粒径≤0.075 mm 颗粒)、泥块(粒径＞2.36 mm 的粘土团)、有机物(卵石)、硫化物、硫酸盐、氯化物等。这些有害物质会影响混凝土的强度和耐久性。因此，对这些有害物质应加以限量。混凝土用卵石、碎石中的有害物质限量见表 5-9。

表 5-9　卵石、碎石中有害物质含量限量

有害物质名称	JGJ52—2006			TB 10424—2010、JTG/T F50—2011		
	≥C60	C30~C55	≤C25	＜C30	C30~C45	≥C50
含泥量(按质量计)/%，≤	0.5	1.0	2.0	1.0	1.0	0.5
泥块含量(按质量计)/%，≤	0.2	0.5	0.7	0.2(0.25)		
卵石中有机物含量(比色法)	颜色不深于标准色。如深于标准色，则应配制成水泥砂浆进行强度对比试验，其抗压强度比应≥0.95					
硫化物及硫酸盐含量(按 SO_3 质量计)/%，≤	1.0			0.5		
氯化物含量(以 Cl^- 质量计)/%，≤	钢筋砼 0.06；预应力砼 0.02			0.02		

注：① 表中 TB 10424—2010 和 JTG/T F50—2011 栏指标为高性能混凝土用石子要求；② 括号中的数据为公路工程要求。

（5）坚固性

混凝土用粗骨料应满足一定的坚固性(耐候性、耐腐蚀性)要求，以保证混凝土的耐久性。

检验方法：硫酸钠饱和溶液浸泡法，即石子在硫酸钠饱和溶液中经 5 次浸渍与烘干循环之后，其质量损失率应符合表 5-10 的规定。

表 5-10　粗骨料坚固性

规　范	混凝土所处环境条件及性能要求	5 次循环后的质量损失率/%
JGJ 52—2006	在严寒及寒冷地区室外使用并经常处于潮湿或干湿交替状态下的混凝土；对于有抗疲劳、耐磨、抗冲击要求的混凝土；有腐蚀介质作用或经常处于水位变化区的地下结构混凝土	≤8
	其他条件下使用的混凝土	≤12
TB 10424—2010	钢筋混凝土结构	≤8
JTG/T F50—2011	预应力混凝土结构	≤5

（6）针、片状颗粒

石子颗粒粒形以接近球形为好。但石子中常含有针状颗粒(长度大于所属粒级平均粒径的 2.4 倍)和片状颗粒(厚度小于所属粒级平均粒径的 0.4 倍)。

针、片状颗粒对混凝土性能的影响：一方面使混凝土拌和物的流动性降低，另一方面在硬化混凝土受力时又容易被折断，影响混凝土的强度。因此，混凝土用石子中的针、片状颗

粒的含量应符合表 5-11 的规定。

表 5-11 粗骨料中针、片状颗粒含量限量

规范	JGJ 52—2006			TB 10424—2010		
混凝土强度等级	≥C60	C30 ~ C55	≤C25	< C30	C30 ~ C45	≥C50
针、片状颗粒总含量(按质量计)/%，≤	8	15	25	10	8	5

注：JTG/T F50—2011 规定高性能混凝土用石子的针、片状颗粒含量应≤7%。

（7）强度

石子的强度可用母岩立方体抗压强度和石子压碎指标值来衡量。

① 岩石立方体抗压强度：用于生产碎石的母岩抗压强度试验，以边长为 50 mm 的立方体试件或 $\phi50$ mm×50 mm 的圆柱体试件，1 组 6 个，饱水 48 h 后的抗压强度平均值来表示。粗骨料的强度应高于混凝土的强度等级。

TB 10424—2010 和 JTG/T F50—2011 规定：粗骨料母岩的抗压强度应 ≥1.5 倍混凝土的强度等级，且深成岩和喷出岩的抗压强度应 ≥80 MPa，变质岩的抗压强度应 ≥60 MPa，沉积岩的抗压强度应 ≥30 MPa。

② 石子压碎指标值：压碎指标值是指石子试样在规定的模具内和规定的压力作用下，被压碎的颗粒（公称粒径 ≤2.5 mm）质量占试样总质量的百分率。对于同一种类的粗骨料，压碎指标值愈小，表示其抵抗压碎的能力就愈强，石子的强度就愈高。

石子压碎指标值测定方法：取粒径 9.5 ~ 19.0 mm 的气干状态的石子约 3000 g(m_1)，分两层装入压碎值指标测定仪的圆模内并颠实，放上压头后，放入压力机的压板上，在 160 ~ 300 s 内（或以 1 kN/s 的加荷速率）均匀加荷至 200 kN，并稳荷 5 s，然后卸荷，再倒出模中试样，用孔径为 2.36 mm 的方孔筛筛除压碎了的细粒，称取筛余质量 m_2(g)，按式（5-5）计算压碎指标值 δ_a，精确至 0.1%：

$$\delta_a = \frac{m_1 - m_2}{m_1} \times 100\% \tag{5-5}$$

混凝土用粗骨料的压碎指标值限量见表 5-12。

表 5-12 粗骨料的压碎指标值

规范		JGJ52—2006		TB 10424—2010		JTG/T F50—2011		
岩石品种		混凝土强度等级		混凝土强度等级		I 类	II 类	III 类
		C60 ~ C40	≤C35	< C30	≥C30			
碎石压碎指标值/%，≤	沉积岩	10	16	16	10	10	20	30
	变质岩或深成的火成岩	12	20	20	12			
	喷出的火成岩	13	30	30	13			
卵石压碎指标值/%，≤		12	16	16	12	12	16	16

（8）吸水率

粗骨料的吸水率愈大，表明其内部开口微细孔较多，故混凝土的抗压和抗折强度就愈低，其抗渗性、抗冻性、抗盐冻剥蚀、抗碳化性能就愈差。

模块五　混凝土用骨料(砂、石)及其检测　建筑材料与检测

TB 10424—2010 和 JTG/T F50—2011 规定混凝土用粗骨料的吸水率应 <2%；当用于干湿循环、冻融循环环境时，粗骨料的吸水率应 <1%。

(9)碱活性

对于长期处于潮湿环境中的混凝土结构，其所用粗骨料应进行碱活性检验。

检验方法：先用岩相法检验碱活性骨料的品种、类型和数量。当检验出含活性 SiO_2 时，应采用快速砂浆棒法或砂浆长度法进行碱活性检验(检验方法同细骨料)；当检验出含活性碳酸盐时，应采用岩石柱法进行碱活性检验[即在粗骨料上钻取直径为 (9 ± 1) mm，高度为 (35 ± 5) mm 的圆柱体试件，然后在 1 mol/L 的 NaOH 溶液中浸泡 84 d，测定试件的膨胀率，当其膨胀率大于 0.10% 时，应判定为具有潜在碱活性危害]。

当检验出粗骨料中存在潜在碱 – 碳酸盐反应危害时，该骨料不宜用作混凝土骨料。

当检验出粗骨料中存在潜在碱 – 硅酸盐反应危害时，应控制混凝土中的碱含量不超过 3 kg/m^3，或采用能抑制碱 – 硅酸盐反应的有效措施。具体抑制措施同细骨料。

知识三　混凝土用砂、石的储存

混凝土用砂、卵石、碎石等骨料应按不同类别和不同规格，分别堆放和运输，防止人为碾压、混合及污染，并应设分类堆放标识牌，标明其规格与类别，便于施工人员使用。

项目二　职业技能

技能一　混凝土用骨料检测样品的抽取

混凝土用砂、石子在使用前应分批次对其质量进行抽样检测。检测样品的抽取应根据有关产品标准、施工验收标准的规定，在监理人员见证下，随机抽取规定数量的试样，委托有相应资质的检测机构进行检测。经检测符合要求后，方可使用。

1. 验收批的划分

混凝土用砂或石子应按同产地、同规格分别分批验收。采用大型工具(如火车、货船或汽车)运输的，应以 400 m^3 或 600t 为一验收批；采用小型工具(如拖拉机)运输的，应以 200 m^3 或 300 t 为一验收批；不足上述数量的，也应按一验收批进行验收。每一验收批至少应进行一次抽样检测。

2. 抽样方法

(1)在料堆上取样时，取样部位应均匀分布。取样前先将取样部位表层铲除，然后从不同部位(料堆的上、中、下；前、后；左、右)抽取大致等量的砂 8 份，石子 16 份，组成各自一组样品。

(2)从皮带运输机上取样时，应用接料器在皮带运输机机尾的出料处定时抽取大致等量的砂 4 份，石子 8 份，组成各自一组样品。

(3)从火车、汽车、货船上取样时，应从不同部位和深度抽取大致等量的砂 8 份，石子 16 份，组成各自一组样品。

81

3.样品数量

单项检测的最少取样数量应符合表 5 – 13、表 5 – 14 的规定。做几项检测时，如能确保试样经一项检测后不致影响另一项检测的结果，可用同一试样进行几项不同的检测。

表 5 – 13　每一单项检测项目所需砂的最少取样数量

序号	检测项目	最少取样数量/kg	序号	检测项目	最少取样数量/kg
1	密度	5.0	3	含泥量	4.4
2	颗粒级配	4.4	4	泥块含量	20.0

表 5 – 14　每一单项检测项目所需卵（碎）石的最少取样数量/kg

序号	检 测 项 目	最大公称粒径/mm					
		10.0	16.0	20.0	25.0	31.5	40.0
1	表观密度	8	8	8	8	12	16
2	堆积密度和紧密密度	40	40	40	40	80	80
3	含泥量及泥块含量	8	8	24	24	40	40
4	颗粒级配	8	15	16	20	25	32
5	针、片状颗粒含量	1.2	4	8	12	20	40
6	压碎值指标(10~20)mm 颗粒	20					

技能二　混凝土用骨料物理指标的检测

混凝土用砂的出厂检测项目：包括颗粒级配、含泥量、泥块含量、有机质含量、云母含量、松散堆积密度及人工砂的石粉含量和压碎指标值。

混凝土用卵石、碎石的出厂检测项目：包括颗粒级配、含泥量、泥块含量、针片状颗粒含量、压碎指标值、松散堆积密度及吸水率。

其他项目根据工程项目的特点和有关施工验收标准的要求进行。

混凝土用砂、石子物理指标的检测方法详见配套教材《建筑材料检测实训指导书与实训报告》。

模块六 混凝土用掺合料与外加剂及其检测

【教学要求】 重点讲述混凝土常用矿物掺合料和外加剂的特性、技术要求、工程应用及性能检测样品的抽取。

项目一 职业知识

知识一 混凝土用矿物掺合料的技术要求及应用

矿物掺合料又称矿物外加剂。是指在混凝土搅拌过程中加入的、具有一定细度和活性的、用于改善新拌和硬化混凝土性能（特别是混凝土耐久性）的某些矿物类的产品。目前，活性矿物掺合料已成为混凝土的重要组分。

在混凝土拌和物中加入适量的活性矿物掺合料，可达到节约水泥、降低水化热、改善混凝土的和易性和耐久性、调节混凝土强度等目的。混凝土用活性矿物掺合料主要有粉煤灰、磨细矿渣粉、硅灰等。其技术要求应分别符合《用于水泥和混凝土中的粉煤灰》GB/T 1596—2005、《用于水泥和混凝土中的粒化高炉矿渣粉》GB/T 18046—2008、《砂浆和混凝土用硅灰》GB/T 27690—2011、《高强高性能混凝土用矿物外加剂》GB/T 18736—2002 及《铁路混凝土工程施工质量验收标准》TB10424—2010 和《公路桥涵施工技术规范》JTG/T F50—2011 的有关规定。具体需求在使用过程中应经试验确定。

1.1 常用矿物掺合料的技术要求与应用

1. 粉煤灰

粉煤灰是电厂煤粉炉烟道气体中收集的粉末。为富含玻璃体的实心或空心球状颗粒，颗粒直径一般为 $1 \sim 50\mu m$，表面结构致密。其主要成分是氧化硅、氧化铝和少量的氧化钙，具有较高的活性。

按收集方式分为干排灰和湿排灰两种。湿排灰的活性较干排灰低。

按煤的种类分为 F 类和 C 类。F 类粉煤灰是由无烟煤或烟煤煅烧收集的；C 类粉煤灰是由褐煤或次烟煤煅烧收集的，其 CaO 含量一般大于 10%。

（1）技术要求

用于混凝土和砂浆中的粉煤灰的技术要求与质量标准见表 6 – 1。

（2）特性与应用

在混凝土中掺入粉煤灰后，可节约水泥和细骨料，减少用水量；可改善混凝土拌和物的和易性，增强混凝土的可泵性；使混凝土的凝结硬化放缓，水化热降低，温升降低，早期强度在常温下有所降低，但后期强度得到较大增长，养护温度越高，强度增长越显著；可提高硬化混凝土的弹性模量，减少混凝土的收缩和徐变；可提高混凝土抗渗能力，改善混凝土的抗蚀性能和抑制碱 – 骨料反应的作用。

表 6-1　用于混凝土和砂浆中的粉煤灰的技术要求

项目	技术要求（GB/T 1596—2005）			技术要求（TB10424—2010、JTG/T F50—2011）	
	Ⅰ级	Ⅱ级	Ⅲ级	＜C50	≥C50
细度（45 μm 方孔筛筛余）/%	≤12.0	≤25.0	≤45.0	≤25.0（20.0）	≤12.0
需水量比/%	≤95	≤105	≤115	≤105	≤95（100）
含水率/%		≤1.0（干排灰）			≤1.0（干排灰）
烧失量/%	≤5.0	≤8.0	≤15.0	≤8.0（5.0）	≤5.0（3.0）
SO₃含量/%		≤3.0			≤3.0
CaO 含量/%		–			≤10
游离 CaO 含量/%		≤1.0(F 类)；≤4.0（C 类）			≤1.0[≤1.0（F 类）；≤4.0（C 类）]
氯离子含量/%		—			≤0.02
安定性（雷氏法）			雷氏夹沸煮后增加距离≤5.0 mm（C 类）		

注：表中括号中的数字为 JTG/T F50—2011 的要求。

但是，由于粉煤灰的火山灰反应，消耗了一部分 $Ca(OH)_2$，使混凝土的碱性降低，从而在一定程度上会影响到混凝土的碳化。

适用于配制泵送混凝土及大流动性混凝土；适用于地上、地下和水中大体积混凝土工程；适用于蒸汽养护混凝土构件；适用于抗硫酸盐侵蚀的混凝土工程及有抗裂要求的混凝土工程和砂浆。使用时应按照有关设计、施工等标准的有关规定经试验确定。

2. 矿渣粉

矿渣粉是在高炉冶炼生铁时，得到的以硅酸钙与铝酸钙为主要成分的熔融物，经水淬冷成粒后，再经磨细而成的粉末材料。其中的钙、硅、铝和锰多处于非结晶的玻璃体。

矿渣粉按其 28d 强度活性指数分为 S105、S95 和 S75 型。S 后面的数字表示掺矿渣粉和不掺矿渣粉 28d 水泥胶砂强度的百分比。

（1）技术要求

用于混凝土中的矿渣粉的技术要求与质量标准见表 6-2。

表 6-2　用于混凝土中的矿渣粉的技术要求

项目	技术要求（GB/T 18046—2008）			技术要求（TB10424—2010、JTG/T F50—2011）
	S105	S95	S75	
密度/(g·cm⁻³)，≥		≥2.8		2.8
比表面积/(m²·kg⁻¹)，≥	500	400	300	350~500（350~450）
流动度比/%，≥		95		95
含水率/%，≤		1.0		1.0
烧失量/%，≤		3.0		3.0
SO₃含量/%，≤		4.0		4.0
MgO 含量/%，≤		14		14.0
氯离子含量/%，≤		0.06		0.06（0.02）
7d 活性指数/%，≥	95	75	55	75
28d 活性指数/%，≥	105	95	75	95

注：表中括号中的数字为 JTG/T F50—2011 的要求。

（2）特性与应用

通常认为，粒径 < 10 μm 的矿渣颗粒参与 28 d 前龄期的混凝土强度，10 ~ 45 μm 的参与后期强度，而 > 45 μm 的颗粒则很难水化。矿渣磨得越细，其活性越高，与粉煤灰相比，其早期活性明显较高，7 d 强度可赶超对比普通混凝土，而后期强度继续增加。

在混凝土中掺入超细矿渣粉，可节约水泥用量；能够显著降低混凝土的水化热，减少大体积混凝土的温升及内应力，抑制大体积混凝土因内外温差过高而产生裂纹；能有效提高混凝土抗海水、淡水及硫酸盐的侵蚀；能够抑制碱 – 骨料反应，显著提高混凝土抗碱 – 骨料反应的能力；能提高混凝土耐高温性能。

适用于配制泵送混凝土及大流动性混凝土；适用于大体积混凝土工程、抗海水混凝土工程、抗硫酸盐混凝土工程、地下混凝土工程、高强度混凝土和预应力混凝土工程、高温车间和有耐热耐火要求的混凝土工程及蒸汽养护混凝土结构。使用时应按照有关设计、施工等标准的有关规定经试验确定。

3. 硅灰

硅灰是冶炼硅铁合金或工业硅时，通过烟道排出的粉尘，经收集得到的以无定形 SiO_2 为主要成分的粉体材料。外观为灰色或灰白色粉末、耐火温度 > 1600℃；硅灰中小于 1 μm 的颗粒占 80% 以上，平均粒径在 0.1 ~ 0.3 μm，其细度和比表面积为水泥的 80 ~ 100 倍，粉煤灰的 50 ~ 70 倍。

硅灰在形成过程中，因相变过程中受表面张力的作用，形成了非结晶相无定形圆球状颗粒，且表面较为光滑，有些则是多个圆球颗粒粘在一起的团聚体。它是一种比表面积很大，活性很高的火山灰物质。

（1）技术要求

用于混凝土和砂浆中的硅灰的技术要求与质量标准见表 6 – 3。

表 6 – 3　用于混凝土和砂浆中的硅灰的技术要求

项　目	技术要求（GB/T 27690—2011）	技术要求（TB10424—2010、JTG/T F50—2011）
比表面积（BET 法）/($m^2 \cdot g^{-1}$），≥	15	18
需水量比/%，≤	125	125
含水率/%，≤	3.0	3.0
烧失量/%，≤	4.0	6.0
SiO_2 含量/%，≥	85.0	85.0
氯离子含量/%，≤	—	0.02
28d 活性指数/%，≥	105（7d 快速法）	85

（2）特性与应用

硅灰最主要的品质指标是 SiO_2 含量和细度。SiO_2 含量越高、颗粒愈细其活性就愈高。以 10% 的硅灰等量取代水泥，混凝土强度可提高 25% 以上。硅灰掺量越高，需水量越大，自收缩也增大。研究发现，在混凝土中掺入 1 kg 硅灰后，为保持其流动度不变，一般需增加 1 kg 用水量。因此一般将硅灰的掺量控制在 5% ~ 10% 之间，并用高效减水剂来调节需水量。

硅灰常常与粉煤灰、磨细矿渣粉或其他掺合料共掺，以发挥它们的叠加效应，是目前配制高性能混凝土、高强混凝土常用的方法。

硅灰能够填充水泥颗粒间的孔隙，同时与水化产物生成凝胶体，与碱性材料氧化镁反应生成凝胶体。在水泥基的混凝土、砂浆与耐火材料浇注料中，掺入适量的硅灰可起到如下作用：

① 可显著提高抗压、抗折强度，是高强混凝土的必要成分。

② 可显著提高抗渗、防腐、抗冲击及耐磨性能。

③ 具有保水、防止离析、泌水、大幅降低混凝土泵送阻力的作用。

④ 可显著延长混凝土的使用寿命。特别是在氯盐侵蚀、硫酸盐侵蚀、高湿度等恶劣环境下，可使混凝土的耐久性提高一倍其至数倍。

⑤ 可大幅度降低喷射混凝土和浇注料的落地灰，提高单次喷层厚度。

⑥ 具有约 5 倍水泥的功效，在普通混凝土和低水泥浇注料中应用，可降低成本，提高耐久性。

⑦ 可有效防止发生混凝土碱 – 骨料反应。

适用于商品混凝土、高强度混凝土、自流平混凝土、不定形耐火材料、干混（预拌）砂浆、高强度无收缩灌浆料、耐磨工业地坪、修补砂浆、聚合物砂浆、保温砂浆、抗渗混凝土；可作为混凝土密实剂、混凝土防腐剂、水泥基聚合物防水剂的生产原料；可作为橡胶、塑料、不饱合聚酯、油漆、涂料以及其他高分子材料的补强，陶瓷制品的改性等。使用时应按照有关设计、施工等标准的有关规定经试验确定。

1.2 矿物掺合料的储存

粉煤灰、矿渣粉、硅灰在运输和储存时，不得受潮和混入杂物，并应分类存放，同时应防止污染环境。储存期从产品生产之日起计算为 6 个月，储存时间超过储存期的应复验，合格后方可使用。

知识二 混凝土用外加剂的特性及应用

在混凝土拌和过程中掺入的能按要求改善混凝土性能的物质称为外加剂。混凝土外加剂种类繁多。现行国家标准《混凝土外加剂的分类》GB/T 8075—2005、《混凝土外加剂》GB 8076—2008、《混凝土外加剂的应用技术规范》GB 50119—2003 等，已对混凝土用外加剂的分类、质量标准和应用技术作了详细规定。当今，外加剂已成为混凝土中的重要组分。使用时应按照《混凝土外加剂应用技术规范》GB 50119—2003 和有关产品标准、施工技术规范的有关规定经试验确定。

混凝土外加剂按其主要功能可分为下列四大类：

① 改善混凝土拌和物流动性的外加剂，包括各种减水剂和泵送剂等。

② 调节混凝土凝结时间、硬化性能的外加剂，包括缓凝剂、速凝剂和早强剂等。

③ 改善混凝土耐久性的外加剂，包括引气剂、防水剂和阻锈剂等。

④ 改善混凝土其他性能的外加剂，包括膨胀剂、防冻剂、着色剂等。

1. 减水剂

在混凝土坍落度基本相同的条件下，能减少拌和用水量的外加剂称为减水剂。

减水剂按其效能分为普通型、高效型、早强型、缓凝型和引气型等。按其化学成分为木质素系、萘系、聚羧酸系、树脂系、糖蜜系和腐殖酸等。目前以聚羧酸系减水剂综合性能最好。

（1）特　性

在混凝土拌和物中加入减水剂可起到如下作用：

① 增大流动性。在水泥用量和用水量不变时，坍落度可增大 100 ~ 200 mm，且不影响混凝土强度。

② 提高强度。在保持流动性和水泥用量不变时，可减水 10% ~ 30%，从而降低水胶比，使混凝土强度提高 15% ~ 30%，早期强度提高更为显著。

③ 改善耐久性。由于水泥颗粒被充分分散，与水的接触面增大，水化较完全，混凝土的密实性增强，从而可提高抗渗、抗冻性能。

④ 节约水泥。当保持流动性和强度不变时，可在减水的同时节约水泥 10% ~ 15%。

（2）技术要求

《混凝土外加剂》GB 8076—2008、《聚羧系高性能减水剂》JG/T 223—2007、《铁路混凝土工程施工质量验收标准》TB 10424—2010 和《公路桥涵施工技术规范》JTG/T F50—2011 对用于混凝土和砂浆中的高性能减水剂的技术要求与质量标准见表 6 – 4。

表 6 – 4　用于混凝土和砂浆中的高性能减水剂的技术要求

项　目		技术要求（GB8076—2008）		技术要求（TB10424—2010、JTG/T F50—2011）	
		标准型	缓凝型	标准型	缓凝型
水泥净浆流动度/mm，≥		—		—（240）	
硫酸钠含量（折固后）/%，≤		不超过生产厂控制值		5.0	
氯离子含量（折固后）/%，≤		不超过生产厂控制值		0.6（0.02 未折固）	
碱含量（折固后）/%，≤		不超过生产厂控制值		10.0	
减水率/%，≥		25		25（20）	
含气量/%		≤6.0		≤3.0（非抗冻≥3.0；抗冻≥4.5）	
1h 坍落度变化量/mm，≤		80	60	80	60
常压泌水率比/%，≤		60	70	20	
压力泌水率比/%，≤		—	—	90	
凝结时间差/min	初凝	−90 ~ +120	> +90	−90 ~ +120	> +90
	终凝				
抗压强度比/%，≥	1 d	170	—	170	—
	3 d	160	—	160（130）	—
	7 d	150	≥140	150（125）	140
	28 d	140	≥130	140（120）	130
收缩率比/%，≤		110		110（135）	

注：表中括号中的数字为 JTG/T F50—2011 的要求。

（3）应用

减水剂适用于泵送混凝土及大流动性混凝土、高强混凝土、抗渗、抗冻混凝土等工程。

2. 早强剂

能加速混凝土早期强度的发展，并对后期强度的发展无不利影响的外加剂称为早强剂。目前使用的早强剂有三类，即氯化物系（氯化钙、氯化钠）、硫酸盐系（硫酸钠、硫代硫酸钠）和有机化合物系（三乙醇胺、三异丙醇胺、甲酸盐），但更多的是它们的复合早强剂。其技术要求应符合《混凝土外加剂》GB 8076—2008 的规定。

（1）特性

在混凝土或砂浆中掺入早强剂，其主要作用是提高其早期强度，其次也兼具减水剂功效。

（2）应用

早强剂多在需要早强、冬季施工或抢修抢建的工程中使用。但炎热环境条件下不宜使用早强剂及早强减水剂。

3. 引气剂

能使混凝土在搅拌过程中引入大量均匀分布、稳定而封闭的微小气泡，且能保留在硬化混凝土中的外加剂称为引气剂。

常用的引气剂有松香热聚物、松香皂（松香酸钠）、烷基磺酸钠、烷基苯磺酸钠、脂肪醇硫酸钠等。如松香热聚物是由松香与硫酸、石碳酸加热起聚合反应，再经氢氧化钠中和而成的。在拌制混凝土时，必然会混入一些空气，若掺入了引气剂，即被吸附在气泡的表面，形成大量封闭的微小气泡，均匀地分布在混凝土中。其技术要求应符合《混凝土外加剂》GB 8076—2008 的规定。

（1）特性

在混凝土或砂浆中掺入引气剂能起到下列作用：

① 改善和易性。这些气泡在搅拌、浇捣时起润滑作用，它如同滚珠，使拌和物颗粒间摩阻力减小，流动性明显提高，且具有较好的粘聚性和保水性。若保持流动性不变，可减水 8% ~ 10%。

② 增强抗渗性和抗冻性。这些封闭的气泡不仅自身不透水，还能切断混凝土中的渗水通道，显著提高混凝土的抗渗性。这些气泡使硬化后的混凝土具有较大的弹性，对胀缩变形所产生的应力具有一定的缓冲作用，因而对抗冻、抗温度变形十分有利。

③ 降低强度。由于气泡的存在，使混凝土的强度会有所降低，含气量越大，强度下降越多。一般孔隙每增加 1%，混凝土强度将下降 3% ~ 5%，虽然由于减水可使强度损失得到一些补偿，但引气量绝不能过大，即引气剂掺量必须严格控制。

（2）应用

引气剂或引气型减水剂适用于有抗渗、抗冻要求较高的混凝土工程；但在预应力混凝土和蒸养混凝土中不得掺用引气剂，亦不宜掺入引气型外加剂。

4. 缓凝剂及缓凝减水剂

能延长混凝土凝结时间，并对混凝土后期强度发展无不利影响的外加剂称为缓凝剂。常用的缓凝剂有木质素磺酸钙、糖蜜和酒石酸钾钠、柠檬酸等，其中糖蜜的缓凝效果最好。其技术要求应符合《混凝土外加剂》GB 8076—2008 的规定。

（1）特性

在混凝土或砂浆中掺入缓凝剂或缓凝型减水剂，能起到缓凝、减水、增强和降低水化热等多种功能。

① 降低大体积混凝土的水化热和推迟温峰出现时间，有利于减小混凝土内外温差引起的应力开裂。

② 便于夏季施工和连续浇捣的混凝土，防止出现混凝土施工缝。

③ 便于泵送施工、滑模施工和远距离运输。

④ 通常具有减水作用，故亦能提高混凝土后期强度、增大流动性或节约水泥用量。

（2）应用

适用于炎热气候条件下混凝土施工、运距较远的混凝土工程、大体积混凝土、分层施工的混凝土、泵送混凝土、自流平混凝土以及滑模施工等混凝土工程。

5. 防冻剂

能使混凝土拌和物在负温下硬化，并在规定养护条件下达到预期性能的外加剂称为防冻剂。绝大部分防冻剂由防冻组分、早强组分、减水组分或引气剂复合而成。

常用的防冻剂有亚硝酸钠、亚硝酸钙、氯化钙、氯化钠、碳酸钾和尿素等。目前工程上使用的都是复合防冻剂。其技术要求应符合《混凝土防冻剂》JC 475—2004 的有关规定。

（1）特 性

防冻剂能降低水的冰点，使水泥在负温条件下仍能继续水化，提高混凝土的早期强度，防止混凝土早期受冻破坏。

（2）应 用

防冻剂主要适用于冬季负温条件下的施工。在我国北方地区冬期施工非常需要。

6. 速凝剂

能使混凝土拌和物迅速凝结硬化的外加剂称为速凝剂。

（1）特性与技术要求

速凝剂与水泥加水拌和后，立即与水泥中的石膏发生反应，使水泥中的石膏变成硫酸钠，失去其缓凝作用，从而让 C_3A 迅速水化并很快析出其水化物，导致水泥浆迅速凝固。

掺用速凝剂的混凝土能在 5 min 内初凝，10 min 内终凝，1d 的抗压强度可达 6 ~ 7 MPa。但后期强度有所下降，28d 强度约为不掺者的 80% ~ 90%。其技术要求应符合《喷射混凝土用速凝剂》JC 477—2005 的有关规定，见表 6 - 5。

表 6 - 5　喷射混凝土用速凝剂的技术要求（JC 477—2005）

产品等级	水泥净浆凝结时间/min，≤		胶砂强度，≥	
	初凝	终凝	1 d 抗压强度/MPa	28 d 抗压强度比/%
一等品	3：00	8：00	7.0	75
合格品	5：00	12：00	6.0	70

（2）应用

速凝剂主要用于喷射混凝土和紧急抢修工程、军事工程、防洪堵水工程等，如矿井、隧道、引水涵洞、地下工程岩壁衬砌、边坡和基坑支护等工程。

7. 膨胀剂

与水泥、水拌和后，经水化反应生成钙矾石、氢氧化钙或钙矾石和氢氧化钙，使混凝土产生体积膨胀的外加剂称为膨胀剂。按水化产物分为硫铝酸钙类（代号 A）、氧化钙类（代号 C）、硫铝酸－氧化钙类（代号 AC）。其质量应符合《混凝土膨胀剂》GB 23439—2009 的有关规定。

（1）特性

在混凝土中掺入适量的膨胀剂能补偿混凝土自身收缩、干缩和温度变形，防止混凝土开裂，并提高混凝土的密实性和防水性能。

（2）应用

膨胀剂主要用于防水混凝土，补偿收缩混凝土，接缝、地脚螺栓灌浆，自应力混凝土，地下室底板和侧墙混凝土，钢管混凝土，超长结构混凝土等工程。

使用时应注意：掺量应合适，掺量过低膨胀率小，起不到补偿收缩作用；掺量过高则会破坏混凝土结构。另外应加强养护，尤其是早期养护，以保证发挥膨胀剂的补偿收缩作用，浇水养护时间不得少于 14 d，如果不能保证充分潮湿养护，有可能产生比不掺膨胀剂更大的收缩，导致混凝土开裂。

8. 泵送剂

能改善混凝土拌和物泵送性能的外加剂称为泵送剂。泵送性是指混凝土拌和物能顺利通过输送管道，不阻塞，在压力作用下不泌水、不离析，粘塑性良好的性能。

（1）特性

泵送剂不但能大大提高混凝土拌和物的流动性，还能使新拌混凝土在 60~180 min 内保持其流动性，剩余坍落度不低于初始值的 55%。因此，泵送剂兼具减水剂和缓凝剂的性能，具有高流化、粘聚、润滑、缓凝的功效，适合制作高强或流态型的混凝土。其技术要求应符合《混凝土外加剂》GB 8076—2008 的有关规定。

（2）应用

泵送剂适用于各种需要采用泵送工艺施工的混凝土工程，特别适用于大体积混凝土、高层建筑混凝土、水下混凝土、滑模施工混凝土等工程。

9. 防水剂

能提高水泥砂浆、混凝土抗渗性能的外加剂称为防水剂。分为有机化合物类、混合物类和复合类。

有机化合物类：包括脂肪酸及其盐类、有机硅表面活性剂（甲基硅醇钠、乙基硅醇钠、聚乙基羟基硅氧烷）、石蜡、地沥青、橡胶及水溶性树脂乳液等。

混合物类：包括无机类混合物、有机类混合物、无机类与有机类混合物。

复合类：上述各类与引气剂、减水剂、调凝剂等外加剂复合的复合型防水剂。

其技术要求应符合《砂浆、混凝土防水剂》JC 474—2008 的有关规定。

（1）特性

① 具有高效的减水、增强功能。

② 具有高效抗渗功能。掺用混凝土防水剂，能有效改善混凝土毛细孔结构，同时析出凝胶，堵塞混凝土内部毛细孔通道，与未加防水剂相比，抗渗性能可提高 5~8 倍，具有永久性防水效果。

③ 能改善新拌砂浆和混凝土的和易性，泌水率小，显著改善其工作性。

④ 具有替代石灰膏，克服空鼓、起壳、减少落地灰、节省劳力和提高功效的作用。

⑤ 可延缓水泥水化放热速率，能有效防止混凝土开裂。

⑥ 节省水泥。在保持与基准混凝土等强度、等坍落度的前提下，可节省水泥10%左右。

（2）应用

适用于平房房顶用防水混凝土、大体积防水混凝土、水工混凝土、防水砂浆等领域。

项目二 职业技能

技能 矿物掺合料与外加剂检测样品的抽取

混凝土用矿物掺合料与外加剂检测样品的抽取见表6-6。

表6-6 矿物掺合料与外加剂检测样品的抽取

产品名称		组 批 规 则	抽样方法与抽样数量
矿物掺合料	粉煤灰	以同一厂家连续供应的200 t相同等级、相同种类为一批；不足200 t亦按一批计	取样时，可连续取，也可从20个以上不同部位取等量样品，混合均匀后用四分法缩分至不少于5 kg，装入密封容器内作为检测样品
	矿渣粉		
	硅灰	以同一厂家生产的相同种类30 t为一批；不足30 t亦按一批计	
外加剂		同一厂家生产的相同种类组成一批。掺量大于1%（含1%）同品种的每一批为100 t，掺量小于1%的每一批为50 t。不足100 t或50 t的也应按一批计，同一批号的产品必须混合均匀。	从每批产品3个以上的部位取等量试样，总量不少于0.2 t水泥所需用量，混合均匀后装入密封容器内作为检测样品

模块七　普通混凝土及其检测

【教学要求】 简要介绍普通混凝土的组成材料及分类；重点讲述混凝土拌和物的技术性质及影响因素与改善措施，硬化混凝土的力学性质、耐久性及影响因素与改善措施，混凝土配合比的设计、试配与确定，混凝土的质量控制与检验评定，有特殊要求混凝土的技术要求与工程应用，以及混凝土拌和物的和易性、硬化混凝土强度的检测方法与检测结果评价。

项目一　职业知识

知识一　混凝土的概念与分类

1. 混凝土概念

混凝土［concrete，简称"砼"（tóng）］：泛指由无机胶结材料（如水泥、石灰、石膏、硫磺、菱苦土、水玻璃等）或有机胶结材料（如沥青、树脂等）、水、骨料（粗、细骨料）、外加剂和掺合料，按一定比例拌和并在一定条件下凝结、硬化而成的人工石材的总称。

普通混凝土（normal concrete）：一般指以水泥为主要胶凝材料，与水、砂、石子，必要时掺入外加剂和矿物掺合料，按适当比例配合，经搅拌均匀、振实成型及养护硬化而成的人造石材。

2. 普通混凝土的分类

（1）按表观密度分

按表观密度的大小分为：重混凝土、普通混凝土和轻混凝土。

重混凝土：表观密度 >2800 kg/m³。采用密度很大的重晶石、铁矿石、钢屑等作骨料和锶水泥、钡水泥共同配制而成。它具有不透 X 射线和 γ 射线的防辐射性能，主要用作核工程的屏蔽结构材料。

普通混凝土：表观密度为 2000～2800 kg/m³。以普通的天然砂、石为骨料，以水泥为主要胶凝材料配制而成的混凝土。它是一般土木建筑工程中常用的混凝土。

轻混凝土：表观密度 <1900 kg/m³。它是用轻的粗、细骨料和水泥配制而成的混凝土。包括轻骨料混凝土、多孔混凝土和大孔混凝土三类。轻混凝土具有良好的保温性和抗震性，主要用于建筑隔墙材料。

（2）按使用功能分

按使用功能可分为：结构混凝土、耐热混凝土、耐火混凝土、防水混凝土、保温混凝土、耐酸混凝土、耐碱混凝土、防辐射混凝土、补偿收缩混凝土等。

（3）按施工工艺分

按施工工艺可分为：泵送混凝土、喷射混凝土、水工混凝土、碾压混凝土等。

（4）按流动性（稠度）分

按混凝土拌和物流动性的大小可分为：干硬性混凝土、塑性混凝土、流动性混凝土及流态混凝土。

干硬性混凝土：拌和物坍落度 <10 mm，且需用维勃稠度来表示其稠度的混凝土。

塑性混凝土：拌和物坍落度为 10～90 mm 的混凝土。

流动性混凝土：拌和物坍落度为 100～220 mm 的混凝土。

流态混凝土：拌和物坍落度 >220 mm 的混凝土。

（5）按强度等级分

按强度等级可分为：普通混凝土、高强混凝土和超高强混凝土。

普通混凝土：强度等级 <C60。

高强混凝土：强度等级为 C60～C100。

超高强混凝土：强度等级 >C100。

知识二　普通混凝土的组成材料及选用原则

普通混凝土又称水泥混凝土。基本组成材料为水泥、砂、石子、水。另外根据需要还可掺入适量的矿物掺合料和外加剂。

1. 各组成材料的作用

在混凝土中，砂、石子起骨架作用，称为骨料，约占混凝土总体积的 65%～80%，砂子填充石子的空隙，与石子共同构成坚硬的骨架，并可抑制由于水泥浆硬化干燥所产生的收缩变形。由水泥、活性矿物掺合料和水形成的水泥浆包裹在骨料表面并填充其空隙。在硬化前，水泥浆起润滑作用，赋予拌和物一定和易性，便于施工；水泥浆凝结硬化后，则将骨料胶结成一个坚实的整体。

2. 各组成材料的选用原则

（1）水泥的选用

水泥是混凝土获得强度的保证，也是混凝土能在所处环境中满足使用要求的重要因素之一。因此，水泥品种和强度等级的选择是否恰当，对混凝土的强度、耐久性和经济性有很大的影响。

① 水泥品种：应结合工程性质和所处的环境条件来选用。

② 水泥强度等级：水泥强度等级应与混凝土的设计强度等级相适应。原则上是：配制高强度等级的混凝土，选用高强度等级的水泥；配制低强度等级的混凝土，选用低强度等级的水泥。如用高强度等级的水泥来配制低强度等级的混凝土，会使水泥用量偏少，影响混凝土的和易性、密实度和耐久性；如用低强度等级水泥来配制高强度等级的混凝土，会使水泥用量过多，不经济，且混凝土的干缩大，容易出现干缩裂纹，从而影响混凝土结构的耐久性。

（2）骨料的选用

混凝土用砂，应尽量选用空隙率和总表面积均较小、级配良好、含杂质少、坚固性好、不含活性矿物的砂。

宜优先选用Ⅱ区砂（中砂），因该区砂的粗细程度适中、级配最好。

当采用Ⅰ区砂（粗砂）时，应适当提高砂率，并保持足够的水泥用量、满足混凝土的工作性。因该区砂粗颗粒较多，易泌水，不易密实成型。

当采用Ⅲ区砂（细砂）时，宜适当降低砂率，并应保证混凝土强度。因该区砂颗粒偏细，相同质量的砂，其总表面积大，要保证混凝土相同的和易性和强度，水泥用量要多，且混凝土硬化后，干缩性较大，容易产生干缩裂纹。

当采用特细砂时，应符合相关规范有关规定，并经试验确定。

混凝土用粗骨料，应尽量选用空隙率和总表面积均较小、级配良好、含杂质少、坚固性好、不含活性矿物的卵石或碎石。

宜采用两级配或多级配掺配使用，其松散堆积密度应 > 1500 kg/m³；紧密空隙率宜 < 40%；吸水率应 < 2%；当用于干湿循环、冻融循环环境时，粗骨料的吸水率应 < 1%；除大体积混凝土外，最大粒径不宜超过 25 mm，且不得超过钢筋保护层厚度的 2/3 和钢筋最小间距的 3/4。

（3）掺合料和外加剂的选用

混凝土中是否掺加活性矿物掺合料和外加剂，应根据混凝土结构所处环境、混凝土的设计强度、耐久性及施工工艺等要求经试验确定。

（4）拌和用水的选用

混凝土拌和用水和养护用水均应使用清洁水。《混凝土拌和用水标准》JGJ 63—2006 中规定：混凝土拌和用水按水源可分为饮用水、地表水、地下水、再生水、混凝土生产企业的设备洗刷水和海水等。符合国家标准的生活饮用水可直接用于各种混凝土。地表水（江河、淡水湖的水）和地下水（含井水）首次使用前，应进行检验。处理后的工业废水经检验合格后方能使用。海水含有较多的氯盐，会锈蚀钢筋，且会引起混凝土表面潮湿和盐霜，因此海水可用于拌制素混凝土，未经处理的海水不得用于拌制和养护钢筋混凝土、预应力混凝土和有饰面要求的混凝土。

混凝土用水中所含物质不应对混凝土的工作性、凝结、强度、耐久性和钢筋产生不利影响，因此，《混凝土拌和用水标准》JGJ 63—2006 及《铁路混凝土工程施工质量验收标准》TB 10424—2010 对混凝土用水的 pH 值、不溶物、可溶物、Cl^-、SO_4^-、碱含量均作出了限量，见表 7 – 1。

表 7 – 1　混凝土拌和用水技术要求

项目	技术要求（JGJ 63—2006）			技术要求（TB 10424—2010）		
	预应力混凝土	钢筋混凝土	素混凝土	预应力混凝土	钢筋混凝土	素混凝土
pH 值	≥5.0	≥4.5	≥4.5	>6.5	>6.5	>6.5
不溶物含量/(mg·L⁻¹)	≤2000	≤2000	≤5000	<2000	<2000	<5000
可溶物含量/(mg·L⁻¹)	≤2000	≤5000	≤10000	<2000	<5000	<10000
Cl⁻ 含量/(mg·L⁻¹)	≤500	≤1000	≤3500	<500；<350（用钢丝或热处理钢筋）	<1000	<3500
	<500（设计寿命 100 年） <350（用钢丝或热处理钢筋）			<200（氯盐环境）		
SO₄⁻ 含量/(mg·L⁻¹)	≤600	≤2000	≤2700	<600	<2000	<2700
碱含量/(mg·L⁻¹)	≤1500	≤1500	≤1500	<1500	<1500	<1500
胶砂抗压强度比/%	≥90					
净浆凝结时间差/min	≤30					

知识三　普通混凝土的技术性质及影响因素与改善措施

3.1　混凝土拌和物的性质及影响因素与改善措施

混凝土拌和物是指混凝土各组成材料按一定比例配合,加水拌制而成的尚未凝结硬化的塑性状态的拌和物,称为混凝土拌和物,也称新拌混凝土。

1. 和易性的概念

混凝土拌和物在硬化前必须经过运输、浇筑和振捣等施工过程,为了确保新拌混凝土不发生分层、离析、泌水等现象,并能形成质量均匀、成型密实的混凝土,就必须具有良好的和易性。

混凝土拌和物的和易性,又称工作性。是指混凝土拌和物的施工操作难易程度和抵抗离析的程度。它包含有流动性、粘聚性、保水性三方面含义。和易性好的混凝土拌和物,应该具有符合施工要求的流动性、良好的粘聚性和保水性。

(1)流动性:是指混凝土拌和物在自重或机械振动作用下能产生流动,并均匀密实地充满模板的性能。流动性的大小反映拌和物的稀稠情况,故亦称稠度。

(2)粘聚性:是指混凝土拌和物在施工过程中,各组成材料之间有一定的粘聚力,不致产生分层离析的性能。

(3)保水性:是指混凝土拌和物在施工过程中,具有一定的保水能力,不致产生严重的泌水现象。发生泌水的混凝土,由于水分上浮泌出,在混凝土内形成容易渗水的孔隙和通道,在混凝土表面形成疏松的表层;上浮的水分还会聚积在石子或钢筋的下方形成较大的孔隙(水囊),削弱了水泥浆与石子、钢筋间的粘结力,影响混凝土的质量。

由此可见,混凝土拌和物的和易性是关系到是否既方便于施工,又能获得均匀密实混凝土的一个重要性质。

2. 和易性的测定与评价

混凝土拌和物和易性的好与差,是用测定其流动性(稠度),同时观察其粘聚性和保水性来综合评价的。

根据《普通混凝土拌和物性能试验方法标准》GB/T 50080—2002 的规定:混凝土拌和物的稠度是以坍落度(10 mm≤坍落度 < 220 mm 时)与坍落度扩展度(坍落度 > 220 mm 时)或维勃稠度(维勃稠度在 5 ~ 30 s 之间的干硬性砼)来表示的。

(1)坍落度与坍落扩展度的测定及评价

① 坍落度的测定:坍落度适用骨料最大粒径不超过 40 mm,坍落度在 10 ~ 220 mm 之间的混凝土拌和物稠度的测定。将混凝土拌和物按规定方法分三层装入

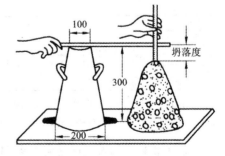

图 7 - 1　坍落度的测定

标准的坍落度筒内,每层均匀插捣 25 次,装满捣实刮平后,竖直向上将筒提起放至近旁,混凝土拌和物试样失去筒壁支护后因自重作用产生坍落,用尺子量出筒顶与坍落后拌和物锥体最高点的高差,即为坍落度,精确至 5 mm。测定方法见图 7 - 1 所示。

② 坍落扩展度的测定:坍落扩展度适用骨料最大粒径不超过 40 mm,坍落度 > 220 mm

时的混凝土拌和物稠度的测定。试样的制备同坍落度的测定，将筒提起后，当拌和物不流动时，用钢尺测量混凝土扩展后的最大直径和最小直径，在这两个直径之差小于 50 mm 的条件下，用其算术平均值作为坍落扩展度值。否则，此次试验无效。如果发现粗骨料在中央集堆或边缘有水泥浆析出，表示此混凝土拌和物抗离析性不好。

③ 粘聚性的评价：将测完坍落度的拌和物锥体，用捣棒轻敲其一侧，若锥体逐渐下沉，则拌和物粘聚性良好；若锥体倒塌、部分崩裂或出现离析现象，则粘聚性不好。

④ 保水性的评价：在坍落度筒提起后无稀浆或仅有少量稀浆自底部析出，则保水性良好；如有较多的稀浆自底部析出，锥体上部的拌和物也因失浆而骨料外露，则保水性不好。

（2）维勃稠度的测定及评价

维勃稠度适用于骨料最大粒径不超过 40 mm，维勃稠度在 5～30 s 之间的干硬性混凝土拌和物稠度的测定。

测定方法：在维勃稠度仪的容量筒中放置坍落度筒，按测坍落度的方法装入拌和物，然后提起坍落度筒。由于拌和物较为干稠，需要借助振动才能下坍，启动维勃稠度仪，测出从启振到振平（上置的透明圆盘底面完全为水泥浆布满时）所需时间（秒数）即为维勃稠度（又称工作度），用 $V(s)$ 表示。测定方法见图 7-2 所示。维勃稠度愈大，混凝土拌和物就愈干，和易性就愈差。

图 7-2　维勃稠度的测定

3. 坍落度的选用

混凝土浇筑时坍落度的大小应根据不同的构件尺寸、钢筋疏密和捣固方法选用，以保证混凝土拌和物能均匀密实地充满模板。若坍落度选得过小，将不易捣实，增加施工难度，不易保证施工质量；若坍落度选得过大，则需增加水泥浆用量，既不经济，又会使混凝土容易分层泌水，影响混凝土质量。非泵送混凝土浇筑时的坍落度可参照《混凝土结构工程施工及验收规范》GB 50204—2002 的规定选用，见表 7-2。

表 7-2　非泵送混凝土浇筑时坍落度的选用　　　　　　　　/mm

基础或地面等的垫层、无配筋的大体积结构（基础、挡土墙等）或配筋稀疏的混凝土结构	10～30
板、梁和大型或中型截面柱子等	30～50
配筋密的钢筋混凝土结构（薄壁、筒仓、细柱等）	50～70
配筋特密的钢筋混凝土结构	70～90

注：① 本表适用于机械捣捣。当人工捣实时，表中数值应酌情增大 20～30 mm；② 连续浇筑较高的墩台或其他高大结构时，坍落度宜随浇筑高度的上升而适当分段递减。

泵送混凝土的入泵坍落度可参照《混凝土泵送施工技术规程》JGJ/T 10—2011 的规定选用，见表 7-3。

表 7-3　泵送混凝土浇筑时入泵坍落度的选用（JGJ/T 10—2011）

最大泵送高度/m	50	100	200	400	＞400
入泵坍落度/mm	100～140	150～180	190～220	230～260	—
入泵扩展度/mm	—	—	—	450～590	600～740

4. 影响和易性的主要因素

（1）水泥浆的稀稠性

水泥浆的稀稠是由水胶比决定的。水胶比是混凝土拌和物中的拌和用水量与胶凝材料（水泥＋活性矿物掺合料）用量的比值（W/B）。在胶凝材料用量不变的情况下，水胶比较大时，水泥浆较稀，拌和物的流动性较大，但水胶比过大时，粘聚性和保水性变差。反之，水胶比较小时，水泥浆较稠，拌和物的流动性较小，粘聚性和保水性好，但水胶比过小时，浇捣成型会比较困难。

《普通混凝土配合比设计规程》JGJ 55—2011 规定，水胶比宜选在 0.4～0.6 这个合理范围内，以便使混凝土拌和物既方便施工，又能保证浇筑成型的质量。

（2）水泥浆的数量

在水胶比不变的情况下，单位体积混凝土拌和物中的水泥浆越多，拌和物的流动性就大，反之就小。这是因为水泥浆多时，水泥浆充满骨料空隙后，剩余较多的浆料，使骨料表面的水泥浆包裹层较厚，润滑性增加，流动性加大。但若水泥浆过多，将容易出现流浆，使拌和物的粘聚性变差，且水泥用量过多也不经济。因此，应以满足施工要求的和易性为宜。

水泥浆的稀稠和水泥浆的多少，都与拌和用水量有关。一旦水胶比确定后，在试拌过程中为了调整拌和物的流动性，不能只单独调整用水量，而应在保证水胶比不变的前提下，同时调整用水量和胶凝材料用量。因为，在其他材料用量不变的情况下，混凝土的强度主要取决于水胶比，改变用水量就改变了水胶比，故混凝土的强度因此就发生改变。

（3）原材料的影响

① 水泥：不同品种的水泥，其矿物组成、细度、所掺混合材料种类的不同都会影响到拌和用水量。即使拌和水量相同，所得水泥浆的性质也会直接影响混凝土拌和物的和易性。如用硅酸盐水泥和普通硅酸盐水泥拌和的混凝土，其流动性较大、保水较好；用矿渣硅酸盐水泥拌和的混凝土流动性较小、保水性较差；用粉煤灰硅酸盐水泥拌和的混凝土流动性、粘聚性、保水性都较好。

水泥的颗粒越细，在相同用水量情况下，其混凝土拌和物流动性就愈小，但粘聚性和保水性较好。

② 骨料：骨料对拌和物和易性的影响主要有骨料的种类、级配、颗粒形状、表面特征及粒径。

骨料种类的影响：卵石表面光滑，流动阻力小，所拌制的混凝土拌和物流动性较大；碎石表面粗糙，流动阻力大，故拌和物的流动性较小。

骨料级配的影响：使用级配良好的砂、石时，由于骨料间空隙率小，在水泥浆量不变的情况下，用来填充空隙所需水泥浆量少，包裹在骨料表面的余浆就厚，故拌和物的流动性较大。

骨料粒径的影响：在水泥浆和骨料用量不变的情况下，骨料颗粒愈粗，骨料总表面积就愈小，故骨料表面的水泥浆包裹层就愈厚，流动性就大。

骨料粒形的影响：骨料颗粒愈接近球形，针、片状颗粒含量愈小，流动阻力就愈小，故拌和物的流动性就愈好。

③ 外加剂与矿物掺合料：在混凝土拌和物中加入适量的外加剂，如减水剂、引气剂，可以在不增加水泥浆量的情况下，增大拌和物的流动性，改善粘聚性，降低泌水性，提高混凝土的耐久性；在保证流动性不变的情况下，还可减少用水量和胶凝材料用量。

在混凝土拌和物中掺入适量的粉煤灰或磨细矿渣粉时，在用水量、水泥用量不变的情况下，混凝土拌和物的流动性会有明显改善。

（4）砂率的影响

在混凝土中所用砂的质量占砂、石总质量的百分率称为砂率。砂率的变动会使骨料的空隙率和骨料的总表面积有显著改变，因而对混凝土拌和物的和易性会产生显著影响。

影响机理：在水泥浆量一定的情况下，若砂率过大，则骨料的总表面积也过大，使水泥浆包裹层过薄，拌和物显得干涩，流动性小；若砂率过小，砂浆量不足，就不能在粗骨料的周围形成足够的砂浆层而起不到润滑作用，也将降低拌和物的流动性，而且会严重影响拌和物的粘聚性和保水性，容易造成离析、流浆等现象。因此，砂率不能过大，也不能过小。

最合适的砂率应该是使砂浆的数量能填满石子的空隙并稍有多余，以便将石子拨开。即在水泥浆量一定的情况下，能使混凝土拌和物获得最大的流动性，且能保持良好的粘聚性和保水性，这样的砂率称为合理砂率。也就是说，当采用合理砂率时，能在混凝土拌和物获得所要求的流动性及良好的粘聚性与保水性的条件下，可使胶凝材料用量最少。

影响合理砂率的因素：如粗骨料的种类、粒径、级配情况；细骨料的种类、细度模数；外加剂和掺合料的种类及掺量；施工要求的拌和物流动性的大小等。采用粒径较大的粗骨料比粒径较小的砂率要小；级配良好的粗骨料比级配不良的砂率要小；采用卵石比采用碎石的砂率要小；掺用外加剂和矿物掺合料比不掺的砂率要小；流动性小比流动性大的砂率要小；非泵送混凝土比泵送的砂率要小。

合理砂率的确定：在进行混凝土配合比设计时，可以通过试验找出合理砂率；也可通过石子空隙率估算所需砂率；还可根据计算的水胶比、粗骨料的种类和最大粒径参照《普通混凝土配合比设计规程》JGJ 55—2011 选用。

（5）施工方法和环境的影响

用机械搅拌和捣实时，水泥浆在振动中变稀，可使混凝土拌和物容易流动。若施工温度较高，由于水泥吸水加快和水分蒸发较多，将使混凝土拌和物的流动性很快变小。搅拌好的混凝土在长距离运输或放置较长时间以后，其流动性也会明显变小。施工时应考虑这些因素，使混凝土拌和物在浇筑时的坍落度满足施工要求。

5. 改善和易性的措施

① 采用粒形接近球形、针片状颗粒含量少、级配良好的骨料。

② 采用合理的砂率。

③ 在水胶比不变的情况下调整水泥浆量（可以小幅度调整拌和物的流动性）。

④ 掺入外加剂（如减水剂、引气剂等，可以大幅度增大拌和物的流动性）。

6. 凝结时间

混凝土拌和物的凝结时间分为初凝和终凝，其概念与水泥凝结时间相同。但混凝土的凝结时间与水泥品种、水胶比的大小、流动性的大小、所掺外加剂的品种及环境温度等因素有关。水胶比越大、流动性越大的混凝土拌和物，其凝结时间就愈长；掺用缓凝型减水剂时，其凝结时间就长；环境温度愈低，其凝结时间也愈长。

混凝土拌和物的凝结时间采用贯入阻力法测定。原理是将新拌混凝土中的砂浆（用孔径为 4.75 mm 的方孔筛过筛）置于砂浆试样筒中，在 (20 ± 2) ℃标准温度下，经过一定时间后，将测针以规定的速度 $[(10 \pm 2)s$ 内$]$ 贯入砂浆中规定的深度 $[(25 \pm 2)mm]$ 时，测针上所受到

的贯入压力 $P(N)$ 来判定混凝土的凝结时间。随着混凝土逐步凝结,测针上所受到的贯入压力也逐步增大,当贯入阻力 $f_{PR} = 3.5$ MPa 时(测针截面积 $A = 100$ mm^2),认为已达到初凝 (t_s);当贯入阻力 $f_{PR} = 28$ MPa 时(测针截面积 $A = 20$ mm^2),认为混凝土已达到终凝(t_e)。凝结时间按下列公式计算:

$$f_{PR} = \frac{P}{A}; \quad \ln(t) = a + b\ln(f_{PR})$$

$$t_s = e^{(a+b\ln 3.5)}; \quad t_e = e^{(a+b\ln 28)}$$

式中: t——经历时间,min;

　　　a、b——线性回归系数(参照本教材模块一知识四中的"一元线性回归分析");

　　　$e = 2.718\cdots$(自然对数的底)。

混凝土拌和物和易性和凝结时间的测定,应按现行国家标准《普通混凝土拌和物性能试验方法标准》GB/T 50080—2002 的有关规定进行。

3.2　硬化混凝土的性质及影响因素与改善措施

1. 强度

混凝土的强度包括立方体抗压强度、轴心抗压强度、圆柱体抗压强度、劈裂抗拉强度和抗折(抗弯拉)强度等。由于立方体抗压强度最容易测定,其他强度与立方体抗压强度之间又有一定的相互关系可以换算,所以选定以立方体抗压强度作为混凝土强度设计和施工质量控制的基准。

(1)抗压强度及强度等级

混凝土受压破坏可能存在三种形式:一是骨料先破坏;二是水泥石先破坏;三是水泥石与粗骨料的结合面发生破坏(粘结破坏)。在混凝土中第一种破坏形式不可能发生,因拌制混凝土的骨料强度一般都高于水泥石;第二种仅会发生在骨料少而水泥石过多的情况下,在一般配合比正常时也不会发生;最可能发生的受压破坏形式是第三种,即最早的破坏发生在水泥石与粗骨料的结合面上。水泥石与粗骨料的结合面由于水泥浆的泌水及水泥石的干缩存在着早期微裂缝,随着所加外荷载的逐渐加大,这些微裂缝逐渐加大、发展,并迅速进入水泥石,最终造成混凝土的整体贯通开裂。由于混凝土这种受压破坏特点,水泥石与粗骨料结合面的粘结强度就成为混凝土抗压强度的主要决定因素。

① 立方体抗压强度、抗压强度标准值及强度等级

混凝土的立方体抗压强度:《普通混凝土力学性能试验方法标准》GB/T 50081—2002 规定,用标准方法将混凝土制成边长为 150 mm 的立方体标准试块,1 组 3 块,在标准养护条件 [温度(20 ± 2)℃,相对湿度 >95% 或在温度为(20 ± 2)℃的不流动的饱和 Ca(OH)$_2$ 溶液中]下养护 28 d,按标准的测定方法所测得的抗压强度值称为混凝土立方体抗压强度,简称立方体抗压强度。

混凝土立方体抗压强度按式(7-1)计算,精确至 0.1 MPa:

$$f_{cu} = \frac{F}{A} \tag{7-1}$$

式中: f_{cu}——混凝土抗压强度,MPa;

　　　F——试件破坏荷载,N;

A——试件承压面积，mm^2。

混凝土立方体抗压强度值的确定：以3个试件抗压强度测定值的算术平均值作为该组试件的抗压强度值（精确至0.1 MPa）。但是，当3个测值中的最大值或最小值中有一个与中间值的差值超过中间值的 $\pm15\%$ 时，则取中间值作为该组试件的抗压强度值；若最大值和最小值与中间值的差值均超过中间值的 $\pm15\%$ 时，则该组试件的试验结果无效。

混凝土立方体抗压强度标准值：是指用标准方法制作的边长为150 mm的立方体标准试件，在标准条件下养护28 d龄期，按标准的测定方法测得的具有95%以上保证率的立方体抗压强度值，以 $f_{cu,k}$ 表示。即在混凝土立方体抗压强度测定值的总体分布中，低于该值的百分率不超过5%。

试验研究表明，同一强度等级的混凝土，在龄期、生产工艺和配合比基本一致的条件下，其强度的分布呈正态分布，见图7-3。强度平均值 $\overline{f_{cu}}$ 是曲线的位置参数，决定曲线最高点的横坐标；强度标准偏差 σ 是曲线的形状参数，它的大小反映了曲线的宽窄程度，σ 愈大，曲线低而宽，接近平均值的强度出现的概率就愈

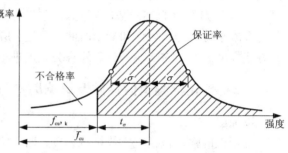

图7-3 混凝土强度正态分布曲线

小；σ 愈小，曲线高而窄，接近平均值的强度出现的概率就愈大。

强度保证率是指混凝土强度总体中大于或等于设计强度所占的概率 P（百分率），以正态分布曲线上的阴影部分面积表示，见图7-3。由混凝土强度正态分布曲线可知，要使混凝土的强度具有一定的保证率，则应符合式（7-2）的要求：

$$\overline{f_{cu}} \geqslant f_{cu,k} + t \cdot \sigma \qquad (7-2)$$

式中：t——强度保证率系数。不同保证率（概率）下，其保证率系数见表7-4。

表7-4 不同的强度保证率对应的保证率系数

$P/\%$	50	69.2	78.8	80.0	84.1	85.1	88.5	90.0	91.9	93.3	94.5
t	0.00	-0.50	-0.80	-0.84	-1.00	-1.04	-1.20	-1.28	-1.40	-1.50	-1.60
$P/\%$	95.0	95.5	96.0	96.5	97.0	97.5	97.7	98.0	99.0	99.4	99.9
t	-1.645	-1.70	-1.75	-1.81	-1.88	-1.96	-2.00	-2.05	-2.33	-2.50	-3.00

从表7-4可知，要保证混凝土强度具有95%的保证率，则其保证率系数 t = -1.645。故式（7-2）可改写为 $\overline{f_{cu}} \geqslant f_{cu,k} + 1.645\sigma$（标准偏差取负偏差）。

混凝土强度等级：混凝土的强度等级采用符号 C 与立方体抗压强度标准值 $f_{cu,k}$（N/mm^2，即MPa）表示。《混凝土结构设计规范》GB 50010—2010，将混凝土强度划分为C15、C20、C25、C30、C35、C40、C45、C50、C55、C60、C65、C70、C75、C80共14个等级。C20表示混凝土立方体抗压强度标准值 $f_{cu,k}$ =20 MPa，即强度低于20 MPa的概率不超过5%。

② 轴心抗压强度（棱柱体抗压强度）

实际建筑结构的形状和受压状态极少有立方体的，绝大部分是棱柱体的。为了使所测混凝土强度接近于结构实际情况，应采用棱柱体抗压强度作为结构设计的依据。《普通混凝土

力学性能试验方法标准》GB/T 50081—2002 规定，采用 150 mm×150 mm×300 mm 的棱柱体试件，按标准方法制作试件，一组三个，在标准条件下养护 28 d 龄期，测其抗压强度值，即为轴心抗压强度，亦称棱柱体抗压强度，用 f_{cp} 表示。

混凝土轴心抗压强度按式(7-3)计算，精确至 0.1 MPa：

$$f_{cp} = \frac{F}{A} \tag{7-3}$$

式中：f_{cp}——混凝土轴心抗压强度，MPa；

　　　F——试件破坏荷载，N；

　　　A——试件承压面积，mm^2。

混凝土轴心抗压强度值的确定：确定方法同立方体抗压强度。

试验表明：$f_{cp} = (0.7 \sim 0.8)f_{cu}$。

（2）抗拉强度

混凝土在受拉时，变形很小就会开裂，并很快发生脆断。混凝土的抗拉强度很低，一般只有其立方体抗压强度的 1/20～1/10，因此，在结构中不依靠混凝土的抗拉强度，而只是用来作为确定混凝土抗裂能力的指标。

我国采用混凝土的劈裂抗拉强度（f_{ts}）来替代其抗拉强度。试验表明：$f_{ts} = 0.35\ (f_{cu})^{3/4}$。

劈裂抗拉强度的测定：《普通混凝土力学性能试验方法标准》GB/T 50081—2002 规定，采用边长为 150 mm 的立方体或 ϕ150 mm×300 mm 圆柱体标准试件，按标准方法制作试件，一组三个，在标准条件下养护 28 d 龄期，进行劈裂试验。劈裂试验需要使用专用的劈裂夹具。

混凝土劈裂抗拉强度按式(7-4)计算，精确至 0.1 MPa：

$$f_{ts} = \frac{2F}{\pi \cdot A} = 0.637\frac{F}{A} \tag{7-4}$$

式中：f_{ts}——混凝土劈裂抗拉强度，MPa；

　　　F——试件破坏荷载，N；

　　　A——试件劈裂面面积，mm^2。

劈裂抗拉强度的确定：确定方法同立方体抗压强度的确定。

（3）抗折强度（抗弯拉强度）

《普通混凝土力学性能试验方法标准》GB/T 50081—2002 规定，混凝土抗折强度试验采用边长为 150 mm×150 mm×550 mm 的棱柱体标准试件，按标准方法制作试件，一组三个，在标准条件下养护 28 d 龄期，按三分点加荷方式测定其抗折强度。抗折试验装置见图 7-4。

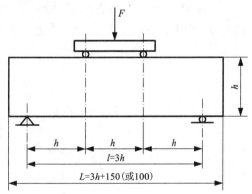

图 7-4　抗折试验装置

若试件下边缘断裂位置处于两个集中荷载作用线之间，则试件的抗折强度按式(7-5)计算，精确至 0.1 MPa：

$$f_f = \frac{F \cdot l}{b \cdot h^2} \tag{7-5}$$

式中：f_f——混凝土抗折强度，MPa；

F——试件破坏荷载，N；

l——支座间跨度，mm；

b——试件截面宽度，mm；

h——试件截面高度，mm。

抗折强度值的确定：

① 当3个试件的折断面均位于两个集中荷载作用线之内时，则以3个试件测值的算术平均值作为该组试件的抗折强度值（精确至0.1 MPa）。但是，当3个测值中的最大值或最小值中有一个与中间值的差值超过中间值的±15%时，则取中间值作为该组试件的抗折强度值；若最大值和最小值与中间值的差值均超过中间值的±15%时，则该组试件的试验结果无效。

② 当3个试件中有一个折断面位于两个集中荷载作用线之外时，则按另2个试件的试验结果计算。若这2个测值的差值不大于这2个测值中较小值的15%时，则以这2个测值的平均值作为该组试件的抗折强度值，否则该组试件的试验结果无效。

③ 当3个试件中有两个折断面位于两个集中荷载作用线之外时，则该组试件的试验结果无效。

（4）影响混凝土强度的主要因素

① 水泥强度等级和水胶比（W/B）：混凝土的强度主要取决于水泥石与粗骨料界面的粘结强度，而粘结强度主要是由水泥浆凝结硬化而产生的。在其他条件相同时，水泥强度愈高，混凝土的强度也就愈高。

在一定范围内，水胶比愈小，混凝土的强度就愈高。在胶凝材料不变时，水胶比增大，用水量增多，水泥浆变稀，水泥浆与砂石的粘结力变差，且多余的水占有较多的体积，使硬化后的混凝土内留有较多微细孔隙，这都会使混凝土的强度降低。

在原材料一定的情况下，混凝土28 d的立方体抗压强度与胶凝材料强度、水胶比三者之间存在一定的关系，混凝土的强度 f_{cu} 可以视为是胶凝材料强度 f_b 和水胶比 W/B 的函数。具体表达式见式（7-6）：

$$f_{cu} = \alpha_a \cdot f_b \left(\frac{B}{W} - \alpha_b \right) \tag{7-6}$$

式中：f_{cu}——混凝土的抗压强度，MPa；

α_a、α_b——回归系数，与粗骨料的品种有关，见表7-5；

f_b——胶凝材料28 d抗压强度实测值，MPa；

B/W——胶水比（水胶比的倒数）。

表 7-5　回归系数 α_a、α_b 取值（JGJ 55—2011）

回归系数	粗骨料品种	
	碎石	卵石
α_a	0.53	0.49
α_b	0.20	0.13

由式（7-6）可知，当胶凝材料强度和水胶比确定后，可估算出混凝土的强度；当胶凝材料强度和所需混凝土强度确定后，可计算出应采用的水胶比。

由配合比试验确定的水胶比，施工中不得随意变动。拌制混凝土时要严格控制用水量，如果多加了水，混凝土的强度就会达不到预定的要求。若因水胶比过小，拌和物过于干稠，而使施工困难时，应通过提高胶凝材料强度的办法来调整水胶比，使之满足施工要求。亦可掺入减水剂来改善混凝土的和易性。

② 骨料：使用级配良好、质地坚硬、杂质含量少的砂、石配制的混凝土，其密实度和强度高；碎石表面粗糙，与水泥石的粘结力较强，在相同条件下，碎石混凝土的强度比卵石混凝土稍高一些。

③ 养护温度和湿度：混凝土的硬化关键在于水泥的水化作用，水泥水化速度愈快、愈完全，则混凝土的强度发展就愈快、愈高，而水泥的水化需要在一定的温度和湿度下进行，且完全水化需要一定的时间，因此，硬化后的混凝土，要经过一定时间的温湿养护，使水泥充分水化，才能使混凝土达到预期的强度。

在湿度充足的条件下，温度较高时，水泥水化速度加快，因而混凝土强度发展也就加快；反之，温度较低时，混凝土强度发展较为迟缓；当温度在冰点以下时，不但水泥水化基本停止，而且水分结冰，体积膨胀约9%，会使早期强度还不太高的混凝土发生冻胀破坏。因此，养护期温度的高低，将影响混凝土的拆模、搬运、预应力的张拉与放张（切断预应力钢筋）等施工的安排。当室外的日平均气温在5℃以下时，应采取冬期施工措施。

混凝土表面潮湿时，混凝土内的水分充足，水泥水化能正常进行，混凝土的强度能正常发展。如果表面干燥，混凝土内的水蒸发，影响水化，混凝土的强度将受到损失，达不到预定要求。特别是高温干燥条件下，严重的失水干燥，将使混凝土形成疏松结构，出现干缩裂纹，不仅强度严重损失，耐久性也很差，整个混凝土将会报废。

因此，应在浇筑完毕后的12 h以内对混凝土加以覆盖并保湿养护。用硅酸盐水泥、普通硅酸盐水泥和矿渣水泥拌制的混凝土，浇水养护日期不得少于7昼夜；用火山灰水泥、粉煤灰水泥和复合水泥拌制的混凝土，或掺缓凝型外加剂及有抗渗要求的混凝土，浇水养护日期不得少于14昼夜。浇水次数应能保持混凝土处于湿润状态；混凝土养护用水应与拌和用水相同；采用塑料膜覆盖养护的混凝土，其敞露的全部表面应覆盖严密，并应保持塑料膜内有凝结水；混凝土强度达到1.2 MPa前，不得在其上踩踏或安装模板及支架。在相对湿度 < 60%的干燥环境中，混凝土的浇水养护还应延长7昼夜，尤其在夏季施工要特别注意。

当日平均气温低于5℃时，不得浇水，而应采取保温措施。当采用其他品种水泥时，混凝土的养护时间应根据所采用水泥的技术性能确定；如果混凝土表面不便浇水或使用塑料膜时，宜涂刷养护剂；对大体积混凝土的养护，应根据气候条件按施工技术方案采取控温措施，使混凝土内外温差不超过25℃。

④ 养护龄期：浇筑后的混凝土在正常养护下，其强度随龄期的增加而不断增长，早期（3～14 d）发展较快，以后渐慢，在标准养护条件下，28 d可达到设计强度，以后显著减慢，但只要有水供给，强度仍有所增长，且延续很长时间。

当不掺外加剂和矿物掺合料时，用硅酸盐水泥拌制的混凝土，在标准养护条件下，其强度发展大致与龄期的对数成正比，即有如下关系，见式（7 - 7）：

$$\frac{f_n}{f_a} = \frac{\lg n}{\lg a} \qquad (7 - 7)$$

式中：f_n——需推算混凝土 n 天龄期的抗压强度，MPa；

f_a——已测混凝土 a 天龄期的抗压强度，MPa；

n——需推算强度的龄期 $(n \geq 3)$，d。

a——已测强度的龄期，d。

若以 28 d 强度为 1，则 7 d 的强度可达 0.6～0.75，半年后强度达 1.5，两年后强度为 2，20 年后强度为 3。但实际上，影响混凝土强度的因素很多，混凝土强度的发展不可能完全照此规律。若混凝土在养护期满后就处于自然干燥状态下，两年后的强度只比 28 d 的强度增加 20%～50%。混凝土强度增长的数量还与所用水泥品种、水胶比等因素有关。

在工程实践中，通常采用同条件养护（用于混凝土强度检验的试件，其养护条件与混凝土结构或构件相同），以便准确地检验混凝土的强度。《混凝土结构工程施工质量验收规范》GB 50204—2002 对同条件养护的等效龄期作如下规定：

等效养护龄期应根据同条件养护试件强度与在标准养护条件下 28 d 龄期试件强度相等的原则确定。等效养护龄期可按日平均温度逐日累计达到 600℃时所对应的龄期(d)，0℃及以下的龄期不计入，等效养护龄期应 ≥14 d，且宜 ≤60 d。

同条件养护试件的强度值应根据强度试验结果，按现行国家标准《混凝土强度检验评定标准》GB50107—2010 的规定确定后，乘 1.10 的折算系数取用，也可根据当地的试验统计结果确定。

⑤ 施工质量：混凝土的搅拌、运输、浇筑、振捣、现场养护等，对混凝土的质量有着重要影响。配料是否准确、振捣密实程度、拌和物的离析、现场养护条件的控制、施工单位的技术和管理水平都会造成混凝土强度的变化。因此，必须采取严格有效的控制措施和手段，以保证混凝土的施工质量。

⑥ 测试条件对混凝土强度测值的影响：试件形状和大小的影响。测定混凝土的抗压强度，可按石子的最大粒径的大小选用不同的试件尺寸，但相同混凝土而形状大小不同的试件，所测强度值是不同的。这是因为试件在压力机上受压时，由于内部裂纹的产生和发展，其横向将发生鼓胀破裂而破坏，而

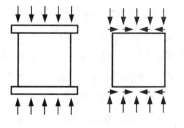

图 7-5　环箍效应

上下压板与试件上下端面之间产生的摩阻力，对试件的横向鼓胀起着约束作用，越是接近试件的端面，这种约束作用就越大，试件破坏时，其上下部分各成一个较完整的棱锥体，就是这种约束的结果，如图 7-5 所示，这种作用称为环箍效应。

对于较小试件，环箍效应的相对作用较大，故测得的强度值偏高；反之，使较大试件的测值偏低。另外，随试件尺寸增大，内部存在缺陷的机率也增大，也使较大试件的测值偏低。因此，当采用非标准尺寸的立方体试件测定混凝土强度时，对所测强度需要乘以一个换算系数，将其换算为标准试件的强度。混凝土抗压强度试件尺寸的选用与强度换算系数见表 7-6。

表 7-6　混凝土抗压强度试件尺寸与换算系数

骨料最大粒径/mm	立方体抗压强度	轴心抗压强度	换算系数
31.5	100×100×100（非标准试件）	100×100×300（非标准试件）	0.95
40	150×150×150（标准试件）	150×150×300（标准试件）	1.0
60	200×200×200（非标准试件）	200×200×400（非标准试件）	1.05

由于环箍效应作用的范围大约是在试件端面边长的$\sqrt{3}/2$倍处，因此，在测定棱柱体试件抗压强度时，环箍效应就不起作用，其强度比相同截面的立方体抗压强度低许多。

加荷速率的影响：在测定混凝土抗压强度时，试块的侧向鼓胀变形总是滞后于相应的荷载，如果加荷速率过快，到试件鼓胀破坏时，荷载已加多了一些，因而使测值偏高。因此，《普通混凝土力学性能试验方法标准》GB/T 50081—2002规定，测定混凝土抗压强度时，加荷速率应符合下列规定：

强度<C30的混凝土，加荷速率应控制在0.3~0.5 MPa/s；

强度≥C30，<C60的混凝土，加荷速率应控制在0.5~0.8 MPa/s；

强度≥C60的混凝土，加荷速率应控制在0.8~1.0 MPa/s。

其他影响因素：试件平整度如何，试件与压板的接触面有无碎片、砂粒，荷载是否施加于轴线上，都对强度测值产生影响，这在测试时均应注意。

（5）提高混凝土强度的措施

① 采用高强度等级的水泥或早强型水泥。在配合比相同的情况下，水泥的强度等级愈高，混凝土的强度就愈高；采用早强型水泥或快硬水泥可提高混凝土的早期强度。

② 采用坚实、洁净、级配良好的骨料。宜采用连续粒级的高强碎石；砂子的细度模数以3.0为宜，在保证混凝土拌和物和易性的前提下，尽量采用较小砂率。

③ 采用较小的水胶比、减少单位用水量。拌制干硬性混凝土，配以强力机械进行搅拌和振捣，拌和物中游离水分少，硬化后混凝土密实度高、强度可显著提高。但水胶比过小，拌和物流动性差，施工困难，故应在满足施工要求的和易性的前提下，尽量采用较小的水胶比。

④ 掺入混凝土外加剂、掺合料。在混凝土中加入适量的外加剂（如减水剂、早强剂等），在保证相同流动性的情况下，可减少用水量，以提高水泥石的密实度和强度；在混凝土中加入适量的掺合料（如硅灰或超细矿渣粉等），可显著地提高混凝土的强度。

⑤ 改善施工工艺。采用机械搅拌和机械振捣的混凝土比人工搅拌和人工振捣的混凝土具有更好的均匀性和密实性，从而能提高其强度；采用二次投料搅拌工艺（先将水与砂、水泥进行搅拌，然后加入石子再搅拌），可改善混凝土骨料与水泥砂浆的界面缺陷，有效提高混凝土的强度。

⑥ 采用蒸汽养护。将浇筑完毕的混凝土构件静置或预养1~3 h，用60~90℃的蒸汽养护不超过12 h，混凝土强度即可达到正常养护28 d强度的70%~80%。因此，蒸汽养护是提高混凝土早期强度的重要措施，而且还可以加快模板和场地的周转，大大提高生产效率，有很好的经济价值。

经过蒸汽养护的混凝土构件，还应经常洒水，在自然条件下继续养护至28 d，其强度还将继续发展。采用蒸汽养护时，应根据水泥品种的不同，选择合适的蒸养温度，以获得最佳养护效果。

2. 变形性能

混凝土的变形对混凝土结构的尺寸、受力状态、应力分布、裂缝开展等有明显影响。混凝土的变形可分为非荷载作用下的变形和荷载作用下的变形两种情形。

（1）非荷载作用下的变形

非荷载作用下的变形包括化学收缩、干湿变形和温度变形。

① 化学收缩：指胶凝材料硬化后的体积收缩。这种收缩是不能恢复的，且随龄期延长而

增加，但这种收缩一般不大。混凝土在收缩过程中会产生微细裂缝，可能会影响混凝土结构的承载状态(产生应力集中)和耐久性。

② 干湿变形：混凝土随着环境湿度的变化而发生的变形叫干湿变形，表现为湿胀干缩。在水中硬化的混凝土，体积不变或有微小膨胀；在空气中硬化的混凝土，随着水分的蒸发，凝胶体紧缩而发生收缩，其收缩量可达 0.3 ~ 0.5 mm/m。混凝土结构设计中，混凝土干缩率值一般取 0.15 ~ 0.2 mm/m。

混凝土的干缩量与水泥品种、水泥用量和单位用水量有关。采用矿渣水泥或复合水泥比普通水泥的收缩大；采用高强度水泥时，由于颗粒较细，混凝土的收缩较大；水泥用量较多或单位用水量较多时，收缩也较大。因此，采用减少水泥用量、减少水胶比是减少干缩的关键。相反，砂、石在混凝土中形成骨架，对收缩有一定的抑制作用。在水中或潮湿条件下养护，可以大大减小混凝土的收缩。蒸汽养护的混凝土收缩很小。

混凝土的干燥收缩对工程结构有不利影响。如：由于干缩使混凝土产生干缩裂纹；若收缩受阻将使钢筋混凝土构件产生收缩应力；混凝土的收缩会使预应力混凝土中的预加应力受到损失等。因此，应当设法减少混凝土的收缩，以减少其有害影响。

③ 温度变形：混凝土与其他固体材料一样，具有热胀冷缩现象。如混凝土内外温差很大，就会形成"内胀外缩"，在混凝土表面产生很大的拉应力，当该拉应力超过混凝土的抗拉强度时，混凝土表面将出现裂缝。因此，对于大体积混凝土工程应特别注意温度变形的危害，可采取减少水泥用量、内部降温、外部保温和掺缓凝剂等措施来预防裂缝的产生。

(2)荷载作用下的变形

① 短期荷载作用下的变形：混凝土结构在短期荷载作用下所产生的变形属弹塑性变形。混凝土是一种由水泥石、砂、石子组成的不均匀的复合材料，它既不是完全的弹性体，也不是完全的塑性体，而是一个弹塑性体。混凝土在外力作用下，既会产生可以恢复的弹性变形，又会产生不可恢复的塑性变形，这就是随荷载发生的弹塑性变形。

混凝土抵抗变形的能力可用静压弹性模量(割线模量)E 来衡量，E 值愈大，表明其抵抗变形的能力愈强。

在混凝土硬化过程中，由于水泥石的干缩受到骨料的限制，在水泥石与骨料的界面上就存在一些细微的裂缝。当混凝土受压时，其内部应力在裂缝端部形成应力集中，而使裂缝不断扩展，以致延伸汇合成较大的裂缝；当荷载增大到一定程度之后，这些裂缝不断扩大并形成贯通裂缝，混凝土就会发生横向鼓胀而导致破坏。

② 长期荷载作用下的变形：混凝土在长期荷载作用下，除了会发生随荷载而产生的瞬时变形外，还会发生随时间变化的徐变。徐变是在长期荷载作用下，混凝土在沿作用力方向随时间不断增加的塑性变形，开始时较快，延续 2 ~ 3 年才会逐渐稳定。当荷载卸除后，一部分变形瞬时恢复，还有一部分要过一断时间才能恢复(称为徐变恢复)，剩余不可恢复的变形为残余变形。混凝土徐变的数量可达 0.3 ~ 1.5 mm/m。

混凝土的徐变能缓和钢筋混凝土内由于温度、干缩等引起的应力集中，使应力较为均匀地重新分布，防止裂缝的产生，这是有利的。但在预应力混凝土中，混凝土的徐变，将产生应力松弛，使预加应力受到部分损失，这在预应力混凝土的设计和施工中应予以考虑。

环境湿度减少会使徐变增大；混凝土强度愈低，水泥用量愈大，徐变愈大。因骨料的徐变很少，故增加骨料含量可使徐变减小。

3. 耐久性

（1）混凝土耐久性概念

混凝土结构经常会遭受环境温湿度变化、冻融循环、压力水或其他液体的渗透、环境水和土壤中有害介质以及有害气体的侵蚀等各种物理和化学因素的破坏作用。混凝土抵抗环境介质作用，并能长期保持其良好的使用性能和外观完整性，从而维持混凝土结构的安全、正常使用的能力称为耐久性。

混凝土耐久性的主要表现在抗水渗透性、抗冻性、抗硫酸盐侵蚀性、抗氯离子渗透性、抗碳化性、早期抗裂性和抗碱－骨料反应等几个方面。

① 抗水渗透性：指混凝土抵抗压力水渗透的能力。混凝土的抗渗性主要取决于混凝土的密实程度和孔隙构造。若密实性差，且开口连通孔隙多，则混凝土的抗渗性就差；但如果均为封闭孔隙，则混凝土的抗渗性较强。混凝土的抗水渗透性可通过抗渗试验来测定。详见本教材模块一中的知识六关于"材料与水有关的性质"的介绍。

② 抗冻性：指混凝土在水饱和状态下，经受多次冻融循环作用，能保持其强度和外观完整性的能力。混凝土抗冻性也取决于混凝土的密实程度和孔隙构造。在寒冷地区和严寒地区与水接触又容易受冻的环境下的混凝土，要求具有较强的抗冻性能。

混凝土的抗冻性用 28 d 龄期的标准试件，按标准方法进行冻融循环试验来测定。冻融试验方法可采用快冻法和慢冻法。

快冻法：将按标准方法制作的 100 mm × 100 mm × 400 mm 的棱柱体试件，1 组 3 个，在标准条件下养护至规定龄期（28 d 或 56 d）后，按规定的方法进行冻融循环试验，以试件相对动弹模量（冻融后与冻融前试件横向振动时的基频振动频率的百分数）下降至不低于 60% 或质量损失率不超过 5% 时的最大冻融循环次数来确定其抗冻等级，并以符号 F 表示。混凝土抗冻等级分为 F50、F100、F150、F200、F250、F300、F350、F400、> F400 9 个等级。

慢冻法：将按标准方法制作的 100 mm × 100 mm × 100 mm 的立方体试件，1 组 3 个，在标准条件下养护至规定龄期（28 d 或 56 d）后，按规定的方法进行冻融循环试验，以抗压强度损失率不超过 25% 或质量损失率不超过 5% 时的最大冻融循环次数来确定其抗冻标号，并以符号 D 表示。混凝土的抗冻标号分为 D50、D100、D150、D200、> D200 5 个标号。

③ 抗硫酸盐侵蚀性：是指混凝土抵抗硫酸盐侵蚀的能力。将按标准方法制作的 100 mm × 100 mm × 100 mm 的立方体试件，1 组 3 块，在标准条件下养护至规定龄期（28 d 或 56 d）后，再在 5% 的 Na_2SO_4 溶液中进行反复浸泡和烘干循环，并以其抗压强度损失率（耐蚀系数 K_f）不超过 75% 时的最大循环次数来衡量其抗硫酸盐等级，以符号 KS 表示。

混凝土抗硫酸盐等级分为 KS30、KS60、KS90、KS120、KS150、> KS150 6 个等级。

④ 抗氯离子渗透性：是指混凝土抵抗氯离子渗透的能力。混凝土抵抗氯离子渗透性愈强，其护筋性就愈强。可用快速氯离子迁移系数法（简称 RCM 法）和电通量法来检验评定。

快速氯离子迁移系数法：将按标准方法制作的直径为（100 ± 1）mm、高度为（50 ± 2）mm 的圆柱体试件，1 组 3 个，在标准条件下养护至规定龄期（28 d 或 56 d）后，将试件安装在 RCM 试验装置上，见图 7 - 6（a），在阴阳两极上施加规定的直流电压至规定的时间。试验结束后，切断电源，取出试件并用清水冲洗干净，在压力试验机上将试件沿轴向劈开后，立即在劈开的试件断面上喷涂 0.1 mol/L 的 $AgNO_3$ 溶液显色剂，15 min 后沿试件直径断面将其分成 10 等分，并用防水笔描出渗透轮廓线，同时测量显色分界线距试件底面的距离，见图 7 - 6（b）。

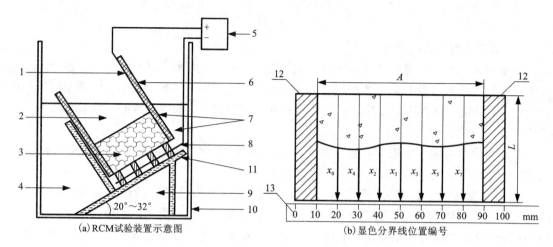

(a) RCM试验装置示意图　　　　　　　　　　(b) 显色分界线位置编号

图7-6　RCM试验装置示意图及显色分界线位置编号

1—阳极板；2—阳极溶液(0.3 mol/L NaOH 溶液)；3—试件；4—阴极溶液(10% NaCl 溶液)；5—直流稳压电源；

6—有机硅橡胶套；7—环箍；8—阴极板；9—支架；10—阴极试验槽；11—支撑头；12—试件边缘部分；13—直尺

A—测量范围；L—试件厚度

按式(7-8)计算混凝土的非稳态氯离子迁移系数 D_{RCM}，精确至 $0.1 \times 10^{-12} \mathrm{m}^2/\mathrm{s}$：

$$D_{RCM} = \frac{0.0239 \times (273 + T)L}{(U-2)t}\left(X_d - 0.0238\sqrt{\frac{(273+T)L \cdot X_d}{U-2}}\right) \qquad (7-8)$$

式中：U——试验时所用电压的绝对值，V；

T——阳极溶液的初始温度和结束温度的平均值，℃；

L——试件的厚度，精确至 0.1 mm；

X_d——氯离子渗透深度的平均值，精确至 0.1 mm；

t——试验持续时间，h。

混凝土氯离子迁移系数愈大，其抵抗氯离子渗透能力就愈差。

电通量法：在直径为 (100 ± 1)mm、高度为 (50 ± 2)mm 的混凝土圆柱体试件的两端，施加60 V 直流电压，以6 h 通过混凝土试件的电量来评价混凝土抵抗氯离子渗透性能的试验方法，该方法原理与 RCM 法类似。试验装置示意图见图7-7。

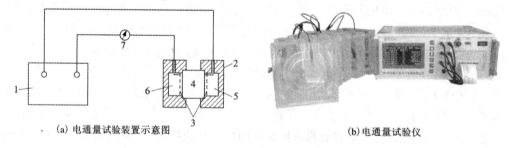

(a) 电通量试验装置示意图　　　　　　　　　(b) 电通量试验仪

图7-7　电通量试验示意图

1—直流稳压电源；2—试验槽；3—铜电极；4—圆柱体砼试件；5、6—电解液室

混凝土在规定的试验条件下，电通量愈大，其抵抗氯离子渗透能力就愈差。

混凝土抗氯离子渗透性能等级划分见表7-7。

表 7 - 7 混凝土抗氯离子渗透性能等级划分（JGJ/T193—2009）

氯离子迁移系数 D_{RCM}/（$\times 10^{-12}$ m²·s⁻¹）					电通量 Q/C				
RCM - Ⅰ	RCM - Ⅱ	RCM - Ⅲ	RCM - Ⅳ	RCM - Ⅴ	Q - Ⅰ	Q - Ⅱ	Q - Ⅲ	Q - Ⅳ	Q - Ⅴ
≥4.5	≥3.5 <4.5	≥2.5 <3.5	≥1.5 <2.5	<1.5	≥4000	≥2000 <4000	≥1000 <2000	≥500 <1000	<500

注：《混凝土耐久性检验评定标准》JGJ/T 193—2009。

⑤ 早期抗裂性：通过考察受约束的混凝土试件，在规定的养护条件下的开裂趋势来评价混凝土的抗裂性。如果混凝土的抗裂性差，混凝土在干燥收缩时，由于受到约束条件的限制，在混凝土内部将产生拉应力，一旦拉应力超过混凝土的抗拉强度，混凝土表面就会出现开裂现象。

混凝土试件抗裂试验的养护条件，一般宜在温度为（20±2）℃，相对湿度为（60±5）％的条件下进行；有特殊要求的，按要求执行。试验模具见图 7 - 8 所示。

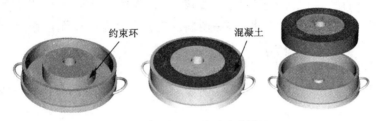

约束环　　混凝土

图 7 - 8 混凝土抗裂试验模具

混凝土试件开裂性能的评价准则：以试件侧面的开裂程度进行判定。试件侧面裂缝宽度愈小，开裂出现的时间愈晚，混凝土的抗裂性能就愈强。混凝土早期抗裂性能的等级划分见表 7 - 8。

表 7 - 8 混凝土早期抗裂性能的等级划分（JGJ/T193—2009）

等级	L - Ⅰ	L - Ⅱ	L - Ⅲ	L - Ⅳ	L - Ⅴ
单位面积上的总开裂面积 c/（mm²·m⁻²）	$c \geqslant 1000$	$700 \leqslant c < 1000$	$400 \leqslant c < 700$	$100 \leqslant c < 400$	$c < 100$

⑥ 抗碳化性：硬化后的混凝土中含有水泥水化产生的 $Ca(OH)_2$，能使钢筋表面形成一种阻锈的钝化膜，对钢筋提供了碱性保护。但是，长期处于潮湿环境，又受到空气中 CO_2 作用的混凝土，其所含 $Ca(OH)_2$ 与 CO_2 和 H_2O 反应生成 $CaCO_3$，使混凝土碱度降低，这就是碳化。严重的碳化不仅会使混凝土发生收缩裂纹，而且当碳化深度超过混凝土保护层时，钢筋便在 CO_2 和水的作用下发生锈蚀，不但失去了与混凝土的粘结，而且铁锈的膨胀会使已有裂纹的混凝土保护层发生剥落，这种剥落又将引起更严重的锈蚀和崩裂，最后导致结构破坏。因此，对于长期处于潮湿且有较浓 CO_2 环境中的混凝土要重视碳化的危害。

长期处于水中的混凝土不会与 CO_2 接触，干燥环境中的混凝土没有支持碳化的水，均不存在碳化问题。混凝土抗碳化性能的等级划分见表 7 - 9。

表 7 - 9 混凝土抗碳化性能的等级划分（JGJ/T193—2009）

等级	T - Ⅰ	T - Ⅱ	T - Ⅲ	T - Ⅳ	T - Ⅴ
碳化深度 d_m/mm	$d_m \geqslant 30$	$20 \leqslant d_m < 30$	$10 \leqslant d_m < 20$	$0.1 \leqslant d_m < 10$	$d_m < 0.1$

⑦ 碱－骨料反应：是指混凝土中的碱与骨料中的活性矿物发生反应，生成具有吸水膨胀特性的凝胶，使包裹在骨料周围的水泥石胀裂，从而导致混凝土结构破坏，这种现象称为碱－骨料反应。

骨料中活性矿物主要包括蛋白石、玉髓、鳞石英、方石英、安山岩、凝灰岩等，其所含的活性 SiO_2、活性碳酸盐会与混凝土中的 Na_2O、K_2O 等碱性物质发生化学反应，生成具有吸水膨胀特性的凝胶物质。

当混凝土中的碱含量（按 $Na_2O + 0.658K_2O$ 计）>0.6%时，就很容易与活性骨料反应生成碱－硅酸盐凝胶，吸水膨胀，引起混凝土的膨胀开裂。这种反应进行很慢，它所引起的膨胀破坏往往在几年之后才会发现，但它所引起的后果却不能忽视。因此，凡在潮湿环境中和水中使用的混凝土，应注意混凝土中的碱含量和骨料中的活性矿物，当骨料中有活性矿物时，就应采用含碱量≤0.6%的低碱水泥。

抑制碱－骨料反应的措施：尽量选择非活性骨料，当不可避免时，则应采用低碱水泥；在保证混凝土质量的前提下，掺用硅灰、粉煤灰、矿渣粉等活性混合材，尽量降低水泥用量；设法防止外界水分渗入，因为没有水，碱－骨料反应就会大为降低乃至完全停止。

（2）提高混凝土耐久性的措施

① 根据工程所处环境及要求，合理选用水泥品种，以适应抗蚀、抗渗或抗冻的要求。

《混凝土结构耐久性设计规范》GB/T 50476—2008 对环境类别与作用等级进行了划分，详见表 7－10。

表 7－10　环境类别与作用等级划分表

环境类别	名称	环境作用等级					
		A（轻微）	B（轻度）	C（中度）	D（严重）	E（非常严重）	F（极度严重）
Ⅰ	一般环境	Ⅰ－A	Ⅰ－B	Ⅰ－C	—	—	—
Ⅱ	冻融环境	—	—	Ⅱ－C	Ⅱ－D	Ⅱ－E	—
Ⅲ	海洋氯化物环境	—	—	Ⅲ－C	Ⅲ－D	Ⅲ－E	Ⅲ－F
Ⅳ	除冰盐等其他氯化物环境	—	—	Ⅳ－C	Ⅳ－D	Ⅳ－E	—
Ⅴ	化学腐蚀环境	—	—	Ⅴ－C	Ⅴ－D	Ⅴ－E	—

注：一般环境系指无冻融、氯化物和其他化学腐蚀物质作用。

② 选用较好的骨料，改善骨料级配，从严控制骨料中的有害杂质含量，注意是否含有活性骨料，保证水泥石和骨料不被腐蚀。

③ 控制水胶比和胶凝材料用量。水胶比不得过大，并保证必要的胶凝材料用量，以保证混凝土的密实性。《普通混凝土配合比设计规程》JGJ 55—2011 对混凝土的"最大水胶比"和"最少胶凝材料用量"的具体规定见表 7－11。

表 7－11　混凝土的最少胶凝材料用量（JGJ 55—2011）

最大水胶比	最少胶凝材料用量/（kg·m^{-3}）		
	素混凝土	钢筋混凝土	预应力混凝土
0.60	250	280	300
0.55	280	300	300
0.50	320		
≤0.45	330		

《公路桥涵施工技术规范》JTG/T F50—2011 对混凝土的"最大水胶比"和"最少胶凝材料用量"的具体规定见表 7 – 12。

表 7 – 12　混凝土的最大水胶比和最少水泥用量及氯离子含量（JTG/T F50—2011）

环境类别	环境条件	最大水胶比	最少水泥用量/（kg·m⁻³）	最低混凝土强度等级	最大氯离子含量/%
I	温暖地区或寒冷地区的大气环境、与无侵蚀性的水或土接触的环境	0.55	275	C25	0.30
II	严寒地区的大气环境、使用除冰盐环境、滨海环境	0.50	300	C30	0.15
III	海水环境	0.45	300	C35	0.10
IV	受侵蚀性物质影响的环境	0.40	325	C35	0.10

注：① 氯离子含量系指其与胶凝材料用量的百分比；② 最少水泥用量包括掺合料。当掺用外加剂且能有效地改善混凝土和易性时，水泥用量可减少 25 kg/m³；③ 严寒地区系指最冷月份平均气温 ≤ −10℃且日平均温度≤5℃的天数≥145 d 的地区；④ 预应力混凝土结构中的最大氯离子含量为 0.06%，最少水泥用量为 350 kg/m³；⑤ 封底、垫层及其他临时工程的混凝土，可不受本表限制。

《公路桥涵施工技术规范》JTG/T F50—2011 对高性能混凝土的"最大水胶比"和"最少胶凝材料用量"的具体规定见表 7 – 13。

表 7 – 13　高性能混凝土的最大水胶比和最少胶凝材料用量（JTG/T F50—2011）　/（kg·m⁻³）

环境作用等级	设计使用年限为 100 年			设计使用年限为 50 年		
	强度等级	最大水胶比	最少胶凝材料用量	强度等级	最大水胶比	最少胶凝材料用量
A	C30	0.55	280	C30	0.60	260
B	C35	0.50	300	C35	0.50	280
C	C40	0.45	320	C40	0.45	300
D	C45	0.40	340	C45	0.40	320
E	C50	0.36	360	C50	0.36	340
F	C50	0.32	380	C50	0.50	360

注：① 大掺量矿物掺合料混凝土的最大水胶比应不大于 0.42；② 对环境作用等级为 E 或 F 的重要工程，其混凝土拌和用水量不宜高于 150 kg/m³；③ 对冻融和化学腐蚀环境下的薄壁结构或构件，其水胶比宜适当低于表中的数值。

《铁路混凝土工程施工质量验收标准》TB 10424—2010 对混凝土的"最大水胶比"和"最少胶凝材料用量"的具体规定见表 7 – 14。

表 7 – 14　铁路混凝土的最大水胶比和最少胶凝材料用量（TB10424—2010）　/（kg·m⁻³）

环境类别	环境作用等级	设计使用年限级别					
		一(100 年)		二(60 年)		三(30 年)	
		最大水胶比	最少胶凝材料用量	最大水胶比	最少胶凝材料用量	最大水胶比	最少胶凝材料用量
碳化环境	T1	0.55	280	0.60	260	0.60	260
	T2	0.50	300	0.55	280	0.55	280
	T3	0.45	320	0.50	300	0.50	300

环境类别	环境作用等级	设计使用年限级别					
		一(100 年)		二(60 年)		三(30 年)	
		最大水胶比	最少胶凝材料用量	最大水胶比	最少胶凝材料用量	最大水胶比	最少胶凝材料用量
氯盐环境	L1	0.45	320	0.50	300	0.50	260
	L2	0.40	340	0.45	320	0.45	320
	L3	0.36	360	0.40	340	0.40	340
化学侵蚀环境	H1	0.50	300	0.55	280	0.55	280
	H2	0.45	320	0.50	300	0.50	300
	H3	0.40	340	0.45	320	0.45	320
	H4	0.36	360	0.40	340	0.40	340
盐类结晶破坏环境	Y1	0.50	300	0.55	280	0.55	280
	Y2	0.45	320	0.50	300	0.50	300
	Y3	0.40	340	0.45	320	0.45	320
	Y4	0.36	360	0.40	340	0.40	340
冻融破坏环境	D1	0.50	300	0.55	280	0.55	280
	D2	0.45	320	0.50	300	0.50	300
	D3	0.40	340	0.45	320	0.45	320
	D4	0.36	360	0.40	340	0.40	340
磨蚀环境	M1	0.50	300	0.55	280	0.55	280
	M2	0.45	320	0.50	300	0.50	300
	M3	0.40	340	0.45	320	0.45	320

④ 掺用减水剂,减少用水量,提高混凝土的密实性。

⑤ 掺入引气剂,改善混凝土的孔隙构造,提高其抗渗、抗冻能力。

⑥ 确保施工质量,浇捣均匀密实,加强养护。

⑦ 用涂料、防水砂浆、瓷砖、沥青等进行表面防护,防止混凝土的腐蚀和碳化。

知识四　混凝土配合比的设计、试配、调整与确定

4.1　普通混凝土配合比设计

混凝土配合比设计就是根据所选原材料的技术性能和施工条件,设计出能满足所需混凝土技术要求和经济合理的 1 m³ 混凝土各组成材料的用量(单位用量)及其质量比(相对用量)。

配合比设计是保证混凝土质量一个很重要的环节,配合比设计的合理与否,直接影响着混凝土结构的质量和建设成本。

4.1.1　配合比设计的基本要求

(1)首先应满足施工所要求的混凝土拌和物的和易性。

（2）满足混凝土结构所要求的强度。

（3）满足结构所处环境的抗渗、抗冻、耐蚀等耐久性要求。

（4）在满足上述三项要求的前提下，尽量节省胶凝材料、降低成本，达到经济的目的。

4.1.2　配合比设计资料的准备

（1）了解设计要求的混凝土强度等级和混凝土生产质量控制水平，确定强度标准差和配制强度。

（2）掌握工程所处环境条件和混凝土耐久性要求，以便确定所配制混凝土的最大水胶比和最少胶凝材料用量。

（3）了解结构构件断面尺寸、钢筋配置情况及施工工艺，以便确定混凝土用骨料的最大粒径及混凝土拌和物的坍落度、坍落扩展度或维勃稠度。

4.1.3　配合比设计中的三个重要参数

（1）水胶比（W/B）：是指水与胶凝材料（水泥＋掺合料）的比值。它对混凝土的和易性、强度、耐久性、经济性有明显影响。在满足和易性、强度和耐久性的前提下，应尽量取较小值。

（2）单位用水量（m_{w0}）：是指在满足混凝土和易性的前提下，$1 \, m^3$ 混凝土所需水的质量。它决定混凝土的和易性及经济与否。在满足和易性的前提下，应尽量取较小值。

（3）砂率（β_s）：是指 $1 \, m^3$ 混凝土中，砂子占砂子和石子总量的百分率。它主要影响混凝土的和易性。在满足和易性的前提下，应尽量取较小值。

4.1.4　设计程序

混凝土配合比设计应按现行行业标准《普通混凝土配合比设计规程》JGJ55—2011 的有关规定进行。混凝土配合比设计可分为如下几个程序：

（1）根据混凝土的技术要求和所选用的原材料技术要求，进行初步配合比的计算。

（2）按计算所得初步配合比进行试拌、调整，使其拌和物的和易性满足施工要求，并测定拌和物的表观密度，然后修正初步配合比，提出试拌配合比。

（3）在试拌配合比的基础上进行混凝土强度和耐久性验证，根据验证结果确定略大于配制强度所对应的水胶比，并保持单位用水量不变，砂率在试拌配合比砂率的基础上作适当调整，然后计算出胶凝材料用量和其他材料用量，并进行试拌和调整，和易性满足施工要求后，测定拌和物的表观密度，并进行修正，从而确定试验室配合比。

（4）施工时，再根据施工现场砂、石含水率情况随时进行调整，计算出施工配合比。

4.1.5　设计步骤

1. 混凝土配制强度的确定

（1）当混凝土的设计强度等级 < C60 时，配制强度应根据混凝土设计强度标准值和强度标准差（施工单位施工质量控制水平）按式（7 -9）计算，精确至 0.1 MPa：

$$f_{cu,0} \geq f_{cu,k} + 1.645\sigma \tag{7-9}$$

式中：$f_{cu,0}$——混凝土配制强度，MPa；

$f_{cu,k}$——混凝土立方体抗压强度标准值（设计强度标准值），MPa；

σ——混凝土强度标准差，MPa；

1.645——95%保证率系数。

混凝土强度标准差可按下列规定确定：

① 当具有近 1~3 个月的同一品种、同一强度等级混凝土的强度资料，且试件组数 $n \geqslant 30$ 组时，其混凝土强度标准差 σ 按式(7-10)计算：

$$\sigma = \sqrt{\frac{1}{n-1}\left(\sum_{i=1}^{n} f_{cu,i}^{2} - n \cdot m_{f_{cu}}^{2}\right)} \qquad (7-10)$$

式中：$f_{cu,i}$——第 i 组试件实测抗压强度值，MPa；

$\quad\quad m_{f_{cu}}$——n 组试件抗压强度平均值，MPa。

对于强度等级 $\leqslant$ C30 的混凝土，当计算出的 $\sigma < 3.0$ MPa 时，应取 3.0 MPa；对于强度等级 > C30，且 < C60 的混凝土，当计算出的 $\sigma < 4.0$ MPa 时，应取 4.0 MPa。

② 当无近期的同一品种、同一强度等级混凝土的强度资料时，其强度标准差 σ 可按表 7-15 取值。

表 7-15　混凝土强度标准差 σ 值的选用（JGJ 55—2011）

混凝土强度标准值	$\leqslant$ C20	C25 ~ C45	C50 ~ C55
σ/MPa	4.0	5.0	6.0

（2）当混凝土的设计强度等级 $\geqslant$ C60 时，配制强度应按式(7-11)计算：

$$f_{cu,0} \geqslant 1.15 f_{cu,k} \qquad (7-11)$$

2. 水胶比（W/B）的确定

当混凝土的设计强度等级 < C60 时，混凝土水胶比可根据混凝土的配制强度、胶凝材料强度和粗骨料种类按式(7-12)计算：

$$\frac{W}{B} = \frac{\alpha_a \cdot f_b}{f_{cu,0} + \alpha_a \cdot \alpha_b \cdot f_b} \qquad (7-12)$$

式中：$f_{cu,0}$——混凝土配制强度，MPa；

$\quad\quad f_b$——实测胶凝材料 28 d 胶砂抗压强度，MPa，按水泥胶砂强度检验方法进行测定；当无实测值时，可按式 $f_b = \gamma_f \cdot \gamma_s \cdot f_{ce}$ 计算确定；

$\quad\quad \gamma_f$、γ_s——粉煤灰和矿渣粉的影响系数，可按表 7-16 确定，粉煤灰和矿渣粉的最大掺量参照表 7-17 取用；

$\quad\quad f_{ce}$——实测水泥 28 d 胶砂抗压强度，MPa。无实测结果时，可按式 $f_{ce} = \gamma_c \cdot f_{ce,g}$ 计算确定；

$\quad\quad \gamma_c$——水泥强度富余系数，可参照表 7-18 取用；

$\quad\quad f_{ce,g}$——水泥强度等级值，MPa；

$\quad\quad \alpha_a$、α_b——回归系数。按表 7-5 取用，也可通过试验确定。

表 7-16　粉煤灰影响系数和粒化高炉矿渣粉影响系数（JGJ55—2011）

掺量/%	粉煤灰影响系数（γ_f）	粒化高炉矿渣粉影响系数（γ_s）
0	1.00	1.00
10	0.85 ~ 0.95	1.00
20	0.75 ~ 0.85	0.95 ~ 1.00

续表 7-16

掺量/%	粉煤灰影响系数（γ_f）	粒化高炉矿渣粉影响系数（γ_s）
30	0.65～0.75	0.90～1.00
40	0.55～0.65	0.80～0.90
50	—	0.70～0.85

表 7-17　混凝土中矿物掺合料的最大掺量（JGJ55—2011）

矿物掺合料种类	水胶比（W/B）	最大掺量/%			
		采用硅酸盐水泥（P.Ⅰ、P.Ⅱ）		采用普通硅酸盐水泥（P.O）	
		钢筋混凝土	预应力混凝土	钢筋混凝土	预应力混凝土
粉煤灰	≤0.4	45	35	35	30
	>0.4	40	30	30	20
粒化高炉矿渣粉	≤0.4	65	55	55	45
	>0.4	55	45	45	35
钢渣粉	—	30	20	20	10
磷渣粉	—	30	20	20	10
硅　灰	—	10	10	10	10
复合掺合料	≤0.4	65	55	55	45
	>0.4	55	45	45	35

注：① 采用其他通用硅酸盐水泥时，宜将水泥混合材掺量 20% 以上的混合材量计入矿物掺合料；② 复合掺合料各组分的掺量不宜超过单掺时的最大掺量；③ 在混合使用两种或两种以上矿物掺合料时，矿物掺合料总掺量应符合表 7-17 中复合掺合料的规定。

表 7-18　水泥强度等级值的富余系数（JGJ55—2011）

水泥强度等级	32.5	42.5	52.5
γ_c 富余系数	1.12	1.16	1.10

为了满足混凝土有关耐久性要求，计算所得水胶比（W/B）不得大于相关标准规定的最大水胶比，否则，应取规定的最大水胶比作为设计水胶比。各行业规定的最大水胶比，分别见表 7-11、表 7-12、表 7-13 及表 7-14。

3. 单位用水量、胶凝材料用量及外加剂用量的确定

（1）每立方米干硬性或塑性混凝土用水量（m_{w0}）应符合下列规定：

① 当 W/B 在 0.40～0.80 范围时，可根据粗骨料的种类、最大粒径及施工要求的混凝土拌和物稠度，按表 7-19 和 7-20 确定混凝土的单位用水量。

表 7-19　干硬性混凝土的用水量（JGJ55—2011）　　　　　　　　/(kg·m⁻³)

拌和物稠度		卵石最大粒径/mm			碎石最大粒径/mm		
项　目	指　标	10	20	40	16	20	40
维勃稠度/s	16～20	175	160	145	180	170	155
	11～15	180	165	150	185	175	160
	5～10	185	170	155	190	180	165

表 7－20　塑性混凝土的用水量（JGJ55—2011）　　　　　　　　　　　　　/（kg·m⁻³）

拌和物稠度		卵石最大粒径/mm				碎石最大粒径/mm			
项　目	指　标	10	20	31.5	40	16	20	31.5	40
坍落度 /mm	10～30	190	170	160	150	200	185	175	165
	35～50	200	180	170	160	210	195	185	175
	55～70	210	190	180	170	220	205	195	185
	75～90	215	195	185	175	230	215	205	195

注：① 本表用水量系采用中砂时的平均取值，采用细砂时，每立方米混凝土用水量可增加 **5～10 kg**；采用粗砂时，则可减少 **5～10 kg**；② 掺用各种外加剂或掺合料时，用水量应相应调整。

② 当 $W/B < 0.40$ 时，其用水量可通过试验确定。

（2）掺用外加剂时，每立方米流动性和大流动性混凝土的用水量（m_{w0}）可按式（7－13）计算，精确至 1 kg：

$$m_{w0} = m'_{w0}(1 - \beta) \tag{7－13}$$

式中：m'_{w0}——未掺外加剂时推算的满足实际坍落度要求的 1 m³ 混凝土的用水量，kg。当坍落度 >90 mm 时，可以表 7－20 中 90 mm 坍落度的用水量为基础，按每增大 20 mm 坍落度，1 m³ 混凝土相应增加 5 kg 用水量来推算；当坍落度增大到 180 mm 以上时，随坍落度相应增加的用水量可减少。

β——外加剂的减水率，%。应经混凝土试验确定。

（3）每立方米混凝土中胶凝材料用量（m_{b0}）按式（7－14）计算，精确至 1 kg：

$$m_{b0} = \frac{m_{w0}}{W/B} \tag{7－14}$$

（4）每立方米混凝土中外加剂用量（m_{a0}）按式（7－15）计算，精确至 0.01 kg：

$$m_{a0} = m_{b0} \cdot \beta_a \tag{7－15}$$

式中：β_a——外加剂的掺量（占胶凝材料用量的百分率），%（应经混凝土试验确定）。

4. 矿物掺合料和水泥用量的确定

（1）每立方米混凝土中矿物掺合料的用量（m_{f0}）按式（7－16）计算，精确至 1 kg：

$$m_{f0} = m_{b0} \cdot \beta_f \tag{7－16}$$

式中：β_f——矿物掺合料的掺量（占胶凝材料用量的百分率），%（可按表 7－17 确定或经试验确定）。

（2）每立方米混凝土中水泥的用量（m_{c0}）按式（7－17）计算：

$$m_{c0} = m_{b0} - m_{f0} \tag{7－17}$$

为了满足混凝土有关耐久性要求，计算所得 1 m³ 混凝土的胶凝材料用量不得少于相关标准规定的最少胶凝材料用量，当计算所得胶凝材料用量少于有关标准规定的最少胶凝材料用量时，应取规定的最少胶凝材料用量作为设计用量。各行业规定的最少胶凝材料用量，分别见表 7－11、表 7－12、表 7－13 和表 7－14。

5. 砂率（β_s）的确定

（1）砂率应根据骨料的技术指标、混凝土拌和物性能和施工要求，参考既有历史资料确定。

（2）当无历史资料可参考时，混凝土砂率的确定应符合下列规定：

① 坍落度 <10 mm 的混凝土，其砂率应经试验确定。

② 坍落度为 10~60 mm 的混凝土，其砂率可根据粗骨料品种、最大公称粒径及水胶比按表 7-21 确定：

表 7-21　混凝土的砂率 β_s（JGJ55—2011）　　　/%

水胶比(W/B)	卵石最大公称粒径/mm			碎石最大公称粒径/mm		
	10	20	40	16	20	40
0.40	26~32	25~31	24~30	30~35	29~34	27~32
0.50	30~35	29~34	28~33	33~38	32~37	30~35
0.60	33~38	32~37	31~36	36~41	35~40	33~38
0.70	36~41	35~40	34~39	39~44	38~43	36~41

注：① 本表数值系中砂的选用砂率，对细砂或粗砂，可相应地减少或增大砂率；② 只用一个单粒级粗骨料配制混凝土时，砂率应适当增大；③ 采用人工砂配制混凝土时，砂率可适当增大。

③ 坍落度大于 60 mm 的混凝土，其砂率可经试验确定，也可在表 7-21 的基础上，按坍落度每增大 20 mm，砂率增大 1% 的幅度予以调整。泵送混凝土的砂率宜为 35%~45%。

6. 粗、细骨料用量（m_{go}、m_{so}）的计算

（1）采用质量法计算时，粗、细骨料用量按式（7-18）计算，精确至 1 kg：

$$\begin{cases} m_{c0} + m_{f0} + m_{s0} + m_{g0} + m_{w0} = m_{cp} \\ \beta_s = \dfrac{m_{s0}}{m_{s0} + m_{g0}} \times 100\% \end{cases} \quad (7-18)$$

式中：m_{cp}——1 m³ 混凝土拌和物的假定质量，可取 2350~2450 kg。

（2）采用体积法计算时，粗、细骨料用量按式（7-19）计算，精确至 1 kg：

$$\begin{cases} \dfrac{m_{c0}}{\rho_c} + \dfrac{m_{f0}}{\rho_f} + \dfrac{m_{s0}}{\rho_s} + \dfrac{m_{g0}}{\rho_g} + \dfrac{m_{w0}}{\rho_w} + 0.01\alpha = 1 \\ \beta_s = \dfrac{m_{s0}}{m_{s0} + m_{go}} \times 100\% \end{cases} \quad (7-19)$$

式中：ρ_c、ρ_f、ρ_s、ρ_g、ρ_w——水泥、矿物掺合料、细骨料、粗骨料及水的表观密度实测值，kg/m³（水的表观密度可取 1000 kg/m³）。

α——混凝土拌和物中的含气量，% 。在不使用引气剂或引气型外加剂时，可取 1。

配合比的表示方法：

水泥∶掺合料∶砂∶石∶外加剂∶水 $= m_{c0} : m_{fo} : m_{so} : m_{go} : m_{ao} : m_{wo} = 1 : \dfrac{m_{f0}}{m_{c0}} : \dfrac{m_{s0}}{m_{c0}} : \dfrac{m_{g0}}{m_{c0}} : \dfrac{m_{a0}}{m_{c0}} : \dfrac{m_{w0}}{m_{c0}}$

7. 试配、调整、验证与修正

（1）试配与调整

初步配合比是借助于一些经验公式和数据计算出来的或是利用经验资料查得的，因而不一定能符合实际情况，必须经过试拌和调整，直到其和易性满足施工要求后，测定拌和物的表观密度，重新修正初步配合比，即得试拌配合比，然后用该试拌配合比进行强度和耐久性验证。

和易性调整原则：

① 若坍落度过大，则保持水胶比不变，适当减少水泥浆的用量，同时根据拌和物的保水

性和粘聚性的情况，适当调整砂、石的用量；或减少减水剂的用量。

②若坍落度过小，则保持水胶比不变，适当增加水泥浆的用量，同时根据拌和物的保水性和粘聚性的情况，适当调整砂、石的用量；或增加减水剂的用量。

③当坍落度与设计值相差不大时，则保持水胶比不变，适当增加或减少水泥浆的用量，不改变砂、石用量。该调整方案只能小幅度调整混凝土的和易性，一般每增减 2% ~ 5% 的水泥浆量，坍落度可增减 10 mm 左右；或调整减水剂的用量。

（2）强度验证及最佳水胶比的确定

强度验证应采用三个不同的配合比，其中一个为经试配、调整和修正后所得的试拌配合比，另外两个配合比的水胶比以试拌配合比的水胶比为基准，分别增加和减少 0.05，用水量与试拌配合比相同，砂率分别增加和减少 1%，并计算出另外两个配合比的各材料用量，然后进行试拌和调整，使其和易性满足施工要求后，再制作强度验证试件各 1 ~ 3 组，在标准养护条件下养护 28 d 后进行强度试验，然后根据所测 28 d 的强度(f_{cu})和水胶比(W/B)绘制曲线图（见图 7 – 9），最后从曲线图上找到

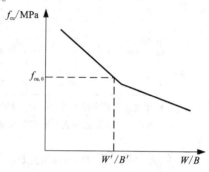

图 7 – 9　"$f_{cu} – W/B$"关系图

28 d 强度略大于配置强度($f_{cu,0}$)所对应的水胶比(W'/B')，即为经济合理的水胶比。再用此水胶比，用水量与试拌配合比相同，砂率在试拌配合比的基础上作适当调整后，重新计算其他材料用量，并再次进行试拌和调整，直至拌和物的和易性满足施工要求后，测定拌和物的表观密度，根据实测表观密度计算出修正后的配合比，即可确定为试验室配合比。也可采用内插法求得经济合理的水胶比。

（3）试拌配合比的修正

经试配确定的配合比——试拌配合比，当其拌和物的表观密度实测值与计算值之差的绝对值不超过计算值的 2%（即 $0.98 \leqslant \delta \leqslant 1.02$）时，试拌配合比可不进行修正；当二者之差超过 2%（即 $\delta < 0.98$ 或 $\delta > 1.02$）时，应将确定的试拌配合比中的每项材料用量均乘以校正系数 δ，即为确定的设计配合比——试验室配合比。校正系数按式（7 – 21）计算：

①计算配合比经调整后，混凝土拌和物的表观密度计算值 $\rho_{c,c}$ 按式（7 – 20）计算：

$$\rho_{c,c} = m_c + m_f + m_s + m_g + m_w \tag{7 – 20}$$

式中：m_c、m_f、m_s、m_g、m_w——调整后的 1 m³ 混凝土拌和物中水泥、矿物掺合料、细骨料、粗骨料及水的用量，kg。

②混凝土配合比校正系数 δ 按式（7 – 21）计算，精确至 0.01：

$$\delta = \frac{\rho_{c,t}}{\rho_{c,c}} \tag{7 – 21}$$

式中：$\rho_{c,t}$——调整确定的试拌配合比拌和物表观密度的实测值，kg/m³。

8.施工配合比的计算

试验室得出的配合比，砂、石材料均为风干状态，其含水率均 < 0.5%，而施工现场所用砂、石的含水率较大，故施工配合比应根据现场砂、石的含水率实测值按下述方法进行计算。

设现场使用的砂、石子的含水率分别为 $a\%$ 和 $b\%$，则，施工配合比中的砂、石和水的用量分别按式（7 – 22）、（7 – 23）及（7 – 24）计算：

砂子用量：

$$m_s' = m_s(1 + a\%) \tag{7-22}$$

石子用量：

$$m_g' = m_g(1 + b\%) \tag{7-23}$$

拌和用水量：

$$m_w' = m_w - (m_s \times a\% + m_g \times b\%) \tag{7-24}$$

其他材料用量不变。

4.1.6　普通混凝土配合比设计计算实例

设计资料：某高速铁路桥梁工程的钢筋混凝土桥墩，混凝土设计强度等级为 C30，设计使用寿命为 100 年，所处环境类别为碳化环境 T1 级。混凝土浇筑方式采用混凝土输送泵泵送，坍落度为 180～220 mm。所用材料：水泥为 P.O 42.5，表观密度 $\rho_c = 3.1$ g/cm³；粉煤灰为 I 级，表观密度 $\rho_{f1} = 2.6$ g/cm³，掺量为 10%；粒化高炉矿渣粉为 S95 级，表观密度 $\rho_{f2} = 2.9$ g/cm³，掺量为 10%；天然河砂为中砂，表观密度 $\rho_s = 2.65$ g/cm³；碎石最大公称粒径 25 mm，连续级配，表观密度 $\rho_g = 2.7$ g/cm³；外加剂为聚羧酸系高性能减水剂，掺量为胶凝材料用量的 1%，减水率为 25%；拌和用水为无腐蚀性的洁净水。试确定该混凝土的试验室配合比。假设现场使用的砂、石子的含水率实测值分别为 5% 和 1%，试确定其施工配合比。

设计步骤如下：

1. 确定混凝土配制强度 $f_{cu,0}$

查表 7-15，取标准差 $\sigma = 5.0$ MPa。

计算混凝土配制强度：$f_{cu,0} = f_{cu,k} + 1.645\sigma = 30 + 1.645 \times 5 = 38.2$（MPa）

2. 确定胶凝材料强度 f_b

因该混凝土分别掺加了粉煤灰、矿渣粉矿物掺合料各 10%，且无胶凝材料 28 d 实测强度，故查表 7-16、表 7-18 得 $\gamma_f = 0.9$、$\gamma_s = 1.0$、$\gamma_c = 1.16$，并估算出胶凝材料 28 d 强度。

$$f_b = \gamma_f \gamma_s f_{ce} = \gamma_f \cdot \gamma_s \gamma_c f_{ce,g} = 0.9 \times 1.0 \times 1.16 \times 42.5 = 44.4（\text{MPa}）$$

3. 计算水胶比 W/B

因采用的粗骨料为碎石，故

$$\frac{W}{B} = \frac{\alpha_a f_b}{f_{cu,0} + \alpha_a \alpha_b f_b} = \frac{0.53 \times 44.4}{38.2 + 0.53 \times 0.20 \times 44.4} = 0.55$$

计算出的 W/B 未超过 TB10424—2010 规定的最大水胶比（见表 7-14），符合耐久性要求。

4. 确定单位用水量 m_{w0}

由于该混凝土采用最大公称粒径为 25 mm 的碎石作为粗骨料，设计要求的混凝土拌和物坍落度为 180～220 mm，根据本模块 4.1.5 第 3 条第（2）项的规定，求得 $m_{w0}' = 240$（kg）。

又由于该混凝土中掺用了高性能外加剂，且已知其减水率为 25%，即 $\beta = 25\%$，故实际用水量为：$m_{w0} = m_{w0}'(1 - \beta) = 240(1 - 0.25) = 180$（kg）

5. 计算 1 m³ 混凝土中胶凝材料的用量 m_{b0}

$$m_{b0} = \frac{m_{w0}}{W/B} = \frac{180}{0.55} = 327（\text{kg}）$$

计算所得胶凝材料用量大于 TB10424—2010 规定的最少胶凝材料用量 280 kg（见表 7-14），符合耐久性要求。

6. 计算 1 m³ 混凝土中外加剂的用量 m_{a0}

因高性能外加剂掺量为胶凝材料质量的 1.0%，即 $\beta_a = 1.0\%$，故

$$m_{a0} = m_{b0}\beta_a = 327 \times 1\% = 3.27\,(\text{kg})$$

7. 计算 1 m³ 混凝土中粉煤灰的用量 m_{f1}

因粉煤灰的掺量为胶凝材料总量的 10%，即 $\beta_{f1} = 10\%$，故

$$m_{f1} = m_{b0}\beta_{f1} = 327 \times 10\% = 33\,(\text{kg})$$

8. 计算 1 m³ 混凝土中矿渣粉的用量 m_{f2}

因矿渣粉的掺量为胶凝材料总量的 10%，即 $\beta_{f2} = 10\%$，故

$$m_{f2} = m_{b0}\beta_{f2} = 327 \times 10\% = 33\,(\text{kg})$$

9. 矿物掺合料总量 m_{f0}

$$m_{f0} = m_{f1} + m_{f2} = 33 + 33 = 66\,(\text{kg})$$

10. 计算 1 m³ 混凝土中水泥的用量 m_{c0}

$$m_{c0} = m_{b0} - m_{f0} = 327 - 66 = 261\,(\text{kg})$$

11. 确定砂率 β_s

根据本模块 4.1.5 第 5 条第 (2) 项的规定，泵送混凝土砂率宜为 35% ~45%，暂取 $\beta_s = 40\%$。

12. 计算砂、石用量 m_{s0}、m_{g0}

(1) 按质量法计算：假定混凝土拌和物的表观密度为 2400 kg/m³，由下列公式计算：

$$\begin{cases} 261 + 66 + m_{s0} + m_{g0} + 180 = 2400 \\ \dfrac{m_{s0}}{m_{s0} + m_{g0}} = 0.4 \end{cases}$$

解联立方程，得 $m_{s0} = 757$ kg，$m_{g0} = 1136$ kg。

计算配合比(初步配合比)归纳如下：

$$\begin{aligned} m_{c0}:m_{f1}:m_{f2}:m_{s0}:m_{g0}:m_{a0}:m_{w0} &= 261:33:33:757:1136:3.27:180 \\ &= 1:0.13:0.13:2.90:4.35:0.013:0.69 \end{aligned}$$

(2) 按体积法计算：由下列公式计算砂、石用量：

$$\begin{cases} \dfrac{261}{3100} + \dfrac{33}{2600} + \dfrac{33}{2900} + \dfrac{m_{g0}}{2700} + \dfrac{m_{s0}}{2650} + \dfrac{180}{1000} + 0.01 \times 1 = 1 \\ \dfrac{m_{s0}}{m_{s0} + m_{g0}} = 0.4 \end{cases}$$

解方程组得 $m_{s0} = 755$ kg，$m_{g0} = 1133$ kg。

计算配合比(初步配合比)归纳如下：

$$\begin{aligned} m_{c0}:m_{f1}:m_{f2}:m_{s0}:m_{g0}:m_{a0}:m_{w0} &= 261:33:33:755:1133:3.27:180 \\ &= 1:0.13:0.13:2.89:4.34:0.013:0.69 \end{aligned}$$

13. 试拌配合比的确定

(1) 计算试拌 15 L 混凝土各材料用量

以质量法计算的初步配合比为例。将 1 m³ 混凝土各材料用量分别乘以 0.015 便得 15 L 混凝土拌和物各材料用量。见表 7-22。

表 7 -22　试拌 15 L 混凝土各材料用量

材料名称	水泥	粉煤灰	矿渣粉	砂子	碎石	减水剂	水
材料用量/kg	3.92	0.50	0.50	11.36	17.04	0.05	2.70

(2)试拌与调整

称取表 7 -22 中各材料用量,拌和均匀后测得拌和物的坍落度为 160 mm,小于要求的坍落度 180 ~ 220 mm。为此,保持水胶比不变,增加 5% 的水泥浆,同时保持砂、石总量不变,将砂率减少 1%,即调整后的砂率为 39%,重新计算 15L 混凝土拌和物所需各材料用量如下:

用水量:$m'_w = 180 \times 0.015(1 + 5\%) = 2.84(kg)$

水泥用量:$m'_c = 261 \times 0.015(1 + 5\%) = 4.11(kg)$

粉煤灰用量:$m'_{fl} = 33 \times 0.015(1 + 5\%) = 0.52(kg)$

矿粉用量:$m'_{f2} = 33 \times 0.015(1 + 5\%) = 0.52(kg)$

砂子用量:$m'_s = (757 + 1136) \times 0.39 \times 0.015 = 11.07(kg)$

碎石用量:$m'_g = (757 + 1136) \times 0.61 \times 0.015 = 17.32(kg)$

减水剂用量:$m'_a = (4.11 + 0.52 + 0.52) \times 0.01 = 0.052(kg)$

重新称取新计算的各材料拌和均匀后,测得拌和物的坍落度为 210 mm,且保水性和粘聚性均良好,符合要求。同时测得拌和物的表观密度 $\rho_{c,t} = 2420 \ kg/m^3$。

(3)试拌配合比的确定

调整后的混凝土拌和物计算表观密度:

$$\rho_{c,c} = (4.11 + 0.52 + 0.52 + 11.07 + 17.32 + 0.052 + 2.84)/0.015 = 2429(kg/m^3)$$

修正系数:$\delta = \rho_{c,t}/\rho_{c,c} = 2420/2429 = 0.997$

因为 $0.98 < \delta < 1.02$,故调整后的配合比无需修正。

故最终确定的试拌配合比为:

$$m'_{c0} : m'_{fl} : m'_{f2} : m'_{s0} : m'_{g0} : m'_{a0} : m'_{w0} = \frac{4.11}{0.015}\frac{0.52}{0.015}\frac{0.52}{0.015}\frac{11.07}{0.015}\frac{17.32}{0.015}\frac{0.052}{0.015}\frac{2.84}{0.015}$$

$$= 274 : 35 : 35 : 738 : 1155 : 3.47 : 189$$

$$= 1 : 0.13 : 0.13 : 2.69 : 4.22 : 1.27 : 0.69$$

14. 强度验证和试验室配合比的确定

强度验证采用三个不同的配合比,其中一个为试拌配合比,另外两个配合比的水胶比以试拌配合比的水胶比为基准,分别增加和减少 0.05,用水量与试拌配合比相同,砂率分别增加和减少 1%。另外两个配合比的计算结果如下:

(1)另外两个配合比的计算

① 配合比 1:$W_1/B_1 = 0.55 - 0.05 = 0.50$,单位用水量与试拌配合比相同,即 189 kg,砂率 $\beta_{s1} = 39\% - 1\% = 38\%$。则胶凝材料用量 $m_{b1} = 189/0.50 = 378(kg)$。

其中:粉煤灰和矿渣粉的用量为 $m_{fl1} = m_{f21} = 378 \times 10\% = 38(kg)$;

水泥用量为 $m_{c1} = m_{b1} - m_{fl1} - m_{f21} = 378 - 38 - 38 = 302(kg)$;

外加剂用量为 $m_{a1} = 378 \times 1\% = 3.78(kg)$。

按质量法计算砂和碎石用量。混凝土拌和物的表观密度按实测的试拌配合比的表观密度 2420 kg/m³ 计算。由下列公式计算砂和碎石用量:

$$\begin{cases} 378 + m_{g1} + m_{s1} + 189 = 2420 \\ \dfrac{m_{s1}}{m_{s1} + m_{g1}} = 0.38 \end{cases}$$

解方程组得：$m_{s1} = 704 \text{ kg}$；$m_{g1} = 1149 \text{ kg}$。

配合比 1：$m_{c1} : m_{f11} : m_{f21} : m_{s1} : m_{g1} : m_{a1} : m_{w1} = 302 : 38 : 38 : 704 : 1149 : 3.78 : 189$

② 配合比 2：$W_2/B_2 = 0.55 + 0.05 = 0.60$，单位用水量与试拌配合比相同，即 189 kg，砂率 $\beta_{s2} = 39\% + 1\% = 40\%$。则胶凝材料用量 $m_{b2} = 189/0.60 = 315(\text{kg})$。

其中：粉煤灰和矿渣粉的用量为 $m_{f12} = m_{f22} = 315 \times 10\% = 32(\text{kg})$；

水泥用量为 $m_{c2} = m_{b2} - m_{f12} - m_{f22} = 315 - 32 - 32 = 251(\text{kg})$；

外加剂用量为 $m_{a2} = 315 \times 1\% = 3.15(\text{kg})$。

按质量法计算砂和碎石用量。混凝土拌和物的表观密度按实测的试拌配合比的表观密度 2420 kg/m³ 计算。由下列公式计算砂和碎石用量：

$$\begin{cases} 315 + m_{g2} + m_{s2} + 189 = 2420 \\ \dfrac{m_{s2}}{m_{s2} + m_{g2}} = 0.40 \end{cases}$$

解方程组得：$m_{s2} = 766 \text{ kg}$；$m_{g2} = 1150 \text{ kg}$。

配合比 2：$m_{c2} : m_{f12} : m_{f22} : m_{s2} : m_{g2} : m_{a2} : m_{w2} = 251 : 32 : 32 : 766 : 1150 : 3.15 : 189$

（2）试拌、调整与强度验证

① 试拌与调整：参照试拌配合比试拌与调整方法进行试拌。经试拌，配合比 1 和配合比 2 的坍落度分别为 205 mm 和 215 mm，拌和物的保水性和粘聚性均良好，故不需要调整。

② 强度验证：分别以试拌配合比、配合比 1 和配合比 2 的拌和物制作强度验证试件各 3 组，在标准养护条件下养护 28 d 后测得其平均抗压强度分别为：51.3 MPa、45.5 MPa 和 35.9 MPa。由内插法求得 $f_{cu} = 39$ MPa 时，其对应的水胶比为 $W'/B' = 0.56$。

③ 试验室配合比的确定：以水胶比为 0.56，单位用水量为试拌配合比的用水量 189 kg，计算所需胶凝材料用量为 $m'_b = 189/0.56 = 338(\text{kg})$；

其中，粉煤灰和矿渣粉的用量为 $m'_{f1} = m'_{f2} = 338 \times 10\% = 34(\text{kg})$；

水泥用量为 $m'_c = m'_b - m'_{f1} - m'_{f2} = 338 - 34 - 34 = 270(\text{kg})$；

外加剂用量为 $m'_a = 338 \times 1\% = 3.38 \text{ kg}$。

砂率暂定为 $\beta'_s = \beta_s = 0.39$（与试拌配合比的砂率相同），利用质量法计算砂和碎石用量，计算时，假定 1 m³ 混凝土的表观密度等于试拌配合比拌和物的实测表观密度值。计算结果如下：

$$\begin{cases} 338 + m'_g + m'_s + 189 = 2420 \\ \dfrac{m'_s}{m'_s + m'_g} = 0.39 \end{cases}$$

解方程组得：$m'_s = 738 \text{ kg}$；$m'_g = 1155 \text{ kg}$

即 $m'_c : m'_{f1} : m'_{f2} : m'_s : m'_g : m'_a : m'_w = 270 : 34 : 34 : 738 : 1155 : 3.38 : 189$

$\qquad\qquad = 1 : 0.13 : 0.13 : 2.73 : 4.29 : 0.013 : 0.70$

再用该配合比进行试拌和调整，试拌调整方法参照前述方法。假设经试拌后，其和易性满足设计要求，则将该配合比确定为试验室配合比。然后再进行有关耐久性的验证。

15. 施工配合比的确定

砂的用量：$m''_s = m'_s(1 + a\%) = 738(1 + 0.05) = 775(kg)$；

碎石的用量：$m''_g = m'_g(1 + b\%) = 1155(1 + 0.01) = 1167(kg)$；

用水量：$m''_w = m'_w - (m'_s \times a\% + m'_g \times b\%) = 189 - (738 \times 0.05 + 1155 \times 0.01) = 141(kg)$；

水泥、粉煤灰、矿渣粉和减水剂用量不变。

施工配合比：$m''_c : m''_{f1} : m''_{f2} : m''_s : m''_g : m''_a : m''_w = 270 : 34 : 34 : 775 : 1167 : 3.38 : 141$

$\qquad\qquad\qquad = 1 : 0.13 : 0.13 : 2.87 : 4.32 : 0.013 : 0.52$

4.2　路面混凝土配合比设计

1. 设计依据

路面用普通混凝土配合比的设计，应根据现行行业标准《公路水泥混凝土路面施工技术规范》JTG F30—2003 的有关要求进行。

2. 设计要求

路面用普通混凝土的配合比设计适用于滑模摊铺机、轨道摊铺机、三辊轴机组及小型机具四种施工方式。

普通混凝土路面的配合比设计在兼顾经济性的同时应满足下列三项技术要求。

（1）弯拉强度

① 混凝土的设计强度以混凝土标准养护 28d 龄期的弯拉强度（即抗折强度）为标准。各级交通要求的混凝土设计弯拉强度标准值 f_r 不得低于表 7 – 23 的规定。

表 7 – 23　混凝土设计弯拉强度

交通等级	特　重	重	中　等	轻
设计弯拉强度 f_r/MPa	5.0	5.0	4.5	4.0

② 应按式（7 – 25）或按经验公式（7 – 26）计算配制 28d 弯拉强度的平均值。

$$f_c = \frac{f_r}{1 - 1.04C_v} + t \cdot S \qquad (7 - 25)$$

$$f_c = K \cdot f_r \qquad (7 - 26)$$

式中：f_c——配制 28 d 弯拉强度的平均值，MPa；

　　　f_r——设计弯拉强度标准值，MPa；

　　　S——弯拉强度试验样本的标准差，MPa；

　　　t——保证率系数，由样本数、判别概率和公路等级确定。见表 7 – 24；

　　　C_v——弯拉强度变异系数，应按统计数据在表 7 – 25 的规定范围内取值；

表 7 – 24　保证率系数 t

公路技术等级	判别概率 P	样本数 n（组）				
		3	6	9	15	20
高速公路	0.05	1.36	0.79	0.61	0.45	0.39
一级公路	0.10	0.95	0.59	0.46	0.35	0.30
二级公路	0.15	0.72	0.46	0.37	0.28	0.24
三、四级公路	0.20	0.56	0.37	0.29	0.22	0.19

表 7-25 各级公路混凝土路面弯拉强度变异系数

公路技术等级	高速公路	一级公路		二级公路	三、四级公路	
砼弯拉强度变异水平等级	低	低	中	中	中	高
C_v 允许变化范围	0.05~0.10	0.05~0.10	0.10~0.15	0.05~0.10	0.10~0.15	0.15~0.20

在无统计数据时,弯拉强度变异系数应按设计取值;如果施工配制弯拉强度超出设计给定的弯拉强度变异系数上限,则必须改进机械装备和提高施工控制水平。

K——系数,施工水平较好者,$K=1.10$;施工水平一般者,$K=1.15$。

(2)工作性

① 滑模摊铺机前拌和物最佳工作性及允许范围应符合表 7-26 的规定。

表 7-26 混凝土路面滑模摊铺最佳工作性及允许范围

指标 界限	坍落度 S_L/mm		振动粘度系数 η /(N·s·m^{-2})
	卵石混凝土	碎石混凝土	
最佳工作性	20~40	25~50	200~500
允许波动范围	5~55	10~65	100~600

注:① 滑模摊铺机适宜的摊铺速度应控制在 0.5~2.0 m/min 之间;② 本表适用于设超铺角的滑模摊铺机;对不设超铺角的滑模摊铺机,最佳振动粘度系数为 250~600N·s/m²;最佳坍落度卵石为 10~40 mm;碎石为 10~30 mm;③ 滑模摊铺时的最大单位用水量:卵石混凝土不宜大于 155 kg;碎石混凝土不宜大于 160 kg。

② 轨道摊铺机、三辊轴机组、小型机具摊铺的路面混凝土坍落度及最大单位用水量,应满足表 7-27 的规定。

表 7-27 不同路面施工方式混凝土坍落度及最大单位用水量

摊铺方式	轨道摊铺机摊铺		三辊轴机组摊铺		小型机具摊铺	
出机坍落度/mm	40~60		30~50		10~40	
摊铺坍落度/mm	20~40		10~30		0~20	
最大单位用水量 /kg	碎石	卵石	碎石	卵石	碎石	卵石
	156	153	153	148	150	145

注:① 表中的最大单位用水量系采用中砂、粗细集料为风干状态的取值,采用细砂时,应使用减水率较大的(高效)减水剂;② 使用碎卵石时,最大单位用水量可取碎石与卵石中值。

(3)耐久性

① 根据当地路面无抗冻性、有抗冻性或有抗盐冻性要求及混凝土用粗集料最大公称粒径,路面混凝土含气量宜符合表 7-28 的规定。

表 7-28 路面混凝土含气量及允许偏差 /%

最大公称粒径/mm	无抗冻性要求	有抗冻性要求	有抗盐冻性要求
19.0	4.0±1.0	5.0±0.5	6.0±0.5
26.5	3.5±1.0	4.5±0.5	5.5±0.5
31.5	3.5±1.0	4.0±0.5	5.0±0.5

② 各交通等级路面混凝土满足耐久性要求的最大水灰比和最少单位水泥用量应符合表 7-29 的规定。最大单位水泥用量宜≤400 kg；掺粉煤灰时，最大单位胶凝材料总量宜≤420 kg。

③ 严寒地区路面混凝土抗冻等级不宜小于 F250，寒冷地区不宜小于 F200。

④ 在海风、酸雨、除冰盐或硫酸盐等腐蚀环境影响范围内的混凝土路面和桥面，在使用硅酸盐水泥时，应掺加粉煤灰、磨细矿渣粉或硅灰掺合料，不宜单独使用硅酸盐水泥，可使用矿渣水泥或普通水泥。

表 7-29　混凝土满足耐久性要求的最大水灰比和最少单位水泥用量

公路技术等级		高速（一级）公路	二级公路	三、四级公路
最大水灰比		0.44	0.46	0.48
抗冻要求最大水灰比		0.42	0.44	0.46
抗盐冻要求最大水灰比		0.40	0.42	0.44
最少单位水泥用量/kg	42.5 级	300	300	290
	32.5 级	310	310	305
抗冰（盐）冻时最少单位水泥用量/kg	42.5 级	320	320	315
	32.5 级	330	330	325
掺粉煤灰时最少单位水泥用量/kg	42.5 级	260	260	255
	32.5 级	280	270	265
抗冰（盐）冻掺粉煤灰时最少单位水泥用量/kg		280	270	265

注：① 掺粉煤灰，并有抗冰（盐）冻性要求时，不得使用 32.5 级水泥；② 水灰比计算以砂石料的自然风干状态计（砂含水率≤1.0%；石子含水率≤0.5%）；③ 处在除冰盐、海风、酸雨或硫酸盐等腐蚀性环境中、或在大纵坡等加减速车道上的混凝土，最大水灰比可比表中数值降低 0.01～0.02。

（4）外加剂

① 高温施工时，混凝土拌和物的初凝时间不得小于 3 h，否则应采取缓凝或保塑措施；低温施工时，终凝时间不得大于 l0 h，否则应采取必要的促凝或早强措施。

② 外加剂的掺量应由混凝土试配试验确定。引气剂的适宜掺量可由搅拌机口的拌和物含气量进行控制。实际路面和桥面引气混凝土的抗冰冻、抗盐冻耐久性，宜采用钻芯法测定。测定位置：路面为表面和表面下 50 mm；桥面为表面和表面下 30 mm；测得的上下两个表面的最大平均气泡间距系数不宜超过表 7-30 的规定。

表 7-30　混凝土路面和桥面最大平均气泡间距系数　　　　/μm

环　境		高速（一级）公路	其他公路
严寒地区	冰冻	275	300
	盐冻	225	250
寒冷地区	冰冻	325	350
	盐冻	275	300

③ 引气剂与减水剂或高效减水剂等其他外加剂复配在同一水溶液中时，应保证其共溶性，防止外加剂溶液发生絮凝现象。如产生絮凝现象，应分别稀释、分别加入。

3. 配合比参数的计算

（1）水灰比的计算和确定

① 根据粗集料的种类，水灰比可分别按下列统计公式计算：

碎石或碎卵石混凝土按式（7-27）计算：

$$\frac{W}{C} = \frac{1.5684}{f_c + 1.0097 - 0.3595 f_s} \tag{7-27}$$

卵石混凝土按式（7-28）计算：

$$\frac{W}{C} = \frac{1.2618}{f_c + 1.5492 - 0.4709 f_s} \tag{7-28}$$

式中：W/C——水灰比；

f_s——水泥实测 28 d 抗折强度，MPa；无实测值时，可由公式 $f_s = \gamma_c \cdot f_{sg}$ 计算，其中 f_{sg} 为水泥 28 d 抗折强度标准值，γ_c 水泥强度富余系数，可参照表 7-18 求得。

② 掺用粉煤灰时，应计入超量取代法中代替水泥的那一部分粉煤灰用量（代替砂的超量部分不计入），用水胶比 $\dfrac{W}{B} = \dfrac{W}{F+C}$ 代替水灰比 $\dfrac{W}{C}$。

③ 应在满足弯拉强度计算值和耐久性（表 7-29）两者要求的水灰比中取小值。

（2）砂率应根据砂的细度模数和粗集料种类，按表 7-31 取值。在软做抗滑槽时，砂率在表 7-31 基础上可增大 1% ~ 2%。

表 7-31　砂的细度模数与最优砂率关系

砂的细度模数 μ_f		2.2 ~ 2.5	2.5 ~ 2.8	2.8 ~ 3.1	3.1 ~ 3.4	3.4 ~ 3.7
砂率 β_s /%	碎石	30 ~ 34	32 ~ 36	34 ~ 38	36 ~ 40	38 ~ 42
	卵石	28 ~ 32	30 ~ 34	32 ~ 36	34 ~ 38	36 ~ 40

（3）根据粗集料种类和表 7-26 及表 7-27 中适宜的坍落度，分别按经验式（7-29）或式（7-30）计算单位用水量（砂石料以自然风干状态计）：

碎石或碎卵石：

$$m_{w0} = 104.97 + 0.309 S_L + 11.27 \frac{C}{W} + 0.61 \beta_s \tag{7-29}$$

卵石：

$$m_{w0} = 86.89 + 0.370 S_L + 11.24 \frac{C}{W} + 1.00 \beta_s \tag{7-30}$$

式中：m_{w0}——不掺外加剂与掺合料混凝土的单位用水量，kg；

S_L——坍落度，mm；

β_s——砂率，%；

$\dfrac{C}{W}$——灰水比，水灰比之倒数。

掺外加剂的混凝土单位用水量应按式（7-31）计算：

$$m_w = m_{w0} \left(1 - \frac{\beta}{100}\right) \tag{7-31}$$

式中：m_w——掺外加剂混凝土的单位用水量，kg；

β——所用外加剂剂量的实测减水率，%。

单位用水量应取计算值和表 7 - 26 及表 7 - 27 的规定值两者中的小值。若实际单位用水量仅掺引气剂不满足所取数值，则应掺用引气（高效）减水剂，三、四级公路也可采用真空脱水工艺。

（4）单位水泥用量 m_{c0} 应由式（7 - 32）计算，并取计算值与表 7 - 29 规定值两者中的大值。

$$m_{c0} = m_{w0} \left(\frac{C}{W} \right) \tag{7 - 32}$$

（5）砂石料用量可按质量法或体积法计算（同普通混凝土配合比计算）。

按质量法计算时，混凝土单位质量可取 2400 ~ 2450 kg；按体积法计算时，应计入设计含气量。采用超量取代法掺用粉煤灰时，超量部分应代替砂，并折减用砂量。经计算得到的配合比，应验算单位粗集料填充体积率（粗集料的用量与粗集料的紧密密度的百分率），且不宜小于 70%。

（6）重要路面、桥面工程应采用正交试验法进行配合比优选。

（7）采用真空脱水工艺时，可采用比经验式（7 - 29、7 - 30）计算值略大的单位用水量，但在真空脱水后，扣除每立方米混凝土实际吸除的水量，剩余单位用水量和剩余水灰比分别不宜超过表 7 - 27 最大单位用水量和表 7 - 29 最大水灰比的规定。

（8）路面混凝土掺用粉煤灰时，其配合比计算应按超量取代法进行。粉煤灰掺量应根据水泥中原有的掺合料数量和混凝土弯拉强度、耐磨性等要求由试验确定。Ⅰ、Ⅱ级粉煤灰的超量系数可按表 7 - 32 初选。代替水泥的粉煤灰掺量：Ⅰ型硅酸盐水泥宜≤30%；Ⅱ型硅酸盐水泥宜≤25%；道路水泥宜≤20%；普通水泥宜≤15%；矿渣水泥不得掺粉煤灰。

表 7 - 32 粉煤灰的超量系数（GBJ146—1990）

粉 煤 灰 等 级	超 量 系 数 K
Ⅰ	1.0 ~ 1.4
Ⅱ	1.2 ~ 1.7
Ⅲ	1.5 ~ 2.0

注：《粉煤灰混凝土应用技术规范》GBJ146—1990。

4. 试拌、调整、验证与修正

初步配合比的试拌、调整、验证与修正参照本模块 4.1.5 第 7 条有关规定进行。

强度验证所采用的 3 个配合比，其中一个为试拌配合比，另两个配合比的水灰比则分别增加和减少 0.03，用水量不变，砂率分别增加和减少 1%，再分别计算出另 2 个配合比，用 3 个配合比制备抗弯拉强度试件各 1 ~ 3 组，经标准养护 28 d 后，测定其弯拉强度，然后根据实测弯拉强度和水灰比来确定试验室配合比。

5. 设计计算实例

某高速公路普通混凝土路面板，混凝土抗压强度设计等级为 C30，弯拉强度设计值为 f_r = 5.0 MPa，施工要求混凝土抗弯拉强度样本的标准差为 0.4 MPa，样本数量 n = 9。路面混凝土施工采用三辊轴机组摊铺。混凝土用材料：P. O42.5 水泥，表观密度 ρ_c = 3.1 g/cm³，实测 28d 抗折强度为 8.7 MPa；粉煤灰为Ⅰ级，表观密度 ρ_f = 2.6 g/cm³，掺量为 β_f = 10%；河砂细度模数为 2.7，表观密度 ρ_s = 2.65 g/cm³；5 ~ 31.5 mm 连续级配碎石，表观密度 ρ_g = 2.7

g/cm^3，紧密密度 $\rho_g' = 1.7 \ g/cm^3$。路面处于无冻害地区，试确定该混凝土配合比。

设计计算步骤如下：

① 计算配制弯拉强度 f_c：查表 7 - 24 得保证率系数 $t = 0.61$；由表 7 - 25 查得 $C_v = 0.05 \sim 0.10$，取中值 0.075。再由式(7 - 25)计算配制弯拉强度如下：

$$f_c = \frac{f_r}{1 - 1.04 C_v} + t \cdot S = \frac{5}{1 - 1.04 \times 0.075} + 0.61 \times 0.4 = 5.67(\text{MPa})$$

② 计算水灰比 W/C：

$$\frac{W}{C} = \frac{1.5684}{f_c + 1.0097 - 0.3595 f_s} = \frac{1.5684}{5.67 + 1.0097 - 0.3595 \times 8.7} = 0.44$$

W/C 未超过表 7 - 29 规定的最大水灰比，符合耐久性要求。

③ 确定砂率 β_s：根据砂的细度模数 $\mu_f = 2.7$ 查表 7 - 31 得 $\beta_s = 34\%$。

④ 计算单位用水量 m_{w0}：按出机坍落度 $S_L = 30 \ mm$ 设计，由式(7 - 29)计算单位用水量如下：

$$m_{w0} = 104.97 + 0.309 S_L + 11.27 \frac{C}{W} + 0.61 \beta_s = 104.97 + 0.309 \times 30 + 11.27 \times \frac{1}{0.44} + 0.61 \times 34$$
$$= 161(\text{kg})$$

因计算所得 m_{w0} 大于表 7 - 26 及表 7 - 27 规定的最大单位用水量，故应取 $m_{w0}' = 153 \ kg$。

⑤ 计算掺粉煤灰前单位水泥用量 m_{c0}：

$$m_{c0} = m_{w0} \left(\frac{C}{W} \right) = 153 \div 0.44 = 348(\text{kg})$$

⑥ 计算掺粉煤灰前 1 m^3 混凝土中砂子、石子用量 m_{s0}、m_{g0}

按体积法计算：

$$\frac{348}{3100} + \frac{m_{s0}}{2650} + \frac{m_{g0}}{2700} + \frac{153}{1000} + 0.01 \times 1 = 1$$

$$\frac{m_{s0}}{m_{s0} + m_{g0}} = 0.34$$

解方程组得：$m_{s0} = 661 \ kg$；$m_{g0} = 1283 \ kg$。

⑦ 计算掺粉煤灰后单位水泥用量 m_{c0}'：

$$m_{c0}' = m_{c0}(1 - 0.01 \beta_f) = 348 \times (1 - 0.1) = 313(\text{kg})。$$

计算所得掺粉煤灰后单位水泥用量大于表 7 - 29 规定的最小单位水泥用量 260 kg，满足耐久性要求。

⑧ 计算粉煤灰单位用量 m_{f0}：按超量取代法计算，查表 7 - 32，取超量系数 $K = 1.2$，则粉煤灰单位用量如下：

$$m_{f0} = m_{c0} \times \beta_f \times K = 348 \times 0.1 \times 1.2 = 42(\text{kg})$$

⑨ 计算粉煤灰水泥浆体积的增加量 ΔV：

$$\Delta V = (m_{f0} - m_{c0} \cdot \beta_f)/\rho_f = (42 - 348 \times 0.1)/2600 = 0.0027(\text{m}^3)$$

⑩ 计算取代后 1 m^3 混凝土中砂子、石子用量 m_{s0}'、m_{g0}'：

$$m_{s0}' = m_{s0} - \rho_s \cdot \Delta V = 661 - 2650 \times 0.0027 = 654(\text{kg})$$

$$m_{g0}' = m_{g0} = 1283 \ kg$$

计算所得初步配合比归纳如下：

$$m'_{c0} : m'_{f0} : m'_{s0} : m'_{g0} : m'_{w0} = 313 : 42 : 654 : 1283 : 153 = 1 : 0.13 : 2.09 : 4.10 : 0.49$$

单位粗集料填充体积率为 $1283/1700 = 75.5\%$，大于 70%，符合要求。

试配、调整、验证与修正，参照普通混凝土配合比的试配、调整、验证与修正方法进行。

知识五　混凝土的质量控制及强度检验评定

5.1　混凝土的质量控制

混凝土质量是影响混凝土结构可靠性的一个重要因素，为保证结构的可靠性，必须对混凝土生产的各个阶段进行质量控制。混凝土质量控制应依照现行国家标准《混凝土质量控制标准》GB 50164—2011 的有关规定进行。

混凝土的质量控制包括原材料质量控制、配合比控制、生产与施工质量控制及硬化混凝土质量检验等方面。

1. 原材料的质量控制

原材料质量的不均匀，必然会引起混凝土质量的波动。原材料在使用前，每批次均应按有关施工验收规范的有关要求进行抽样检验，经检验合格后方能使用。

水泥的质量是影响混凝土质量的主要因素，不同水泥品种应分别堆放贮存，不得混合使用，保管过程中应注意防潮。其质量应符合国家有关标准的要求。

骨料在开采、运输及堆放过程中会混入各种有害杂质，应及时作出处理。尽量选用强度高、级配良好、含泥量、泥块含量和有害物质含量低的骨料，其质量应符合《普通混凝土用砂、石质量及检验方法标准》JGJ 52—2006 和有关设计、施工验收规范的要求。骨料应分类分别堆放，并应有明显的标识。

外加剂和矿物掺合料应符合国家有关标准规定的质量要求。

拌和用水应是无污染、无侵蚀的洁净水。其质量标准应符合现行行业标准《混凝土拌和用水标准》JGJ 63—2006 的有关要求。

2. 混凝土配合比的控制

在施工前应进行混凝土配合比设计和试配、调整，施工中应随气候变化，测定砂、石的含水率，作好施工配合比的调整，并随时注意浇筑时拌和物的坍落度是否符合要求，在保证水胶比不变的条件下，及时调整用水量和砂率，以保证混凝土的质量。

对首次使用、使用间隔时间超过 3 个月的配合比应进行开盘鉴定，开盘鉴定内容包括：生产使用的原材料应与配合比设计一致；混凝土拌和物性能应满足施工要求；混凝土强度评定应符合设计要求；混凝土耐久性能应符合设计要求。

在混凝土配合比使用过程中，应根据混凝土质量的动态信息及时调整。

3. 混凝土施工过程中的质量控制

（1）搅拌过程中的质量控制

混凝土的搅拌应严格按试验确定的配合比进行原材料的配料。原材料的计量应采用称量法，胶凝材料的称量误差不得超过 ±2%；水和外加剂的称量误差不得超过 ±1%；骨料的称量误差不得超过 ±3%；搅拌时间应控制在 1～2.0 min 内，保证拌和均匀。

冬期施工搅拌混凝土时，宜优先采用加热水的方法提高拌和物温度，也可同时采用加热骨料的方法提高拌和物温度。当同时加热拌和用水和骨料时，拌和用水的加热温度不应超过60℃，骨料的加热温度不应超过40℃；当骨料不加热时，拌和用水可加热到60℃以上。且应先投入骨料和热水进行搅拌，然后再投入胶凝材料等共同搅拌。

（2）运输过程中的质量控制

在运输过程中，应控制混凝土拌和物不离析、不分层，并应控制混凝土拌和物性能满足施工要求。

当采用机动翻斗车运输混凝土时，道路应平整；

当采用搅拌罐车运送混凝土拌和物时，搅拌罐在冬季应有保温措施；

当采用搅拌罐车运送混凝土拌和物时，卸料前应采用快挡旋转搅拌罐不少于20s。

因运距过远、交通或现场等问题造成坍落度损失较大而卸料困难时，可采用在混凝土拌和物中掺入适量减水剂并快挡旋转搅拌罐的措施，减水剂掺量应有经试验确定的预案。

当采用泵送混凝土时，混凝土运输应保证混凝土连续泵送，并应符合现行行业标准《混凝土泵送施工技术规程》JGJ/T 10—2011 的有关规定。

混凝土拌和物从搅拌机卸出至施工现场接收的时间间隔不宜大于90 min。

（3）浇筑成型过程中的质量控制

① 浇筑混凝土前，应检查并控制模板、钢筋、保护层和预埋件等的尺寸、规格、数量和位置，其偏差值应符合国家现行有关标准的规定，并应检查模板支撑的稳定性以及接缝的密合情况，应保证模板在混凝土浇筑过程中不失稳、不跑模和不漏浆。并应清除模板内以及垫层上的杂物，表面干燥的地基土、垫层、木模板应浇水湿润。

② 当夏季天气炎热时，混凝土拌和物入模温度不应高于35℃，宜选择晚间或夜间浇筑混凝土；现场温度高于35℃时，宜对金属模板进行浇水降温，但不得留有积水，并宜采取遮挡措施避免阳光照射金属模板。

③ 当冬期施工时，混凝土拌和物入模温度不应低于5℃，并应有保温措施。

④ 在浇筑过程中，应有效控制混凝土的均匀性、密实性和整体性。

⑤ 泵送混凝土输送管道的最小内径应符合表7-33的规定。

表7-33　粗骨料的最大粒径与输送管径之比

石子品种	泵送高度/mm	粗骨料的最大粒径与输送管径之比
碎石	<50	≤1:3.0
	50~100	≤1:4.0
	>100	≤1:5.0
卵石	<50	≤1:2.5
	50~100	≤1:3.0
	>100	≤1:4.0

混凝土输送泵的泵压应与混凝土拌和物特性和泵送高度相匹配；泵送混凝土的输送管道应支撑稳定，不漏浆，冬季应有保温措施，夏季施工现场最高气温超过40℃时，应有隔热措施。

⑥ 当混凝土自由倾落高度大于3.0 m时，宜采用串筒、溜管或振动溜管等辅助设备。

⑦ 应根据混凝土拌和物特性及混凝土结构、构件或制品的制作方式选择适当的振捣方

式和振捣时间。振捣时间宜按拌和物稠度和振捣部位等不同情况，控制在 10～30s 内，当混凝土拌和物表面出现泛浆，基本无气泡逸出，可视为捣实。

⑧ 在混凝土浇筑同时，应制作供结构或构件出池、拆模、吊装、张拉、放张和强度合格评定用的同条件养护试件和标准养护试件，并应按设计要求制作抗冻、抗渗或其他性能试验用的试件。

⑨ 在混凝土浇筑及静置过程中，应在混凝土终凝前对浇筑面进行抹面处理；混凝土构件成型后，在强度达到 1.2 MPa 以前，不得在构件上面踩踏行走。

（4）成型后的养护

① 生产和施工单位应根据结构、构件或制品情况、环境条件、原材料情况以及对混凝土性能的要求等，提出施工养护方案或生产养护制度，并应严格执行。

② 混凝土施工可采用浇水、覆盖保湿、喷涂养护剂、冬季蓄热养护等方法进行养护；混凝土构件或制品厂生产可采用蒸汽养护、湿热养护或潮湿自然养护等方法进行养护。选择的养护方法应满足施工养护方案或生产养护制度的要求。

③ 采用塑料薄膜覆盖养护时，混凝土全部表面应覆盖严密，并应保持膜内有凝结水；采用养护剂养护时，应通过试验检验养护剂的保湿效果。

④ 对于混凝土浇筑面，尤其是平面结构，宜边浇筑成型边采用塑料薄膜覆盖保湿。

⑤ 混凝土施工养护时间应符合下列规定：

对于采用硅酸盐水泥、普通硅酸盐水泥或矿渣硅酸盐水泥配制的混凝土，采用浇水和潮湿覆盖的养护时间不得少于 7 d。

对于采用粉煤灰硅酸盐水泥、火山灰质硅酸盐水泥、复合硅酸盐水泥配制的混凝土或掺加缓凝剂的混凝土以及大掺量矿物掺合料混凝土，采用浇水和潮湿覆盖的养护时间不得少于 14 d。

对于竖向混凝土结构，养护时间宜适当延长。

⑥ 混凝土构件或制品厂的混凝土养护应符合下列规定：

采用蒸汽养护或湿热养护时，养护时间和养护制度应满足混凝土及其制品性能的要求。

采用蒸汽养护时，应分为静停、升温、恒温和降温四个养护阶段。混凝土成型后的静停时间不宜少于 2h，升温速度不宜超过 25℃/h，降温速度不宜超过 20℃/h，最高和恒温温度不宜超过 65℃；混凝土构件或制品在出池或撤除养护措施前，应进行温度测量，当表面与外界温差不大于 20℃时，构件方可出池或撤除养护措施。

⑦ 对于大体积混凝土，养护过程应进行温度控制，混凝土内部和表面的温差不宜超过 25℃，表面与外界温差不宜大于 20℃。

⑧ 对于冬季施工的混凝土，养护应符合下列规定：

日均气温低于 5℃时，不得采用浇水自然养护方法，而应采取保温养护措施。

混凝土受冻前的强度不得低于 5 MPa。

模板和保温层应在混凝土冷却到 5℃时方可拆除，或在混凝土表面温度与外界温度相差不大于 20℃时拆模，拆模后的混凝土亦应及时覆盖，使其缓慢冷却。

混凝土强度达到设计强度等级的 50% 时，方可撤除养护措施。

4. 硬化混凝土性能检验

硬化混凝土性能检验包括力学性能、耐久性能检验，其检验评定方法应符合下列规定：

（1）强度检验评定应符合现行国家标准《混凝土强度检验评定标准》GB/T50107—2010 的

有关规定，其他力学性能检验应符合设计要求和有关标准的规定。

（2）耐久性能检验评定应符合现行行业标准《混凝土耐久性检验评定标准》JGJ/T193—2009的有关规定。

（3）混凝土力学性能试验方法应符合现行国家标准《普通混凝土力学性能试验方法标准》GB/T50081—2002的有关规定。

（4）长期性能和耐久性能试验方法应符合现行国家标准《普通混凝土长期性能和耐久性能试验方法标准》GB/T50082—2009的有关规定。

5.2 混凝土强度的检验评定

混凝土强度检验评定方法应按现行国家标准《混凝土强度检验评定标准》GB/T50107—2010的有关规定进行。

1. 基本规定

（1）混凝土的强度等级应按立方体抗压强度标准值划分。

（2）立方体抗压强度标准值应为按标准方法制作和养护的边长为150 mm的立方体试件，用标准试验方法在28 d龄期测得的混凝土抗压强度总体分布中的一个值，强度低于该值的概率应为5%。

（3）混凝土强度应分批进行检验评定。一个验收批的混凝土应由强度等级相同、试验龄期相同、生产工艺条件和配合比基本相同的混凝土组成。

（4）对大批量、连续生产混凝土的强度评定，应按统计方法评定。对于小批量或零星生产混凝土的强度按非统计方法评定。

2. 混凝土取样

（1）混凝土强度试件应在混凝土的浇筑地点随机抽取。

（2）取样频率

① 每100盘，但不超过100 m³的同配合比混凝土，取样次数应不少于1次。

② 每一工作班拌制的同配合比混凝土，不足100盘或100 m³时，取样次数应不少于1次。

③ 当一次连续浇筑的同配合比混凝土超过1000 m³时，每200 m³取样次数应不少于1次；

④ 对房屋建筑，每一楼层、同一配合比的混凝土，取样应不少于1次。

（3）每批混凝土试样应制作的试件总组数，除满足强度评定所需的组数外，还应留置为检验结构或构件施工阶段混凝土强度所必须的试件。即需制作强度评定的标准养护试件和用于结构检测、模板拆除参考的同条件养护试件。同条件养护龄期可取按日平均温度逐日累计达到600℃时所对应的龄期(d)，0℃及以下的龄期不计入；等效养护龄期应≥14 d，且宜≤60 d。

3. 试件的制作、养护与试验

按现行国家标准《普通混凝土力学性能试验方法标准》GB/T 50081—2002规定的标准方法制作试件，在标准养护条件下养护至28 d龄期，然后进行强度试验。

当采用非标准尺寸试件时，应将其抗压强度乘以尺寸折算系数，折算成边长为150 mm的标准尺寸试件的抗压强度。当混凝土强度等级<C60时，对边长为100 mm的立方体试件，折算系数取0.95；对边长为200 mm的立方体试件，取1.05。当混凝土强度等级≥C60时，宜采用标准尺寸试件，使用非标准尺寸试件时，尺寸折算系数应由试验确定，其试件数量应不少于30组。

4. 混凝土强度的评定方法

（1）统计方法评定

当连续生产的混凝土，生产条件在较长时间内保持一致，且同一品种、同一强度等级混凝土的强度变异性保持稳定时，应按统计方法进行评定：

当试件组数 $n \geq 10$ 组，且其强度标准差 $S_{f_{cu}}$ 未知时，其强度应同时满足式（7-33）和式（7-34）的要求：

$$\begin{cases} m_{f_{cu}} \geq f_{cu,k} + \lambda_1 \cdot S_{f_{cu}} & (7-33) \\ f_{cu,min} \geq \lambda_2 \cdot f_{cu,k} & (7-34) \end{cases}$$

式中：n——同一检验批的样本容量（强度试件组数）；

$m_{f_{cu}}$——同一检验批混凝土立方体抗压强度的平均值，精确至 0.1 MPa；

$f_{cu,k}$——混凝土立方体抗压强度标准值（即混凝土设计强度标准值），MPa；

$S_{f_{cu}}$——同一检验批混凝土立方体抗压强度的标准差，精确至 0.01 MPa；当计算得到的 $S_{f_{cu}} < 2.5$ MPa 时，应取 $S_{f_{cu}} = 2.5$ MPa；

$f_{cu,min}$——同一检验批混凝土立方体抗压强度的最小值，精确至 0.1 MPa；

λ_1、λ_2——合格评定系数，见表 7-34。

表 7-34　混凝土强度的统计法合格评定系数

试件组数	10～14	15～19	≥20
λ_1	1.15	1.05	0.95
λ_2	0.90	0.85	

同一检验批混凝土立方体抗压强度的标准差按式（7-35）计算：

$$S_{f_{cu}} = \sqrt{\frac{\sum\limits_{i=1}^{n} f_{cu,i}^{\,2} - n \cdot m_{f_{cu}}^{\,2}}{n-1}} \qquad (7-35)$$

式中：$f_{cu,i}$——同一检验批第 i 组混凝土试件的立方体抗压强度值，精确到 0.1 MPa。

（2）非统计法评定

当用于评定的试件组数 $n < 10$ 组时，应采用非统汁方法评定混凝土强度，且其强度应同时满足式（7-36）和式（7-37）的要求：

$$\begin{cases} m_{f_{cu}} \geq \lambda_3 \cdot f_{cu,k} & (7-36) \\ f_{cu,min} \geq \lambda_4 \cdot f_{cu,k} & (7-37) \end{cases}$$

式中：λ_3、λ_4——合格评定系数，见表 7-35。

表 7-35　混凝土强度的非统计法合格评定系数

混凝土强度等级	＜C60	≥C60
λ_3	1.15	1.10
λ_4	0.95	

当评定结果满足上述（1）或（2）的规定时，则该批混凝土强度应评定为合格；当不能满足

上述规定时,该批混凝土强度应评定为不合格。

5.混凝土强度不合格的处理

由不合格批混凝土制成的结构或构件,应进行鉴定。对不合格的结构或构件必须按国家现行的有关标准进行处理。

当对混凝土试件强度的代表性有怀疑时,可采用从结构或构件中钻取芯样的方法或采用非破损检测方法(如:回弹、超声-回弹综合测定等方法),按有关标准的规定对结构或构件混凝土的强度进行推定。

6.评定实例

某基础工程混凝土设计强度等级为C20,为了检验施工质量,在施工过程中共抽样制作混凝土标准试件12组,在标准条件下养护28 d后,测得其抗压强度见表7-36。试评定该基础工程混凝土质量是否合格?

表7-36

组号	1	2	3	4	5	6	7	8	9	10	11	12
强度/MPa	18.5	21.2	20.3	21.6	19.3	23.4	20.3	19.8	23.1	18.2	22.7	21.0

解:因该检验批混凝土强度检验样本容量大于10组,故应采用统计法进行评定。

① 求检验批的强度平均值 $m_{f_{cu}}$:

$m_{f_{cu}} = (18.5 + 21.2 + 20.3 + 21.6 + 19.3 + 23.4 + 20.3 + 19.8 + 23.1 + 18.2 + 22.7 + 21.0)/12 = 20.8(MPa)$

② 求检验批的强度标准差 $S_{f_{cu}}$:

$$S_{f_{cu}} = \sqrt{\frac{\sum_{i=1}^{n} f_{cu,i}^2 - n \cdot m_{f_{cu}}^2}{n-1}} =$$

$$\sqrt{\frac{(18.5^2 + 21.2^2 + 20.3^2 + 21.6^2 + 19.3^2 + 23.4^2 + 20.3^2 + 19.8^2 + 23.1^2 + 18.2^2 + 22.7^2 + 21.0^2) - 12 \times 20.8^2}{12-1}}$$

$= 1.83(MPa)$

因计算出的 $S_{f_{cu}} < 2.5$ MPa,故应取 $S_{f_{cu}} = 2.5$ MPa。

③ 由下列公式得

$m_{f_{cu}} = 20.8$ MPa $< f_{cu,k} + \lambda_1 \cdot S_{f_{cu}} = 20 + 1.15 \times 2.5 = 22.9(MPa)$ (不满足规定)

$f_{cu,min} = 18.2$ MPa $> \lambda_2 \cdot f_{cu,k} = 0.90 \times 20 = 18.0(MPa)$ (满足规定)

④ 结果评定:因该检验批强度平均值小于统计值($f_{cu,k} + \lambda_1 \cdot S_{f_{cu}}$),故该批混凝土质量应被评定为不合格。

知识六　有特殊要求的混凝土的技术要求及应用

6.1　泵送混凝土

在施工现场通过压力泵(混凝土输送泵)及输送管道进行浇筑的混凝土,称为泵送混凝土。

1.技术要求

(1)主要原材料要求

① 胶凝材料：应选用保水性好、泌水性小的水泥。宜选用硅酸盐水泥、普通硅酸盐水泥；并宜掺加适量的粉煤灰或其他活性矿物掺合料，掺合料的种类和掺量应经试验确定，且应符合现行有关施工与验收标准的规定。单位胶凝材料用量宜≥300 kg；水胶比应≤0.60。胶凝材料的质量应符合国家现行有关标准的要求。

② 外加剂：为确保泵送混凝土的和易性和可泵性，应掺加适量的泵送剂或减水剂，掺用引气型外加剂的泵送混凝土的含气量宜≤4%。外加剂的技术要求应符合国家现行有关标准的规定，并经试验确定。

③ 骨料：细骨料宜采用中砂，其通过筛孔边长为0.30 mm方孔筛的颗粒含量应≥15%；粗骨料应采用连续级配，且其针片状颗粒含量宜≤10%，粗骨料的最大粒径与输送管径之比宜符合表7-33的规定；其他技术要求应符合现行行业标准《普通混凝土用砂、石质量及检验方法标准》JGJ 52—2006及其他有关技术标准的规定。砂率宜为35%~45%之间。

（2）和易性要求

混凝土拌和物需要具有良好的和易性和自密实性，在运输、泵送和成型过程中不离析、不泌水，易充满模型。坍落度应根据选用的原材料、混凝土运输距离、混凝土泵与混凝土输送管径、泵送距离与高度、气温等具体施工条件试配确定。试配时，应考虑坍落度经时损失，坍落度经时损失控制在30 mm/h以内比较好。混凝土入泵坍落度与泵送高度关系见表7-3。

（3）配合比设计

配合比设计可参照现行行业标准《普通混凝土配合比设计规程》JGJ 55—2011的有关规定进行，同时应满足施工要求的和易性及结构设计所需的强度和耐久性的有关要求。

（4）其他：其他技术要求参照《混凝土泵送施工技术规程》JGJ/T10—2011的有关规定。

2. 应用

泵送混凝土适用于大体积混凝土、高层建筑、桥梁、隧道、地下工程及施工场地狭小的混凝土工程的施工。

6.2　水下混凝土

在地面上拌制，在静水中灌注和硬化的混凝土称为水下灌筑混凝土，简称水下混凝土。

水下灌注混凝土也称导管混凝土，是将混凝土通过竖立的管子，依靠混凝土的自重进行灌注的方法。混凝土从管子底端缓慢流出，向四周扩大分布，不致被周围的水流所扰动，从而保证其质量。

1. 技术要求

（1）主要原材料要求

① 胶凝材料：宜选用泌水性小、收缩性小的水泥，如普通硅酸盐水泥。并宜掺加适量的粉煤灰或其他活性矿物掺合料，掺合料的种类和掺量应经试验确定，且应符合现行有关施工与验收标准的规定。单位胶凝材料用量宜≥350 kg，当掺用外加剂时，单位胶凝材料用量应≥300 kg。胶凝材料的技术要求应符合国家现行有关标准的规定。

② 骨料：细骨料宜采用级配良好的中砂。粗骨料宜采用连续级配，最大粒径宜≤40 mm，且应不大于导管内径的1/4，亦应不大于钢筋间最小净距的1/4；针片状颗粒含量宜≤10%。其他技术要求应符合现行行业标准《普通混凝土用砂、石质量及检验方法标准》JGJ 52—2006及其他有关技术标准的规定。砂率宜为36%~46%之间。

③ 外加剂：水下混凝土中宜掺加适量的缓凝型高效减水剂及水下不分散剂来提高其和易性。其质量应符合国家现行有关标准的规定，并经试验确定。

（2）和易性要求

水下浇筑的混凝土，主要依靠其自重或在压力作用下能自然流动摊平，不需要振捣。因此，混凝土拌和物应具有较大的流动性（坍落度一般在180~220 mm之间）、良好的粘聚性和保水性。坍落度经时损失控制在30 mm/h比较好。

（3）配合比设计

配配合比设计可参照现行行业标准《普通混凝土配合比设计规程》JGJ 55—2011的有关规定进行，同时应满足施工要求的和易性及结构设计所需的强度和耐久性的有关要求。

2. 质量控制

水下混凝土的施工通常采用泵送混凝土工艺。施工过程中应特别注意以下事宜：

（1）水下混凝土的浇筑应在静水中进行，防止流水冲刷，并且需要采用特殊的竖向导管施工法，连续不间断地进行浇筑。

（2）浇筑水下混凝土的导管连接应牢固、密封、不透水；提升导管设备要灵活、稳妥、可靠。

（3）严格控制首批混凝土量，确保导管初次埋深符合要求。首批混凝土隔水措施：先拌制0.2 m³水泥砂浆，置于导管内隔水塞上部，倒入砂浆时，要将隔水塞逐渐下移，使砂浆全部进入导管。砂浆一方面可防止骨料卡住隔水栓，另一方面砂浆容易被冲至混凝土面的表层，作为顶部混凝土表面的保护层。储足了首批混凝土灌筑量后再剪绳让混凝土灌入孔底。

（4）水下混凝土灌筑过程中，导管提升应保持轴线竖直和位置居中，逐步提升。每次提升导管前，应先探测管内外混凝土面高度，并做好记录，导管底端埋置在混凝土中的深度一般应≥2 m，最大埋深宜控制在6 m左右。

（5）灌筑中当遇到导管内混凝土不满时，后续混凝土要徐徐灌入，不可整斗一下灌入导管，防止形成高压气囊，影响混凝土的密实性。

（6）为确保混凝土结构的质量，应在设计标高以上加灌高度不小于0.8 m的混凝土。

（7）其他注意事项同泵送混凝土的浇筑，并参照《水下不分散混凝土施工技术规范》QCNPC 92—2003和有关施工规范的规定进行。

2. 应用

水下混凝土在桥墩、基础、钻孔桩等工程的水下部分的施工中被广泛采用。

6.3 大体积混凝土

混凝土结构物实体最小尺寸≥1 m的大体量混凝土，或预计会因混凝土中胶凝材料水化热引起的温度应力和收缩应力而导致有害裂缝产生的混凝土，称为大体积混凝土。

1. 技术要求

（1）主要原材料要求

① 水泥：应选用中、低热硅酸盐水泥或低热矿渣硅酸盐水泥。水泥的水化热，3 d宜≤240 kJ/kg，7 d宜≤270 kJ/kg；当有抗渗要求时，所用水泥的C_3A含量宜≤8%；所用水泥在搅拌站的入机温度宜≤60℃。当采用其他水泥时，其性能指标必须符合国家现行有关标准的规定。水泥进场时，应按有关标准规定分批次抽样进行品质检验。

② 骨料：所选用的骨料除应符合现行行业标准《普通混凝土用砂、石质量及检验方法标

准》JGJ 52—2006 的有关规定外，细骨料宜采用级配良好的中砂，其细度模数宜 > 2.3，含泥量应 ≤3%；粗骨料宜选用连续级配、不含活性矿物的骨料，且含泥量应 ≤1%。

③ 掺合料：为了降低混凝土中的水化热，减少水泥用量，应掺加适量的粉煤灰、矿渣粉等活性矿物掺合料。所用掺合料的质量应符合国家现行有关标准的规定，并经试验确定。粉煤灰的掺量不宜超过胶凝材料用量的40%；矿渣粉的掺量不宜超过胶凝材料用量的50%；采用两种或以上掺合料时，其总量不宜超过胶凝材料用量的50%。

④ 外加剂：为了延缓水泥的凝结硬化，降低混凝土中的水化热，应掺用缓凝剂或缓凝型减水剂、引气剂或引气型减水剂，掺量应经试验确定。所用外加剂的质量应符合国家现行有关标准的规定。

（2）配合比设计

配合比设计可参照现行行业标准《普通混凝土配合比设计规程》JGJ 55—2011 的有关规定进行，同时应满足下列有关规定：

① 当采用60 d 或90 d 的强度作为指标时，应将其强度作为混凝土配合比的设计依据。

② 所配制的混凝土拌和物的坍落度，到浇筑工作面的坍落度宜 ≥160 mm。

③ 水胶比宜 ≤0.50。

④ 砂率宜为38% ~42%。

⑤ 拌和物的泌水量宜 <10L/m³。

2. 质量控制

大体积混凝土一方面结构物厚实、混凝土数量大，凝结硬化过程中水化热大，且不易散发，易使结构物产生温度变形；另一方面，混凝土硬化后，收缩变形大。两者共同作用，会产生较大的温度应力和收缩应力，施工过程中如控制不好，很容易使混凝土结构产生裂缝。

（1）施工控制

① 在混凝土制备前，应进行配合比常规试验，并应进行水化热、泌水率、可泵性等试验。

② 在确定配合比时，应根据混凝土的绝热温升、温控施工方案的要求等，提出混凝土制备时粗细骨料和拌和用水及入模温度控制的技术措施。

③ 大体积混凝土工程的施工宜采用整体分层式连续浇筑施工［见图 7 – 10 (a)］或推移式连续浇筑施工［见图 7 – 10 (b)］。整体分层式连续浇筑或推移式连续浇筑时，应缩短间歇时间，并应在前层混凝土初凝前将次层混凝土浇筑完毕；层间最长的间歇时间不应大于混凝土的初凝时间；当层间间歇时间超过混凝土的初凝时间时，层面应按施工缝处理。

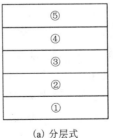 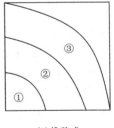

（a）分层式　　　　（b）推移式

图 7 – 10　大体积混凝土浇筑示意图

④ 超常大体积混凝土施工，应采取留置变形缝、后浇带或跳仓法施工等方法来控制结构不出现有害裂缝。变形缝、后浇带的设置和施工应符合国家现行有关标准的规定。跳仓的最大分块尺寸宜 ≤40 m，跳仓间隔施工的时间宜 ≥7 d，跳仓接缝处应按施工缝的要求设置和处理。

⑤ 炎热天气浇筑混凝土时，宜采用遮盖、洒水、拌冰屑等降温措施，混凝土入模温度宜 <30℃，混凝土浇筑后，应及时进行保温保湿养护。

⑥ 冬季浇筑混凝土时，宜采用热水拌和、加热骨料等措施，混凝土入模温度宜≥5℃，混凝土浇筑后，应及时进行保温保湿养护。

⑦ 大风天气浇筑混凝土时，在作业面应采取挡风措施，并应增加混凝土表面的抹压次数，及时覆盖塑料薄膜和保温材料。

（2）养护控制

大体积混凝土的养护特别要注意控制其内外温差，应采取有效控制措施使其内外温差≤25℃。具体措施可采用降温法和保温法。

降温法：即在混凝土中预埋循环水管，通过循环冷却水降温，从结构物的内部进行温度控制。

保温法：即混凝土浇筑成型后，通过保温材料、碘钨灯或定时喷浇热水、蓄存热水等办法，提高混凝土表面及四周散热面的温度，从结构物的外部进行温度控制。

养护过程应注意以下事宜：

① 浇筑完毕后，应及时进行保温保湿养护。保湿养护时间应≥14 d，并应经常检查塑料薄膜或养护剂涂层的完整情况，保持混凝土表面湿润。

② 在混凝土浇筑完毕初凝前，宜立即进行喷雾养护。

③ 在保温养护过程中，应监测混凝土里表温差和降温速率，当监测结果不满足温控要求时，应及时调整保温养护措施。

④ 保温覆盖层的拆除应分层逐步进行，当混凝土表面温度与环境最大温差＜20℃时，可全部拆除。

⑤ 大体积混凝土宜适当延迟拆模时间，拆模后，应采取预防寒流袭击、突然降温和剧烈干燥等措施。对于地下结构应及时回填；地上结构应尽早进行装饰，不宜长期暴露在自然环境中。

（3）其他

大体积混凝土工程的施工及质量控制应符合现行国家标准《大体积混凝土施工规范》GB 50496—2009 的有关规定。

6.4 喷射混凝土

喷射混凝土是借助喷射机械，利用压缩空气或其他动力，将按一定配比的拌和料，由喷射机的喷口以高速高压喷射到受喷面上，迅速凝结固化而成的混凝土。

喷射混凝土具有较高的密实度和强度，与岩石的粘结力强，抗渗性能好。喷射混凝土一般不用模板，具有施工简便、适应性强和加快施工速度等特点。但喷射混凝土抗压强度比基准混凝土低；干缩比普通混凝土大；施工厚度不易掌握、回弹量较大、表面粗糙、劳动条件较差等缺点。

1. 技术要求

（1）主要原材料要求

① 胶凝材料：应优先选用不低于42.5级的硅酸盐水泥或普通硅酸盐水泥，因为这两种水泥的 C_3S 和 C_3A 含量较高，与速凝剂的相容性好，能速凝、快硬，后期强度也较高。矿渣硅酸盐水泥凝结硬化较慢，但对抗矿物水（硫酸盐、海水）腐蚀的性能比普通硅酸盐水泥好。根据需要，可通过试验确定，掺入适量的粉煤灰、矿渣粉等矿物掺合料。胶凝材料的质量要求应符合国家现行有关标准的规定。

② 骨料：细骨料宜选用中粗砂，细度模数宜大于2.5，级配良好。砂子过细，会使干缩增大；砂子过粗，则会增加回弹量；含泥量宜≤3.0%；干喷时砂的含水率宜控制在5%~7%。粗骨料宜采用连续级配，其最大粒径宜≤16 mm，含泥量宜≤1.0%。其他技术要求应符合现行行业标准《普通混凝土用砂、石质量及检验方法标准》JGJ 52—2006及其他有关标准的规定。

③ 外加剂：喷射混凝土必须掺用适量的速凝剂。使用前应进行与水泥适应性和速凝效果检验，其掺量为水泥质量的2.5%~4%，掺量过大，混凝土强度的降低更为严重；初凝时间应≤5 min，终凝时间应≤10 min；其他技术要求应符合现行行业标准《喷射混凝土用速凝剂》JC 477—2005的有关规定。根据需要，也可掺入适量的减水剂、早强剂等外加剂，但需经试验确定，其质量要求应符合国家现行有关标准的规定。

④ 混凝土用纤维：根据混凝土的设计要求，可掺入适量的钢纤维或合成纤维，以提高混凝土的抗裂性能。

（2）配合比设计

① 干法喷射：水泥与砂、石的质量比宜为1:4~1:4.5；水胶比宜为0.40~0.45。

② 湿法喷射：水泥与砂、石的质量比宜为1:3.5~1:4；水胶比宜为0.42~0.50；坍落度宜为80~120 mm。

③ 单位胶凝材料用量：宜≥400 kg。

④ 砂率：宜为50%~60%。

⑤ 外加剂：速凝剂或其他外加剂的掺量应通过试验确定。

⑥ 掺合料：矿物掺合料的掺量应符合有关技术标准的要求并通过试验确定。

⑦ 配合比的确定：事先设计不少于3个初步配合比，然后在施工现场进行试喷和调整，工作性符合要求后，喷射用于强度检验的大板，经标准养护后进行强度试验，最后根据强度验证结果，选择合适的配合比。

2. 质量控制

（1）施工控制

① 喷射混凝土前，应用压缩空气或压力水将所有待喷面吹净，吹除待喷面上的松散杂质或尘埃。

② 分层喷射时，后一层喷射应在前一层混凝土终凝后进行，若终凝1 h后再进行喷射时，应先用风水清洗喷层表面。

③ 喷射混凝土的回弹率：边墙应≤15%，拱部应≤25%。

④ 冬期施工时，喷射作业区的气温应≥+5℃；混合料进入喷射机的温度应≥+5℃。

（2）配合比控制

喷射混凝土的配合比以及拌和物的均匀性，每工作班检验次数不得少于2次；条件变化时，应及时检验。

（3）养护控制

喷射混凝土终凝2 h后，应喷水养护；养护时间一般工程不得少于7 d，重要工程不得少于14 d。气温低于+5℃时，不得喷水养护，应采取保温、保湿养护。

（4）强度检验

① 抗压强度试件的制作：应在工程施工中抽样制取。可在施工过程中喷制混凝土大板，在标准养护条件下养护7 d后，切割制取边长为100 mm的立方体试件，再在标准养护条件下

养护至 28 d 龄期；或直接向边长为 150 mm 的无底标准试模内喷射混凝土制作试件。

② 试件数量：每喷射 50 ~ 100 m^3 或小于 50 m^3 的独立工程，不得少于 1 组，每组试件不得少于 3 个；材料或配合比变更时应另作 1 组。

③ 强度试验：强度试验应按现行国家标准《普通混凝土力学性能试验方法标准》GB/T 50081—2002 的有关规定进行。立方体试件抗压强度试验时，加载方向必须与试件喷射成型方向垂直。当采用边长为 100 mm 的立方体试件时，其抗压强度应乘以 0.95 的折算系数。

（5）厚度检查

厚度检查可采用凿孔、钻芯或雷达扫描等方法进行。

（6）其他

其他有关要求参照《锚杆喷射混凝土支护技术规范》GB 50086—2001、《高速铁路隧道工程施工质量验收标准》TB 10753—2010、《公路隧道施工技术规范》JTG F60—2009 等有关规定进行。

3. 应用

喷射混凝土主要用于隧道等的支护，边坡、坝堤等岩体工程的护面，薄壁与薄壳工程的施工，结构修补与加固等工程。

6.5 补偿收缩混凝土

补偿收缩混凝土是指在混凝土中掺入适量膨胀剂或用膨胀水泥配制的自应力为 0.2 ~ 1.0 MPa 的混凝土。

在限制条件下，由于膨胀作用在混凝土中建立一定的预压应力，改善了混凝土的内部应力状态，从而提高了混凝土的抗裂能力。

在水泥硬化过程中，膨胀结晶体（如钙矾石）起到填充、切断毛细孔隙的作用，改善了混凝土的孔隙结构，降低了总孔隙率，从而提高了混凝土的抗渗、抗冻等耐久性能和力学性能。

1. 技术要求

（1）主要原材料要求

① 胶凝材料：根据工程的特点和结构所处环境，选择合适的水泥。根据需要可加入适量的粉煤灰、矿渣粉等活性矿物掺合料，品种和掺量应经试验确定。胶凝材料在使用前应进行质量检验，且应符合国家现行有关标准的规定。

② 骨料：砂、石骨料宜采用连续级配，在使用前应进行质量检验，且其技术要求应符合《普通混凝土用砂、石质量及检验方法标准》JGJ 52—2006 及其他有关标准的规定。

③ 膨胀剂：采用普通水泥配制补偿收缩混凝土时，应掺入适量的膨胀剂，掺量应经试验确定。在使用前应按批次批量进行抽样检验，同批次的数量不应超过 200t。其质量应符合现行国家标准《混凝土膨胀剂》GB 23439—2009 的有关规定。膨胀剂应单独存放，不得受潮，如受潮结块，需要重新进行质量检验。

④ 外加剂：根据需要可加入适量的减水剂、缓凝型减水剂等外加剂。其质量应符合国家现行有关标准的规定，掺量应经试验确定。

（2）配合比设计

补偿收缩混凝土配合比设计，应满足设计要求的强度等级、膨胀率、抗渗性、耐久性等技术要求和施工和易性的要求。配合比设计可参照现行行业标准《普通混凝土配合比设计规

程》JGJ 55—2011 和《补偿收缩混凝土应用技术规程》JGJ/T 178—2009 有关规定进行，并同时
应满足下列规定：

① 膨胀剂的掺量：应根据设计要求的限制膨胀率，采用实际工程所用材料，经配合比试
验后确定。配合比试验的限制膨胀率值应比设计值高 0.005%，无设计值时，限制膨胀率值
可按表 7-37 选用。试验时膨胀剂的掺量可参照表 7-37 选用。

表 7-37　补偿收缩混凝土的限制膨胀率取值及膨胀剂用量(JGJ/T 178—2009)

用　途	限制膨胀/%		膨胀剂用量/(kg·m⁻³)
	水中 14 d	水中 14 d 转空气中 28 d	
用于补偿混凝土的收缩	≥0.015	≥ -0.030	30~50
用于后浇带、膨胀加强带和工程接缝填充	≥0.025	≥ -0.020	40~60

说明：① 强度等级≥C50 的混凝土，限制膨胀率宜提高一个等级；② 限制膨胀率的取值以 0.005% 的间隔为一个
等级。

② 水胶比：宜≤0.5。

③ 单位胶凝材料用量：用于补偿混凝土的收缩时，宜≥300 kg；用于后浇带、膨胀加强
带和工程接缝填充时，宜≥350 kg。

④ 有耐久性要求的补偿收缩混凝土，其配合比设计尚应符合现行国家标准《混凝土结构
耐久性设计规范》GB/T 50476—2008 的有关规定。

2. 质量控制

(1)进行后浇带、膨胀加强带和工程接缝填充施工时，浇筑混凝土前，应先将其表面凿
毛、清理干净，并充分润湿，然后再进行混凝土的浇筑。

(2)水平构件应在终凝前采用机械或人工的方式，对混凝土表面进行 3 次抹压。

(3)补偿收缩混凝土浇筑完毕后，应及时对暴露在大气中的混凝土表面进行潮湿养护，
养护期不得少于 14 d。对于水平构件，常温施工时，可采用覆盖塑料薄膜并定时洒水、铺湿
麻袋等方式。

(4)冬季施工时，构件拆模时间应延迟 7 d 以上，且表面不得直接洒水，可采用塑料薄膜
保水，薄膜上面再覆盖岩棉被等保温材料。

(5)质量检验：补偿收缩混凝土的质量验收应按有关施工验收标准的规定，在施工地点
抽样，每批次至少制作限制膨胀率试验试件和抗压强度试件各 1 组。限制膨胀率试件应在
(20±1)℃的水中养护 14 d 后进行膨胀率的测定；强度试件在标准养护条件下养护 28 d 后进
行强度测定。经试验，限制膨胀率和强度均符合设计要求时，可通过验收。

3. 应用

补偿收缩混凝土适用于结构自防水(如地下仓库、停车场等)、工程接缝填充、采用连续
施工的超长混凝土结构的后浇带、大体积混凝土工程等。但不适用于长期处于环境温度高于
80℃的钢筋混凝土工程。

6.6　自密实混凝土

自密实混凝土是指具有大流动度、不离析、均匀性和稳定性好，浇筑时依靠其自重流动，

无需振捣而达到密实的混凝土。也称自流平混凝土。

1. 技术要求

（1）主要原材料要求

自密实混凝土由水泥、矿物掺合料、细骨料、粗骨料、外加剂、膨胀剂、水组成。所有原材料在使用前均应进行质量检验，其质量技术要求应符合国家现行有关标准的规定。

① 胶凝材料：应根据工程的特点和结构所处环境，选择合适的水泥。根据需要可加入适量的粉煤灰、矿渣粉、硅灰等活性矿物掺合料，品种和掺量应经试验确定。胶凝材料在使用前应进行质量检验，且应符合国家现行有关标准的规定。

② 骨料：细骨料宜采用Ⅱ区、级配良好的中砂，且含泥量宜≤3.0%，泥块含量宜≤1.0%；粗骨料宜采用连续级配或2个及以上单粒粒级的石子，且最大粒径宜≤20 mm，含泥量宜≤1.0%，泥块含量宜≤0.5%，针片状颗粒含量宜≤8%。其他技术要求应符合现行行业标准《普通混凝土用砂、石质量及检验方法标准》JGJ 52—2006 及其他有关技术标准的规定。

③ 外加剂：应选用高效减水剂，宜选用聚羧酸系高性能减水剂。减水剂与水泥的相容性好、减水率大、缓凝、保塑。也可掺入适量的膨胀剂，以提高混凝土的自密实性及防止混凝土硬化后产生收缩裂缝，提高混凝土的抗裂能力，同时提高混凝土的粘聚性，改善混凝土的外观质量。外加剂的性能应符合《混凝土外加剂》GB 8076—2008、《聚羧酸系高性能减水剂》JG/T 223—2007 及《混凝土膨胀剂》GB 23439—2009 的有关规定，掺量应经试验确定。

④ 纤维：为了增强混凝土的抗裂性，根据需要也可加入适量的混凝土用钢纤维、合成纤维。纤维的性能应符合《纤维混凝土结构技术规程》CECS 38：2004 的有关规定。

（2）配合比设计

配合比设计，应根据结构物的结构条件、施工条件以及环境条件所要求的强度等级和耐久性等技术要求，参照《普通混凝土配合比设计规程》JGJ 55—2011 的有关规定进行，并同时应满足下列规定：

① 单位体积粗骨料用量：粗骨料的绝对体积为 0.28 ~ 0.33 m³。

② 砂率：宜为 45% ~ 50%。

③ 坍落扩展度：宜为 600 ~ 750 mm。

④ 单位体积用水量：宜为 155 ~ 180 kg/m³。

⑤ 水粉比（体积比）：为 0.80 ~ 1.15。（粉——指水泥和掺合料的总量）。

⑥ 单位体积粉体量：根据单位用水量和水胶比计算得到的单位体积粉体量宜为 0.16 ~ 0.23 m³。

⑦ 单位体积浆体量：宜为 0.32 ~ 0.40 m³。

⑧ 含气量：宜为 1.5% ~ 4%。

2. 质量控制

（1）混凝土运抵施工现场进行浇筑前，应进行坍落扩展度检验。低于设计下限值时，未经处理不得浇筑。

（2）混凝土浇筑应连续。最大自由下落高度宜在 5 m 以下，最大水平流动距离宜≤7 m。

（3）分层浇筑时，应在下层混凝土初凝前浇筑完毕。

（4）混凝土浇筑完毕，应及时采用覆盖、洒水、喷雾或薄膜保湿、喷养护剂（液）等措施进行养护，养护时间不得少于 14 d。

（5）冬季施工时，不能向裸露部位的混凝土直接浇水养护，应用保温材料和塑料薄膜进行保温、保湿养护。

（6）质量检验：应按有关施工验收标准的规定，在施工地点抽样，每批次至少制作抗压强度试件1组。有耐久性要求的，尚应制作有关耐久性试验试件。在标准养护条件下养护至规定龄期后进行强度测定和耐久性试验。经试验，强度和耐久性均符合设计要求时，可通过验收。

（7）其他：其他有关要求参照《自密实混凝土应用技术规程》CECS 203：2006 的有关规定执行。

3. 应用

自密实混凝土适用于现场浇筑的混凝土工程和预制混凝土构件的生产，尤其适用于薄壁、钢筋密集、结构形状复杂、振捣困难的结构以及对施工噪声有特性要求的工程，如室内地面、高铁的整体道床等工程。

6.7　高性能混凝土

高性能混凝土（High performance concrete，简称 HPC）：是采用常规材料和工艺生产，具有混凝土结构所要求的各项力学性能，且具有高耐久性、高工作性和高体积稳定性的混凝土。它是一种新型高技术混凝土，是在大幅度提高普通混凝土性能的基础上采用现代混凝土技术制作的混凝土。它以耐久性作为设计主要指标，针对不同用途要求，对混凝土的耐久性、工作性、适用性、强度、体积稳定性和经济性重点予以保证。

1. 特性

高性能混凝土在配置上的特点是采用低水胶比，选用优质原材料，且必须掺加足够数量的活性矿物细掺料和高效外加剂。其主要特性如下：

（1）具有低水化热

由于高性能混凝土的配合比采用低水胶比（一般宜≤0.4），从而降低了混凝土中胶凝材料的用量，使混凝土在硬化早期具有较低的水化热，降低了混凝土内部的温度应力，避免了由于温度应力过大所造成的混凝土开裂，从而提高混凝土的耐久性。

（2）具有高工作性

高性能混凝土拌和物具有大流动性和良好的粘聚性及保水性，便于施工，在成型过程中不分层、不离析，易充满模型；泵送混凝土、自密实混凝土还具有良好的可泵性、自密实性能。可用坍落度、坍落扩展度、含气量、自由泌水率和压力泌水率等指标来衡量。

（3）具有高耐久性

高性能混凝土除通常的抗冻性、抗渗性明显高于普通混凝土之外，高性能混凝土的 Cl^- 渗透率明显低于普通混凝土。高性能混凝土由于具有较高的密实性和抗渗性，因此，其抗化学腐蚀性能显著优于普通混凝土，混凝土的耐久性好。可通过混凝土的抗渗性、抗裂性、护筋性、耐蚀性、抗冻性、耐磨性及抗碱－骨料反应等耐久性指标来评价。

（4）需掺用高效减水剂和矿物掺合料

由于采用较低的水胶比，故要保证混凝土拌和物具有良好的工作性，就必须掺用高效减水剂和活性矿物掺合料。由于矿物掺合料的细度更细，颗粒级配合理，具有更高的表面活性，从而改变了水泥石的亚微观结构，改变了水泥石与骨料间界面结构性质，提高了混凝土的工作性、致密性和耐久性。常用的活性矿物掺合料有粉煤灰、矿渣粉、硅灰等。常用的高效减水剂有聚羧酸系高性能减水剂。

（5）具有较高的体积稳定性

由于采用了较低的水胶比，并掺用合适的高效减水剂和活性矿物细掺料，从而减少了水泥的用量，使混凝土在硬化后期具有较小的收缩变形和徐变。表现为具有高弹性模量、低收缩与低徐变和较低温度变形。

普通混凝土的弹性模量为 20～25 GPa，采用适宜的材料与配合比的高性能混凝土，其弹性模量可达 40～45 GPa。采用高弹性模量、高强度的粗集料并降低混凝土中水泥浆体的含量，选用合理的配合比配制的高性能混凝土，90 天龄期的干缩值可低于 0.04%。

（6）耐火性较差

高性能混凝土在高温作用下，会产生爆裂、剥落。由于高性能混凝土的高密实度使自由水不易很快地从毛细孔中排出。在 300℃ 温度下，蒸汽压力可达 8 MPa，而在 350℃ 温度下，蒸汽压力可达 17 MPa，这样的内部压力可使混凝土中产生 5 MPa 拉应力，使混凝土发生爆炸性剥蚀和脱落。因此，高性能混凝土的耐高温性能是一个值得重视的问题。为克服这一缺点，可在高性能混凝土中掺入有机纤维，在高温下混凝土中的纤维能熔化、挥发，形成许多连通的孔隙，使高温作用产生的蒸汽压力得以释放，从而改善高性能混凝土的耐高温性能。

概括起来说，高性能混凝土就是能更好地满足结构功能要求和施工工艺要求的混凝土，能最大限度地延长混凝土结构的使用寿命。

2. 技术要求

（1）原材料要求

高性能混凝土应选用优质的原材料。各材料的技术要求如下：

① 水泥：应选用硅酸盐水泥或普通硅酸盐水泥，水泥中 C_3A 含量应 ≤8%，细度应 ≤10%，碱含量应 <0.8%，氯离子含量应 <0.1%。水泥中的 C_3A 含量高、颗粒细，比表面积就会增大，混凝土的用水量就会增加，水化速度加快，从而造成混凝土的坍落度损失过快，有时甚至会出现急凝和假凝现象；水泥中的氯离子含量过高，将会引起钢筋的锈蚀；水泥中的碱含量过高会增加混凝土的开裂倾向以及引发混凝土的碱－骨料反应。这些因素将直接影响混凝土的耐久性。

② 外加剂：用于高性能混凝土的外加剂应选用减水率高、坍落度损失小、适量引气、能明显改善和提高混凝土耐久性的外加剂。主要有聚羧系高性能减水剂，其次还有缓凝型减水剂、引气剂、泵送剂等。其技术要求应符合《聚羧系高性能减水剂》JG/T 223—2007、《混凝土外加剂》GB 8076—2008 等标准的规定。

③ 矿物掺合料：矿物掺合料是高性能混凝土的主要组成材料，它从根本上改变了传统混凝土的性能。在高性能混凝土中加入适量的磨细矿物掺合料，可以降低混凝土的温升，改善工作性，增进后期强度，改善混凝土的内部结构，提高抗化学侵蚀的能力，显著地提高其抗离子渗透性，增强对混凝土的护筋性，提高混凝土的耐久性；同时，可以节约资源，降低造价。不同的矿物掺合料对改善混凝土的物理、力学性能与耐久性具有不同的效果，应根据混凝土的设计要求与结构的工作环境加以选用，并经试验确定。高性能混凝土应选用需水量少的矿物掺合料，主要有粉煤灰、磨细矿渣粉、硅灰和超细沸石粉等。其中粉煤灰、磨细矿渣粉和超细沸石粉还能起到抑制碱－骨料反应的作用。矿物掺合料的技术要求应符合现行国家标准《高强高性能混凝土用矿物外加剂》GB/T 18736—2002 等标准的规定。

④ 骨料：高性能混凝土对骨料的外形、粒径、级配以及物理、化学性能都有一定要求。

随着配制混凝土强度等级的提高，骨料性能的影响将更为显著。其技术要求应符合《普通混凝土用砂、石质量及检验方法标准》JGJ 52—2006、《混凝土结构耐久性设计规范》GB/T 50476—2008、《高性能混凝土应用技术规程》CECS 207—2006 等有关标准的规定。

粗骨料应选择质地坚硬未风化、膨胀系数小的岩石（如花岗岩、辉绿岩、玄武岩等）。岩石的密度越大、吸水率越低（吸水率大的骨料，配制的混凝土会有较大的长期收缩，影响混凝土的抗裂性）、压碎值越小（压碎值宜＜10%），其力学性能往往越好，岩石的抗压强度不宜低于混凝土的抗压强度的1.5倍。应选用含泥（或石粉）量少、级配良好的石子（宜选用二级或多级级配，掺配比例通过试验确定）。石子具有良好的级配，才能使骨料堆积密度增大，用于填充空隙的砂浆量减少，有利于混凝土体积稳定性的提高。最大粒径宜≤25 mm，宜采用16～25 mm 和 5～16 mm 两级粗骨料配合。针、片颗粒含量应＜10%。

细骨料宜优先选用细度模数为2.6～3.0 的天然河砂，级配曲线平滑、粒形圆、石英含量高、含泥量和含粉细颗粒少为好，避免含有泥块和云母。含泥量、泥块含量过高，不仅能降低混凝土强度，同时易造成内部结构的毛细通道，不能有效的阻止有害物质的侵蚀。当采用人工砂时，更应注意控制砂子的级配和石粉含量。

（2）配合比设计

高性能混凝土配合比的设计、试配与调整，可参照现行行业标准《普通混凝土配合比设计规程》JGJ55—2011 的有关规定进行。强度和耐久性验证参照《普通混凝土力学性能试验方法标准》GB/T 50081—2002、《普通混凝土长期性能和耐久性能试验方法标准》GB/T 50082—2009、《混凝土耐久性检验评定标准》JGJ/T193—2009 等有关标准的规定进行。

3. 应用

高性能混凝土适用于耐久性要求较高的普通混凝土及预应力混凝土结构工程。

6.8　防辐射混凝土

防辐射混凝土（radiation shielding concrete）又称屏蔽混凝土、防射线混凝土。表观密度较大（＞3000 kg/m³），对 γ 射线、X 射线或中子辐射具有屏蔽能力，不易被放射线穿透的混凝土。常用作铅、钢等昂贵防射线材料的代用品。

由于氢原子核对高速中子有良好的防护作用，而水中含有较多的氢元素，因此，防辐射混凝土要采用结晶水含量高的材料来制作。为了提高结晶水含量，可采用水化热较低的硅酸盐水泥、高铝水泥或石膏矾土膨胀水泥、钡水泥、锶水泥等特种水泥。

采用重晶石（主要成分为 $BaSO_4$）、赤铁矿（主要成分为 Fe_2O_3）、磁铁矿（主要成分为 $Fe_2O_3 \cdot H_2O$）以及钢铁碎块等重质骨料。为提高其防中子辐射能力，还可掺入含硼及含锂的掺合料或集料。

防辐射混凝土用于屏蔽 X 射线、γ 射线和中子辐射作用的混凝土工程。适用于原子能反应堆、粒子加速器，以及医院、工业、农业和科研部门的放射性同位素设备的防护等工程。

项目二　职业技能

技能　普通混凝土拌和物性能及强度检测

普通混凝土拌和物性能及强度检测方法详见配套教材《建筑材料检测实训指导书与实训报告》。

模块八　建筑砂浆及其检测

【教学要求】　简要介绍建筑砂浆的组成材料及技术要求；重点讲述建筑砂浆的技术性质及影响因素，砌筑砂浆配合比的设计、试配与确定，以及砌筑砂浆拌和物的和易性、硬化砂浆强度的检测方法与检测结果评价。

项目一　职业知识

知识一　建筑砂浆的概念及组成材料

1. 建筑砂浆的概念

建筑砂浆是指由水泥基胶凝材料、细骨料、水以及根据性能要求确定的其他组分，按适当比例配合、拌制并经硬化而成的工程材料。其作用是衬垫、找平、粘结和传递应力。

按胶凝材料不同，可分为水泥砂浆、石灰砂浆、水泥石灰混合砂浆、聚合物砂浆等。

按其用途不同，可分为砌筑砂浆、抹面砂浆、装饰砂浆、防水砂浆、保温砂浆及特殊用途砂浆(如铁路螺纹道钉锚固用的硫磺砂浆、加固用的树脂砂浆)等。

按其生产方式不同，可分为施工现场拌制的砂浆和由专业生产厂生产的预拌砂浆(湿拌砂浆和干混砂浆)。

2. 组成材料

(1)胶凝材料

建筑砂浆用胶凝材料有水泥、石灰膏、电石膏、粘土膏、熟石膏粉等，主要起胶结和改善和易性作用。

① 水泥：建筑砂浆用水泥的强度等级应根据砂浆的设计强度等级和用途等要求进行选择。水泥的品种和强度等级应与砂浆的设计要求相适应。M15 以下的砂浆宜选用 32.5 级的水泥；M15 以上的砂浆宜选用 42.5 级的水泥。其技术要求应符合国家现行有关标准的规定。

② 石灰膏：生石灰熟化成石灰膏时，应用孔径不大于 3 mm × 3 mm 的网过滤，熟化时间应≥7 d；磨细生石灰粉的熟化时间应≥2 d。沉淀池中贮存的石灰膏，应采取防止干燥、冻结和污染的措施，严禁使用脱水硬化的石灰膏。消石灰粉不得直接用于建筑砂浆中。

磨细生石灰的品质指标应符合《建筑生石灰》JC/T479—2013 的有关规定。

③ 粘土膏：采用粘土或亚粘土制备粘土膏时，宜用搅拌机加水搅拌，通过孔径不大于 3 mm × 3 mm 的网过筛，用比色法鉴定粘土中的有机物含量时应浅于标准色。

④ 电石膏：制作电石膏的电石渣应用孔径不大于 3 mm × 3 mm 的网过滤，检验时应加热至 70℃并保持 20 min，没有乙炔气味后，方可使用。

石灰膏、粘土膏和电石膏试配时的稠度应为(120 ± 5) mm。

（2）细骨料

建筑砂浆用砂宜选用中砂，其中毛石砌体宜选用粗砂。砂在砂浆中主要起骨架和减少收缩作用。其技术要求应符合现行行业标准《普通混凝土用砂、石质量及检验方法标准》JGJ 52—2006 及其他技术标准的有关规定。

（3）外加剂

建筑砂浆用外加剂有砂浆剂、塑化剂、防水剂等，主要起改善和易性和提高防水性能作用。

建筑砂浆中掺入的外加剂，其技术要求应符合国家现行有关标准的要求，并经砂浆性能试验合格后，方可使用。

（4）掺合料

建筑砂浆常用的掺合料有粉煤灰、矿渣粉、聚合物等，主要起胶结和改善和易性作用。

粉煤灰和矿渣粉的品质指标应符合《用于水泥和混凝土中的粉煤灰》GB/Tl596—2005 及《用于水泥和混凝土中的粒化高炉矿渣粉》GB/T 18046—2008 的有关规定。

（5）拌和用水

拌和用水的技术要求应符合《混凝土拌和用水标准》JGJ 63—2006 的有关规定。

知识二 砌筑砂浆的技术性质

由于砌筑砂浆的组分与混凝土的组分只是少了粗骨料，故砌筑砂浆的许多技术性质与混凝土的技术性质相似。其性能试验按现行行业标准《建筑砂浆基本性能试验方法》JGJ/T 70—2009 的有关规定进行。

2.1 砂浆拌和物的性质

1. 和易性

砂浆拌和物应具有良好的和易性，能在砖、石表面比较容易地铺成均匀连续且具有所需厚度的薄层，能与所砌筑的材料紧密粘结，既便于施工操作，又能保证工程质量。砂浆的和易性包括流动性和保水性两方面。

（1）流动性

砂浆的流动性是指砂浆在自重或外力作用下流动的性质。又称稠度。用沉入度表示。用砂浆稠度测定仪来测定，以质量为（300 ± 2）g 的标准试锥自由沉入砂浆中的深度来表示，单位为 mm。砂浆稠度测定仪示意图见图8 – 1。

砂浆应具有适当的流动性。若砂浆过稠，则不易均匀密实铺平于砖、石表面；若过稀，则容易流淌，不易保证砂浆层的厚度，且强度较低，这都会影响砌体的质量。

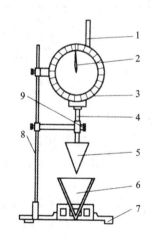

图 8 – 1 砂浆稠度测定仪

1—齿条齿杆；2—指针；3—刻度盘；
4—滑杆；5—试锥；6—盛装容器；
7—底座；8—支架；9—制动螺栓

砂浆所需的流动性与砌体的吸水性、施工条件有关。对于吸水性较强的多孔砌体和干热天气下施工的砂浆，其流动性应大一些；而对于吸水较少的密实砌体和寒冷气候下施工的砂浆，其流动性应小一些。具体选用可参照《砌筑砂浆配合比设计规程》JGJ/T98—2010 的有关规定，见表 8 – 1。

表 8 – 1　砌筑砂浆的施工稠度（JGJ/T98—2010）

砌 体 种 类	砂浆稠度/mm
烧结普通砖、粉煤灰砖砌体	70 ~ 90
混凝土砖、普通混凝土小型空心砌块、灰砂砖砌体	50 ~ 70
烧结多孔砖、烧结空心砖、轻集料混凝土小型空心砌块、蒸压加气混凝土砌块砌体	60 ~ 80
石砌体	30 ~ 50

影响砂浆流动性的因素：主要有胶凝材料的种类及数量；砂子的粗细与级配；外加剂的种类与掺量；掺合料的种类与掺量；用水量；搅拌时间等。

由此可见，当砂浆原材料确定后，其流动性的大小主要取决于用水量。

（2）保水性

保水性是指新拌砂浆保存水分的能力，表示砂浆各组成材料是否容易分离的性质。砂浆的保水性可用保水率来衡量。

保水性好的砂浆，在停放、运输和使用过程中，能很好地保持其中的水分不致很快流失或发生分层、离析，在砌筑过程中容易铺成均匀密实的砂浆层，能使胶凝材料正常水化，保证砌体有良好的质量。如果保水性不好，砂浆很容易泌水、分层、离析，甚至由于水分流失，而使流动性变差，不便于施工，同时也会削弱砂浆与砌体材料的粘结，影响砌体的质量。保水率是反映砂浆泌水情况的指标，保水率高表示砂浆泌水就少，保水性能就好。砂浆保水率要求见表 8 – 2。

表 8 – 2　砌筑砂浆的保水率（JGJ/T98—2010）

砂浆种类	保水率/%
水泥砂浆	≥80
水泥混合砂浆	≥84
预拌砂浆	≥88

2. 稳定性

稳定性是指砂浆在运输及停放时，砂浆拌和物的浆料与骨料的分离情况。以分层度来衡量，它是反映砂浆拌和物因骨料下沉、水分上浮所造成上下层稠度变异的程度，也能间接反映砂浆的保水能力。

分层度的测定方法：将测完沉入度后的新拌砂浆，按标准规定的方法一次性装满砂浆分层度测定仪，静置 30 min 后，去掉上节 200 mm 砂浆，然后将剩余的 100 mm 砂浆重新拌和 2 min，再次测定其沉入度值，前后测定的沉入度之差值即为该砂浆的分层度值，单位为 mm。砂浆分层度测定仪示意图见图 8 – 2。

一般要求砂浆的分层度为 10 ~ 20 mm 为宜，且不得

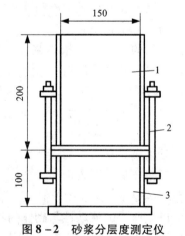

图 8 – 2　砂浆分层度测定仪

1—无底圆筒；2—连接螺栓；3—有底圆筒

大于 30 mm。分层度大于 30 mm 的砂浆容易泌水离析，不便于施工。若分层度过小，砂浆干稠，也不便施工，且胶凝材料用量较多，不经济，故砂浆分层度不宜小于 10 mm。

2.2　硬化砂浆的技术性质

1. 砂浆的强度及强度等级

砂浆的强度是用边长为 70.7 mm 的立方体试件（1 组 3 块），在标准养护条件［温度（20 ±2）℃、相对湿度 90% 以上］下，养护 28 d 所测抗压强度来确定的。它主要决定于水泥的强度和水泥用量。

砂浆立方体抗压强度按式（8 - 1）计算，精确至 0.1 MPa：

$$f_{m, cu} = K\frac{F_u}{A} \tag{8 - 1}$$

式中：$f_{m, cu}$——砂浆立方体抗压强度，MPa；

F_u——试件破坏荷载，N；

K——换算系数。对于吸水性强的基材（如烧结砖）取 1.35，对于不吸水或吸水微弱的基材（如岩石）取 1.0；

A——试件承压面积，mm^2。

抗压强度的确定：抗压强度的确定方法同混凝土抗压强度的确定。

砂浆的强度等级：是根据砂浆抗压强度的标准值 $f_{m, k}$（具有 95% 保证率的抗压强度值）来划分的。水泥砂浆及预拌砂浆可分为 M5、M7.5、M10、M15、M20、M25、M30；水泥混合砂浆可分为 M5、M7.5、M10、M15。

2. 粘结性

由于砌体材料是靠砂浆将其粘结在一起而形成坚固的整体——砌体结构，来承担和传递荷载，故要求砂浆与基材应具有一定的粘结强度。粘结强度越高，则砌体结构越牢固、强度就愈高、耐久性和抗震性就愈强。砂浆的粘结性以拉伸粘结强度来衡量。砂浆强度愈高、基层材料表面愈粗糙、清洁，粘结强度就愈高，同时与胶凝材料的种类、施工及养护等条件有关。

3. 变形性能

砂浆在荷载作用下或温、湿度变化，均会产生变形。如果变形过大或变形不均匀，均将影响砌体结构的整体性，导致砌体结构沉陷、开裂，从而影响砌体结构的承载力、耐久性和抗震性。

4. 抗冻性

对于处于严寒低温环境中的砌体结构，砂浆尚应满足有关抗冻性的要求。

知识三　砌筑砂浆配合比的设计、试配、调整与确定

砌筑砂浆配合比设计应按现行行业标准《砌筑砂浆配合比设计规程》JGJ/T98—2010 和其他有关技术标准的规定进行，在满足施工所需和易性、强度和耐久性要求的前提下，力求经济合理。

3.1 配合比设计的有关要求

（1）水泥砂浆拌和物的表观密度宜 ≥ 1900 kg/m^3；水泥混合砂浆拌和物的表观密度宜 $\geq$ 1800 kg/m^3。

（2）砂浆的稠度、保水率、稳定性、试配抗压强度必须同时符合设计要求。

（3）砌筑砂浆的分层度不得大于 30 mm。

（4）水泥砂浆中单位水泥用量应 ≥ 200 kg；水泥混合砂浆中水泥和掺合料单位总量应 $\geq$ 350 kg。

（5）具有抗冻要求的砌筑砂浆，经规定冻融循环试验后，其质量损失率应 $\leq 5\%$，抗压强度损失率应 $\leq 25\%$。

3.2 配合比的计算

1. 水泥混合砂浆配合比的计算

（1）试配强度的确定：砂浆的试配强度应按式（8-2）计算：

$$f_{m,0} = k \cdot f_2 \qquad (8-2)$$

式中：$f_{m,0}$——砂浆的试配强度，精确至 0.1 MPa；

f_2——砂浆抗压强度平均值（即砂浆的设计强度标准值），MPa；

k——根据施工单位砂浆强度标准差和施工水平确定，按表 8-3 取用。

砌筑砂浆强度标准差的确定应符合下列规定：

当有统计资料时，应按下式计算：

$$\sigma = \sqrt{\frac{\sum_{i=1}^{n} f_{m,i}^2 - n \cdot \mu_{f_m}^2}{n-1}}$$

式中：$f_{m,i}$——统计周期内同一品种砂浆第 i 组试件的强度，MPa；

μ_{f_m}——统计周期内同一品种砂浆 n 组试件强度的平均值，MPa；

n——统计周期内同一品种砂浆试件的总组数，$n \geq 25$。

当不具有近期统计资料时，砂浆强度标准差 σ 可按表 8-3 取用。

表 8-3 砂浆强度标准差 σ 及 k 值（JGJ/T98—2010）

砂浆强度等级 施工水平	M5	M7.5	M10	M15	M20	M25	M30	k
优 良	1.00	1.50	2.00	3.00	4.00	5.00	6.00	1.15
一 般	1.25	1.88	2.50	3.75	5.00	6.25	7.50	1.20
较 差	1.50	2.25	3.00	4.50	6.00	7.50	9.00	1.25

（2）水泥用量的计算：每立方米砂浆中的水泥用量 Q_C，按式（8-3）计算：

$$Q_C = \frac{1000(f_{m,0} - \beta)}{\alpha \cdot f_{ce}} \qquad (8-3)$$

式中：Q_C——每立方米砂浆的水泥用量，精确至 1kg；

$f_{m,0}$——砂浆的试配强度，精确至 0.1 MPa；

f_{ce}——水泥的实测强度，精确至 0.1 MPa；

α、β——砂浆的特征系数，其中 $\alpha = 3.03$，$\beta = -15.09$。

注：各地区也可用本地区试验资料确定 α、β 值，统计用的试验组数不得少于 30 组。

当在无法取得水泥的实测强度值时，可按式(8-4)估算 f_{ce}：

$$f_{ce} = \gamma_c \cdot f_{ce,k} \tag{8-4}$$

式中：$f_{ce,k}$——水泥强度等级对应的强度值，MPa；

γ_c——水泥强度等级值的富余系数，该值应按实际统计资料确定。无统计资料时 γ_c 可取 1.0。

(3)掺合料用量的计算：水泥混合砂浆的掺合料用量应按式(8-5)计算：

$$Q_D = Q_A - Q_C \tag{8-5}$$

式中：Q_D——每立方米砂浆的掺合料用量，精确至 1 kg；石灰膏、粘土膏使用时的稠度为 (120 ± 5) mm；当石灰膏的稠度不满足 (120 ± 5) mm 时，可按表 8-4 进行换算。

Q_C——每立方米砂浆的水泥用量，精确至 1 kg；

Q_A——每立方米砂浆中水泥和掺合料的总量，精确至 1 kg；可取 350 kg。

表 8-4 石灰膏不同稠度的换算系数(JGJ/T98—2010)

稠度/mm	120	110	100	90	80	70	60	50	40	30
换算系数	1.00	0.99	0.97	0.95	0.93	0.92	0.90	0.88	0.87	0.86

注：表中换算系数为石灰膏的质量换算系数。

(4)砂子用量 Q_S 的计算：每立方米砂浆中的砂子用量，应按干燥状态(含水率 <0.5%)砂的堆积密度值作为计算值。

(5)用水量 Q_W 的确定：每立方米砂浆中的用水量，根据砂浆稠度等要求可选用 240～310 kg。

注：① 混合砂浆中的用水量，不包括石灰膏或粘土膏中的水；② 当采用细砂或粗砂时，用水量分别取上限或下限；③ 稠度小于 70 mm 时，用水量可小于下限；④ 施工现场气候炎热或干燥季节，可酌量增加用水量。

2. 水泥砂浆配合比的计算

《铁路混凝土工程施工技术指南》铁建设[2010]241 号规定水泥砂浆配合比按下述方法计算：

(1)试配强度的确定。水泥砂浆试配强度按式(8-6)计算，其中 σ 的确定同混合砂浆：

$$f_{m,0} = f_2 + 0.645\sigma \tag{8-6}$$

(2)计算水灰比。按式(8-7)计算水灰比 W/C：

$$\frac{W}{C} = \frac{0.71 f_{ce}}{f_{m,0} + 0.71 \times 0.91 f_{ce}} \tag{8-7}$$

式中：$f_{m,0}$、f_{ce} 含义同上。

(3)确定单位用水量 Q_W。每立方米砂浆中的用水量，根据砂浆稠度等要求可选用 270～330 kg。

(4)计算单位水泥用量 Q_C。水泥用量按式(8-8)计算：

$$Q_C = \frac{Q_W}{(W/C)} \tag{8-8}$$

（5）砂子用量的计算 Q_S。每立方米砂浆中的砂子用量，应按干燥状态（含水率小于0.5%）砂子的堆积密度值作为计算值。

水泥砂浆配合比也可参照表8-5进行试配确定。

表8-5　每立方米水泥砂浆材料用量（JGJ/T 98—2010）

强度等级	水泥用量/kg	砂子用量/kg	用水量/kg
M5	200~230	砂子的堆积密度值	270~330
M7.5	230~260		
M10	260~290	砂子的堆积密度值	270~330
M15	290~330		
M20	340~400		
M25	360~410	砂子的堆积密度值	270~330
M30	430~480		

注：① M15及以下强度等级水泥砂浆，水泥强度等级为32.5级；M15以上强度等级水泥砂浆，水泥强度等级为42.5级；② 当采用细砂或粗砂时，用水量分别取上限或下限；③ 稠度小于70 mm时，用水量可小于下限；④ 施工现场气候炎热或干燥季节，可酌量增加用水量。

3.3　配合比的试配、调整与确定

（1）试配时应采用工程中实际使用的材料，搅拌应采用机械搅拌。搅拌时间：对水泥砂浆和水泥混合砂浆，不得小于120s；对掺用粉煤灰和外加剂的砂浆，不得小于180s。

（2）按计算或查表所得配合比进行试配时，应测定其拌和物的稠度、保水率和分层度，当不能满足要求时，应调整材料用量，直到符合要求为止。然后确定为试配时的基准配合比。

（3）试配时至少应采用三个不同的配合比，其中一个为基准配合比，另外两个配合比的水泥用量应按基准配合比分别增加和减少10%确定。在保证稠度、保水率和分层度符合设计要求的前提下，可将用水量或掺合料用量作相应调整。

（4）对三个不同的配合比进行调整后，应按现行行业标准《建筑砂浆基本性能试验方法》JGJ/T 70—2009的规定测定其表观密度和强度；并选定符合试配强度及和易性要求的且水泥用量最低的配合比作为砂浆的试配配合比。

（5）配合比校正：同混凝土配合比的校正。校正系数 δ 按式（8-9）计算，精确至0.01：

$$\delta = \frac{\rho_c}{\rho_t} \tag{8-9}$$

式中：ρ_c——砂浆的实测表观密度值，精确至10 kg/m³；

ρ_t——砂浆的理论表观密度值，精确至10 kg/m³；$\rho_t = Q_C + Q_D + Q_S + Q_W$。

当 $\delta > 1.02$ 或 $\delta < 0.98$ 时，则应将试配配合比中的各材料用量均乘以修正系数 δ 后，确定为砂浆设计配合比。

3.4　配合比计算实例

某房屋工程需要配制 M7.5 的砌砖用水泥混合砂浆。使用水泥为 P.C32.5 级；砂子为天然河砂，砂子为级配良好的中砂，其干燥堆积密度为 1560 kg/m³；石灰膏稠度为 120 mm，施工单位的施工质量控制水平一般，试计算该配合比。

计算步骤如下：

(1)确定配制强度 $f_{m,0}$：由于施工单位没有同强度等级砂浆强度统计的标准差，且施工质量控制水平一般，故根据表 8–3 查得 $k = 1.2$。

$$f_{m,0} = k \cdot f_2 = 1.2 \times 7.5 = 9.4(\text{MPa})$$

(2)计算水泥用量 Q_C：

$$Q_C = \frac{1000(f_{m,0} - \beta)}{\alpha \cdot f_{ce}} = \frac{1000(9.4 + 15.09)}{3.03 \times 32.5} = 249(\text{kg})$$

(3)计算石灰膏用量 Q_D：

$$Q_D = Q_A - Q_C = 350 - 249 = 101(\text{kg})$$

(4)确定单位用水量 Q_W：由于该砂浆是用于砖砌体，故砂浆的施工稠度为 70～90 mm 即可，故单位用水量暂取 300 kg。

(5)砂子用量的计算 Q_S：1 m³ 砂浆所需砂子取砂子干燥状态下的堆积密度值。

$$Q_S = 1560 \text{ kg}$$

(6)砂浆配合比计算结果归纳如下：

水泥：砂：石灰膏：水 = 249：101：1560：300 = 1：0.41：6.27：1.2

知识四　其他用途砂浆的技术性质及应用

1. 抹面砂浆

凡涂抹在建筑物和构件表面以及基底材料的表面，兼有保护基层和满足使用要求作用的砂浆，统称为抹面砂浆，也称抹灰砂浆。

根据其功能不同，抹面砂浆一般可分为普通抹面砂浆和特殊用途砂浆(如具有防水、耐酸、绝热、吸声及装饰等用途的砂浆)。

常用的普通抹面砂浆有水泥砂浆、石灰砂浆、水泥石灰混合砂浆、麻刀石灰砂浆(简称麻刀灰)、纸筋石灰砂浆(纸筋灰)等。

抹面砂浆与砌筑砂浆相比，具有以下特点：

(1)抹面层不承受荷载。

(2)抹面层与基底层要有足够的粘结强度，使其在施工中或长期自重和环境作用下不脱落、不开裂。

(3)抹面层多为薄层，并分层涂抹，面层要求平整、光洁、细致、美观。

(4)多用于干燥环境，大面积暴露在空气中。因此应具有较高的耐久性。

水泥砂浆宜用于潮湿或强度要求较高的部位；混合砂浆多用于室内底层、中层或面层抹灰；石灰砂浆、麻刀灰、纸筋灰多用于室内中层或面层抹灰。对混凝土基面多用水泥石灰混合砂浆。对于木板条基底及面层，多用纤维材料增强其抗拉强度，以防止开裂。

2. 装饰砂浆

涂抹在建筑物内、外表面，具有美化、装饰、保护建筑物的抹面砂浆称为装饰砂浆，也称饰面砂浆。装饰砂浆的底层、中层和普通抹面砂浆基本相同。主要是装饰砂浆的面层，要求选用具有一定颜色的胶凝材料、集料以及采用特殊的施工工艺，让表面呈现出不同的花纹、色彩和图案等装饰效果。

装饰砂浆所采用的胶凝材料除了普通水泥、矿渣水泥外，还可采用白水泥或彩色水泥，或在常用水泥中掺入耐碱矿物颜料，配制成彩色水泥砂浆。集料常用花岗岩、大理石等带有颜色的碎石渣或玻璃、陶瓷碎粒等。

几种常用的装饰砂浆的工艺做法：

（1）水磨石：用彩色水泥、白水泥或普通水泥加耐碱颜料和不同颜色的大理石或花岗岩渣做面层，终凝后洒水养护，待强度达到设计要求的70%后反复地进行磨平、磨光而成。

彩色水磨石强度高、耐久、光而平，应用广泛。水磨石多用于墙面、地面、柱面、台面、踢脚、隔断、水池等处。

（2）水刷石：水刷石的组成与水磨石基本相同，只是石渣的粒径稍小（约5 mm）。将水泥砂浆抹在建筑物的表面，待表面稍凝固后立即喷水洗刷表面的水泥浆层而使石渣半露出来，通过不同色泽的石渣达到装饰的目的。

水刷石多用于建筑物外墙面、阳台、檐口、勒脚等处的装饰，具有天然石材的质感，经久耐用。

（3）干粘石：在素水泥浆或聚合物水泥砂浆粘接层上，将粒径为5 mm以下的白色、彩色石渣或小石子、彩色玻璃、陶瓷碎粒，用手工甩粘或机械喷枪喷粘在其上面。

干粘石的装饰效果与水刷石相近，但它既减少喷水洗刷等湿作业、节约原材料，又具有较高的施工效率。干粘石的用途与水刷石相同，但房屋底层、勒脚一般不宜使用。

（4）拉毛：拉毛是一种比较传统的饰面作法。在水泥砂浆或水泥混合砂浆抹灰中层上抹上水泥混合砂浆、纸筋石灰或水泥石灰浆等，利用拉毛工具（铁抹子等）将砂浆拉出波纹和斑点的毛头，做成装饰面层。

拉毛一般用于内、外墙面，阳台栏板或围墙的装饰。但因墙面凹凸不平而易积灰污染。

（5）斩假石：斩假石又称剁假石、剁斧石，其配制基本与水磨石相同。它是将硬化后的水泥砂浆抹面层用钝斧剁琢变毛，其质感酷似花岗岩等天然石材。

（6）假面砖：将硬化的砂浆表面用刀斧等工具刻划成线条；或待砂浆初凝后，在其表面用木条或钢片压划出线条；也可用涂料画出线条；将墙面装饰成具有仿瓷砖、仿石材贴面的艺术效果。主要用于外墙装饰。

装饰砂浆还可用弹涂、喷涂、滚涂等施工工艺做成各样的饰面层，具有各自的装饰效果。装饰砂浆在经济上、技术上都具有一定的优越性，在建筑装饰工程中被广泛使用。

3. 防水砂浆

用于制作防水层（刚性防水）的砂浆称防水砂浆。防水砂浆一般适用于水塔、水池、隧洞、地下工程等不受振动和具有一定刚度的混凝土或砖石砌体的表面。对于变形较大或可能发生不均匀沉降的建（构）筑物不宜使用。

防水砂浆主要有刚性多层抹面的水泥砂浆、掺防水剂的防水砂浆和聚合物水泥防水砂浆等类。

（1）刚性多层抹面的水泥砂浆：由水泥加水配制的水泥素浆或由水泥、砂、水配制的水泥砂浆，将其分层交替抹压密实，以使每层毛细孔通道大部分被切断，残留的少量毛细孔也无法形成贯通的渗水孔网，硬化后的防水层具有较高的防水和抗渗性能

（2）掺防水剂的防水砂浆：在水泥砂浆中掺入各类防水剂以提高砂浆的防水性能。常用的防水剂有氯化物金属盐类、金属皂类、硅酸钠类及有机硅类等。

（3）聚合物水泥防水砂浆：用水泥、聚合物分散体作为胶凝材料与砂配制而成的砂浆。

聚合物水泥砂浆硬化后，砂浆中的聚合物可有效地封闭连通的孔隙，增强砂浆的密实性及抗裂性，从而可以改善砂浆的抗渗性及抗冲击性。聚合物分散体是在水中掺入一定量的聚合物胶乳（如合成橡胶、合成树脂、天然橡胶等）及辅助外加剂（如乳化剂、稳定剂、消泡剂、固化剂等），经搅拌而使聚合物微粒均匀分散在水中的液态材料。常用的聚合物品种有：有机硅、阳离子氯丁胶乳、乙烯－聚醋酸乙烯共聚乳液、丁苯橡胶胶乳、氯乙烯－偏氯乙烯共聚乳液等。

防水砂浆主要用于工业和民用建筑内外墙、混凝土、地下室、水池、水塔、异形屋面、隧道、厕浴间、大坝等部位的防水、防渗、防潮及渗漏修复工程。

防水砂浆施工方法有人工多层抹压法和喷射法等。各种方法都是以防水抗渗为目的，减少砂浆内部连通毛细孔，提高砂浆的密实度。

4. 保温砂浆

保温砂浆是指由阻隔型保温材料和砂浆材料混合而成的，用于构筑建筑表面保温层的一种建筑材料。分为无机保温砂浆和有机保温砂浆两类。

无机类保温砂浆是以无机玻化微珠（又称闭孔膨胀珍珠岩）、复合硅酸铝或珍珠岩作为轻骨料，与无机胶凝材料、抗裂添加剂及其他填充料等组成的干粉砂浆。

有机类保温砂浆主要由聚苯颗粒与胶凝材料、抗裂添加剂及其他填充料等组成的干粉砂浆。

无机类保温砂浆具有节能利废、保温隔热、防火防冻、耐老化、环保等优异性能。

有机类保温砂浆虽然也具有无机类保温砂浆优越的保温性能，且综合造价较低，但是安全性能不高，由于其不耐高温、易燃，近年来已经越来越少使用，特别是使用胶粉聚苯颗粒保温砂浆的央视大楼和上海教师公寓发生火灾之后，该材料最终会被其他材料所取代。

保温砂浆及其相应体系的抗裂砂浆，适应于多层及高层建筑的钢筋混凝土、加气混凝土、砌块、烧结砖和非烧结砖等墙体的内外保温抹灰工程，对于当今各类旧建筑物的保温改造工程也很适用。

5. 吸声砂浆

一般采用轻质多孔骨料拌制而成的吸声砂浆，由于其骨料内部孔隙率大，因此吸声性能也十分优良。吸声砂浆还可以在砂浆中掺入锯末、玻璃纤维、矿物棉等材料。吸声砂浆主要用于室内吸声墙面和顶面。

6. 耐腐蚀砂浆

耐腐蚀砂浆主要有耐酸砂浆、耐碱砂浆、耐铵砂浆和硫黄砂浆。

（1）耐酸砂浆：以水玻璃为胶凝材料、石英粉等为耐酸粉料、氟硅酸钠为固化剂与耐酸集料配制而成的砂浆。具有良好的耐腐蚀、防水、绝缘等性能和较高的粘结强度，可用于一般耐酸车间的地面。

（2）耐碱砂浆：以普通硅酸盐水泥、砂和粉料加水拌和均匀后，再加入复合酚醛树脂充分搅拌而成，有时掺加石棉绒。砂及粉料应选用耐碱性能好的石灰岩、白云岩等集料，常温下能抵抗330 g/L以下的氢氧化钠浓度的碱类侵蚀。

（3）耐铵砂浆：先以高铝水泥、氧化镁粉和石英砂干拌均匀后，再加入复合酚醛树脂充分搅拌制成。砂及粉料应选用耐碱性能好的石灰岩、白云岩等集料，能耐各种铵盐、氨水等侵蚀，但不耐酸和碱。

（4）硫黄砂浆：以硫黄为胶结料，聚硫橡胶为增塑剂，加入耐酸粉料和集料，经加热熬制而成的砂浆。采用石英粉、辉绿岩粉、安山岩粉作为耐酸粉料和细骨料。硫黄砂浆具有密实、强度高、硬化快、能耐大多数无机酸、中性盐和酸性盐的腐蚀，但不耐浓度在5%以上的硝酸、强碱和有机溶液，耐磨和耐火性均差，脆性和收缩性较大，且对环境有污染作用。一般多用于粘结块材，灌筑管道接口及地面、设备基础、储罐等处。

项目二　职业技能

技能　砂浆拌和物性能及强度检测

砂浆拌和物性能及强度检测方法详见配套教材《建筑材料检测实训指导书与实训报告》。

模块九　建筑用钢材及其检测

【教学要求】　简要介绍钢材的化学组成与分类；结合工程实例，重点讲述钢材的技术性质及冷加工与热处理对钢材性能的影响、建筑工程中常用钢材的技术要求与应用、钢筋的连接与验收、钢材质量检验样品的抽取以及力学与工艺性能的检测方法与检测结果评定。

项目一　职业知识

知识一　钢材的分类

建筑用钢材包括各种型钢、钢板、钢带、钢管、钢筋、钢丝、钢绞线等。它们具有组织均匀密实、强度硬度高、塑性韧性好等性能，能铸成各种形状的铸件，轧制成各种形状的钢材，能进行切割、焊接和铆接等各种形式的加工。广泛应用于房屋、铁路、公路等钢结构和钢筋混凝土结构中，不仅适用于一般土建工程，更适用于大跨度结构和高层建筑。

1. 铁与钢的区别

铁：俗称生铁，是指含碳量 C >2% 的铁碳合金，硅、锰、磷、硫等杂质含量较多。生铁坚硬，抗压强度高，耐磨，铸造性好。但生铁脆，塑性和韧性差，抗拉强度低，不能锻压，常用来铸造各种机床床座，铁管等，故又称为铸铁。

钢：由铁精炼而成，含碳量 C <2% 的铁碳合金，硅、锰、磷、硫等杂质含量较少。钢具有良好的塑性和韧性，抗拉强度高，可焊接、铆接，加工性能好。但是，钢易锈蚀，且耐火性差，在持续高温作用下，会软化而失去其强度。

2. 钢材的分类

（1）按化学成分分

①碳素钢
- 低碳钢：含碳量 C <0.25%
- 中碳钢：含碳量 C 为 0.25% ~0.6%
- 高碳钢：含碳量 C >0.6%

②合金钢
- 低合金钢：合金元素总含量 <5%
- 中合金钢：合金元素总含量为 5% ~10%
- 高合金钢：合金元素总含量 >10%

合金钢是在碳素钢中加入一种或多种合金元素，以改善钢的性能获得某些特殊性能要求的钢材。

（2）按质量等级分

① 普通碳素钢：含磷量（P）≤0.045%，含硫量（S）≤0.050%

② 优质碳素钢：含磷量（P）≤0.040%，含硫量（S）≤0.035%

③ 高级优质碳素钢：含磷量（P）≤0.035%，含硫量（S）≤0.030%

（3）按用途分

① 结构钢：用于建筑工程中的钢筋混凝土和钢结构用钢材，机械制造用结构钢材。

② 工具钢：用于制造切削工具、量具、模具等的钢材。

③ 特殊钢：如不锈钢、耐热钢、耐磨钢、磁钢等。

（4）按脱氧程度分

① 沸腾钢（F）：在冶炼过程中，因脱氧不完全，钢的收缩率大，偏析严重（合金中各组成元素在结晶时分布不均匀的现象称为偏析），组织不致密，力学性能波动较大，故不适用于制造对力学性能要求较高的零部件，只限于生产普通低碳钢。

② 镇静钢（Z）：在冶炼过程中，因脱氧完全，钢的收缩率低，组织致密，偏析小，质量均匀，冷脆性和时效敏感性较低，疲劳强度较高，可焊性好，适用于承受冲击荷载或其他重要结构。优质钢和合金钢一般都是镇静钢。

③ 半镇静钢（b）：脱氧程度介于沸腾钢和镇静钢之间。其性能介于镇静钢和沸腾钢之间，含碳量一般低于0.25%，可作为普通或优质碳素结构钢使用。

④ 特殊镇静钢（TZ）：比镇静钢脱氧程度更充分彻底。特殊镇静钢的质量更好，适用于特别重要的结构工程。

知识二　钢材的技术性能

钢材的性能主要包括力学性能和工艺性能。钢材的力学性能包括拉伸、冲击韧性、硬度、疲劳强度等；工艺性能包括冷弯、焊接等加工性能。

1. 力学性能

（1）拉伸性能

拉伸性能是建筑钢材最常用、也是最重要的性能。而应用最广泛的低碳钢（因含碳量低，硬度不大，常称之为软钢），在拉伸过程中所表现的应力与变形的关系最具有代表性，其"应力－应变"曲线图如图9－1。中、高碳钢（含碳量较高，硬度较大，常称之为硬钢）其"应力－应变"曲线图如图9－2。

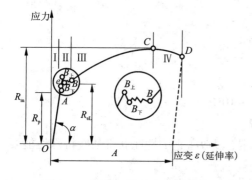

图9－1　低碳钢的应力－应变图

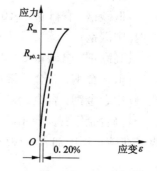

图9－2　中、高碳钢的应力－应变图

低碳钢在拉伸过程中，其应力与变形的变化可分为弹性、屈服、强化和颈缩四个阶段。

① 弹性阶段（Ⅰ）：应力与应变成正比，见图9－1中直线 OA 段，在此过程中卸去荷载，试件将恢复到原来的形状和尺寸，无塑性变形，此阶段产生的变形称为弹性变形。曲线 A 点

对应的应力叫做**弹性极限**（比例极限），以 R_p 表示。在弹性阶段，应力与变形的比值称为**弹性模量**（E），即 $E = R_p/\varepsilon = \tan\alpha$。钢材的弹性模量值大约为 $E = 2 \times 10^5 \mathrm{MPa}$。弹性模量值的大小反映材料抵抗变形能力的大小。$E$ 值愈大，使其产生同样弹性变形的应力值也愈大。

②屈服阶段（Ⅱ）：当应力超过弹性极限 A 点后，应力与变形不再成正比关系。由于钢材内部晶粒滑移，使荷载在一个较小的范围内波动，而变形却急剧增加，这一波动阶段叫做屈服阶段。此时卸除外力，试件的变形不能完全恢复，已产生了一定的残余变形，即塑性变形。AB 段的最高点（$B_\text{上}$）所对应的应力称为**上屈服点**（上屈服强度），用 R_eH 表示；最低点（$B_\text{下}$）所对应的应力称为**下屈服点**（下屈服强度），用 R_eL 表示，按式（9-1）计算，单位为 MPa：

$$R_\text{eL} = \frac{F_\text{eL}}{S_0} \tag{9-1}$$

式中：F_eL——屈服阶段的最小荷载，N；

S_0——试件的初始横截面面积，mm^2。

不同拉伸曲线的上屈服强度（R_eH）和下屈服强度（R_eL）的确定见图 9-3 所示。

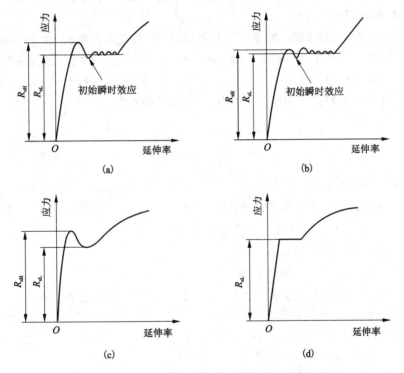

图 9-3　不同类型曲线的上屈服强度和下屈服强度

当钢材受力达到屈服点后，变形即迅速发展，虽然尚未破坏，但已不能满足正常使用要求。故钢材在结构中受力不得进入屈服阶段（即必须在弹性阶段内工作），否则将产生较大的塑性变形而使结构不能正常工作，并可能导致结构的破坏。因此，在结构设计中，要以屈服强度（下屈服点）作为钢材强度取值的依据。

对于中、高碳钢（硬钢），其强度高、变形小，"应力-应变"图显得高而窄，如图 9-2 所示，它没有明显的屈服现象，其屈服强度是以试件在拉伸过程中产生 0.2% 塑性变形（残余变形)时的非比例延伸强度 $R_{p0.2}$ 代替,称为条件屈服点。

③ 强化阶段(Ⅲ):钢材从弹性阶段到屈服阶段,其变形从弹性转化为塑性,钢材内部组织产生晶格滑移。当应力超过屈服强度后,由于钢材内部组织产生晶格畸变,钢材得到强化,使其抵抗外力的能力又重新提高。此时的变形发展速度虽然也较快,但却是随着应力的增加而增加,故称为强化阶段,见图 9-1 曲线 BC 段。对应于最高点 C 的应力称为抗拉强度(极限强度),以 R_m 表示,按式(9-2)计算,单位为 MPa:

$$R_m = \frac{F_m}{S_0}$$ (9-2)

式中:F_m——最大荷载,N。

钢材的屈服强度与抗拉强度之比(R_{eL}/R_m)称为屈强比。屈强比是反映钢材利用率和安全可靠度的一个指标。屈强比较小,钢材的利用率虽较低,但结构或构件的可靠性较高。如果由于超载、材质不匀、受力偏心等多方面原因,使钢材进入了屈服阶段,但因其抗拉强度远高于屈服强度,而不至于立刻断裂,其明显的塑性变形会被人们发现并采取补救措施,从而保证安全;屈强比过大,钢材的利用率虽然高,但结构或构件的可靠性较低。合理的屈强比应在 0.6~0.8 之间。

④ 颈缩阶段(Ⅳ):当荷载增加至极限 C 点以后,试件变形急剧增大,钢材抵抗变形能力明显下降,在试件最薄弱处的横断面开始迅速缩小,出现"颈缩"现象,直至断裂,如图 9-4 所示,最后在曲线的 D 点处断裂(见图 9-1)。这一阶段(曲线 CD 段)称为颈缩阶段。

钢材的塑性表示钢材在外力作用下产生塑性变形而不断裂的能力,用断后伸长率 A 表示,按式(9-3)计算:

$$A = \frac{L_u - L_0}{L_0} \times 100\%$$ (9-3)

式中:A——钢材的断后伸长率,%;

$\quad L_0$——试件的原始标距(比例试样:$L_0 = 5.65\sqrt{S_0}$,且应 ≥15 mm;当试样横截面较小时,可采用 $L_0 = 11.3\sqrt{S_0}$ 或非比例试样),mm;

$\quad L_u$——试件的断后标距,mm。

试件断后标距的测量:原则上只有断裂处与最接近的标距标记的距离不小于 $L_0/3$ 时,方为有效。但断后伸长率大于或等于产品规定值时,不管断裂位置处于原始标距内的任何位置,均为有效。如断裂处与最接近的标距标记的距离小于 $L_0/3$ 时,可采用移位法进行断后标距的测量,见图 9-4 所示。试验前将原始标距 L_0 细分为 N 等分(每等分为 10 mm 或 5 mm),试验结束后,将断裂的两截试样的断口紧密对接好,然后按下述方法测量断后标距:

当($N-n$)为偶数时[见图 9-4(a)],则断后标距 $L_u = L_{XY} + 2L_{YZ}$;

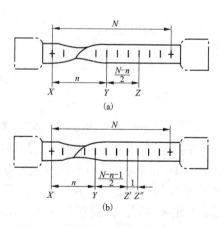

图 9-4　颈缩现象及断后标距的测量

当 $N-n$ 为奇数时［见图 9-4(b)］，则断后标距 $L_u = L_{XY} + 2L_{YZ'} + L_{Z'Z''}$。

伸长率的值愈大，说明钢材断裂时产生的塑性变形愈大，其塑性就愈好。尽管结构在弹性范围内使用，但在应力集中处，其应力可能超过屈服点，有一定的塑性变形，可保证应力重新分布，从而避免了结构的破坏。因此，凡用于结构的钢材，必须满足规范规定的屈服强度、抗拉强度和伸长率指标的要求。

（2）冲击韧性

钢材抵抗冲击荷载破坏的能力称为冲击韧性。

钢材冲击韧性的好与差，可用冲击功或冲击值两种方法来表示。用标准试件作冲击试验时，在冲断过程中，试件所消耗的功称为冲击功 A_K（试验机上可直接读取，见图 9-5）；而单位面积材料所消耗的功称为冲击值 α_k，按式（9-4）计算：

$$A_k = F(H-h) \quad \text{或} \quad \alpha_K = \frac{A_k}{A_0} = \frac{F(H-h)}{A_0} \tag{9-4}$$

式中：A_k——冲击功，J；

$\quad\quad \alpha_k$——冲击值，J/cm²；

$\quad\quad F$——摆锤重量，N；

$\quad\quad H、h$——下摆前、冲断后的摆锤中心的高度，m；

$\quad\quad A_0$——标准试件缺口处的净面积，cm²。

显然，A_k 和 α_k 值愈大，说明钢材断裂前吸收的能量越多，钢材的冲击韧性就越好。对于经常受较大冲击荷载作用的钢材必须满足规范规定的冲击韧性指标（A_k 或 α_k）的要求。

温度对钢材的冲击韧性影响很大，钢材在低温条件下，冲击韧性会显著下降，钢材由塑性状态转化为脆性状态，这一现象称为冷脆。在实用上，对钢材冷脆性的评定，通常是在 -20℃、

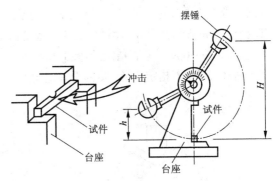

图 9-5　钢材的冲击试验

-30℃、-40℃ 三个温度下分别测定其冲击功 A_k 或冲击值 α_k，由此来判断脆性转变温度的高低。钢材的脆性转变温度应低于其实际使用环境的最低温度。对于铁路桥梁用钢，则规定在 -40℃ 下的冲击值 $\alpha_k \geqslant 30$ J/cm²，以防止钢材在使用中突然发生脆性断裂。

（3）疲劳强度

钢材在交变荷载的反复作用下，其应力往往在远小于其抗拉强度甚至小于屈服强度的情况下就突然发生断裂，这种现象称为钢材的疲劳破坏。

钢材的疲劳强度通常是指试件在反复的交变荷载作用下，在规定的周期基数（循环次数）内不发生断裂所能承受的最大应力值。周期基数一般为 200 万次或 400 万次以上。

钢材的疲劳强度与其组织结构、表面质量、合金成分、夹杂物和应力集中等因素有关。

钢材疲劳断裂的过程，一般认为是在重复的交变荷载作用下，虽然荷载值远小于最大荷载甚至小于屈服荷载，但在构件的最薄弱区域，首先产生很小的疲劳裂纹，并随交变荷载循环次数的增加而扩展，从而使钢材的有效承载截面不断缩小，以致不能承受所加荷载而突然断裂。

因此，当制作承受反复交变荷载作用的结构或构件时，需要对所用钢材进行疲劳测试。

（4）硬度

钢材的硬度是钢材表面抵抗其他较硬物体压入产生局部变形的能力。硬度是衡量钢材软硬程度的一个指标。测定钢材硬度的方法，通常有布氏硬度、洛氏硬度和维氏硬度三种方法。

① 布氏硬度：在布氏硬度试验机上，对一定直径的硬质淬火钢球加以一定的压力，将它压入钢材的光滑表面上形成凹陷，将压力除以凹陷面积，即得布氏硬度值（N/mm^2），用 HB 代表。可见布氏硬度是在单位凹陷面积上所承受的压力。HB 值愈大，表示钢愈硬。

② 洛氏硬度：在洛氏硬度试验机上，用120°的金刚圆锥压头或淬火钢球对钢材进行压陷，以一定压力作用下压痕的深度（按一定关系换算）表示的硬度作为洛氏硬度，用 HR 表示，根据压头类型和压力大小的不同，有 HRA、HRB、HRC 之分。

③ 维氏硬度：在维氏硬度试验机上，用136°的金刚棱锥压头对钢材进行压陷，以每单位凹陷面积上所承受的压力表示的硬度作为维氏硬度，用 HV 代表。

通常，钢材的抗拉强度愈高，其塑性变形抵抗力就愈强，硬度就愈高。

2. 工艺性能

冷弯性能和焊接性能是建筑钢材重要的工艺性能。

（1）冷弯性能

冷弯性能是指钢材在常温下承受弯曲塑性变形而不断裂的能力。在工程中，常常需要将钢板、钢筋等钢材弯成所要求的形状，冷弯试验就是模拟钢材弯曲加工而确定的。衡量钢材弯曲能力的指标有两个：一是弯芯直径 D，用试件的厚度或直径 d 的倍数表示（$D = nd$，$n = 0, 1, 2, \cdots$）；二是弯转角度，如图 9-6 所示。若指定的弯芯直径越小，弯转角度越大，说明对钢材弯曲性能的要求就越高。钢材试件绕着指定弯径、弯曲至指定角度后，无肉眼可见的裂纹为冷弯性能合格。

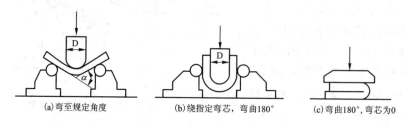

(a)弯至规定角度   (b)绕指定弯芯，弯曲180°   (c)弯曲180°，弯芯为0

图 9-6 钢材的冷弯试验

通过冷弯试验可以检查钢材内部存在的缺陷，如钢材因冶炼、轧制过程所产生的气孔、杂质、裂纹、严重偏析等。所以，钢材的冷弯指标不仅是工艺性能的要求，也是衡量钢材质量的重要指标。

钢材的伸长率和冷弯性能都反映了钢材的塑性，但伸长率是反映钢材在轴向均匀变形下的塑性，而冷弯却反映钢材在局部变形状态下的塑性，它比伸长率更能反映钢材内部组织状态、内应力及杂质等缺陷。伸长率合格的钢材，其冷弯性能不一定合格。因此，凡是建筑结构用的钢材，还必须满足冷弯性能的要求。

（2）焊接性能

焊接是连接钢构件的主要形式，无论是钢结构，还是钢筋骨架、接头及预埋件的连接等，大多数是采用焊接的，这就要求钢材具有良好的可焊性。

　　钢材在焊接过程中，由于受局部高温的作用，焊缝及其附近的过热区（热影响区）将发生晶体结构的变化，使焊缝周围产生硬脆倾向，降低焊件的使用质量。钢材的可焊性就是指钢材在焊接后，其焊接接头连结的牢固程度和硬脆倾向大小的一种性能。可焊性良好的钢材，焊接时不易形成裂纹、气孔、夹渣等缺陷，焊接后的焊接头牢固可靠，硬脆倾向小，焊缝处及附近仍能保持与母材基本相同的性能。

　　钢的化学成分、冶炼质量及冷加工等，对钢材的可焊性影响很大。试验表明，含碳量小于0.25%的碳素钢具有良好的可焊性，随着含碳量的增加，可焊性下降；硫、磷以及气体杂质均会显著降低可焊性；加入过多的合金元素，也将在不同程度上降低可焊性。因此，对焊接结构用钢，宜选用含碳量较低、杂质含量少的平炉镇静钢。对于高碳钢和合金钢，需采用焊前预热和焊后热处理等措施，来改善焊后的硬脆性。

　　对于焊接结构用钢及其焊缝，应按规定进行焊接接头的拉伸、冷弯、冲击、疲劳等项试验，以检查其焊接质量。

知识三　化学成分对钢材性能的影响

　　碳（C）：碳是决定钢材性能的主要元素。当钢材中含碳量<0.8%时，随含碳量的增加，其抗拉强度和硬度相应提高，而塑性和韧性相应降低；当含碳量>1.0%时，其抗拉强度开始下降。此外，随含碳量的增加，钢材的焊接性能和冷加工（冲压、拉拔）性能变差，冷脆性和时效敏感性增加，耐锈蚀能力下降。故建筑用钢材的含碳量应≤0.8%。

　　锰（Mn）：有益的合金元素。在建筑钢材中其含量为1.0%~2.0%，可在保持钢材原有塑性和韧性条件下，较显著提高钢材的屈服强度、抗拉强度、硬度和耐磨性，消减热脆性，改善热加工性。但含量过高，将显著降低钢材的可焊性。

　　硅（Si）：有益的合金元素。在建筑钢材中硅的含量≤0.80%，可提高钢材的抗拉强度，对钢材的塑性和韧性无明显影响。但若硅的含量>1.0%，则会增加钢材的冷脆性，降低钢材的可焊性和冷加工性。

　　硫（S）：有害的杂质元素。具有严重偏析作用，其最大的危害是引起钢在热加工时开裂，即产生热脆，使钢的可焊性降低，造成焊缝中产生气孔和疏松；同时也使钢的塑性、韧性和力学性能降低。但能提高钢材的切削加工性。建筑钢材中的硫含量应≤0.050%。

　　磷（P）：有害的杂质元素。它能提高钢的强度、硬度，但塑性、韧性降低，尤其是冷脆性增大，可焊性显著降低。磷也能提高钢的切削性能、耐磨性和抗蚀性。建筑钢材中磷的含量应≤0.045%。

　　氧（O）：有害的杂质元素。随钢中含氧量增加，钢的塑性、韧性降低，耐腐蚀性、耐磨性降低，可焊性、冷冲压性、锻造加工性及切削加工性变差。

　　氮（N）：有害的杂质元素。由于氮的时效作用，使钢的硬度、强度提高，塑性和韧性降低，可焊性变差。对于普通低合金钢来说，时效现象是有害的，会加剧钢的冷脆性。

　　其他元素：钢材中还含有镍（Ni）、铬（Cr）、铜（Cu）、钒（V）等合金元素。镍能提高钢的强度、抗腐蚀性和韧性；铬可提高钢的淬透性、抗腐蚀稳定性和抗氧化性；铜对抗腐蚀有良好作用；钒能增强钢的抗磨损能力和延展性。

知识四 钢材的腐蚀与防护

1. 钢材的腐蚀

钢材和周围介质接触时，由于发生化学反应和电化学作用而引起的破坏称为钢材的腐蚀。钢材被腐蚀后，其外形、色泽和力学性能将发生变化，从而影响其耐久性。钢材的腐蚀过程，可分为化学腐蚀或电化学腐蚀。

（1）化学腐蚀：是钢材与周围非电解质介质接触时，所发生的单纯化学作用而引起的腐蚀，主要表现为氧化作用，使钢材表面形成疏松的氧化铁。在常温下，钢材表面能形成一薄层钝化能力很弱的氧化保护膜 Fe_2O_3，在干燥环境下，能阻止钢材的进一步腐蚀；但在温度和湿度较高的环境中，这种氧化作用会加速钢材的腐蚀。

（2）电化学腐蚀：当钢材与电解液（如：酸、碱、盐溶液）接触时，由电化学作用而引起的腐蚀称为电化学腐蚀。由于钢材是由不同的金属和非金属元素组成的合金材料，当它们与电解质溶液接触时，将具有不同的电极电位，结果在钢材中形成大量的微小原电池，从而产生电化学腐蚀。

在实际中，由单纯的化学腐蚀所引起的钢材损耗较少，更多的是电化学腐蚀引起的，故在生产中应重视电化学腐蚀的危害。

2. 钢材腐蚀的防护

防止钢材腐蚀常用的方法如下：

（1）添加合金元素：在炼钢过程中加入一定量的合金元素（如：铬 Cr）时，钢基体的电极电位得以提高，从而提高其抵抗电化学腐蚀的能力。

（2）覆盖法：在钢材表面覆盖一薄层耐蚀性很强的金属或非金属物质，使钢材同腐蚀介质隔离，从而达到防腐的目的。

① 金属覆盖法：在钢材表面热镀锌或电镀铜、铬等金属元素。

② 非金属覆盖法：在钢材表面喷涂涂料、塑料、搪瓷等。

（3）电化学保护法：将被保护的钢材作为原电池的阴极而不受腐蚀的方法，故又称为阴极保护法。包括牺牲阳极保护法和外加电流法。

① 牺牲阳极保护法：在钢材结构上接一块较钢材还原性强的金属（如锌、镁等），与被保护的钢材结构相连构成原电池，还原性较强的金属将作为原电池的阳极发生氧化反应而消耗，而被保护的钢结构作为原电池的阴极就可以避免腐蚀。这种方法在那些不容易或不能覆盖保护层的钢结构（如蒸汽锅炉、轮船外壳、地下管道、道桥建筑等）常被采用。

② 外加电流法：在钢材结构附近安放一些废钢铁或其他难熔金属（如高硅铁及铅银合金等），将外加直流电源的负极接在被保护的钢材结构上，正极接在废钢铁或难熔的金属上，通电后则废钢铁或难熔金属成为阳极而被腐蚀，钢材结构成为负极而得到保护。

埋于混凝土中的钢筋，因系处于碱性介质的条件（新浇筑的混凝土的 pH 值约为 12.5）下，而氧化膜也为碱性，故不致锈蚀。但若混凝土中含有卤素离子，特别是氯离子，它们能破坏保护膜，使锈蚀迅速发展。对于预应力钢筋，一般含碳量较高，且多系经过冷加工或热处理，更容易产生锈蚀，因此，应根据混凝土结构所处环境条件，严格控制混凝土中氯离子的含量。

知识五　钢材的冷加工与热处理

1. 钢材的冷加工

凡在常温下对钢材进行强力拉、拔、轧、扭的加工称为冷加工。钢材经冷加工，使其产生一定的塑性变形，其屈服强度、硬度均有所提高，但其塑性、韧性和弹性模量有所降低，这种现象称为冷加工强化。

（1）冷拉

将钢筋用拉伸设备在常温下拉长，使其产生一定的塑性变形，这就是冷拉。冷拉主要用于盘条钢筋的拉直和制作冷拉钢筋。

① 用于盘条钢筋拉直：用冷拉方法可将盘条钢筋拉直，一般只控制其冷拉率（拉长的百分率）为 6% ~ 10%，称为单控。这样的冷拉，能使钢筋的强度提高 10% ~ 20%，长度增加 6% ~ 10%，达到矫直、除锈、节约钢材的效果。一般的工地均可进行。

② 用于制作冷拉钢筋：将热轧钢筋进行冷拉，同时控制冷拉力（使之达到规范规定的冷拉应力）和冷拉率的最大值，称为双控。由于控制了冷拉力，能使冷拉钢筋的强度达到指定标准，得到一个新的钢筋品种——冷拉钢筋。

（2）冷拔

将钢筋通过用硬质合金制成的拔细模孔强行拉拔，每次可拔细 0.5 ~ 1 mm，可拔多次。由于模孔直径略小于钢筋直径，从而使钢筋受拉拔的同时，在与模孔接触处受到强力挤压使其内部更加紧密，钢筋的强度和硬度大为提高，但塑性、韧性下降很多，具有硬钢性能。

用冷拔的方法，将 $\phi 6 ~ \phi 10$ mm 的低碳钢筋拔制成的冷拔低碳钢丝，强度一般可提高 40% ~ 60%，长度增加 40% ~ 70%，并且矫直、除锈。这在一般的钢筋加工厂便可进行。

用于大跨度结构、桥梁的高强钢丝，也是用优质碳素钢经多次冷拔和热处理制成的。

（3）冷轧

在常温下将钢板通过两个辊轴进行辗压，强力压薄，可以制作强度较高的冷轧钢板；对热轧光圆钢筋经过冷轧，可制得表面带肋的冷轧带肋钢筋；对高强钢丝进行冷轧，可制得表面轧有许多凹痕的刻痕钢丝等。既提高了钢筋的强度，达到节约钢筋的目的，也增强了钢筋与混凝土的粘结力。

（4）冷轧扭

在常温下将热轧钢筋先行轧扁，再扭成麻花状，制成冷轧扭钢筋。既提高了钢筋的强度，达到节约钢筋的目的，也增强了钢筋与混凝土的粘结力。

2. 冷加工时效

经冷加工强化后的钢材，放置一段时间后，不但其屈服强度继续提高，抗拉强度也会提高，而塑性、韧性进一步下降。这一效果称为钢材的冷加工时效。钢材经冷加工和时效后的应力 - 应变曲线图见图 9 - 7。

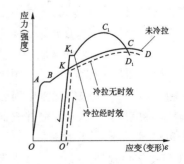

图 9 - 7　钢材冷拉时效后应力 - 应变曲线图

冷加工强化后的钢材放置一段时间后所产生的时效称为自然时效。若将冷加工强化后的钢材加热到 100 ~ 200℃，保持 2 h，同样也可以达到上述的效果，这称为人工时效。

实际工程中，钢材在冷加工后并不能立即进入结构中受荷，至少要经过一段施工过程，这时的钢材已具有了强化和时效的综合效果。而且不仅冷拉具有这一效果，冷拔，冷轧后的钢材也具有上述效果。

钢材经过冷拉、冷拔、冷轧等冷加工之后产生强化和时效，使钢材的强度、硬度提高，塑性、韧性下降。利用这一性质，可以提高钢材的利用率，达到节省钢材、提高经济效益的目的。但应兼顾强度和塑性两方面的合理程度，不可因过分提高强度而使塑性、韧性下降过多，反而影响其质量。经过冷加工的钢材，不得用于承受动荷载作用的结构，也不得用于焊接施工。

3. 热处理

金属热处理工艺大体可分为整体热处理、表面热处理和化学热处理三大类。根据加热介质、加热温度和冷却方法的不同，每一大类又可区分为若干不同的热处理工艺。

(1) 整体热处理

整体热处理是对工件整体加热，然后以适当的速度冷却，以改变其整体力学性能的金属热处理工艺。钢铁整体热处理大致有退火、正火、淬火和回火四种基本工艺。

① 退火：将钢加热到适当温度，保温一定时间，然后缓慢冷却，以获得接近平衡组织的热处理工艺。目的是降低硬度，改善切削加工性；消除残余应力，稳定尺寸，减少变形与裂纹倾向；细化晶粒，调整组织，消除组织缺陷。

② 正火：将钢加热到临界温度以上，使钢全部转变为均匀的奥氏体，然后在空气中自然冷却的热处理方法。目的是去除材料的内应力、降低材料的硬度、提高其加工性。

③ 淬火：将中高碳钢加热到临界点以上，保温一定时间后急速冷却，以获得高硬度组织的热处理工艺。冷却介质可以是水、食盐水及油。淬火能大幅提高钢的强度、硬度、耐磨性、疲劳强度以及韧性等性能。

④ 回火：将淬火后的钢材重新加热至某一温度，并保温一定时间后，以适当方式冷却到室温的热处理工艺。回火的主要目的是消除淬火时产生的残留应力，防止变形和开裂；调整工件的硬度、强度、塑性和韧性；稳定组织与尺寸；改善和提高加工性能。

(2) 表面热处理

通过对钢件表面的加热、冷却以改变其表层的组织，而内部仍保持原来的组织的金属热处理工艺。其目的是获得高硬度的表面层和有利的内应力分布，以提高钢件的耐磨性能和抗疲劳性能。常用表面热处理方法有火焰加热表面淬火和感应加热表面淬火两种。

① 火焰加热表面淬火：是利用乙炔－氧混合气体燃烧的火焰，喷射到钢件表面上，使之快速加热，当达到淬火温度时立即喷水冷却，从而获得预期硬度和淬火硬层深度的一种方法。火焰加热表面淬火的深度一般为 2～6 mm。

② 感应加热表面淬火：是利用电磁感应的原理，使零件在交变磁场中切割磁力线，在表面产生感应电流，又根据交流电集肤效应，以涡流形式将零件表面快速加热，而后急冷的淬火方法。感应加热淬火后，钢件表面的硬度高、脆性小；内部保持较好的塑性和韧性；疲劳强度和耐磨性等有很大的提高。

(3) 化学热处理

化学热处理是利用化学反应、有时兼用物理方法改变钢件表层化学成分及组织结构，以便得到比均质材料更好的技术经济效益的金属热处理工艺。

经化学热处理后的钢件，其耐磨性、疲劳强度、抗蚀性与抗高温氧化性均得以提高，而内部为原始成分的钢，表层则是渗入了合金元素的材料，且内部与表层之间是紧密的晶体型结合，故它比电镀等表面防护技术所获得的内、表部的结合要强得多。

根据渗入元素的不同，化学热处理可分为渗碳、渗氮、渗硼、渗硅、渗硫、渗铝、渗铬、渗锌、碳氮共渗、铝铬共渗等。

知识六　建筑工程常用钢材的技术要求

建筑工程用钢材主要采用碳素结构钢、优质碳素结构钢和低合金高强度结构钢。

碳素结构钢：其牌号由代表屈服强度的拼音字母 Q、屈服强度特征值、质量等级代号（按其含磷、硫杂质含量由多至少划分为 A、B、C、D 四个等级）、脱氧程度（沸腾钢 F、镇静钢 Z、特殊镇静钢 TZ）四部分按顺序组成。其中，镇静钢(Z)和特殊镇静钢(TZ)可以省略。按屈服强度分为 195、215、235、275 MPa 四种牌号。如 Q235AF 表示屈服强度为 235 MPa、质量等级为 A 级的沸腾钢；Q235DZ 表示屈服强度为 235 MPa、质量等级为 D 级的镇静钢或特殊镇静钢。建筑工程常用的 Q235 和 Q275 碳素结构钢的力学性能见表 9-1，其他牌号的力学性能应符合现行国家标准《碳素结构钢》GB/T 700—2006 的有关规定。

表 9-1　碳素结构钢的力学性能（GB/T 700—2006）

牌号	等级	屈服强度 R_{eL}/MPa，≥ 厚度或直径/mm			抗拉强度 R_m/MPa，≥	断后伸长率 A/%，≥ 厚度或直径/mm			冲击试验（V 型缺口） 温度/℃	冲击吸收功(纵向)A_k/J，≥
		<16	>16~40	>40~60		<16	>16~40	>40~60		
Q235	A	235	225	215	370~500	26	25	24	—	—
	B								+20	27
	C								0	
	D								-20	
Q275	A	275	265	255	410~540	22	21	20	—	—
	B								+20	27
	C								0	
	D								-20	

低合金高强度结构钢：其牌号由代表屈服强度的拼音字母 Q、屈服强度特征值、质量等级代号（A、B、C、D、E）三部分按顺序组成。按屈服强度分为 345、390、420、460、500、550、620、690 MPa 八种牌号。如 Q345D 表示屈服强度为 345 MPa、质量等级为 D 级的低合金高强度结构钢。建筑工程常用的 Q345 和 Q390 低合金高强度结构钢的力学性能见表 9-2，其他牌号的力学性能应符合现行国家标准《低合金高强度结构钢》GB/T 1591—2008 的有关规定。

6.1　钢结构用钢材

钢结构用钢材有热轧型钢、冷弯薄壁型钢、钢管和钢板等，它们都是采用碳素结构钢（Q235 或 Q275）、优质碳素结构钢或低合金高强度结构钢（Q345 或 Q390）生产加工而成。

表 9 - 2　低合金高强度结构钢的力学性能（GB/T 1591—2008）

牌号	等级	屈服强度 R_{eL}/MPa，≥				抗拉强度 R_m/MPa，≥		断后伸长率 A/%，≥	
		厚度或直径/mm				厚度或直径/mm		厚度或直径/mm	
		≤16	>16~40	>40~63	>63~80	≤40	>40~80	≤40	>40~80
Q345	A、B	345	335	325	315	470~630		≥20	≥19
	C、D、E							≥21	≥20
Q390	A、B、C、D、E	390	370	350	330	490~650		≥20	≥19

1. 热轧型钢

用加热钢坯轧成的各种几何断面形状的型钢。

常用的有工字钢、H 型钢、T 型钢、槽钢、等边角钢、不等边角钢等。型钢的规格通常以反映其断面形状的主要轮廓尺寸来表示。常用热轧型钢示意图见图 9 - 8 所示。

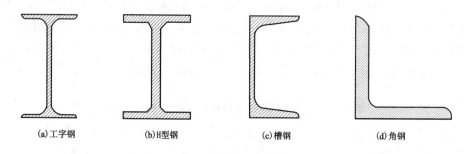

(a)工字钢　　　(b)H型钢　　　(c)槽钢　　　(d)角钢

图 9 - 8　型钢示意图

型钢由于截面形式合理，材料在截面上的分布对受力最为有利，且构件间连接方便，所以它是钢结构中采用的主要钢材。

热轧型钢的技术要求应符合现行国家标准《热轧型钢》GB/T 706—2008 的有关规定。

2. 冷弯型钢

冷弯型钢是用钢板或钢带为坯料，在常温下用连续辊式冷弯机组弯曲成各种断面形状的型钢。

按产品截面形状分为：冷弯圆形空心型钢（Y）、冷弯方形空心型钢（F）、冷弯矩形空心型钢（J）、冷弯异形空心型钢（YI）、等边角钢（JD）、不等边角钢（JB）、等边槽钢（CD）、不等边槽钢（CB）、内卷边槽钢（CN）、外卷边槽钢（CW）、Z 形钢（Z）、卷边 Z 形钢（ZJ）。

按屈服强度等级分为：235、345、390（MPa）。

冷弯型钢具有如下特点：

①截面经济合理，节省材料。其截面形状可以根据需要设计，结构合理，单位质量的截面系数高于热轧型钢。在同样负荷下，可减轻构件自重，节约材料，比热轧型钢节约金属 38% ~50%，方便施工，降低综合费用。

②品种繁多。可以生产用一般热轧方法难以生产的壁厚均匀、截面形状复杂的冷弯型钢、各种型材和各种不同材质的冷弯型钢。

③产品表面光洁，外观好，尺寸精确，而且长度也可以根据需要灵活调整，全部按定尺或倍尺供应，提高材料的利用率。

④生产中还可与冲孔等工序相配合，以满足不同的需要。

冷弯型钢的技术要求应符合现行国家标准《冷弯型钢》GB/T 6725—2008 的有关规定。

3. 钢管

钢管是一种具有中空截面的钢材。按外形分为圆形和矩形，按生产工艺分为热轧无缝钢管、焊接钢管和冷弯钢管。由于钢管在相同截面积下，刚度较大，因而是中心受压杆的理想截面；流线型的表面使其承受风压小，用于高耸结构十分有利。在建筑结构上，钢管多用于制作网架(网壳)、桁架、塔桅等构件，也可用于制作钢管混凝土。钢管混凝土可用于厂房柱、构架柱、地铁站台柱、塔柱和高层建筑柱等。钢结构用热轧无缝钢管及冷弯矩形钢管的技术要求应符合现行国家标准《结构用无缝钢管》GB/T 8162—2008 及《建筑结构用冷弯矩形钢管》JG/T 178—2005 的有关规定。

4. 钢板

在钢结构中，单块钢板不能独立工作，必须用几块钢板组合成工字形、箱形等结构来承受荷载。

(1)建筑结构用钢板

建筑结构用钢板的牌号由代表屈服强度的汉语拼音字母 Q、屈服强度特征值、代表高性能建筑结构用钢的拼音字母 GJ、质量等级符合(B、C、D、E)组成，如 Q345GJC；对于厚度方向性能钢板，则在质量等级后加上厚度方向性能级别(Z15、Z25、Z35)，如 Q345GJZ25。建筑结构用钢板的尺寸、表面质量、化学成分、拉伸、冲击、弯曲性能等技术要求应符合现行国家标准《建筑结构用钢板》GB/T19879—2005 的有关规定。

(2)桥梁用结构钢

桥梁用结构钢的牌号由代表屈服强度的汉语拼音字母 Q、屈服强度特征值、桥字的汉语拼音首个字母 q、质量等级符号(B、C、D、E)组成。例如：Q420qD。当要求钢板具有耐候性能或厚度方向性能时，则在上述规定的牌号后分别加上代表耐候的汉语拼音字母 NH 或厚度方向(Z15、Z25、Z35)性能级别的符号，例如：Q420qDNH 或 Q420qDZ15。桥梁用结构钢的尺寸、表面质量、化学成分、拉伸、冲击、弯曲性能等技术要求应符合现行国家标准《桥梁用结构钢》GB/T 714—2008 的有关规定。

6.2　普通混凝土结构用钢材

普通混凝土结构用钢材主要有热轧钢筋和冷轧钢筋。

1. 热轧钢筋

建筑工程中常用的热轧钢筋有热轧光圆钢筋和热轧带肋钢筋。主要用于钢筋混凝土和预应力混凝土结构的配筋。

(1)热轧光圆钢筋

热轧光圆钢筋的牌号由"HPB + 屈服强度特征值"构成。其中 HPB 为热轧光圆钢筋的英文(Hot rolled Plain Bars)缩写，如：HPB235。其横截面为圆形，且表面光滑，按屈服强度特征值分为 235、300 两个牌号；分盘卷(直径在 12 mm 以下)和直条(直径在 12 mm 以上)两种。其与混凝土之间的粘结锚固性能较差，常需要在钢筋端部进行弯钩，以提高其锚固性能。热轧光圆钢筋的力学与工艺性能见表 9 − 3，其他技术要求应符合现行国家标准《钢筋混凝土用钢第 1 部分：热轧光圆钢筋》GB 1499.1—2008 的有关规定。

表 9 – 3　热轧光圆钢筋的力学与工艺性能（GB 1499.1—2008）

牌号	屈服强度 R_{eL}/MPa，≥	抗拉强度 R_m/MPa，≥	断后伸长率 A/%，≥	最大力下总伸长率 A_{gt}/%，≥	冷弯试验	
					弯芯直径 D	弯曲角度
HPB235	235	370	25	10	d（钢筋公称直径）	180°
HPB300	300	420				

（2）热轧圆盘条钢筋

热轧圆盘条钢筋的牌号由代表屈服强度的汉语拼音字母 Q 和屈服强度特征值组成。建筑工程用的牌号为 Q235，公称直径为 6 ~ 12 mm。主要用作箍筋、现浇楼板钢筋及用于制作冷拉钢筋。热轧圆盘条钢筋的力学与工艺性能见表 9 – 4，其他技术要求应符合现行国家标准《低碳钢热轧圆盘条》GB/T 701—2008 的有关规定。

表 9 – 4　热轧圆盘条钢筋的力学与工艺性能（GB/T 701—2008）

牌号	抗拉强度 R_m/MPa，≥	断后伸长率 $A_{11.3}$/%，≥	冷弯试验	
			弯芯直径 D	弯曲角度
Q235	500	23	0.5d	180°
Q275	540	21	1.5d	

（3）热轧带肋钢筋

热轧带肋钢筋分为普通型（牌号为"HRB + 屈服强度特征值"）和细晶粒型（牌号为"HRBF + 屈服强度特征值"）。公称直径为 6 ~ 50 mm；分盘卷（直径在 12 mm 以下）和直条（直径在 12 mm 以上）两种。其表面有两条对称的纵肋和沿长度方向均匀分布的横肋。横肋的纵横面呈月牙形且与纵肋不相交的钢筋称为月牙肋钢筋，见图 9 – 9。横肋的纵横面高度相等且与纵肋相交的钢筋称为等高肋钢筋。热轧带肋钢筋与混凝土之间的粘结锚固性能良好。

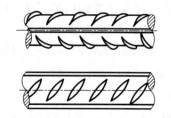

图 9 – 9　月牙肋钢筋外形

按钢筋屈服强度特征值分为 335、400、500 三个牌号，分别以 3、4、5（普通型）和 C3、C4、C5（细晶粒型）表示。钢筋的表面分别轧有"强度等级、厂家商标及公称直径"标识，以示区别。其力学与工艺性能见表 9 – 5，其他技术要求应符合现行国家标准《钢筋混凝土用钢 第 2 部分：热轧带肋钢筋》GB 1499.2—2007 的有关规定。

表 9 – 5　热轧带勒钢筋的力学与工艺性能（GB 1499.2 – 2007）

牌号	屈服强度 R_{eL}/MPa ≥	抗拉强度 R_m/MPa ≥	断后伸长率 A/% ≥	最大力下总伸长率 A_{gt}/% ≥	冷弯试验			弯曲角度
					弯芯直径 D			
					6 ~ 25	28 ~ 40	> 40 ~ 50	
HRB335 HRBF335	335	455	17	7.5	3d	4d	5d	180°
HRB400 HRBF400	400	540	16		4d	5d	6d	
HRB500 HRBF500	500	630	15		5d	6d	7d	

2. 冷轧带肋钢筋

冷轧带肋钢筋是用低碳钢热轧圆盘条经冷轧后，在其表面带有沿长度方向均匀分布的二面或三面横肋的钢筋，其牌号由"CRB + 抗拉强度最小值"组成，如：CRB550。公称直径为6～12 mm，根据其抗拉强度最小值分为550、650、800、970、1170五个牌号。该钢筋具有强度高、节约建筑钢材、降低工程造价、与混凝土之间的粘结锚固性能良好、伸长率较同类的冷加工钢筋大等优点。冷轧带肋钢筋的力学与工艺性能见表9-6，其他技术要求应符合现行国家标准《冷轧带肋钢筋》GB 13788—2008 的有关规定。

表9-6 冷轧带勒钢筋的力学与工艺性能（GB 13788—2008）

牌号	非比例延伸强度 $R_{p0.2}$/MPa ≥	抗拉强度 R_m/MPa ≥	断后伸长率 A/% ≥		反复弯曲次数/次 ≥	冷变试验 (180°)	松弛率 r/% ,≤ （初始应力 $R_{con} = 0.7R_m$）	
			$A_{11.3}$	A_{100}			1000 h	10 h
CRB550	500	550	8.0	—	—	D = 3d	—	—
CRB650	585	650	—	4.0	3	—	3	8
CRB800	720	800						
CRB970	875	970						

注：D 为弯芯直径；d 为钢筋直径。

6.3 预应力混凝土结构用钢材

预应力混凝土结构用钢材除了普通配筋用热轧钢筋和冷轧钢筋外，其主要受力钢筋为钢丝或钢绞线。

1. 预应力混凝土用钢丝

预应力混凝土用钢丝是以优质碳素钢盘条制成的专用线材。按加工状态分为冷拉钢丝（代号为WCD）和消除应力钢丝两类。消除应力钢丝按松弛性能又分为低松弛级钢丝（代号为WLR）和普通松弛级钢丝（代号为WNR）；按外形分为光圆（代号为P）、螺旋肋（代号为H）、刻痕（代号为I）三种，其外形见图9-10。其技术要求应符合现行国家标准《预应力混凝土用钢丝》GB/T 5223—2002 的有关规定。

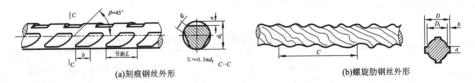

(a)刻痕钢丝外形　　　　　　　　(b)螺旋肋钢丝外形

图9-10 预应力混凝土用钢丝外形

预应力混凝土用钢丝主要用于制作先、后张法的大、中、小型各种结构形状的预应力混凝土构件。如桥梁、屋架、吊车梁、轨枕、预制板、墙板、管桩、电杆和预应力混凝土水管、电视塔、核电站等工程。

2. 预应力混凝土用钢绞线

预应力混凝土用钢绞线是由多根高强度钢丝捻制而成的绞合钢缆，并经消除应力处理（稳定化处理），其外形见图9-11。

按其表面形态可以分为光面钢绞线、刻痕钢绞线、镀锌钢绞线、涂环氧树脂钢绞线、外包塑料套钢绞线等。其技术要求应符合《预应力混凝土用钢绞线》GB/T 5224—2003、《镀锌钢绞线》YB/T 5004 - 2001、《高强度低松弛预应力热镀锌钢绞线》YB/T 152—1999、《无粘结预应力钢绞线》JG 161—2004 等有关规定。预应力混凝土用钢绞线的力学性能见表 9 - 7。

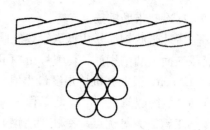

图 9 - 11　钢绞线外形

表 9 - 7　预应力混凝土用钢绞线力学性能（GB/T 5224—2003）

钢绞线结构	公称直径/mm	抗拉强度 R_m/MPa，≥	整根钢绞线的最大力 F_m/kN，≥	规定非比例延伸力 $F_{p0.2}$/kN，≥	最大力下总伸长率 $A_{gt}(L_0 \geq 400 \text{ mm})$	1000h 松弛率 r（初始应力 $R_{con} = 0.8 R_m$）
1×7	15.2	1720	241	217	≥3.5%	≤4.5%（允许用 10h 松弛率推算 1000h 松弛率）
		1860	260	234		
		1960	274	247		
1×7(C)模拔型	15.2	1820	300	270		

钢绞线具有强度高、松弛率小、与混凝土粘结好、断面面积大、使用根数少、在结构中排列布置方便、易于锚固等优点，主要用于大跨度、大荷载的预应力桥梁、屋架、薄腹梁等预应力混凝土结构或构件。

3. 预应力混凝土用螺纹钢筋（精轧螺纹钢筋）

预应力混凝土用螺纹钢筋的牌号由"PSB + 屈服强度特征值"组成，如：PSB785。公称直径为 18 ~ 50 mm，常用的有 φ25 mm 和 φ32 mm，根据其屈服强度特征值分为 785、830、930、1080 四个牌号。该钢筋是热轧后经余热处理或热处理等工艺生产而成，带有不连续的外螺纹的直条钢筋。该钢筋在任意截面处，均可用带有匹配形状的内螺纹的连接器或锚具进行连接或锚固。该钢筋强度高、松弛率小，但塑性低。主要用于预应力混凝土结构的预应力筋。其技术要求应符合现行国家标准《预应力混凝土用螺纹钢筋》GB/T 20065—2006 的有关规定。预应力混凝土用螺纹钢筋的力学性能见表 9 - 8。

表 9 - 8　预应力混凝土用螺纹钢筋力学性能（GB/T 20065—2006）

牌号	屈服强度 R_{eL}/MPa，≥	抗拉强度 R_m/MPa，≥	断后伸长率 A/%，≥	最大力下总伸长率 A_{gt}	松弛率 r（初始应力 $R_{con} = 0.8 R_{eL}$） 1000 h	松弛率 r（初始应力 $R_{con} = 0.8 R_{eL}$） 10 h
PSB785	785	980	7	≥3.5%	≤3%	≤1.5%
PSB830	830	1030				
PSB930	930	1080	6			
PSB1080	1080	1230				

4. 预应力混凝土用波纹管

预应力混凝土用波纹管是用于后张法预应力混凝土结构构件中，安装预应力筋用的预留孔道。按生产材料分为金属和塑料波纹管；按截面形状分为圆形和扁形。波纹管的外形见图 9 - 12。

预应力混凝土用波纹管的技术要求应符合《预应力混凝土用金属波纹管》JG 225—2007 和《预应力混凝土桥梁用塑料波纹管》JT/T 529—2004 的有关规定。

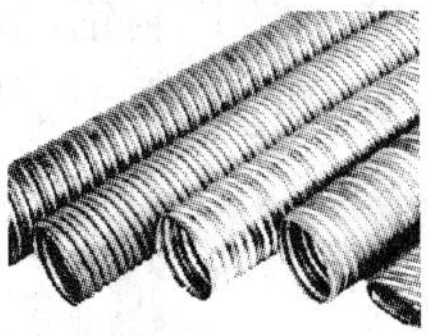

图 9 – 12　预应力砼用波纹管

（1）预应力混凝土用金属波纹管的技术要求见表 9 – 9。

（2）预应力混凝土用塑料波纹管的技术要求：

① 环刚度：在均布荷载作用下，垂直方向管内径变形量为原内径的 3% 时的荷载值应不小于 6 kN/m²。在 800N 横向集中荷载作用下，加载处管内径变形量不得超过管外径的 10%。

② 柔韧性：管材按规定方法反复弯曲 5 次后，专用塞规能顺利地从管内通过，则管材的柔韧性合格。

表 9 – 9　预应力混凝土用金属波纹管的技术要求（JG 225—2007）

荷载类型	波纹管规格		径向刚度		抗渗漏性能
			圆形	扁形	
集中荷载/N	标准型		800	500	在规定的集中荷载作用后或在规定的弯曲情况下，波纹管允许渗水，但不得渗出水泥浆
	增强型				
均布荷载 F/N	标准型		$F = 0.31d^2$	$F = 0.15d_c^2$	
	增强型				
内径变形比 δ	标准型	$d \leq 75$ mm	≤0.20	≤0.20	
		$d > 75$ mm	≤0.15		
	增强型	$d \leq 75$ mm	≤0.10	≤0.15	
		$d > 75$ mm	≤0.08		

注：① 表中 d 为圆管公称内径，mm。② 扁管等效内径 $d_c = 2(b+h)/\pi$，mm；其中 b 为扁管内长轴，h 为扁管内短轴。③ 内径变形比 $\delta = \Delta d/d$ 或 $\delta = \Delta d/h$，Δd 为管外径变形值。④ 在规定荷载作用下，管的内径变形比 δ 不超过表中规定值，则径向刚度合格。

5. 预应力混凝土筋用锚具、夹具和连接器

（1）锚具：是指在后张法结构构件中，用于保持预应力筋的拉力并将其传递到结构上所用的永久性锚固装置。按其外形分为圆柱体锚具和长方体扁锚；按锚孔数量分为单孔和多孔；按锚固形式分为夹片式和挤压式（握裹式）；按使用功能分为工作锚（用于预应力筋永久锚固）和工具锚（用于预应力筋张拉和放张）。

① 圆柱体锚具（圆锚）：规格型号表示为 YM15 – N，其中 Y 表示预应力，M 为锚具代号，15 表示用于 φ15.2 钢绞线的锚固，N 表示锚孔孔数。此锚具具有良好的锚固性能和放张自锚性能。张拉一般采用穿心式千斤顶。圆锚、夹片、锚垫板及使用装配见图 9 – 13。

(a)圆锚及夹片　　　　(b)圆锚用锚垫板　　　　(c)使用装配图

图 9 – 13　圆锚及使用装配图

② 长方体扁锚(扁锚)：规格型号表示为 YBM15 - N，其中 B 代表扁形锚具，其他符号和数字表示的意思与圆锚相同。扁锚、夹片、锚垫板及使用装配见图 9 - 14。

(a) 扁锚及夹片 (b) 扁锚用锚垫板 (c) 使用装配图

图 9 - 14 扁锚及使用装配图

扁锚主要用于桥面横向预应力、空心板、低高度箱梁，使应力分布更加均匀合理，进一步减薄结构厚度。

③ 挤压式(握裹式)锚具：由挤压锚环和装插在其中空腔内配套的挤压簧组成。由于挤压簧的各圈钢丝具有相同的三角形截面，加工生产比较容易，既节约了原材料又减少了加工费用；也由于挤压簧各圈钢丝的三角形截面顶点，组成了挤压簧内壁的螺旋齿，挤压后能使挤压簧碎片更牢固的刻入钢绞线内，确保了锚固效率系数的提高。其规格型号表示为 YM15P，其中 P 表示挤压式锚具，其他技术要求符合。它是使用挤压机将挤压套压结在钢绞线上的一种握裹式锚具。使用时，按需要排布，将其预埋在混凝土内，待混凝土强度达到设计强度后，在张拉端进行预应力张拉和锚固。挤压锚适用于构件端部设计应力大或端部空间受到限制的固定端锚具。挤压锚及使用装配见图 9 - 15。

④ 锚固螺母：用于锚固预应力混凝土用螺纹钢筋(精轧螺纹钢筋)的锚具。锚固螺母及锚垫板见图 9 - 16。

(a) 挤压锚 (b) 使用装配图

图 9 - 15 挤压锚及使用装配图

图 9 - 16 锚固螺母及使用装配图

(2)夹具：在先张法预应力混凝土构件生产过程中，用于保持预应力筋的拉力，并将其固定在生产台座(或设备)上的工具性锚固装置；在后张法结构或构件张拉预应力筋过程中，在张拉千斤顶或设备上夹持预应力筋的工具性锚固装置均称为夹具。其外形见图 9 - 17。

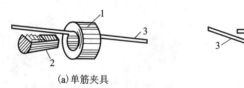

(a) 单筋夹具 (b) 两筋夹具

图 9 - 17 先张法预应力钢丝用夹具

1、4—套筒；2、5—锥形夹片；3—钢丝

174

（3）连接器：用于连接预应力筋的装置。其外形见图9-18。

（a）多根钢绞线连接器　　　（b）单根钢绞线连接器　　　　（c）单根螺纹钢筋连接器

图9-18　连接器

（4）锚垫板：后张法预应力混凝土结构或构件中，用以承受锚具传来的预加力，并传递给混凝土的部件，分为普通型和铸造型等。其外形见图9-13、图9-14及图9-15。

（5）预应力混凝土筋用锚具、夹具和连接器的技术要求：预应力混凝土筋用锚具、夹具和连接器的技术要求应符合《预应力筋用锚具、夹具和连接器应用技术规程》JGJ 85-2010、《铁路工程预应力筋用夹片式锚具、夹具和连接器技术条件》TB/T 3193—2008 或《公路桥梁预应力钢绞线用锚具、夹具和连接器》JT/T 329—2010 的有关规定。

① 静载锚固性能：由预应力筋-锚具组装件静载荷试验测得的锚具效率系数 η_a 和达到实测极限拉力时，组装件预应力筋受力长度的总应变率 ε_{apu} 来判定锚具的静载锚固性能是否合格。

锚具效率系数按式（9-5）计算：

$$\eta_a = \frac{F_{apu}}{\eta_p \cdot F_{pm}} \tag{9-5}$$

式中：F_{apu}——预应力筋-锚具组装件的实测极限拉力，kN；

　　　F_{pm}——预应力筋的实测平均极限拉力，$F_{pm} = n \cdot F_m$（F_m 为单根预应力筋的实测平均极限拉力；n 为组装件中预应力筋的根数），kN；

　　　η_p——预应力筋的效率系数。JGJ 85-2010 规定：组装件中预应力筋为1~5根时，取1.0；6~12 根时，取 0.99；13~19 根时，取 0.98；20 根及以上时，取 0.97；TB/T 3193-2008 和 JT/T 329-2010 规定统一取 1.0。

锚具的静载锚固性能的评定：锚具的静载锚固性能应同时满足 $\eta_a \geqslant 0.95$，$\varepsilon_{apu} \geqslant 2\%$，且组装件的破坏形式应当是预应力筋断裂，而锚具零件未破裂，且应力达到 $0.8f_{ptk}$（f_{ptk} 为预应力筋的抗拉强度标准值）时，在持荷 1 h 期间，预应力筋与锚具之间的相对位移 Δa 及夹片与锚具之间的相对位移 Δb 应无明显变化，保持稳定，则锚具的静载锚固性能合格。

夹具的静载锚固性能的评定：夹具的静载锚固性能应满足 $\eta_g = F_{gpu}/F_{pm} \geqslant 0.92$（$F_{gpu}$ 意义同 F_{apu}），且组装件的破坏形式应当是预应力筋断裂，而夹具零件未破裂，则夹具的静载锚固性能合格。

夹具尚应有可靠的自锚性能、良好的松锚性能和不少于 300 次的重复使用性能，在使用过程中应能保证操作人员的安全。

连接器的静载锚固性能的评定：在先张法或后张法施工中，张拉预应力后永久留在混凝土结构或构件中的连接器都应符合锚具的性能要求；张拉后还须放张和拆卸的连接器，则应符合夹具的性能要求。

② 锚板强度：在荷载达到 $0.95f_{ptk}$ 后释放荷载，锚板挠度残余变形不应大于相应锚垫板

上口直径的 1/600；在荷载达到 $1.2f_{ptk}$ 时，锚板不应有肉眼可见的裂纹或破坏。

③硬度：锚板表面硬度应 ≥HRC20（HR 为洛氏硬度代号）；工作夹片表面硬度应 ≥ HRA78（公路行业为 HRC57 或 HRA79.5，且同批次夹片硬度差不大于 HRC5，同件夹片硬度差不大于 HRC3）。

④周期荷载性能：在有抗震的结构中使用的锚具，预应力筋 - 锚具组装件还应满足循环次数为 50 次的周期荷载试验要求。试验应力上限值为 $0.8f_{ptk}$，下限值为 $0.4f_{ptk}$，组装件经 50 次循环荷载作用后，预应力筋在锚具夹持区域不应发生破断。

⑤其他要求：锚具夹片的回缩量应 ≤6 mm；张拉端钢绞线内缩量应 ≤5 mm；锚具的锚口摩阻损失和喇叭口摩阻损失合计宜 ≤6%。

6.4 钢材的验收

（1）核对钢材出厂质量检验报告。根据钢材出厂质量检验报告，核对钢材的生产厂家、品种、规格、执行标准及数量是否与购置合同一致。

（2）外观质量与尺寸检查。检查钢材的外观是否符合相应标准的要求，并抽查钢材的尺寸、重量偏差是否在标准规定范围内。

（3）抽样检验。在外观质量符合要求的前提下，按相应标准规定，随机抽样进行力学与工艺等性能试验。

（4）检验结果的评定。经按规定方法抽样检验，检验结果均符合国家现行有关标准要求时，判为合格批，可以验收。若有一项或多项技术指标不符合标准规定时，则应重新从该批未检验过的钢材中随机抽取双倍数量的试样进行复验，复验全部符合标准规定的则可判为合格批，可以验收；如仍有不符合标准规定项，则该检验批判为不合格批，不予验收。

知识七 钢筋的连接及验收

建筑工程中钢筋的连接有机械连接（即螺纹套筒连接）和焊接两种方式。

7.1 钢筋机械连接及验收

1. 连接形式

钢筋机械连接是通过钢筋与连接件的机械咬合作用或钢筋端面的承压作用，将一根钢筋中的力传递至另一根钢筋的连接方法。分为镦粗直螺纹和滚轧直螺纹连接两种形式。

镦粗直螺纹连接：将钢筋的连接端先行镦粗，再加工出圆柱螺纹，并用相应的连接套筒将两根钢筋连接起来。见图 9 - 19（a）。

滚轧直螺纹连接：将钢筋的连接端用滚轧工艺加工成直螺纹，并用相应的连接套筒将两根钢筋连接起来。见图 9 - 19（b）。

2. 接头的技术要求

钢筋机械连接接头的技术要求应符合设计和现行行业标准《钢筋机械连接技术规程》JGJ107—2010、《镦粗直螺纹钢筋接头》JG 171—2005、《滚轧直螺纹钢筋连接接头》JG 163—2004 的有关规定。

（1）性能等级

(a)镦粗直螺纹连接　　　　　　(b)滚轧直螺纹连接

图 9 – 19　钢筋机械连接接头

钢筋机械连接接头根据其抗拉强度、残余变形及高应力和大变形条件下反复拉压性能的差异,分为三个性能等级。

Ⅰ级:接头抗拉强度等于被连接钢筋的实际抗拉强度或不小于 1.10 倍钢筋抗拉强度标准值,残余变形小并具有高延性及反复拉压性能。

Ⅱ级:接头抗拉强度不小于被连接钢筋抗拉强度标准值,残余变形较小并具有高延性及反复拉压性能。

Ⅲ级:接头抗拉强度不小于被连接钢筋屈服强度标准值的 1.25 倍,残余变形较小并具有一定的延性及反复拉压性能。

(2)抗拉强度

Ⅰ级、Ⅱ级、Ⅲ级接头的抗拉强度必须符合表 9 – 10 的规定;且经受规定高应力和大变形反复拉压循环后,其抗拉强度仍应符合表 9 – 10 的规定。

表 9 – 10　接头的抗拉强度(JGJ107—2010)

接头等级	Ⅰ级		Ⅱ级	Ⅲ级
抗拉强度	$f_{mst}^0 \geq f_{stk}$	断于母材	$f_{mst}^0 \geq f_{stk}$	$f_{mst}^0 \geq 1.25 f_{yk}$
	或 $f_{mst}^0 \geq 1.10 f_{stk}$	断于接头		

注:f_{mst}^0—接头试件实测抗拉强度;f_{stk}—被连接钢筋抗拉强度标准值;f_{yk}—被连接钢筋屈服强度标准值。

(3)变形性能

Ⅰ级、Ⅱ级、Ⅲ级接头的变形性能应符合表 9 – 11 的规定。

表 9 – 11　接头的变形性能(JGJ107—2010)

接头等级		Ⅰ级	Ⅱ级	Ⅲ级
单向拉伸	残余变形/mm	$u_0 \leq 0.10(d \leq 32)$ $u_0 \leq 0.14(d > 32)$	$u_0 \leq 0.14(d \leq 32)$ $u_0 \leq 0.16(d > 32)$	
	最大力总伸长率/%	$A_{sgt} \geq 6.0$	$A_{sgt} \geq 6.0$	$A_{sgt} \geq 3.0$
高应力反复拉压	残余变形/mm	$u_{20} \leq 0.3$	$u_{20} \leq 0.3$	
大变形反复拉压	残余变形/mm	$u_4 \leq 0.3$ 且 $u_8 \leq 0.6$	$u_4 \leq 0.3$ 且 $u_8 \leq 0.6$	$u_4 \leq 0.6$

注:u_0—接头试件加载至 $0.6 f_{yk}$ 并卸载后,在规定标距内的残余变形;u_{20}、u_4、u_8—分别表示接头试件按规定加载程序,经高应力反复拉压 20 次、4 次、8 次后的残余变形。d—钢筋的公称直径。

3. 应用

机械连接能达到节约钢筋的目的,且占用钢筋间距较少,适用于布筋较密集的钢筋混凝土结构或构件。具体使用过程中,应符合下列要求:

(1)混凝土结构中要求充分发挥钢筋强度或对延性要求高的部位,应优先选用Ⅱ级接头。

当在同一连接区段内必须实施100%钢筋接头的连接时,应采用Ⅰ级接头。

(2)混凝土结构中钢筋应力较高但对延性要求不高的部位,可采用Ⅲ级接头。

(3)钢筋连接件的混凝土保护层厚度应≥15 mm。连接件之间的横向净距宜≥25 mm。

(4)结构构件中纵向受力钢筋的接头宜相互错开。

(5)接头宜设置在结构构件受拉钢筋应力较小部位,当需要在高应力部位设置接头时,在同一连接区段内Ⅲ级接头的接头百分率应≤25%,Ⅱ级接头的接头百分率应≤50%。Ⅰ级接头在无抗震设防要求的结构中不受限制。

(6)接头宜避开有抗震设防要求的框架的梁端、柱端箍筋加密区;当无法避开时,应采用Ⅱ级接头或Ⅰ级接头,且接头百分率应≤50%。

(7)受拉钢筋应力较小部位或纵向受压钢筋,接头百分率不受限制。

(8)对直接承受动力荷载的结构构件,接头百分率应≤50%。

4.验收

钢筋机械连接接头应按有关标准抽样进行力学与工艺性能检验,经检验符合现行行业标准《钢筋机械连接技术规程》JGJ107—2010或其他施工验收标准的有关规定时,可以验收。

7.2 钢筋焊接及验收

1.焊接形式

焊接是利用热能或机械压力,或者两者并用,使用填充材料,将两个或两个以上的工件连接在一起成为不可分的牢固接头的方法。

钢筋的焊接分为电阻点焊、电弧焊、闪光对焊、电渣压力焊和气压焊等。

(1)钢筋电阻点焊:将两钢筋安放成交叉叠接形式,压紧于两电极之间,利用电阻热熔化母材金属,加压形成焊点的一种压焊方法。应用于混凝土结构中钢筋焊接骨架和钢筋焊接网的焊接。

(2)钢筋电弧焊:以焊条作为一极,钢筋为另一极,利用焊接电流通过上传产生的电弧热进行焊接的一种熔焊方法。分为帮条双面焊、帮条单面焊、搭接双面焊、搭接单面焊和角焊等形式。电弧焊所用焊条应符合现行国家标准《碳钢焊条》GB/T 5117—1995或《低合金钢焊条》GB/T 5118—1995的规定,且所选焊条的型号应与被焊接的钢筋的品种相匹配;钢筋搭接长度和帮条钢筋的长度应符合设计和现行行业标准《钢筋焊接及验收规程》JGJ18—2012的规定。钢筋电弧焊接头示意图见图9-20。

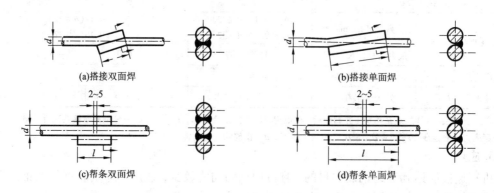

(a)搭接双面焊　　(b)搭接单面焊
(c)帮条双面焊　　(d)帮条单面焊

图9-20 钢筋电弧焊接头

钢筋电弧焊焊接工艺简单，但是耗费钢材，且占用钢筋间距较多，不适用布筋较密的混凝土结构或构件。

（3）钢筋闪光对焊：将两钢筋安放成对接形式，利用电阻热使接触点金属熔化，产生强烈飞溅，形成闪光，迅速施加顶锻力完成的一种压焊方法。钢筋闪光对焊接头处四周有凸起的毛刺，其外形见图9-21。

（4）钢筋电渣压力焊：将两钢筋安放成竖向或斜向对接形式，利用焊接电流通过两钢筋间隙，在焊剂层下形成电弧过程和电渣过程，产生电弧热和电阻热，熔化钢筋，加压完成的一种压焊方法，其外形见图9-22。电渣压力焊应用于柱、墙等构筑物现浇混凝土结构中竖向受力钢筋的连接；不得用于梁、板等构件中水平钢筋的连接。

（5）钢筋气压焊：用氧气、乙炔火焰或氧气、石油气火焰（或其他火焰），对两根钢筋对接处加热，使其达到热塑性状态（固态）或熔化状态（熔态）后，加压完成的一种压焊方法，其外形见图9-23。气压焊可用于钢筋在垂直位置、水平位置或倾斜位置的对接焊接。

图9-21　钢筋闪光对焊接头　　图9-22　钢筋电渣压力焊接头　　图9-23　钢筋气压焊接头

（6）预埋件钢筋埋伏压力焊：将钢筋与钢板安放成T形接头形式，利用焊接电流通过，在焊剂层下产生电弧，形成熔池，加压完成的一种压焊方法。

（7）预埋件钢筋埋伏螺柱焊：用电弧螺柱焊焊枪夹持钢筋，使钢筋垂直对准钢板，采用螺柱焊电源设备产生强电流，短时间的焊接电弧在熔剂层保护下，使钢筋焊接端面与钢板间产生熔池后，适时将钢筋插入熔池，形成T形接头的焊接方法。

2. 验收

钢筋焊接接头的验收应依据现行行业标准《钢筋焊接及验收规程》JGJ18—2012或其他施工验收标准的有关规定进行。

（1）外观质量

钢筋焊接接头的外观质量应符合表9-12的规定。

表9-12　钢筋焊接接头的外观质量（JGJ18—2012）

接头焊接形式	外观要求
电弧焊接头	焊缝表面应平整，不得有凹陷或焊瘤；接头区域不得有肉眼可见的裂纹；咬边深度、气孔、夹渣等缺陷允许值及接头尺寸允许偏差应符合规定；焊缝余高应为2～4 mm
闪光对焊接头	焊接头表面应呈圆滑、带毛刺状，不得有肉眼可见的裂纹；与电极接触处的钢筋表面不得有明显烧伤；接头处的弯折角度应≤2°；轴线偏移不得大于钢筋直径的1/10，且应≤1 mm
电渣压力焊接头	当钢筋直径 d≤25 mm时，焊包高度应≥4 mm，当钢筋直径 d≥28 mm时，焊包高度应≥6 mm；钢筋与电极接触处应无烧陷缺陷；接头处的弯折角度应≤2°；轴线偏差应≤1 mm
气压焊接头	轴线偏移不得大于钢筋直径的1/10，且应≤1 mm；接头处表面不得有肉眼可见的裂纹；接头处的弯折角度应≤2°；固态镦粗直径应≥1.4 d，熔态镦粗直径应≥1.2 d；镦粗长度应≥1.0 d

接头焊接形式	外观要求
预埋件钢筋 T 形接头	焊条电弧焊时,角焊缝焊角尺寸 K 值:对于 HPB300 钢筋,$K \geqslant 0.5\,d$,对于其他牌号钢筋,$K \geqslant 0.6\,d$。埋伏压力焊和埋伏螺柱焊时,四周焊包凸出钢筋表面的高度 h:对于 $d \leqslant 18$ mm 的钢筋,$h \geqslant 3$ mm,对于 $d \geqslant 20$ mm 的钢筋,$h \geqslant 4$ mm;焊缝表面不得有气孔、夹渣和肉眼可见的裂纹;钢筋相对钢板的直角偏差应 $\leqslant 2°$

注:d——钢筋的公称直径。

(2)拉伸性能

钢筋闪光对焊接头、电弧焊接头、电渣压力焊接头、气压焊接头、箍筋闪光对焊接头、预埋件钢筋 T 形接头的拉伸试验结果评定。

① 符合下列条件之一,评定为合格:

3 个试件均断于钢筋母材,呈延性断裂,且抗拉强度大于等于钢筋母材抗拉强度标准值。

2 个试件断于钢筋母材,呈延性断裂,且抗拉强度大于等于钢筋母材抗拉强度标准值;1 个试件断于焊缝,呈脆性断裂,且抗拉强度大于等于钢筋母材抗拉强度标准值的 1.0 倍。

注:试件断于热影响区,呈延性断裂,应视作与断于钢筋母材等同;试件断于热影响区,呈脆性断裂,应视作与断于焊缝等同。

② 符合下列条件之一,应进行复验:

2 个试件断于钢筋母材,呈延性断裂,且抗拉强度大于等于钢筋母材抗拉强度标准值;另一个试件断于焊缝或热影响区,呈脆性断裂,且抗拉强度小于钢筋母材抗拉强度标准值的 1.0 倍时,应进行复验。

1 个试件断于钢筋母材,呈延性断裂,且抗拉强度大于等于钢筋母材抗拉强度标准值;另 2 个试件断于焊缝或热影响区,呈脆性断裂时,应进行复验。

3 个试件均断于焊缝,呈脆性断裂,且抗拉强度均大于等于钢筋母材抗拉强度标准值的 1.0 倍时,应进行复验;当 3 个试件中有 1 个试件抗拉强度小于钢筋母材抗拉强度标准值的 1.0 倍时,应评定该检验批接头拉伸试验不合格。

复验时,应切取 6 个试件进行试验。复验结果,若有 4 个或 4 个以上试件断于母材,呈延性断裂,且抗拉强度均大于等于钢筋母材抗拉强度标准值,另 2 个或 2 个以下试件断于焊缝,呈脆性断裂,且抗拉强度大于等于钢筋母材抗拉强度标准值的 1.0 倍,应评定该检验批接头拉伸试验复验合格。

③可焊接余热处理钢筋 RRB400W 焊接接头拉伸试验结果,其抗拉强度应符合同级别热轧带肋钢筋抗拉强度标准值 540 MPa 的规定。

④预埋件钢筋 T 形接头的拉伸试验结果,3 个试件的抗拉强度均大于等于表 9 - 13 的规定值时,应评定该检验批接头拉伸试验合格。若有 1 个接头试件的抗拉强度小于表 9 - 13 的规定值时,应进行复验。

表 9 - 13 预埋件钢筋 T 形接头抗拉强度规定值(JGJ18—2012)

钢筋牌号	抗拉强度规定值/MPa	钢筋牌号	抗拉强度规定值/MPa
HPB300	400	HRB500、HRBF500	610
HRB335、HRBF335	435	RRB400W	520
HRB400、HRBF400	520		

复验时,应切取 6 个试件进行试验。复验结果,6 个试件的抗拉强度均大于等于表 9 – 13 的规定值时,应评定该检验批接头拉伸试验复验合格。否则为不合格。

(3)弯曲性能

进行弯曲试验时,焊缝应处于弯曲中心点,弯芯直径和弯曲角度应符合表 9 – 14 的规定。

表 9 – 14 接头弯曲试验指标(JGJ18—2012)

钢筋牌号	弯芯直径 D/mm	弯曲角度
HPB300	2d	
HRB335、HRBF335	4d	90°
HRB400、HRBF400、RRB400	5d	
HRB500、HRBF500	7d	

注:d 为钢筋公称直径。

钢筋闪光对焊接头、气压焊接头弯曲试验结果评定:

① 当试验结果,弯曲至 90°,有 2 个或 3 个试件外侧(含焊缝和热影响区)未发生宽度达 0.5 mm 的裂纹时,应评定该检验批接头弯曲试验合格。

② 当有 2 个试件发生宽度达 0.5 mm 的裂纹时,应进行复验。

③ 当有 3 个试件发生宽度达 0.5 mm 的裂纹时,则应评定该检验批接头弯曲试验不合格。

④ 复验时,应切取 6 个试件进行试验。复验结果,当不超过 2 个试件发生宽度达 0.5 mm 的裂纹时,应评定该检验批接头弯曲试验复验合格,否则为不合格。

项目二 职业技能

技能一 钢材质量检测样品的抽取

建筑工程用钢材在使用前应分批次对其质量进行抽样检测。检测样品的抽取应根据有关产品标准、施工验收标准的规定,在监理人员见证下,随机抽取规定数量的试样,委托有相应资质的检测机构进行检测,然后根据检测结果进行验收。

钢材质量出厂检测项目及检测样品的抽取见表 9 – 15:

表 9 – 15 钢材质量出厂检测项目及检测样品的抽取

钢材品种/接头类型		组批规则	出厂检测项目及试样数量
钢结构用钢材	热轧型钢	同一牌号、同一炉号、同一质量等级、同一品种、同一尺寸、同一交货状态的型钢,60 t/批,不足 60t 亦为一批	拉伸试验、冷弯试验:每批各 1 个;冲击试验:每批 3 个
	冷弯型钢	同一牌号、同一原料批次、同一规格尺寸,外周长不大于 400 mm 的产品,不超过 50t/批;外周长大于 400 mm 的产品,不超过 100t/批	拉伸试验、冲击试验:每批各 1 个
	无缝钢管	同一牌号、同一炉号、同一规格、同一热处理工艺组成一批。外径 >76 mm,且厚度 ≤3 mm,400 根/批;外径 >351 mm 的,50 根/批;其他尺寸的,200 根/批	拉伸试验、冷弯试验、压扁试验:每批各 2 根

钢材品种/接头类型		组 批 规 则	出厂检测项目及试样数量
钢结构用钢材	冷弯矩形钢管	同一牌号、同一炉号、同一规格尺寸的产品不超过200t/批	拉伸试验：每批1根；冲击试验：每批3根
	建筑结构用钢板	同一牌号、同一炉号、同一规格、同一轧制工艺及同一热处理工艺的钢板为60t/批，不足60t亦为一批。对于要求厚度方向性能的钢板，每批≤25t	拉伸试验、冷弯试验：每批各1个；冲击试验：每批3个；厚度方向断面收缩率试验：每批3个
	桥梁结构用钢板		
普通混凝土结构用钢材	热轧光圆钢筋	同一牌号、同一炉罐号、同一规格的钢筋为60t/批，不足60t亦为一批。超过60t的部分，每增加40t（或不足40t的余数），增加一个拉伸试验试样	拉伸试验、冷弯试验：每批各2根；重量偏差：每批不少于5根
	热轧带肋钢筋		
	热轧圆盘条钢筋		拉伸试验：每批1根；冷弯试验：每批2根
	冷轧带肋钢筋	同一牌号、同一外形、同一规格、同一生产工艺和同一交货状态的钢筋为60t/批，不足60t为一批	拉伸试验：每盘1根；弯曲试验：每批2根；反复弯曲试验：每批2根；应力松弛试验：定期1根
预应力混凝土结构用钢材	钢丝	同一牌号、同一规格、同一生产工艺生产的钢丝为60t/批，不足60t亦为一批	拉伸试验：每盘1根；规定非比例伸长强度 $R_{P0.2}$ 和最大力下总伸长率：每批3根；应力松弛：每合同批不少于1根。
	钢绞线	同一牌号、同一规格、同一生产工艺捻制的钢绞线为60t/批，不足60t亦为一批	拉伸试验：每批3根；应力松弛：每合同批不小于1根；伸直性：每批3根
	螺纹钢筋	同一炉罐号、同一规格、同一交货状态的钢筋为60t/批，不足60t亦为一批。超过60t的部分，每增加40t（或不足40t的余数），增加一个拉伸试验试样	拉伸试验：每批2根；应力松弛试验：每1000t取1根；重量偏差：每批不少于5根。
	金属波纹管	同一钢带生产厂生产的同一批钢带所制造的波纹管为一批，5万米/批；不足5万米亦为一批	尺寸偏差、径向刚度、抗渗漏、弯曲性能试验：每批各3根
	塑料波纹管	同一配方、同一生产工艺、同设备稳定连续生产的波纹管，不超过1万米/批；不足1万米亦为一批	尺寸偏差、环刚度、柔韧性试验：每批各5根
	锚具、夹具及连接器	同一规格产品、同一批原材料、同一生产工艺生产的产品，不超过2000套（件）/批，不足2000套亦为一批	硬度试验：每批量的3%，且不少于5套；锚板强度试验：每批3个；静载锚固性能试验：每批3套组装件
钢筋连接接头	镦粗直螺纹连接接头	同一施工条件下采用同一批材料的同等级、同型式、同规格接头为500个/批，不足500个亦为一批	拉伸试验：每批3个（型式检验时为每批9个）
	滚轧直螺纹连接接头		
	焊接接头	以300个（件）同牌号钢筋、同形式接头作为一批；在房屋结构中，应在不超过二楼层中300个同牌号钢筋、同形式接头作为一批。不足300个的亦为一批	拉伸试验、弯曲试验：每批各3个

注：①钢结构和普通混凝土结构用钢材的拉伸、弯曲、质量偏差、冲击试验用试样长度不少于500 mm；②预应力混凝土用钢材的拉伸、弯曲、质量偏差、应力松弛试验用试样长度不少于1 m；③管材性能检测用试样长度不少于1 m；④锚具静载锚固性能试验用预应力筋的长度不少于5 m，根数与锚具孔数相同。

技能二 钢材的拉伸与弯曲性能检测

钢材的拉伸与弯曲性能检测方法详见配套教材《建筑材料检测实训指导书与实训报告》。

模块十　墙体与屋面材料及其检测

【教学要求】　结合工程实例，重点讲述砌墙砖、砌块、轻质墙板及屋面材料的技术要求与应用，墙体材料与屋面材料质量检测样品的抽取，以及砌墙砖、砌块强度的检测方法与检测结果评定。

项目一　职业知识

知识一　墙体材料的定义及分类

用于房屋墙体和其他围护结构砌筑的材料称为墙体材料，也称为砌体材料。目前常用的墙体材料有砖、砌块、石材和轻质墙板。

墙体材料有的起着承重作用，而有的则只起围护和分隔作用。因此，墙体材料不仅要满足相应的强度要求，同时还应具有保温、隔热、吸声、隔声等多种功能。

知识二　砌墙砖的技术要求及应用

砌墙砖是以粘土、工业废料或其他地方资源为主要原料，用不同工艺制作而成的、适用于砌筑墙体的小型块状材料。

按外观形态不同，砌墙砖分为普通砖、多孔砖和空心砖。无孔洞或孔洞率＜15%的砖为普通砖；孔洞率≥15%的为多孔砖；孔洞率≥35%的为空心砖。孔洞率是指砖中各孔洞体积之和占按外轮廓尺寸计算的砖体积的百分率。

按制造工艺不同，砌墙砖又分为烧结砖、蒸压(蒸养)砖和混凝土砖。经焙烧而成的砖称为烧结砖；经高压(或常压)蒸汽养护而成的砖称为蒸压(蒸养)砖；混凝土砖是以水泥、砂、石等为主要原料，经配料、搅拌、成型、养护制成的砖。

2.1　烧结砖

烧结砖是指以粘土、页岩、煤矸石、粉煤灰、淤泥或工业固体废弃物为主要原料，经焙烧而成的长方体或正方体的墙体材料。分为烧结普通砖、烧结多孔砖、烧结空心砖和烧结保温砖等。

1. 烧结砖的技术要求

烧结砖的主要技术要求包括：尺寸偏差、外观质量、强度、抗风化性能、泛霜、石灰爆裂、吸水率与饱和系数、放射性。此外，对于烧结多孔砖和空心砖，其毛体积密度、孔型结构和孔洞率尚应符合相应标准的有关规定。

（1）尺寸偏差

尺寸偏差是指烧结砖的实际尺寸与标准规定的公称尺寸之间的偏差。尺寸偏差过大，将影响砌体结构的外观和强度，故其偏差应符合有关标准的要求。

（2）外观质量

外观质量是指砖的厚度不匀、缺棱掉角、裂纹、弯曲的程度等。其外观质量的优劣直接影响砌体的外观和强度，故外观质量应符合有关标准的要求。

（3）抗风化性能

抗风化性能是指砖对于温度、干湿、冻融等气候因素引起风化破坏的抵抗能力。砖的抗风化性能可用抗冻性或吸水性能来衡量。经15次冻融循环后，砖样不允许出现裂纹、分层、掉皮、缺棱、掉角等冻坏现象，且质量损失不得大于有关标准的规定。

（4）泛霜

泛霜是指在新砌筑的砌体表面有时会出现一层白色的粉状物。出现泛霜是由于砖内含有较多可溶性盐类矿物，这些盐类矿物在砌筑时溶解于进入砖内的水中，当水分蒸发时，在砖的表面结晶析出成霜状（盐析）。根据泛霜程度，分为无泛霜（几乎看不到盐析）、轻微泛霜（出现一层细小霜膜）、中等泛霜（部分表面出现明显霜层）和严重泛霜（表面起砖粉、掉屑、脱皮现象）四种情况。严重泛霜的砖对建筑结构起破坏作用，不能使用。

（5）石灰爆裂

烧结砖的原料或燃料中夹杂着石灰石等成分，烧结时被烧成过火生石灰，吸水后缓慢熟化产生体积膨胀，使砖发生爆裂的现象称之为石灰爆裂。石灰爆裂不但影响砖的外观，而且会降低砌体的强度。

（6）吸水率与饱和系数

将烘干的砖样先浸泡24 h，再沸煮5 h后，测定其总的吸水率称为5 h沸煮吸水率；其浸泡24 h的吸水量与沸煮后的总吸水量的比值称为饱和系数。通过测定砖的5 h沸煮吸水率和饱和系数来衡量其抗风化性能。吸水率和饱和系数愈小，则砖的抗风化性能愈强。

（7）强度等级

根据砖的平均抗压强度不同分为若干个等级，强度等级由代号"MU"与抗压强度平均值来表示。如MU15表示该砖的平均抗压强度值不低于15 MPa。砖的强度等级直接影响砌体结构的承载能力，故应根据砌体结构的设计要求，选用强度等级与之相适应的砖。

（8）放射性

放射性是指砖中含有镭－226、钍－232、钾－40等放射性物质。这些放射性物质如果含量超过规定要求，它们所释放的γ射线将对人体产生危害，故对其含量必须加以限量。

（9）毛体积密度

毛体积密度是指砖的干质量与其外围尺寸所包围的体积的比值。它是衡量砖自重的一个指标。毛体积密度愈大，表明其孔隙率就愈小，保温性能就愈差，强度就愈高。

（10）孔型结构和孔洞率

孔型结构是指多孔砖和空心砖的孔洞排列情况；孔洞率是指孔洞的体积占砖的总体积的百分率。

2. 常用烧结砖的特性与应用

（1）烧结普通砖

烧结普通砖的外观形状为实心的长方体，孔洞率小于15%，其公称尺寸为：长×宽×高 = 240 mm×115 mm×53 mm，其外形见图 10 - 1；其毛体积密度为 1400 ~ 1900 kg/m³。其技术要求应符合现行国家标准《烧结普通砖》GB/T5101—2003 的有关规定。

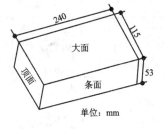

图 10 - 1　烧结普通砖外形

烧结普通砖按其抗压强度分为：MU30、MU25、MU20、MU15 和 MU10 五个强度等级，各等级的强度要求见表 10 - 1。

表 10 - 1　烧结普通砖的强度等级（GB/T5101—2003）

强度等级	10 块抗压强度平均值 $\overline{f}$ /MPa，≥	变异系数 $\delta \leq 0.21$ 抗压强度标准值 f_k /MPa，≥	变异系数 $\delta > 0.21$ 单块最小抗压强度值 f_{min} /MPa，≥
MU30	30.0	22.0	25.0
MU25	25.0	18.0	22.0
MU20	20.0	14.0	16.0
MU15	15.0	10.0	12.0
MU10	10.0	6.5	7.5

烧结普通砖具有一定强度和较好的隔热、隔声、吸潮、耐久性能。适用于一般建筑物的承重和非承重墙体。

烧结普通砖还可用于砌筑柱、拱、窑炉、烟囱、台阶、沟道及基础等，亦可砌成薄壳，修建跨度较大的屋盖。在砖砌体中配置适当的钢筋或钢筋网成为配筋砖砌体，可代替钢筋混凝土过梁。在现代建筑中，还可与轻骨料混凝土、加气混凝土、岩棉等复合，砌筑成各种轻体墙，以增强其保温隔热性能。

烧结普通砖的缺点是：块体小，需手工操作，劳动强度大，施工效率低，自重大，抗震性能差。

（2）烧结多孔砖

烧结多孔砖的外形为直角六面体，其长、宽、高尺寸由 290、240、190、180、140、115、90 mm 中的三个组合而成，其外形见图 10 - 2。

按其毛体积密度的大小分为：1000、1100、1200、1300 kg/m³ 四个等级；按其抗压

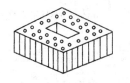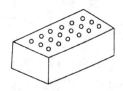

图 10 - 2　烧结多孔砖外形

强度分为：MU30、MU25、MU20、MU15、MU10 五个强度等级，各等级的强度要求见表 10 - 2。其他技术要求应符合现行国家标准《烧结多孔砖和多孔砌块》GB 13544—2011 的有关规定。

烧结多孔砖与普通烧结砖相比，除具有相当的强度外，尚具有毛体积密度较小，自重较轻（墙体自重可减轻1/5），保温隔热、隔声、吸潮、耐久性能好的特点。主要用于一般建筑物的承重和非承重墙体。

表 10 - 2　烧结多孔砖的强度等级（GB 13544—2011）

强度等级	10 块抗压强度平均值 $\overline{f}$ /MPa，≥	变异系数 δ ≤0.21 抗压强度标准值 f_k /MPa，≥	变异系数 δ >0.21 单块最小抗压强度值 f_{min} /MPa，≥
MU30	30.0	22.0	25.0
MU25	25.0	18.0	22.0
MU20	20.0	14.0	16.0
MU15	15.0	10.0	12.0
MU10	10.0	6.5	7.5

（3）烧结空心砖

烧结空心砖的外形为直角六面体，其长、宽、高尺寸由 390、290、240、190、180（175）、140、115、90 mm 中的三个组合而成，其外形见图 10 - 3。

烧结空心砖按其毛体积密度分为：800、900、1000、1100 kg/m³四个级别。

按其大面抗压强度分为：MU10.0、MU7.5、MU5.0、MU3.5、MU2.5 五个等级，各等级的强度要求见表 10 - 3。其他技术要求应符合现行国家标准《烧结空心砖和空心砌块》GB/T 13545—2003 的有关规定。

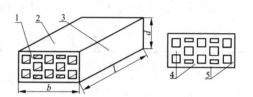

图 10 - 3　烧结空心砖外形

1—顶面；2—大面；3—条面；4—肋；5—壁；l—长度；b—宽度；d—高度

表 10 - 3　烧结空心砖的强度等级（GB/T 13545—2003）

强度等级	10 块抗压强度平均值 $\overline{f}$/MPa，≥	变异系数 δ≤0.21 抗压强度标准值 f_k/MPa，≥	变异系数 δ>0.21 单块最小抗压强度值 f_{min}/MPa，≥	密度等级范围 /（kg·m⁻³）
MU10.0	10.0	7.0	8.0	≤1100
MU7.5	7.50	5.0	5.8	
MU5.0	5.0	3.5	4.0	
MU3.5	3.5	2.5	2.8	
MU2.5	2.5	1.6	1.8	≤800

烧结空心砖由于质轻、强度低，且具有良好的保温隔热性能，故仅适用于非承重墙体的砌筑。如多层建筑的内隔墙和框架结构的填充墙等。

（4）烧结保温砖

烧结保温砖是指经焙烧而成的直角六面体，主要用于建筑物围护结构（非承重墙体）保温隔热的砖。按烧结处理工艺和砌筑方法分为 A 类和 B 类。其外形与烧结多孔砖类似。

A 类：指经精细工艺处理，砌筑中采用薄灰缝，契合无灰缝的烧结保温砖。其长、宽、高尺寸由 490、360（359、365）、300、250（249、248）、200、100 mm 中的三个组合而成。

B 类：指未经精细工艺处理，砌筑中采用普通灰缝的烧结保温砖。其长、宽、高尺寸由 390、290、190、180（175）、140、115、90、53 mm 中的三个组合而成。

烧结保温砖按其体积密度分为：700、800、900、1000 kg/m³四个级别。

按整砖实际使用承载面的抗压强度分为：MU15.0、MU10.0、MU7.5、MU5.0、MU3.5 五个强度等级，各等级的强度要求见表 10 - 4；根据其传热系数的大小划分为 2.00、1.50、

1.35、1.00、0.90、0.80、0.70、0.60、0.50、0.40 十个等级。其他技术要求应符合现行国家标准《烧结保温砖和保温砌块》GB 26538—2011 的有关规定。

表 10 - 4 烧结保温砖的强度等级（GB 26538—2011）

强度等级	10 块抗压强度平均值 $\overline{f}$/MPa，≥	变异系数 $\delta \leq 0.21$ 抗压强度标准值 f_k/MPa，≥	变异系数 $\delta > 0.21$ 单块最小抗压强度值 f_{min}/MPa，≥	密度等级范围 /(kg·m^{-3})
MU15.0	15.0	10.0	12.0	≤1000
MU10.0	10.0	7.0	8.0	
MU7.5	7.50	5.0	5.8	
MU5.0	5.0	3.5	4.0	
MU3.5	3.5	2.5	2.8	≤800

2.2 非烧结砖

不经过焙烧而制成的砖，都属于非烧结砖。与烧结砖相比，它具有耗能低的优点。目前，非烧结砖主要有蒸养砖、蒸压砖和混凝土砖等。按外形分为普通砖（实心砖）和多孔砖两种。

蒸养砖和蒸压砖由于能够利用工业废料，因而具有节能环保，资源循环利用的经济效益和社会效益。

1. 非烧结砖的技术要求

非烧结砖的主要技术要求包括：尺寸偏差、外观质量、强度、抗冻性、干燥收缩率、吸水率、碳化性能、软化性能（软化系数）、放射性。此外，对于非烧结多孔砖的孔型结构和孔洞率尚应符合相应标准的有关规定。

2. 常用非烧结砖的特性与应用

（1）蒸压灰砂砖

蒸压灰砂砖是以石灰、砂子为主要原料，经坯料制备、压制成型、蒸压养护而成的直角六面体实心砖。所用原料中磨细砂子约占 80% ~ 90%，石灰约占 10% ~ 20%，水 3% ~ 10%，允许掺入颜料和外加剂，经混合搅拌，在 15 ~ 20 MPa 压力下压制成型，放入蒸压釜内，在 0.8 MPa、170℃的高压蒸汽中养护 5 ~ 8h，使砂中的 SiO_2 与石灰发生反应生成水化硅酸钙，将砂粒牢固粘结，形成具有相当强度的灰砂砖。代号为 LSB。

蒸压灰砂砖的公称尺寸为：长×宽×高 = 240 mm×115 mm×53 mm。其内部组织均匀密实，无烧缩现象，尺寸偏差较小，外形光洁整齐，表观密度为 1800 ~ 1900 kg/m³。

蒸压灰砂砖根据其抗压强度和抗折强度分为：MU25、MU20、MU15 和 MU10 四个强度等级，各等级的强度要求见表 10 - 5。其他技术要求应符合现行国家标准《蒸压灰砂砖》GB 11945—1999 的有关规定。

表 10 - 5 蒸压灰砂砖的强度等级（GB11945—1999）

强度等级	抗压强度/MPa，≥ 5 块平均值	单块最小值	抗折强度/MPa，≥ 5 块平均值	单块最小值
MU25	25.0	20.0	5.0	4.0
MU20	20.0	16.0	4.0	3.2
MU15	15.0	12.0	3.3	2.6
MU10	10.0	8.0	2.5	2.0

注：优等品的强度级别不得低于 MU15。

蒸压灰砂砖适用于承重和非承重墙体。MUl5及以上的砖可用于基础及其他建筑部位，MU10的砖仅可用于防潮层以上的建筑部位。但是，由于蒸压灰砂砖的耐热性和耐腐蚀性较差，故不得用于长期受热200℃以上、受急冷急热和有酸性介质侵蚀的建筑部位。

（2）炉渣砖

炉渣砖是以炉渣为主要原料，掺入适量水泥、电石渣、石灰、石膏，混合均匀压制成型后，经蒸汽或蒸压养护而成的直角六面体实心砖。代号为LB。

炉渣砖的公称尺寸为240 mm×115 mm×53 mm。

按其抗压强度划分为：MU25、MU20、MU15三个等级。各等级的强度要求见表10-6。其他技术要求应符合现行行业标准《炉渣砖》JC/T 525—2007的有关规定。

表10-6　炉渣砖的强度等级（JC/T 525—2007）

强度等级	10块抗压强度平均值 $\overline{f}$/MPa，≥	变异系数 $\delta \leq 0.21$	变异系数 $\delta > 0.21$
		抗压强度标准值 f_k/MPa，≥	单块最小抗压强度值 f_{min}/MPa，≥
MU25	25.0	19.0	20.0
MU20	20.0	14.0	16.0
MU15	15.0	10.0	12.0

炉渣砖主要用于一般建筑物的承重和非承重墙体及基础部位。对于经常受干湿交替及冻融作用的建筑部位，最好使用高强度等级的炉渣砖或采用水泥砂浆抹面保护。防潮层以下的建筑部位应采用MUl5以上的炉渣砖，MUl0的炉渣砖只能用在防潮层以上的建筑部位。

（3）非烧结垃圾尾矿砖

非烧结垃圾尾矿砖是以淤泥、建筑垃圾、焚烧垃圾等为主要原料，掺入少量水泥、石灰、石膏、外加剂、胶结剂等胶凝材料，经粉碎、搅拌、压制成型、蒸养、蒸压或自然养护而成的直角六面体实心砖。

非烧结垃圾尾矿砖的公称尺寸为240 mm×115 mm×53 mm。

按其抗压强度分为：MU25、MU20、MU15三个等级。各等级的强度要求同炉渣砖（见表10-6）。其他技术要求应符合现行行业标准《非烧结垃圾尾矿砖》JC/T422—2007的有关规定。

非烧结垃圾尾矿砖主要用于一般建筑物的承重和非承重墙体。

（4）蒸压灰砂多孔砖

蒸压灰砂多孔砖是以石灰、砂子为主要原料，经坯料制备、压制成型、蒸压养护而成的直角六面体多孔砖。

蒸压灰砂多孔砖的公称尺寸为240 mm×115 mm×90（115）mm。

砖的孔洞率应≥25%；线性干燥收缩率应≤0.050%；碳化系数和软化系数应≥0.85。

按整砖的抗压强度分为：MU30、MU25、MU20、MU15四个等级。各等级的强度要求见表10-7。

其他技术要求应符合现行行业标准《蒸压灰砂多孔砖》JC/T 637—2009的有关规定。

蒸压灰砂多孔砖可用于防潮层以上的建筑物承重部位，但不得用于受热200℃以上、受急冷急热和有酸性介质侵蚀的建筑部位。

表 10 – 7　蒸压灰砂多孔砖的强度等级（JC/T 637—2009）

强度等级	10 块抗压强度平均值 f/MPa，≥	单块最小抗压强度值 f_{min}/MPa，≥
MU30	30.0	24.0
MU25	25.0	20.0
MU20	20.0	16.0
MU15	15.0	12.0

（5）蒸压粉煤灰多孔砖

蒸压粉煤灰多孔砖是以粉煤灰、生石灰（或电石渣）为主要原料，可掺加适量石膏等外加剂和其他集料，经坯料制备、压制成型、蒸压养护而成的直角六面体多孔砖，代号为 AFPB。

蒸压粉煤灰多孔砖的长度可为 360、330、290、240、190、140 mm；宽度可为 240、190、115、90 mm；高度可为 115、90 mm。孔洞率为 25% ~ 35%；线性干燥收缩值应 ≤0.5 mm/m；碳化系数应 ≥0.85；吸水率应 ≤20%。

按整砖抗压强度分为：MU25、MU20、MU15 三个等级。各等级的强度要求见表 10 – 8。

其他技术要求应符合现行国家标准《蒸压粉煤灰多孔砖》GB 26541—2011 的有关规定。

表 10 – 8　蒸压粉煤灰多孔砖的强度等级（GB 26541—2011）

强度等级	抗 压 强 度/MPa		抗 折 强 度/MPa	
	5 块平均值≥	单块值最小值≥	5 块平均值≥	单块值最小值≥
MU25	25.0	20.0	6.3	5.0
MU20	20.0	16.0	5.0	4.0
MU15	15.0	12.0	3.8	3.0

蒸压粉煤灰多孔砖适用于工业与民用建筑的承重结构。

（6）承重混凝土多孔砖

承重混凝土多孔砖是以水泥、砂、石等为主要原料，经配料、搅拌、成型、养护制成的直角六面体多排孔混凝土砖。简称混凝土多孔砖，代号为 LPB。其外形见图 10 – 4。

砖的长度可为 360、290、240、190、140 mm；宽度可为 240、190、115、90 mm；高度可为 115、90 mm。

砖的孔洞率为 25% ~ 35%；线性干燥收缩率应 ≤0.045%；碳化系数和软化系数应 ≥0.85；吸水率应 ≤12%。

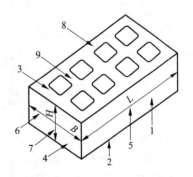

图 10 – 4　承重混凝土多孔砖外形
1—条面；2—坐浆面（肋厚较小的面）；
3—铺浆面；4—顶面；5—长度（L）；6—宽度（B）；
7—高度（H）；8—外壁；9—肋

按整砖抗压强度分为：MU25、MU20、MU15 三个等级。各等级的强度要求见表 10 – 9。其他技术要求应符合现行国家标准《承重混凝土多孔砖》GB 25779—2010 的有关规定。

表 10 – 9　承重混凝土多孔砖的强度等级（GB 25779—2010）

强度等级	5 块抗压强度平均值 $\overline{f}$ /MPa，≥	单块最小抗压强度值 f_{min}/MPa，≥
MU25	25.0	20.0
MU20	20.0	16.0
MU15	15.0	12.0

承重混凝土多孔砖适用于工业与民用建筑的承重结构。

（7）混凝土实心砖

混凝土实心砖是以水泥、骨料，以及根据需要加入的掺合料、外加剂等，经加水搅拌、成型、养护制成的直角六面体混凝土砖，代号为 SCB。

混凝土实心砖的主规格尺寸为 240 mm × 115 mm × 53 mm。

按其表观密度分为：A（≥2100kg/m³）、B（1681～2099kg/m³）和 C（≤1680kg/m³）三级。其线性干燥收缩率应≤0.050%；碳化系数和软化系数应≥0.80；吸水率 A 级应≤11%、B 级应≤13%、C 级应≤17%。

按其抗压强度划分为 MU40、MU35、MU30、MU25、MU20、MU15 六个等级。各等级的强度要求见表 10 – 10。其他技术要求应符合现行国家标准《混凝土实心砖》GB/T 21144—2007 的有关规定。

表 10 – 10　混凝土实心砖的强度等级（GB/T 21144—2007）

强度等级	10 块抗压强度平均值 $\overline{f}$ /MPa，≥	单块最小抗压强度值 f_{min}/MPa，≥
MU40	40.0	35.0
MU35	35.0	30.0
MU30	30.0	26.0
MU25	25.0	21.0
MU20	20.0	16.0
MU15	15.0	12.0

混凝土实心砖适用于工业与民用建筑的承重结构。

砌墙砖的质量检验按现行国家标准《砌墙砖试验方法》GB/T 2542—2012 有关规定进行。

知识三　建筑砌块的技术要求及应用

砌块是建筑工程中常用的新型墙体材料之一。它可以利用工业废料，化害为利，其块体较大，可提高砌筑效率，提高机械化程度。可以制成实心或空心，分别满足承重或轻质的要求；若在砂浆层中设置钢筋网片或在墙体内安插钢筋，容易满足牢固抗震的要求。因此，发展砌块建筑，是我国墙体材料改革的重要途径之一。尤其是空心砌块，其空心率可达 35% ～ 50%，墙体自重可减轻 30% 以上，建筑功能也得到改善。

在墙体材料中，凡长、宽、高有一项或一项以上分别大于 365 mm、240 mm、115 mm，且高度不超过长或宽的 6 倍、长度不超过高度的 3 倍者，均称为砌块。

砌块按其用途分为承重砌块和非承重砌块；按其形态分为实心砌块和空心砌块；按其生产工艺分为自然养护砌块、蒸压（蒸养）砌块和烧结砌块；按产品规格分为小型砌块（主规格：高为 115～380 mm）、中型砌块（主规格：高为 380～980 mm）和大型砌块（主规格：高大于 980 mm）。

由于墙体砌块可以采用各种工业废料和地方资源,因此,若按所用原料来分,便有许多的品种,如硅酸盐混凝土砌块(粉煤灰砌块、加气混凝土砌块等);轻骨料混凝土砌块(陶粒混凝土砌块、浮石混凝土砌块、火山碴混凝土砌块等);还有水泥混凝土砌块、煤矸石砌块、石膏砌块、烧结粘土(煤矸石、页岩、粉煤灰)砌块等。

1. 非烧结砌块

目前我国常用的非烧结砌块有蒸压加气混凝土砌块、粉煤灰混凝土小型空心砌块、普通混凝土小型空心砌块、轻集料混凝土小型空心砌块、石膏砌块等。

(1)蒸压加气混凝土砌块

蒸压加气混凝土砌块是以钙质材料(如水泥、石灰等)和硅质材料(如砂子、粉煤灰、矿渣等)为基本原料,以铝粉为发气剂,经过切割、蒸压养护等工艺制成的多孔、直角六面体块状墙体材料,代号为ACB。其各项性能指标应符合现行国家标准《蒸压加气混凝土砌块》GB 11968 – 2006 的有关规定。

蒸压加气混凝土砌块主要规格尺寸为:长 600 mm;宽 100、120、125、150、180、200、240、250、300 mm;高 200、240、250、300 mm。

蒸压加气混凝土砌块根据其 100 mm 边长立方体抗压强度划分为 A1.0、A2.0、A2.5、A3.5、A5.0、A7.5、A10 七个强度等级。根据其毛体积密度划分为 B03、B04、B05、B06、B07、B08 六个级别。各等级的强度要求见表 10 – 11。

表 10 – 11　蒸压加气混凝土砌块的强度等级(GB 11968—2006)

强度级别	立方体抗压强度/MPa	
	平均值≥	单块最小值≥
A1.0	1.0	0.8
A2.0	2.0	1.6
A2.5	2.5	2.0
A3.5	3.5	2.8
A5.0	5.0	4.0
A7.5	7.5	6.0
A10.0	10.0	8.0

砌块的毛体积干密度、导热系数、干燥收缩值及强度级别应符合表 10 – 12 的规定。

表 10 – 12　砌块的干密度、导热系数、干燥收缩值及强度级别(GB 11968—2006)

干密度级别		B03	B04	B05	B06	B07	B08
干密度/(kg·m⁻³)	优等品(A),≤	300	400	500	600	700	800
	合格品(B),≤	325	425	525	625	725	825
强度级别	优等品(A)	A1.0	A2.0	A3.5	A5.0	A7.5	A10.0
	合格品(B)			A2.5	A3.5	A5.0	A7.5
导热系数(干态)/(W·m⁻²·K⁻¹),≤		0.10	0.12	0.14	0.16	0.18	0.20
干燥收缩值/(mm·m⁻¹)	标准法,≤	0.50					
	快速法,≤	0.80					

蒸压加气混凝土砌块是一种轻质多孔、吸音隔热性能良好的墙体材料。主要用于建筑物

的外填充墙和非承重内隔墙，也可与其他材料组合成为具有保温隔热功能的复合墙体，但不宜用于最外层。

蒸压加气混凝土砌块如无有效措施，不得用于下列部位：建筑物标高 ±0.000 以下；长期浸水、经常受干湿交替或经常受冻融循环的部位；受酸碱化学物质侵蚀的部位以及制品表面温度高于 80℃的部位。

（2）普通混凝土小型空心砌块

砌块是以水泥、砂、石和炉渣等原料加水搅拌，经振动、加压振动或冲击成型，再经养护制成的直角六面体墙体材料，代号为 NHB，其空心率应≥25%。其各项性能指标应符合现行国家标准《普通混凝土小型空心砌块》GB 8239—1997 的有关规定。

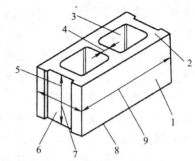

图 10 - 5　普通混凝土小型空心砌块外形

1—条面；2—坐浆面（肋厚较小的面）；
3—壁；4—肋；5—高度；
6—顶面；7—宽度；8—铺浆面；9—长度

普通混凝土小型空心砌块主要规格尺寸为：390 mm×190 mm×190 mm。其外形见图 10 - 5。

按整块砌块的抗压强度分为 MU3.5、MU5.0、MU7.5、MU10.0、MU15.0、MU20.0 六个强度等级。其强度指标见表 10 - 13。

表 10 - 13　混凝土小型空心砌块的强度等级（GB 8239—1997）

强度等级	5 块抗压强度平均值/MPa，≥	单块抗压强度最小值/MPa，≥
MU3.5	3.5	2.8
MU5	5.0	4.0
MU7.5	7.5	6.0
MU10	10.0	8.0
MU15	15.0	12.0
MU20	20.0	16.0

混凝土小型空心砌块一般用于多层建筑的承重墙体和非承重墙体。由于它的温度变形和干湿变形值都比普通烧结砖大，为了防止墙体开裂，应根据规定设置伸缩缝，并在必要部位增加圈梁或构造钢筋。

（3）粉煤灰混凝土小型空心砌块

粉煤灰混凝土小型空心砌块是以粉煤灰、水泥、集料为主要组分（也可加入外加剂等），加水搅拌、振动成型、蒸汽养护而制成的直角六面体墙体材料，代号为 FHB。

粉煤灰混凝土小型空心砌块的主规格尺寸为 390 mm×190 mm×190 mm。

按砌块孔的排数分为：单排孔（1）、双排孔（2）和多排孔（D）三类。

按砌块密度等级分为：600、700、800、900、1000、1200 和 1400 kg/m³ 七个等级。

按整块砌块的抗压强度分为：MU3.5、MU5、MU7.5、MU10、MU15、MU20 六个等级。各等级的强度要求同普通混凝土小型空心砌块（见表 10 - 13）。

砌块的线性干燥收缩率应≤0.060%；碳化系数和软化系数应≥0.80；相对含水率：潮湿地区应≤40%、中等地区应≤35%、干燥地区应≤30%；其他技术要求应符合现行行业标准《粉煤灰混凝土小型空心砌块》JC/T 862—2008 的有关规定。

粉煤灰混凝土小型空心砌块适用于民用和工业建筑的墙体。但不宜用于有酸性侵蚀的、经常处于受高温或潮湿的部位以及有较大震动影响的建筑。

（4）轻集料混凝土小型空心砌块

轻集料混凝土小型空心砌块是指用轻粗骨料（如陶粒、浮石等）、轻砂（或普通砂）、水泥和水等原料配制而成的干表观密度≤1950 kg/m³的直角六面体墙体材料，代号为 LB。

轻集料混凝土小型空心砌块的主规格尺寸为 390 mm×190 mm×190 mm。

按砌块孔的排数分为：单排孔、双排孔、三排孔和四排孔等。

按砌块密度等级分为：700、800、900、1000、1100、1200、1300 和 1400kg/m³ 八个等级。除自然煤矸石掺量不小于砌块质量 35% 的砌块外，其他砌块的最大密度等级为 1200 kg/m³。

按整块砌块的抗压强度分为：MU2.5、MU3.5、MU5、MU7.5、MU10 五个等级。各等级的强度要求见表 10-14。

表 10-14　轻集料混凝土小型空心砌块的强度等级（GB/T 15229—2011）

强度等级	抗压强度/MPa		密度等级/（kg/m³），≤
	5 块平均值，≥	单块最小值，≥	
MU2.5	2.5	2.0	800
MU3.5	3.5	2.8	1000
MU5	5.0	4.0	1200
MU7.5	7.5	6.0	1300（1200）
MU10	10.0	8.0	1400（1200）

注：① 当砌块的抗压强度同时满足 2 个或 2 个以上强度等级要求时，应以满足要求的最高强度等级为准。

　　② 括号中的数字为除自然煤矸石掺量不小于砌块质量 35% 以外的其他砌块的要求。

砌块的线性干燥收缩率应 ≤0.065%；碳化系数和软化系数应 ≥0.80；吸水率应 ≤18%。

其他技术要求应符合现行国家标准《轻集料混凝土小型空心砌块》GB/T 15229—2011 的有关规定。

轻集料混凝土小型空心砌块与普通混凝土小型空心砌块相比，具有质量轻（密度小）、热工性能较好、节能环保等特点。由于其强度低，故主要用于工业与民用建筑的框架结构的填充墙体和非承重墙体的砌筑。

（5）石膏砌块

石膏砌块是以石膏为主要原料，经加水搅拌、浇注成型的外形为长方体，纵横边缘分别设有榫（sǔn）头和榫槽的墙体材料。生产中允许加入纤维增强材料或其他集料，也可加入发泡剂、憎水剂。

图 10-6　石膏砌块

按其结构分为实心（S）和空心（K）两种；按其防潮性能分为普通型（P）和防潮型（F）两种。

砌块的规格尺寸：长可为 600 或 666 mm；厚可为 80、100、120、125 或 150 mm；高为 500 mm。其外形见图 10-6。

石膏砌块的物理力学性能要求见表 10-15。其他技术要求应符合现行行业标准《石膏砌块》JC/T 698—2010 的有关规定。

石膏砌块由于其具有良好的耐火性、隔声性、不易开裂、可调节室内空气湿度、环保，且可锯、可刨，施工速度快、效率高等优点，是一种低碳环保、健康的新型墙体材料。主要用于建筑中非承重内隔墙的砌筑。

表 10-15　石膏砌块的物理力学性能（JC/T 698—2010）

表观密度/(kg·m⁻³)	实心砌块	≤1100
	空心砌块	≤800
断裂荷载/N		≥2000
软化系数		≥0.6

砌块堆放应避免淋雨受潮，宜室内堆放；由于其强度低且易碎，故搬运或安装时应轻拿轻放，堆放时应保持垂直方向，连垒不超过九层。

2. 烧结砌块

烧结砌块是指以粘土、页岩、煤矸石、粉煤灰、淤泥或工业固体废弃物为主要原料，经焙烧而成的长方体或正方体的墙体材料。分为烧结多孔砌块、烧结空砌块及烧结保温砌块等。

（1）烧结多孔砌块

烧结多孔砌块的生产原料和方法同烧结多孔砖。经焙烧而成，孔洞率≥33%，孔的尺寸小而数量多的砌块。

烧结多孔砌块的规格尺寸：长、宽、高尺寸由 490、440、390、340、290、240、190、180、140、115、90 mm 中的三个组合而成，其外形与烧结多孔砖相同（见图 10-2）。

按其毛体积密度的大小分为：900、1000、1100、1200 kg/m³ 四个等级；按其抗压强度分为：MU30、MU25、MU20、MU15、MU10 五个强度等级，各等级的强度要求与烧结多孔砖相同（见表 10-2）。其他技术要求应符合现行国家标准《烧结多孔砖和多孔砌块》GB 13544—2011 的有关规定。

烧结多孔砌块主要用于建筑承重墙体的砌筑。

（2）烧结空心砌块

烧结空心砌块的的生产原料和方法同烧结空心砖。其外形、尺寸及技术要求均与烧结空心砖相同。其技术要求应符合现行国家标准《烧结空心砖和空心砌块》GB/T 13545—2003 的有关规定。

烧结空心砌块适用于非承重墙体的砌筑。

（3）烧结保温砌块

烧结保温砌块的生产原料和方式同烧结保温砖。外形多为直角六面体，也有各种异形的，主要用于建筑物围护结构（非承重墙体）的保温隔热。

其规格尺寸同烧结保温砖。其主规格的长度、宽度或高度应有一项或一项以上分别大于 365、240 或 115 mm，但高度不大于长度或宽度的 6 倍，长度不超过高度的 3 倍。其他技术要求与烧结保温砖相同。其质量要求应符合现行国家标准《烧结保温砖和保温砌块》GB 26538—2011 的有关规定。

知识四　建筑用轻质墙板的技术要求及应用

墙体板材与普通砖和砌块相比，具有轻质、多功能、便于拆装、平面尺寸大、施工效率高、改善墙体功能等特点。因此大力发展轻质墙板有助于带动建筑行业从落后的湿法施工向先进的干法施工迈进和跨越,从而实现住宅部件生产工业化、技术装备现代化、规模生产集约化、施工装备一体化;同时还可以减少墙体占用面积,提高住宅实用面积,减轻结构负荷提高建筑物抗震能力及安全性能,降低综合造价。

目前,我国墙体板材品种较多,大体可分为轻质条板、轻质复合板和薄板三类;按其用途分为内隔墙用板和外墙用板。

1.建筑用轻质内隔墙条板

轻质隔墙条板是以水泥(或硅酸钙、石膏等)为胶凝材料、轻质骨料、增强材料(如纤维、金属等)、外加剂、掺合料等制作的长宽比不小于2.5,面密度不大于有关标准规定数值的预制条板。分为普通型和保温型两类,用于工业与民用建筑的非承重用内隔墙板。

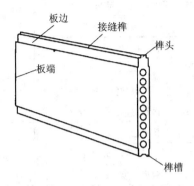

图 10 - 7 条板外形示意图

(1)轻质内隔墙条板的分类与技术要求

轻质隔墙条板可采用不同企口和开口形式。空心条板外形示意图见图 10 - 7。

轻质隔墙条板的分类见表 10 - 16。

表 10 - 16 轻质隔墙条板的分类(GB/T 23451—2009)

分类方法	名 称	定 义	代号
按断面构造分	空心条板	沿板材长度方向留有若干贯通孔洞的预制条板	K
	实心条板	用同类材料制作的无孔洞的预制条板	S
	复合条板	由两种或两种以上不同功能材料复合制成的预制条板	F
按板的构件类型分	普通板	用于普通结构建筑隔墙的预制条板	PB
	门窗框板	用于建筑门窗框部位的预制条板	MCB
	异形板	用于异形结构建筑隔墙的预制条板	YB

轻质隔墙条板的规格尺寸:长度宜不大于 3.3 m,为层高减去楼板顶部结构件(如梁、楼板)厚度及技术处理空间尺寸,具体由供需双方协商确定;宽度主规格尺寸为 600 mm;厚度主规格尺寸为 90 mm、120 mm、150 mm。其他规格尺寸可由供需双方协商确定。

普通型隔墙条板的技术要求应符合《建筑用轻质隔墙条板》GB/T 23451—2009 的有关规定;保温型隔墙条板的技术要求应符合《建筑隔墙用保温条板》GB/T 23450—2009 的有关规定。其物理性能见表 10 - 17。

表 10 - 17 轻质隔墙条板及保温条板的物理性能

序号	项目	普通型条板 (GB/T 23451—2009)		保温型条板(GB/T 23450—2009)		
		板厚 90 mm	板厚 120 mm	板厚 90 mm	板厚 120 mm	板厚 150 mm
1	抗冲击性能	经 5 次抗冲击试验后,板面无裂缝				
2	抗弯承载(板自重倍数)	≥1.5				

序号	项目	普通型条板 (GB/T 23451—2009)		保温型条板 (GB/T 23450—2009)		
		板厚 90 mm	板厚 120 mm	板厚 90 mm	板厚 120 mm	板厚 150 mm
3	抗压强度/MPa	≥3.5				
4	软化系数	≥0.8(防水石膏条板≥0.6；普通石膏条板≥0.4)				
5	面密度/(kg·m⁻²)	≤90	≤110	≤85	≤100	≤110
6	含水率/%	≤12		≤8		
7	干燥收缩值/(mm·m⁻¹)	≤0.6		≤0.6		
8	吊挂力	吊挂1000N荷载静置24h，板面无宽度超过0.5 mm的裂缝				
9	抗冻性	不应出现可见的裂纹且表面无变化				
10	空气声隔声量/dB	≥35	≥40	≥35	≥40	≥45
11	耐火极限/h	≥1		≥1		
12	燃烧性能	A_1 或 A_2 级				
13	传热系数/(W·m⁻²·K⁻¹)	—		≤2.0		

由于轻质内隔墙条板是采用轻质无机材料或轻型构造制作而成，因此具有轻质、薄体、强度高、抗冲击、吊挂力强、隔热保温、隔音、防火、防水、易切割、可任意开槽、干作业、使用寿命长、环保、可循环利用等特点，达到节能、环保之目的，拥有其他普通墙体材料无法比拟的综合优势。轻质节能墙板可广泛应用于各类高层、多层建筑非承重墙体，也可作隔热保温、隔声、消防隔墙使用。

（2）常用轻质内隔墙板的应用及质量标准

常用轻质内隔墙板的生产、应用及质量标准见表10－18。

表 10－18 常用轻质内隔墙板的应用及质量标准

品种	生产	应用	质量标准
玻璃纤维增强水泥轻质多孔隔墙条板（GRC）	以快凝低碱度硫铝酸盐水泥、耐碱玻璃纤维或其网格布为增强材料，膨胀珍珠岩为轻质骨料（也可用炉渣、粉煤灰等），并配以发泡剂和防水剂等原料制成的轻质多孔隔墙条板	用于工业与民用建筑的分室、分户隔墙	《玻璃纤维增强水泥轻质多孔隔墙条板》 GB/T 19631—2005
灰渣混凝土空心隔墙板	以水泥为胶凝材料，以灰渣（如粉煤灰、煤矸石、炉渣、矿渣、建筑工程施工废弃物或粉煤灰、陶粒和陶砂、页岩陶粒和陶砂、天然浮石等）为集料，以纤维或钢筋为增强材料，并配以外加剂等原料制成。其构造断面为多孔空心式，且灰渣总掺量在40%以上（质量比）	用于工业与民用建筑的非承重内隔墙	《灰渣混凝土空心隔墙板》 GB/T23449—2009
石膏空心条板	以建筑石膏为主要原料，掺以无机轻集料、无机纤维增强材料，加入适量添加剂制成的空心条板（SGK）	用于工业与民用建筑的非承重内隔墙	《石膏空心条板》 JC/T 829—2010
纤维水泥夹芯复合墙板	以玻璃纤维为增强材料，硅酸盐水泥（或硅酸钙）等胶凝材料制成的薄板为面层，以水泥（或硅酸钙、石膏）聚苯颗粒或膨胀珍珠岩等轻集料砼、发泡砼、加气砼为芯材，两种或两种以上不同功能材料复合而成的实心墙板	用于工业与民用建筑的分室、分户隔墙及内墙保温	《纤维水泥夹芯复合墙板》 JC/T 1055—2007

2. 建筑内墙用薄板

墙用薄板是安装在龙骨架两面,用来分隔室内空间或用于室内吊顶。常用墙用薄板的生产、应用及质量标准见表 10 - 19。

表 10 - 19　常用墙用薄板的应用及质量标准

品种	生产	规格尺寸	应用	质量标准
纤维增强低碱度水泥建筑平板	以温石棉、短切中碱玻璃纤维或以抗碱玻璃纤维等为增强材料,以低碱度硫铝酸盐水泥为胶结材料制成的建筑平板。分为掺石棉(TK)和无石棉(NTK)两种。	长度为 1200、1800、2400 或 2800 mm;宽度为 800、900 或 1200 mm;厚度为 4、5 或 6 mm	主要用于工业与民用建筑的非承重内隔墙和吊顶用板材	《纤维增强低碱度水泥建筑平板》JC/T 626—2008
水泥木屑板	以普通硅酸盐水泥或矿渣硅酸盐水泥为胶凝材料,木屑为主要填料,木丝或木刨花为加筋材料,加入水和外加剂,平压成型、保压养护、调湿处理等制成的建筑板材	长度为 2400 ~ 3600 mm;宽度为 900 ~ 1250 mm;厚度为 6 ~ 40 mm	主要用于工业与民用建筑的非承重内隔墙、吊顶、壁橱、壁柜及工棚与活动房屋等用板材	《水泥木屑板》JC/T 411—2007
玻镁平板	以 MgO、$MgCl_2$ 或 $MgSO_4$ 和水三元体系,经合理配制和改性,以玻纤网布或其他材料增强,以轻质材料为填料,经机械滚压而制成的平板。	长度≤3000 mm;宽度≤1300 mm;厚度为 2 ~ 20 mm	主要用于工业与民用建筑的非承重内隔墙和吊顶用板材,以及各类装饰板的基板	《玻镁平板》JC 688—2006

3. 建筑用轻质外墙板

(1)建筑外墙板的基本要求

由于建筑外墙长期暴露在空气中,长期遭受大气、阳光、雨水等侵蚀作用,因此,用于建筑外墙的板材除了应具备较高的强度外,尚应具备良好的保温隔热、防火、防水、抗冻、抗蚀、耐老化等要求。

(2)常用轻质外墙板的应用及质量标准

常用轻质外墙板的生产、应用及质量标准见表 10 - 20。

表 10 - 20　常用轻质外墙板的应用及质量标准

品种	生产	规格尺寸	应用	质量标准
预应力混凝土空心墙板(简称 SP 板)	用高强度低松弛预应力钢绞线,水泥及砂、石为原料,采用先张法,经搅拌、挤压、养护、放张、切割而成的混凝土空心墙板。根据需要可配保温层、外饰面层和防水层	宽度为 1200 mm;厚度为 100 ~ 380 mm;长度可根据设计要求而定	用于混凝土框架结构、钢结构等建筑的承重或非承重内外墙板、楼板、屋面板、雨罩和阳台板等	《SP 预应力空心板》05SG408
玻璃纤维增强水泥外墙板(GRC 板)	以耐碱玻璃纤维为主要增强材料,硫铝酸盐水泥或铁铝酸盐水泥或硅酸盐水泥为胶凝材料,砂子为集料,采用直接喷射工艺或预混喷射工艺制成的非承重外墙板	按板的构造分为单层板(DCB)、有肋单层板(LDB)、框架板(KJB)和夹芯板(JXB)。尺寸可根据设计需要而定	用于单层或多层混凝土框架结构、钢结构等建筑的非承重外墙	《玻璃纤维增强水泥外墙板》JC/T 1057—2007

续表 10 - 20

品种	生产	规格尺寸	应用	质量标准
金属面绝热夹芯板	由双金属面和粘结于两金属面之间的绝热芯材组成的自支撑的复合板材。按芯材不同分为聚苯乙烯夹芯板（EPS/XPS）、硬质聚氨酯夹芯板（PU）、岩棉、矿渣棉夹芯板（RW/SW）及玻璃棉夹芯板（GW）四种	长度≤12000 mm；宽度为 900~1200 mm；厚度为 50~200 mm	用于工业与民用建筑的外墙、隔墙、屋面及天花板	《建筑用金属面绝热夹芯板》GB/T23932—2009

知识五　建筑屋面材料的技术要求及应用

1. 建筑屋面材料的技术要求

屋面是指建筑物屋顶的表面，主要是指屋脊与屋檐之间的部分。用来遮风暴、遮雨雪、遮烈日，承担防水、保暖隔热等作用。因此，用于建筑屋面的材料，一方面应具备一定的强度，来承担风暴、雨雪等荷载；另一方面，尚应具备防水、防冻、保温隔热、耐老化等功能要求。

目前，除了钢筋混凝土现浇屋面外，建筑屋面用材料主要有屋面瓦材和屋面板材两大类。

2. 常用建筑屋面材料的特性、应用及质量标准

常用建筑屋面材料的特性、应用及质量标准见表 10 - 21。

表 10 - 21　常用建筑屋面材料的特性、应用及质量标准

品种		生产	特性	应用	质量标准
瓦材	琉璃瓦	以粘土为主要原料，经成型、施釉、烧制而成。通常施以金黄、翠绿、碧蓝等彩色铅釉	强度高、吸水率低、抗折、抗冻、耐酸、耐碱、永不褪色、永不风化	用于工业和民用建筑的坡屋面及园艺工程	《建筑琉璃制品》JC/T765—2006
	混凝土瓦	以水泥、细集料和水为主要原料，经拌和、挤压或其他成型方法制成。分为波形瓦、平板瓦及配件	成本低、耐久性好，但自重大	用于工业和民用建筑的坡屋面	《混凝土瓦》JC/T 746—2007
	玻纤胎沥青瓦	以石油沥青为主要原料，加入矿物填料，采用玻纤毡为胎基、上表面覆以保护材料制作而成	轻质、粘结性强、抗风化、施工方便	用于工业和民用建筑的坡屋面	《玻纤胎沥青瓦》GB/T 20474—2006
	钢丝网石棉水泥瓦	以温石棉、水泥和钢丝网为主要原料制成	强度高、防火性好	用于工厂散热车间、仓库等坡屋面	《钢丝网石棉水泥小波瓦》JC/T 851—2008
	纤维增强水泥波瓦	以矿物纤维、有机纤维或纤维素纤维作为增强纤维，以通用硅酸盐水泥为胶凝材料，采用机械化生产工艺制成	防水、防潮、防腐、绝缘	用于厂房、仓库、凉棚等坡屋面	《纤维水泥波瓦及其脊瓦》GB/T 9772—2009

续表 10-21

品种		生　产	特　性	应　用	质量标准
板材	预应力混凝土肋形屋面板	用高强度低松弛预应力钢绞线，水泥及砂、石为原料，采用先张法，经搅拌、挤压、养护、放张制作而成，并铺设有防水层	强度高、防水、防潮、耐久性好，但自重大	适用于跨度为6m的工业建筑屋面	《预应力混凝土肋形屋面板》GB/T16728—2007
	金属面绝热夹芯板	由双金属面和粘结于两金属面之间的绝热芯材组成的自支撑的复合板材	集承重、保温、隔热、防水于一体，质量轻，施工方便	用于工业与民用建筑的屋面、外墙、隔墙及天花板	《建筑用金属面绝热夹芯板》GB/T 23932—2009
	玻镁复合保温屋面板	以钢筋混凝土用热轧光圆钢筋和热轧带肋钢筋经防腐处理后作受力筋，以MgO、MgCl$_2$和水三元体系，经配制和改性剂改性而制成的、性能稳定的镁质胶凝材料作胶结料，以中碱或无碱玻璃纤维网布为增强材料作基材与聚苯乙烯泡沫塑料板或硬质岩棉板作芯材复合而成	集承重、保温、隔热、防水于一体，质量轻，施工方便	网架型板用于网架结构的公共建筑，工业厂房、大型仓库等屋面；普通型板和槽型板用于一般工业与民用建筑的屋面	《玻镁复合保温屋面板》WB/T 1013—2000
	玻璃纤维增强聚脂采光板（FRP采光板）	以无捻玻璃纤维粗纱及其制品和不饱和聚酯树脂等为主要原材料，具有近似正弦波形和梯形截面的透光型波纹板。	具有良好的透光性、抗撞击、防紫外线、质量轻、阻燃、强度高、稳定性强等特点	适用于工业厂房等屋面	《玻璃纤维增强聚酯波纹板》GB/T 14206—2005
	耐力板（PC板）	以高性能的工程塑料聚碳酸酯或聚碳酸脂加工而成	具有良好的透光性、强度高、抗撞击、防紫外线、阻燃、可弯曲、隔音、节能、耐候、防结露性，且质量轻，施工方便	适用于各种建筑采光屋顶、天窗、拱形屋顶及商场顶棚、通道、休息廊厅顶棚等	

项目二　职业技能

技能一　墙体与屋面材料检测样品的抽取

墙体与屋面材料在使用前应分批次对其质量进行抽样检测。检测样品的抽取应根据有关产品标准、施工验收标准的规定，在监理人员见证下，随机抽取规定数量的试样，委托有相应资质的检测机构进行检测。经检测合格后，方可使用。

1. 砌墙砖和砌块检测样品的抽取

砌墙砖和砌块检测样品的抽取及出厂检测项目见表10-22。

表 10-22 砌墙砖和砌块检测样品的抽取

品 种	批 量	抽样数量	出厂检测项目
烧结普通砖	3.5~15 万块为一批，不足亦为一批	10 块	抗压强度
烧结多孔砖和多孔砌块			抗压强度、孔洞率、毛体积密度
烧结空心砖和烧结空心砌块			抗压强度、毛体积密度
烧结保温砖和烧结保温砌块			抗压强度、毛体积密度
炉渣砖	1.5~3.5 万块为一批，不足亦为一批	10 块	抗压强度
蒸压灰砂砖	10 万块为一批，不足亦为一批	10 块	抗折、抗压强度
非烧结垃圾尾矿砖		10 块	抗压强度
蒸压灰砂多孔砖		10 块	抗压强度、孔洞率
蒸压粉煤灰多孔砖		10 块	抗折、抗压强度
承重混凝土多孔砖		13 块	抗压强度、吸水率和相对含水率
混凝土实心砖		13 块	抗压强度、吸水率和相对含水率、毛体积密度
蒸压加气混凝土砌块	1 万块为一批，不足亦为一批	6 块	抗压强度、毛体积密度
普通混凝土小型空心砌块		8 块	抗压强度、相对含水率
粉煤灰混凝土小型空心砌块		8 块	抗压强度、相对含水率、毛体积密度
轻集料混凝土小型空心砌块	300 m³ 为一批，不足亦为一批	8 块	抗压强度、吸水率和相对含水率、毛体积密度
石膏砌块	2 千块为一批，不足 2 千块亦为一批	6 块	平整度、表观密度

注：检验批是指同一生产单位、同一批原材料、同一生产工艺、同一规格型号、同一强度等级、同龄期的产品。

2. 墙用板材检测样品的抽取

墙用板材质量检测样品的抽取及出厂检测项目见表 10-23。

表 10-23 墙用板材检测样品的抽取及出厂检测项目

品 种	批 量	抽样数量	出厂检测项目
玻璃纤维增强水泥轻质多孔隔墙条板（GRC）	151~280 张为一批，不足亦为一批	8 张	尺寸偏差、外观质量、面密度、含水率、抗弯破坏荷载
灰渣混凝土空心隔墙板			
纤维水泥夹芯复合墙板			
玻璃纤维增强水泥（GRC）外墙板			
纤维增强低碱度水泥建筑平板			
石膏空心条板	500 张为一批，不足亦为一批	5 张	尺寸偏差、外观质量、面密度、含水率、抗弯破坏荷载、抗冲击性能
水泥木屑板	1000 张为一批，不足亦为一批	8 张	尺寸偏差、外观质量、面密度、含水率、抗弯破坏荷载
玻镁平板	2000 张为一批，不足亦为一批	8 张	尺寸偏差、外观质量、抗弯破坏荷载、抗返卤性
预应力混凝土空心墙板（简称 SP 板）	1~2 千件为一批，不足亦为一批	1~3 件	尺寸偏差、外观质量、砼强度、结构性能

注：检验批是指同一生产单位、同一批原材料、同一生产工艺、同一规格型号的产品。

3.屋面材料检测样品的抽取

屋面材料质量检测样品的抽取及出厂检测项目见表10－24。

表 10－24　屋面材料检测样品的抽取及出厂检测项目

品　　种	批　　量	抽样数量	出厂检测项目
琉璃瓦	1～3.5 万块为一批，不足亦为一批	20 块	尺寸偏差、外观质量
混凝土瓦	2～5 万块为一批，不足亦为一批	10 块	尺寸偏差、外观质量、抗渗性、承载力
玻纤胎沥青瓦	2 万平方米为一批，不足亦为一批	1～4 块	单位面积质量、外观、可溶物含量、拉力、耐热度、柔度、耐钉子拔出性能
钢丝网石棉水泥瓦	200～3200 块为一批，不足亦为一批	8 块	尺寸偏差、外观质量、抗折力、吸水率、抗冻性
纤维增强水泥波瓦	3 千块为一批，不足亦为一批	5 块	尺寸偏差、外观质量、抗折力
预应力混凝土肋形屋面板	1～2 千件为一批，不足亦为一批	1～3 件	尺寸偏差、外观质量、砼强度、结构性能
金属面绝热夹芯板	51～90 张为一批，不足亦为一批	3 张	尺寸偏差、外观质量、剥离性能、抗弯承载力
玻镁复合保温屋面板	101～300 张为一批，不足亦为一批	8 张	尺寸偏差、外观质量、面密度、标准荷载、裂缝宽度、挠度
玻璃纤维增强聚脂采光板（FRP 采光板）	200 张为一批，不足亦为一批	6 张	尺寸偏差、外观质量、弯曲挠度、透光性

注：检验批是指同一生产单位、同一批原材料、同一生产工艺、同一规格型号、同一强度等级的产品。

技能二　砌墙砖与砌块抗压强度检测

砌墙砖与砌块抗压强度检测详见配套教材《建筑材料检测实训指导书与实训报告》。

模块十一　沥青与沥青混合料及其检测

【教学要求】　结合工程实例，重点讲述石油沥青、乳化沥青、改性沥青的技术性质、影响因素及工程应用，沥青混合料的组成结构、技术性质、影响因素及工程应用，热拌沥青混合料配合比的设计与确定，沥青及沥青混合料性能检测样品的抽取，以及沥青的针入度、软化点、延度、沥青混合料马歇尔试验的试验方法与试验结果评定。

项目一　职业知识

知识一　沥青的基本常识

沥青是一种有机胶凝材料，它是由高分子碳氢化合物及其非金属（氧、氮、硫等）衍生物组成的混合物。沥青在常温下呈褐色或黑褐色的固体、半固体或液体状态，能溶于二硫化碳、四氯化碳、三氯甲烷等有机溶剂。

沥青是一种粘-弹性体，具有良好的憎水性、粘结性、塑性、不导电、耐酸、耐碱、耐腐蚀等优良性能，与钢、木、砖、石、混凝土等材料有良好的粘结性。因而广泛应用于桥梁、涵洞、建筑屋面、地下室的防水工程以及防腐蚀工程和路面工程中。

沥青按产源不同分为地沥青和焦油沥青两大类。具体分类见表11-1。

表11-1　沥青的分类

沥青	地沥青	天然沥青	由地表或岩石中直接采集、提炼加工后得到的沥青
		石油沥青	由石油原油经蒸馏提炼出汽油、煤油、柴油和润滑油后的残渣，再经处理而得
	焦油沥青	煤沥青	由煤焦油蒸馏后的残留物制取的沥青
		木沥青	由木材蒸馏后的残留物制取的沥青
		页岩沥青	由页岩焦油蒸馏后的残留物制取的沥青

道路和建筑工程常用的沥青是石油沥青。通常所说的沥青都是指石油沥青。

知识二　石油沥青的分类、组分与技术性质

1. 石油沥青的分类

（1）按生产方法分

石油沥青按生产方法分为：直馏沥青、蒸馏沥青、氧化沥青、调合沥青等。

直馏沥青：是将原油在蒸馏塔内加热至350~400℃分离出各种油质，最后剩下的残渣称为直馏沥青，它含有较多的油分，因此塑性大，粘性小，温度稳定性差。

蒸馏沥青：是将直馏沥青加热至300~350℃，吹入过热蒸汽，蒸馏掉其中一部分油分，从而改善其粘性，便得到蒸馏沥青。

氧化沥青：是将各种较软的沥青在250~300℃高温下吹入空气，通过氧化作用提高其粘性，便得到氧化沥青（或称吹制沥青）。

调合沥青：最初指由同一原油构成沥青的四组分按质量要求所需的比例重新调合，所得的产品称为合成沥青或重构沥青。随着工艺技术的发展，调合组分的来源得到扩大。例如可以从同一原油或不同原油的一、二次加工的残渣或组分以及各种工业废油等作为调合组分，这就降低了沥青生产中对油源选择的依赖性。随着适宜制造沥青的原油日益短缺，调合法显示出的灵活性和经济性正在日益受到重视和普遍应用。

（2）按用途分

石油沥青按其用途不同分为：道路石油沥青、建筑石油沥青和普通石油沥青。

道路石油沥青：主要是直馏沥青和蒸馏沥青。因主要用于铺筑道路而得名，其中较粘稠的可用于屋面防水、地下防水防潮、制作浸渍油纸和绝缘材料等。

建筑石油沥青：主要是氧化沥青。它是建筑工程中采用的品种，用于屋面和地下的防水材料、制作油毡、油纸和绝缘材料等。

普通石油沥青：因含蜡量较高，性能较差，在工程中一般不直接使用，但可与其他石油沥青掺配成混合沥青使用。

2. 石油沥青的组分

石油沥青的化学组分非常复杂，但对工程中使用的沥青而言，常将沥青中化学成分和物理特性相似的部分作为一个组分，从而将石油沥青分为三组分或四组分。

按三组分分为油分、树脂和沥青质；按四组分分为沥青质、胶质、芳香分和饱和分。

油分：为淡黄色至红褐色的透明粘性液体，是沥青中最轻的馏分。它能减少沥青的稠度，增大沥青的流动性，使沥青柔软、抗裂性好；同时，油分会降低沥青的粘滞度和软化点。在氧、温度、紫外线等作用下，油分会转化为树脂，使沥青的性能发生变化。油分能溶于大多数有机溶剂，但不溶于酒精，170℃以上能挥发。油分含量多的沥青较软、易流动，而粘性和温度稳定性差。

树脂（又称沥青脂胶）：为红褐色至黑褐色的粘稠状半固体，熔点低于100℃，能使沥青具有良好的粘性和塑性。树脂含量高的沥青，其粘结性和塑性较好。

沥青质（又称地沥青质）：为深褐色至黑色的固体脆性粉末状微粒，它是沥青中分子量最高的组分。它决定沥青的热稳定性和粘结性，沥青质含量高的沥青，其粘结性大，热稳定性好，但低温塑性降低，硬脆性增加。

芳香分和饱和分在沥青中主要使胶质和沥青质软化，使沥青胶体体系保持稳定。

此外，沥青中含有少量的沥青酸、沥青酸酐和石蜡等。沥青酸和沥青酸酐改善了石油沥青对矿物材料的浸润性，特别是提高了对碳酸盐类岩石的粘附性，并有利于石油沥青的可乳化性，是沥青中的有益成分。而石蜡由于高温时融化，使沥青的粘度降低、温度敏感性增大、高温稳定性降低；低温时易结晶析出，使沥青变得硬脆、延展能力降低，低温抗裂性能降低；此外，石蜡还会使沥青与石料的粘附性降低，导致集料与沥青产生剥离现象；含蜡沥青还会降低路面抗滑性能，影响行车安全，故石蜡是沥青中的有害成分。

沥青中各组分的组成比例，决定着沥青的技术性能。含油分多的沥青常温下可呈半固态或流态，含油分少的沥青则呈固态；当温度升高时，易熔的树脂会转变成油分，使沥青变软、变流；反之，温度降低时，油分则会凝成脂胶，使沥青变固、变硬，甚至变脆。沥青防水工程的施工，正是利用这一性能，将沥青加热熔化后进行铺设，冷却凝固后即成防水层。

3. 石油沥青的技术性质

（1）粘滞性

粘滞性（又称粘性）是指沥青在外力作用下抵抗变形的能力。它反映了沥青的稀稠、软硬程度。含油分少的沥青呈固态，其粘滞性较大，受力不易变形；含油分多的沥青呈软质的半固态，粘滞性较小，容易受力变形；含油分再多便呈流态，容易流淌，粘滞性就更小了。

流态沥青的粘滞性用粘滞度表示，而固态、半固态沥青的粘滞性则用针入度表示。

① 粘滞度：也称粘度，是用来评价流态沥青粘滞性的指标。流态沥青在指定温度（$t=25℃$或$60℃$）下，经指定直径（$d=3\ mm$、$5\ mm$或$10\ mm$）的圆孔流出$50\ mL$所需的时间（s），用$C_{T,d}$表示，见图$11-1$。如$C_{25,10}=30\ s$，表示该沥青液在$25℃$的温度下通过直径$10\ mm$小圆孔流出$50\ mL$需要$30\ s$。在温度、孔径相同的条件下，粘滞度较大时，表示沥青较稠，粘滞性较高，流动时内阻力大。

② 针入度：是用来评价固态和半固态沥青粘滞性的指标，也是用来划分固态和半固态沥青牌号的依据。在$25℃$条件下，以总质量为$100\ g$的标准试针（连杆），在$5\ s$内竖直自由地沉入固态或半固态沥青试件的深度来表示，以$1/10\ mm$为1度，见图$11-2$。如针入深度为$6.3\ mm$，则沥青的针入度为63度。针入度越大，说明沥青越软，粘滞性越小，抵抗剪切变形的能力就愈差。

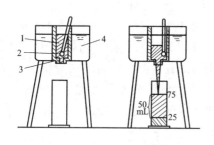

图 11-1 沥青的标准粘度测定示意图

1—沥青；2—活动球塞；3—流孔；4—水

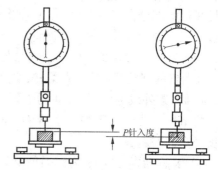

图 11-2 沥青的针入度测定示意图

（2）塑性（延展性）

塑性指沥青在外力作用下产生变形而不断裂的性能。塑性好的沥青，其变形能力强，在使用过程中，能随着结构的变形而变形且不开裂。

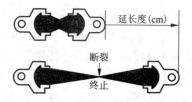

图 11-3 沥青的延度测定示意图

沥青的塑性用延度表示。将沥青制成"8"字形试件（中部最窄处的截面积为$1\ cm^2$），在恒温$25℃$的水中，以$5\ cm/min$的速度缓慢拉伸至断裂时的伸长量（cm），即为沥青的延度，见图$11-3$。沥青的延度一般在$1\sim100\ cm$之间。延度越大的沥青，其塑性就越好。

（3）温度敏感性

温度敏感性也称温度稳定性。是指沥青的粘滞性和塑性随温度变化而不产生较大变化的性能。包括高温稳定性和低温抗裂性。在相同的温度范围内，粘滞性和塑性变化程度较小的沥青，其温度稳定性较好。有的沥青在夏季高温时容易变软、融化而流淌，到冬季低温时又变得硬脆而易裂，这就是温度稳定性不好。用来评价沥青高温稳定性的指标有软化点和当量软化点 T_{800}；用来评价沥青低温抗裂性的指标有脆点和当量脆点 $T_{1.2}$；另外针入度指数 PI 也是用来评价沥青温度敏感性的指标。

① 高温稳定性——软化点：是指沥青受热由固态转变为一定流态时的温度。软化点越高的沥青，其耐热性就越好，即高温稳定性就越好。

软化点通常用"环球法"测定。将沥青试样装入小铜环中，上面加放一个质量为3.5 g的小钢球，在水中（或甘油中）以（5±0.5）℃/min的升温速度加热，随着沥青的软化，沥青连球下坠25 mm（交通行业为25.4mm）时的温度即为沥青的软化点，见图11-4。因此，软化点是沥青的受热软化至开始变为流态时的温度。一般沥青的软化点在30~95℃之间。

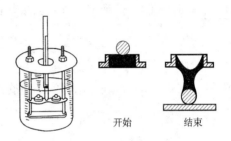

开始　　结束

图11-4　沥青的软化点测定示意图

② 低温抗裂性——脆点：是指沥青由粘稠状态转变为固体状态达到条件脆裂时的温度。用弗拉斯脆点仪测定，将沥青涂在标准金属片上（沥青膜厚度约0.5 mm），然后将制好的试件放在脆点仪中，一边降温，一边将金属片反复弯曲，至沥青薄层开始出现裂缝时的温度称为脆点（℃）。

沥青的软化点愈高，脆点愈低，则沥青的温度敏感性就愈小，温度稳定性就愈好。在工程实际应用中，要求沥青具有较高的软化点和较低的脆点，否则，容易发生夏季流淌或冬季变脆甚至开裂等现象。

③ 针入度指数 PI、当量软化点、当量脆点：针入度指数是反映沥青针入度随温度变化的程度，用来评价沥青温度敏感性的指标。即分别在15℃、25℃、30℃等3个或3个以上（必要时增加10℃、20℃等）温度条件下测定沥青的针入度后，按下列方法计算得到。若30℃时的针入度值过大，可采用5℃代替。

对不同温度条件下测试的针入度值取对数，令 $y = \lg P$，$x = T$，按式（11-1）的针入度对数与温度的直线关系，进行 $y = a + bx$ 一元一次方程的直线回归，求取针入度温度指数 A_{lgPen}。具体计算方法参照本教材模块一中的知识四关于"检测结果的处理与分析"。

$$\lg P = k + A_{lgPen} \cdot T \qquad (11-1)$$

式中：$\lg P$——不同温度条件下测得的针入度值的对数；

　　　T——不同试验温度，℃；

　　　k——回归方程的常数项 a；

　　　A_{lgPen}——回归方程的系数 b。

按式（11-1）回归时必须进行相关性检验，直线回归相关系数 γ 不得小于0.997（置信度95%），否则，试验无效。

按式（11-2）确定沥青的针入度指数 PI：

$$PI = \frac{20 - 500A_{\lg Pen}}{1 + 50A_{\lg Pen}} \qquad (11-2)$$

针入度指数 PI 不仅可以用来评价沥青的温度敏感性,同时也可以用来判断沥青的胶体结构:当 $PI < -2$ 时,沥青属于溶胶结构,感温性大;当 $PI > 2$ 时,沥青属于凝胶结构,感温性低;介于期间的属于溶-凝胶结构。

不同针入度指数的沥青,其胶体结构和工程性能完全不同。一般路用沥青要求 $PI > -2$;沥青用作灌缝材料时,要求 $-3 < PI < 1$;如用作胶粘剂,要求 $-2 < PI < 2$;用作涂料时,要求 $-2 < PI < 5$。

当量软化点 T_{800} 是相当于沥青针入度为 $800(1/10 \text{ mm})$ 时的温度,用以评价沥青的高温稳定性。按式(11-3)确定沥青的当量软化点 T_{800}:

$$T_{800} = \frac{\lg 800 - k}{A_{\lg Pen}} = \frac{2.9031 - k}{A_{\lg Pen}} \qquad (11-3)$$

当量脆点 $T_{1.2}$ 是相当于沥青针入度为 $1.2(1/10 \text{ mm})$ 时的温度,用以评价沥青的低温抗裂性能。按式(11-4)确定沥青的当量脆点 $T_{1.2}$:

$$T_{1.2} = \frac{\lg 1.2 - k}{A_{\lg Pen}} = \frac{0.0792 - k}{A_{\lg Pen}} \qquad (11-4)$$

按式(11-5)计算沥青的塑性温度范围 ΔT:

$$\Delta T = T_{800} - T_{1.2} = \frac{2.8239}{A_{\lg Pen}} \qquad (11-5)$$

(4)耐久性(大气稳定性)

石油沥青在热施工时受高温的作用,以及使用时在大气、阳光、雨雪、温变等因素的长期综合作用下,其性能的稳定程度,反映出沥青的耐老化性能即耐久性能。

沥青在上述诸因素的长期作用下,一部分油分被挥发,其余分子则会氧化、缩合和聚合,导致组分逐渐递变,发生油分向脂胶转化,脂胶向沥青质转化,低分子向高分子转化,结果使油分、脂胶逐渐减少,分子量大的沥青质逐渐增多,因而使沥青的塑性降低,脆性增加,各方面性能下降,这种现象称为老化。老化是沥青的大气稳定性不良的表现,是其耐久性不好的重要原因。

沥青的抗老化性,用沥青受热后的蒸发损失、针入度比和老化后的延度来评价。即将测定了质量和针入度的沥青试样加热至 $(163 \pm 1)℃$ 并恒温 5 h,测其蒸发后的质量和针入度,计算其质量减量和针入度比,同时测定老化后的延度。沥青经老化后,其质量损失百分率愈小、针入度比和延度比愈大,则表示沥青的大气稳定性愈好,即老化愈慢。

(5)粘附性

粘附性是指沥青与其他材料(这里主要是指集料)的界面粘结性能和抗剥落性能。沥青与集料的粘附性直接影响沥青路面的使用质量和耐久性,所以粘附性是评价道路沥青技术性能一个重要指标。沥青裹覆集料后的抗水性(即抗剥离性)不仅与沥青的性质有密切关系,而且与集料性质有关。

评价沥青与集料粘附性最常采用的方法是水煮法和水浸法。《公路工程沥青及沥青混合料试验规程》JTG E20—2011 规定:粗集料的最大粒径 $> 13.2 \text{ mm}$ 的采用水煮法,$\leq 13.2 \text{ mm}$ 的采用水浸法。水煮法是选取粒径为 $13.2 \sim 19 \text{ mm}$、形状接近正立方体的规则集料 5 个,经沥青裹覆后,在蒸馏水中沸煮 3 min,按沥青膜剥落的情况分为 5 个等级来评价沥青与集料的粘附性。水浸法是选取 9.5~13.2 mm 的集料 100 g 与 5.5 g 沥青在规定温度条件下拌和，配制成沥青 – 集料混合料，冷却后浸入 80℃ 的蒸馏水中保持 30 min，然后按剥落面积百分率来评定沥青与集料的粘附性。

（6）施工安全性

沥青在使用时，通常须要加热熔化，但若加热温度过高，其挥发的油气遇到火焰会发生闪火甚至燃烧，从而危及施工安全。初次发生闪火（着火而不能持续）时沥青的温度称为闪点，对粘稠沥青用克利夫兰开口杯（简称 COC）法，对液体沥青用泰格开口杯（简称 TOC）法来测定。能发生燃烧（能持续 5 s 以上）时沥青的温度称为燃点。沥青的闪点在 180~230℃ 之间，而燃点只比该沥青的闪点高 10℃ 左右。因此，为保证施工安全，沥青熬制温度必须低于沥青的闪点和燃点。

另外，虽然沥青几乎不溶于水，但也不是绝对不含水，其所含的盐分中也会有微量的水，且沥青在运输贮存中也免不了会使其表面带水。在施工熔制时，所含水分蒸发成泡，容易发生溢锅现象，以致引起火灾，危及施工安全。因此，在加热熔制时，锅内沥青不要装得过满，熔制过程中要控制好温度，加强搅拌，使气泡易于上浮破裂，以确保施工安全。

（7）防水性

沥青是憎水性材料，几乎不溶于水，而且本身构造致密，加之它与矿物材料表面有良好的粘结力，能紧密粘附于矿物材料表面，同时，它还具有一定的塑性，能适应材料或构件的变形，因此，它具有良好的防水性，故广泛用作土木工程的防潮、防水材料。

知识三　沥青的乳化与改性

3.1　沥青的乳化

由于沥青和水的表面张力差别很大，因此，在常温或高温下它们都不会互相混溶。但是当沥青经高速离心、剪切、冲击等机械作用，使其成为粒径为 0.1~5 μm 的微粒，并分散到含有表面活性剂（乳化剂、稳定剂）的水介质中，由于乳化剂能定向吸附在沥青微粒表面，因而降低了水与沥青的界面张力，使沥青微粒能在水中形成稳定的分散体系，这就是水包油的乳状液。这种分散体系呈茶褐色，沥青为分散相，水为连续相，常温下具有良好的流动性。乳化后的沥青称为乳化沥青。

1. 乳化沥青的组成材料

（1）基质沥青

在乳化沥青中，沥青比例为 50%~70%。乳化沥青中使用的沥青材料基本是石油沥青，在选择时，首先应考虑沥青的易乳化性，一般来说，针入度大的沥青宜乳化。

（2）乳化剂

乳化剂是乳化沥青生产的关键原材料，一般占乳液总量的 0.3%~2.0%。乳化剂按其亲水基在水中是否电离而分为离子型乳化剂（阴离子、阳离子、两性离子）和非离子型乳化剂。

阳离子乳化剂根据破乳速度的快慢分为快裂、中裂、慢裂三种，慢裂乳化剂根据混合料凝结时间的长短分为慢凝和快凝两种。用中裂和快裂乳化剂生产的乳化沥青主要用于喷洒，铺筑表面处治路面和贯入式路面，其中以中裂型使用较多，快裂型使用很少，快裂型特别适合较低温度条件下喷洒使用。用慢裂乳化剂生产的乳化沥青主要用于稀浆封层，其中慢裂快凝型适合用于高等级公路的养护，慢裂慢凝型适合用于普通道路的养护。

阴离子乳化剂主要有：羧酸盐、硫酸(酯)盐、磺酸盐等类，阴离子乳化沥青为慢裂或中裂型。由于阴离子乳化沥青破乳速度较慢，混和料凝结成型时间长，阴离子乳化沥青与矿料的粘附性不如阳离子好，特别是与酸性矿料的粘附性差，所以不适合于高等级公路使用，仅适用于普通道路使用。

非离子乳化剂主要有：脂肪醇聚氧乙烯醚、烷基酚聚氧乙烯醚、多元醇脂肪酸脂、多元醇酯聚氧乙烯醚等四大类，非离子乳化剂在水中不解离，不带电荷。用非离子乳化剂生产的乳化沥青与集料拌和时，不会像离子型乳化剂那样有一定的破乳时间，即拌和时间可以相当长，并且破乳时间也可以相当长。在一般情况下并不单独以非离子乳化剂来生产乳化沥青，大多数情况下是用来与离子乳化剂，特别是与阳离子乳化剂进行复配，以改善离子型乳化剂的某些性能。

（3）稳定剂

为使乳液具有良好的贮存稳定性和施工喷洒或拌和的机械作用下的稳定性，必要时加入适量的稳定剂。稳定剂分为无机稳定剂和有机稳定剂，无机稳定剂稳定效果较好的是氯化铵和氯化钙；有机稳定剂主要有聚乙烯醇、聚丙烯酰胺等，在沥青表面可形成保护膜，有利于微粒的分散。

（4）水

水是乳化沥青的主要组成部分，在乳化沥青中起着湿润、溶解及化学反应的作用。水中含有的各种矿物质对乳化沥青的形成具有一定的影响，因此，生产乳化沥青的水应为不含钙、镁等杂质的 pH 值约为 7.4 的纯净水，水的用量一般为 30% ~50% 。

2. 乳化沥青的质量评价指标

（1）筛上残留物

筛上残留物是检验乳液中沥青微粒的均匀程度，它是确定乳化沥青质量的重要指标。

检测方法：待乳液完全冷却或基本消泡后，将乳液用筛网孔径为 1.18 mm 的筛过筛，求出筛上残留物占过筛乳液质量的百分率。

（2）蒸发残留物含量及残留物性质

蒸发残留物含量是将一定量的乳液脱水后，求出其蒸发残留物占乳液的百分率，用以检验乳液中实际的沥青含量。乳液中沥青含量过高会使乳液粘度较大，储存稳定性不好，不利于施工和贮存；乳液中沥青含量过低，则使乳液粘度较低，施工时容易流失，不能保证沥青用量的要求，同时增加乳液的运输成本，提高乳化剂用量。

蒸发残留物的性质以针入度、延度和软化点表征，比较沥青乳化后与原沥青在技术性能上有何变化。

（3）粘度

对于不同的施工方法、施工季节和路面结构层次，对沥青乳液的粘度要求不同，乳液粘度不当就可能造成路面的过早损坏。

（4）粘附性

阳离子乳化沥青的粘附性，是将干净的粒径为 19 ~31.5 mm 的集料 5 颗，在水中浸泡 1 min 后立即放入乳液中浸泡 1 min，然后将集料悬挂在室温中放置 24 h，再将集料逐个用线提起，浸入微沸水中 3 min，观察集料颗粒表面上沥青膜的裹覆面积。

阴离子乳化沥青和非离子乳化沥青的粘附性，是将干净的粒径为 13.2 ~ 19 mm 的碎石 50 g 排列在滤筛上，将滤筛连同石料一起浸入阴离子乳液 1 min 后取出，在室温下放置 24 h，然后在 (40 ± 1)℃ 的温水中浸泡 5 min，观察集料颗粒表面上沥青膜的裹覆面积来进行综合评定的。

（5）储存稳定性

储存稳定性是检验乳液的存放稳定性。将乳液在容器中置放规定的储存时间后，检测容器上下乳液的浓度变化，一般采用 5 d 的贮存稳定性，如时间紧迫也可用 1 d 的稳定性。

低温储存稳定性：是检测乳液经受冰冻后，其状态发生的变化。将乳液过 1.18 mm 筛后，在 -5℃ 的温度下放置 30 min，再在 25℃ 下放置 10 min，循环两次后，观察乳液试样状态与原试样有无变化，并作筛上剩余量试验，检查有无粗颗粒或结块情况。

（6）微粒离子电荷性

微粒离子电荷性用于确定乳液是否属于阳离子或阴离子类型。在乳液中放入两块电极板，通入 6 V 直流电，3 min 后观察电极板上沥青微粒的粘附量，若负极板上吸附大量沥青微粒，表明沥青微粒带正电荷，则该乳液为阳离子型，反之为阴离子型。

（7）破乳速度

破乳速度试验是将乳液与规定级配的矿料拌和后，由矿料表面被乳液薄膜裹覆的均匀程度来判断乳液的拌和效果，并鉴别乳液属于快裂、中裂或慢裂类型。

（8）水泥拌和试验与矿料的拌和试验

水泥拌和试验的目的是评定慢裂型乳液在与水泥的拌和过程中乳液的凝结情况，是乳化沥青用于加固稳定砂石土基层、稀浆封层等施工的一项重要性能。将 50 g 水泥与 50 g 乳液试样拌和均匀后，加入 150 mL 蒸馏水拌匀，然后过 1.18 mm 筛，结果以筛上残留物占水泥和沥青总质量的百分率来表示。

矿料的拌和试验是将乳液试样与规定级配的混合料在室温下拌和后，以矿料裹覆乳液均匀状态来判断乳液类型的另一种试验方法，也是检验乳化沥青的拌和稳定性的方法。

3. 乳化沥青的特点

① 可冷态施工，节约能源，保护环境；

② 常温下有较好的流动性，能保证洒布的均匀性；

③ 与矿料表面具有良好的粘附性和工作性，可节约沥青用量；

④ 稳定性差，贮存期不超过半年（贮存期长易产生分层）；

⑤ 修筑路面成型期长。

4.2　沥青的改性

沥青的改性是指在普通沥青（又称基质沥青）中加入一定量的改性剂（如橡胶、树脂、高分子聚合物或其他矿物填料等外掺剂），使沥青在感温性、稳定性、耐久性、粘附性、抗老化性等方面得到全面改善。沥青的改性机理有两种：一是改变沥青化学组成，二是使改性剂均匀分布于沥青中形成一定的空间网络结构。改性后的沥青称为改性沥青。

1. 改性沥青的分类

（1）热塑性橡胶类改性沥青

改性剂主要是苯乙烯嵌段共聚物，如苯乙烯－丁二烯－苯乙烯（SBS）、苯乙烯－异戊二烯－苯乙烯(SIS)、苯乙烯－聚乙烯/丁基－聚乙烯(SE/BS)。其中 SBS 常用于路面沥青混合料；SIS 用于热溶粘结料；SE/BS 用于抗氧化、抗高温变形要求高的道路。SBS 类改性沥青最大的特点是高温稳定性和低温抗裂性能都好，并具有良好的弹性恢复性能和抗老化性能。

（2）橡胶类改性沥青

橡胶类改性沥青使用最多的是丁苯橡胶(SBR)和氯丁橡胶(CR)类。这类改性剂常以乳胶的形式加入沥青中，制成橡胶沥青，可以提高沥青的粘度、韧性、软化点，降低脆点，使沥青的延度和感温性得到改善。

SBR 改性沥青最大特点是低温性能得到改善，但老化试验后其延度严重降低，所以主要在寒冷气候条件下使用。CR 具有极性，常掺入煤沥青中使用，已成为煤沥青的改性剂。

（3）热塑性树脂类改性沥青

热塑性树脂类改性沥青常用的改性剂有：聚乙烯(PE)、聚丙烯(PP)、聚氯乙烯(PVC)、聚苯乙烯(PS)、乙烯－乙酸乙酯共聚物(EVA)等。这类改性沥青的共同特点是加热后软化，冷却时变硬，在常温下使沥青混合料粘度增大，从而使高温稳定性增加，同时可增大沥青的韧性，但对沥青的低温性能改善有时不是很明显。

（4）掺加天然沥青的改性沥青

掺加天然沥青的改性沥青有湖沥青(如特立尼达湖沥青 TLA)、岩石沥青和海底沥青(如 BMA)。TLA 具有良好的高温稳定性及低温抗裂性能，耐久性好；岩石沥青具有抗剥离、耐久性好、高温抗车辙、抗老化等特点。BMA 适用于重交通道路、飞机场跑道、抗磨耗层等。

（5）其他改性沥青

其他改性沥青有掺多价金属皂化物的改性沥青、掺炭黑的改性沥青和掺玻纤格栅的改性沥青等。

2. 改性剂的选用原则

（1）为提高抗永久变形能力，宜使用热塑性橡胶类或热塑性树脂类等改性剂。

（2）为提高抗低温开裂能力，宜使用热塑性橡胶类或橡胶类改性剂。

（3）为提高抗疲劳开裂能力，宜使用热塑性橡胶类、橡胶类或热塑性树脂类改性剂。

（4）为提高抗水损害能力，宜使用各类抗剥落剂等外掺剂。

（5）改性剂与被改性沥青的基质沥青应有良好的配伍性。

知识四　沥青混合料的分类与组成结构

沥青混合料是由矿料(粗集料、细集料和填料)与沥青结合料拌和而成的混合料的总称。主要用于公路工程的沥青路面材料。

1. 分类

（1）按所用集料品种分

沥青混合料按所用集料品种不同，可分为碎石、砾石、砂、钢渣、矿渣等类，以碎石类最为普遍。

沥青稳定碎石混合料(简称沥青碎石)：由矿料和沥青组成，具有一定级配要求的混合料。按空隙率、集料最大粒径、添加矿粉数量的多少，分为密级配沥青稳定碎石(以 TAB 表示)、开级配沥青碎石(用于表面层以 OGFC 表示；用于基层以 ATPB 表示)、半开级配沥青碎石(以 AM 表示)。

沥青玛蹄脂碎石混合料:由沥青结合料与少量的纤维稳定剂、细集料以及较多量的填料(矿粉)组成的沥青玛蹄脂,填充于间断级配的粗集料骨架的间隙、组成一体的沥青混合料,简称 SMA。具有优良的高温稳定性、耐久性、表面特性和使用寿命长等特点。

(2)按材料组成及结构分

① 连续级配混合料:矿料从大到小各级粒径都有,按比例相互搭配组成的混合料。

② 间断级配混合料:矿料级配组成中缺少 1 个或几个粒径档次(或用量很少)而形成的沥青混合料。

(3)按矿料级配组成及空隙率大小分

① 密级配沥青混合料:按密实级配原理设计组成的各种粒径颗粒的矿料与沥青结合料拌和而成,设计空隙率较小(对不同交通及气候情况、层位可作适当调整)的密实式沥青混凝土混合料(简称沥青混凝土,以 AC 表示)和密实式沥青稳定碎石混合料(简称沥青碎石,以 ATB 表示)。按关键性筛孔通过率的不同又可分为细型、粗型密级配沥青混合料等。粗集料嵌挤作用较好的也称嵌挤密实型沥青混合料。

② 开级配沥青混合料:矿料级配主要由粗集料嵌挤组成,细集料及填料较少,设计空隙率为 18% 的混合料。

③ 半开级配混合料:由适当比例的粗集料、细集料及少量填料(或不加填料)与沥青结合料拌和而成,经马歇尔标准击实成型试件的剩余空隙率在 6% ~ 12% 的半开式沥青碎石混合料(以 AM 表示)。

(4)按矿料公称最大粒径的大小分

① 特粗式沥青混合料:矿料公称最大粒径 >31.5 mm 的沥青混合料。

② 粗粒式沥青混合料:矿料公称最大粒径 ≥26.5 mm 的沥青混合料。

③ 中粒式沥青混合料:矿料公称最大粒径为 16 mm 或 19 mm 的沥青混合料。

④ 细粒式沥青混合料:矿料公称最大粒径为 9.5 mm 或 13.2 mm 的沥青混合料。

⑤ 砂粒式沥青混合料:矿料公称最大粒径 <9.5 mm 的沥青混合料。

(5)按生产工艺分

① 热拌沥青混合料(HMA):采用粘稠沥青作为结合料,将沥青与矿料在热态下拌和、热态下铺筑施工的沥青混合料。由于在高温下拌和,沥青与矿质集料能形成良好的粘结,因而具有较高的强度,适用于各种等级公路的沥青路面。

② 冷拌沥青混合料:采用乳化沥青、稀释沥青或者低粘度的沥青材料,在常温下与集料直接拌和成混合料,在常温下摊铺、碾压成路面。这种沥青混合料由于沥青与集料裹覆性差,粘结不良,路面成型慢,强度低,一般只适用于低交通道路,或者路面局部维修。

③ 再生沥青混合料:将回收沥青路面材料(RAP)运至沥青拌和厂(场、站),经破碎、筛分,以一定的比例与新集料、新沥青、再生剂(必要时)等拌制成的热拌再生混合料;或采用专用的就地热再生设备,对沥青路面进行加热、铣刨,就地掺入一定数量的新沥青、新沥青混合料、再生剂等,经热态拌和、摊铺、碾压等工序,一次性实现对表面一定深度范围内的旧沥青混凝土路面进行再生。

2.组成结构

(1)悬浮 - 密实结构

悬浮－密实结构是指密级配的混合料结构。混合料中粒径较大的颗粒被较小的颗粒挤开，不能直接形成骨架结构，彼此分离悬浮于较小颗粒和沥青胶浆之间，而较小颗粒与沥青胶浆较为密实，形成了悬浮－密实结构。这种结构的沥青混合料密实度较大，水稳定性、低温抗裂性和耐久性较好，但热稳定性差。

（2）骨架－空隙结构

骨架－空隙结构是一种连续开级配的混合料。混合料中粗集料较多，彼此接触可以形成骨架，细集料较少不足以填满骨架空隙，压实后混合料中的空隙较大，形成骨架－空隙结构。该结构沥青混合料空隙率较大，渗透性较大，耐久性差，但热稳定性好。

（3）骨架－密实结构

骨架－密实结构是一种间断级配的混合料。混合料中有足够的粗集料形成骨架，同时又有足够的细集料和沥青胶浆充填骨架空隙，形成骨架－密实结构。该结构沥青混合料具有上述两种结构的优点，是一种较为理想的结构类型。

知识五　沥青混合料组成材料的技术要求

1. 沥青的技术要求

（1）道路石油沥青的技术要求

道路石油沥青按针入度不同划分为160、130、110、90、70、50、30等标号。现行行业标准《公路沥青路面施工技术规范》JTG F40—2004将道路石油沥青的质量划分为A、B、C三个等级，各标号及各等级的技术要求见表11-2、表11-3。

表11-2　道路石油沥青的技术要求（JTG F40—2004）

指　　标	等级	沥青标号							
		160 号④	130 号④	110 号			90 号		
针入度(25℃,5 s,100 g)/0.1 mm		140～200	120～140	100～120			80～100		
适应的气候分区⑥		注④	注④	2-1	2-2	3-2	1-1	1-2	1-3	2-2	2-3
针入度指数 PI②	A	－1.5～+1.0							
	B	－1.8～+1.0							
软化点/℃,≥	A	38	40	43			45		44
	B	36	39	42			43		42
	C	35	37	41			42		
60℃动力粘度② /Pa·s,≥	A	—	60	120			160		140
10℃延度②/cm, ≥	A	50	50	40	45	30	20	30	20
	B	30	30	30	30	20	15	20	15
15℃延度②/cm, ≥	A、B	100							
	C	80	80	60			50		

续表 11-2

指　标	等级	沥青标号			
		160 号④	130 号④	110 号	90 号
蜡含量(蒸馏法) /% ,≤	A	2.2			
	B	3.0			
	C	4.5			
闪点/℃ ,≥		230			245
溶解度/% ,≥		99.5			
密度(15℃)/(g·cm⁻³)		实测记录			
老化试验	质量变化/% ,≤	±0.8			
	残留针入度比 (25℃)/% ,≥ A	48	54	55	57
	B	45	50	52	54
	C	40	45	48	50
	残留延度 (10℃)/cm ,≥ A	12	12	10	8
	B	10	10	8	6
	残留延度 (15℃)/cm ,≥ C	40	35	30	20

表 11-3　道路石油沥青的技术要求(JTG F40—2004)

指　标	等级	沥青标号						
		70 号③					50 号③	30 号④
针入度(25℃, 5s,100 g)/0.1 mm		60 ~ 80					40 ~ 60	20 ~ 40
适应的气候分区⑥		1-3	1-4	2-2	2-3	2-4	1-4	注④
针入度指数 *PI*②	A	-1.5 ~ +1.0						
	B	-1.8 ~ +1.0						
适应的气候分区⑥		1-3	1-4	2-2	2-3	2-4	1-4	注④
60℃动力粘度②/Pa·s ,≥	A	180			160		200	260
软化点/℃ ,≥	A	46			45		49	55
	B	44			43		46	53
	C	43					45	50
10℃延度②/cm ,≥	A	20	15	25	20	15	15	10
	B	15	10	20	15	10	10	8
15℃延度②/cm ,≥	A、B	100					80	50
	C	40					30	20
蜡含量(蒸馏法)/% ,≤	A	2.2						
	B	3.0						
	C	4.5						

指　标		等级	沥青标号		
			70 号③	50 号③	30 号④
老化试验	质量变化/%，≤		±0.8		
	残留针入度比(25℃)/%，≥	A	61	63	65
		B	58	60	62
		C	54	58	60
	残留延度(10℃)/cm，≥	A	6	4	—
		B	4	2	—
	残留延度(15℃)/cm，≥	C	15	10	—
闪点/℃，≥			260		
溶解度/%，≥			99.5		

注：① 表 12 – 2、12 – 3 中各指标的试验方法按《公路工程沥青及沥青混合料试验规程》JTG E20—2011 规定的方法进行。用于仲裁试验求取 *PI* 时的 5 个温度的针入度关系的相关系数不得小于 0.997。② 经建设单位同意，表中 PI 值、60℃动力粘度、10℃延度可作为选择性指标，也可不作为施工质量检验指标。③ 70 号沥青可根据需要，要求供应商提供针入度范围为 60 ~ 70 或 70 ~ 80 的沥青，50 号沥青可要求提供针入度范围为 40 ~ 50 或 50 ~ 60 的沥青。④ 30 号沥青仅适用于沥青稳定基层。130 号和 160 号沥青除寒冷地区可直接在中低级公路上直接应用外，通常用作乳化沥青、稀释沥青、改性沥青的基质沥青。⑤ 老化试验以 TFOT 法（沥青薄膜加热法）为准，也可以 RTFOT 法（沥青旋转薄膜加热法）代替。⑥ 气候分区见表 11 – 4。

表 11 – 4　沥青路面使用性能气候分区

高温分区	高温气候区	1		2		3	
	气候区名称	夏炎热区		夏热区		夏凉区	
	最热月平均最高气温/℃	>30		20 ~ 30		<20	
低温分区	低温气候区	1	2	3		4	
	气候区名称	冬严寒区	冬寒区	冬冷区		冬温区	
	极端最低气温/℃	< - 37.5	- 37.5 ~ - 21.5	- 21.5 ~ - 9.0		> - 9.0	
雨量分区	雨量气候区	1	2	3		4	
	气候区名称	潮湿区	湿润区	半干区		干旱区	
	年降雨量/mm	>1000	1000 ~ 500	500 ~ 250		<250	

注：① 气候分区指标的计算方法：以当地 30 年内最热月平均最高气温的平均值为最热月平均最高气温；以当地 30 年内极端最低气温的最低值为极端最低气温；以当地 30 年内的年降雨量的平均值为年降雨量；② 沥青路面温度分区由高温和低温组合而成，第一个数字代表高温区，第二个数字代表低温区，数字越小表示气候因素越严重；③ 由温度和雨量组成的气候分区方法是在温度分区后加第三个数字（雨量气候区），如"1 – 2 – 2"表示夏炎热冬寒湿润区；④ 当全年高于 30℃的积温较大或当地连续高温的持续时间长，以及预计重载车特别多、长大纵坡严重影响车速的路段，可将高温气候区提高一级或二级看待；对经常发生寒潮、寒流降温迅速的地区可将低温气候区提高一级；对年雨日数特别长（如梅雨季节）的地区可将雨量气候区提高一级。

　　当采用两种沥青进行掺配使用时，即以较高标号沥青与较低标号沥青配成要求标号沥青时，其掺配比例可按下式计算：

$$低标号沥青掺量(\%) = \frac{高标号 - 要求的标号}{高标号 - 低标号} \times 100\%$$

$$高标号沥青掺量(\%) = (100 - 低标号沥青掺量)\%$$

　　道路石油沥青主要在道路工程中用作胶凝材料，用来与碎石等矿质材料共同配制成沥青混合料。通常，道路石油沥青牌号越高(即针入度越大)，则粘性越小，延展性越好，而温度敏感也随之增加。在道路工程中选用沥青材料时，应根据交通量和气候特点来选择。道路石油沥青的适应范围见表 11 - 5。

表 11 - 5　道路石油沥青的适应范围(JTG F40—2004)

沥青等级	适用范围
A 级	各个等级的公路，适用于任何场合和层次
B 级	高速公路、一级公路沥青下面层及以下的层次，二级及二级以下公路的各个层次 用做改性沥青、乳化沥青、改性乳化沥青、稀释沥青的基质沥青
C 级	三级及三级以下公路的各个层次

　　(2)道路用液体石油沥青的技术要求

　　道路用液体石油沥青是将道路石油沥青先进行加热，然后加入煤油或轻柴油，经适当搅拌、稀释制作而成。道路用液体石油沥青的粘度、蒸馏体积变化、蒸馏后残留物性能及含水率等技术要求应符合现行行业标准《公路沥青路面施工技术规范》JTG F40—2004 的有关规定。

　　道路用液体石油沥青宜选用针入度较大的石油沥青，使用前按先加热沥青后加稀释剂的顺序，掺配比例根据使用要求由试验确定。

　　液体石油沥青在制作、贮存、使用的全过程中，必须通风良好，并有专人负责，确保安全。基质沥青的加热温度严禁超过 140℃，液体沥青的贮存温度不得高于 50℃。

　　(3)道路用乳化沥青的技术要求

　　道路用乳化沥青的技术要求应符合现行行业标准《公路沥青路面施工技术规范》JTG F40—2004 的有关规定。

　　道路用乳化沥青的类型应根据集料品种及使用条件选择。阳离子乳化沥青适用于各种集料品种；阴离子乳化沥青适用于碱性集料。乳化沥青的破乳速度、粘度宜根据用途与施工方法选择。乳化沥青的品种和适用范围宜符合表 11 - 6 的规定。

表 11 - 6　乳化沥青的品种和适用范围(JTG F40—2004)

品种	阳离子乳化沥青				阴离子乳化沥青				非离子乳化沥青	
用途	喷洒用			拌和用	喷洒用			拌和用	喷洒用	拌和用
代号	PC - 1	PC - 2	PC - 3	BC - 1	PA - 1	PA - 2	PA - 3	BA - 1	PN - 2	BN - 1
破乳速度	快	慢	快或中	慢或中	快	慢	快或中	慢或中	慢	慢
适用范围	表处、贯入式路面及下封层用	透层油及基层养生用	粘层油用	稀浆封层或冷拌沥青混合料	表处、贯入式路面及下封层用	透层油及基层养生用	粘层油用	稀浆封层或冷拌沥青混合料	粘层油用	与水泥稳定集料同时使用(基层路拌或再生)

　　注：P 为喷洒型，B 为拌和型；C、A、N 分别表示阳离子、阴离子、非离子乳化沥青。

（4）道路用改性沥青的技术要求

道路用聚合物改性沥青的技术要求应符合现行行业标准《公路沥青路面施工技术规范》JTG F40—2004 的有关规定，具体见表 11 – 7。

表 11 – 7 道路用聚合物改性沥青的技术要求（JTG F40—2004）

指　标	SBS 类（Ⅰ类）				SBR 类（Ⅱ类）			EVA、PE 类（Ⅲ类）			
	Ⅰ – A	Ⅰ – B	Ⅰ – C	Ⅰ – D	Ⅱ – A	Ⅱ – B	Ⅱ – C	Ⅲ – A	Ⅲ – B	Ⅲ – C	Ⅲ – D
针入度（25℃，100 g，5s）/0.1 mm	>100	80 ~ 100	60 ~ 80	40 ~ 60	>100	80 ~ 100	60 ~ 80	>80	60 ~ 80	40 ~ 60	30 ~ 40
延度（25℃，5cm/min）/cm，≥	50	40	30	20	60	50	40	—			
针入度指数 PI，≥		-1.2	-0.8	0	-1.0	-0.8	-0.6	-1.0	-0.8	-0.6	-0.4
软化点（环球法）/℃，≥	45	50	55	60	45	48	50	48	52	56	60
135℃动力粘度①/Pa·s，≥	3										
闪点/℃，≥	230				230			230			
溶解度/%，≥	99				99						
25℃弹性恢复/%，≥	55	60	65	75							
粘韧性/N·m，≥	—				5						
韧性/N·m，≥	—				2.5						
贮存稳定性②离析，48h 软化点差/℃，≤	2.5				—			无改性剂明显析出、凝聚			
老化试验　质量变化/%，≤	±1.0										
老化试验　残留针入度比（25℃）/%，≤	50	55	60	65	50	55	60	50	55	58	60
老化试验　延度（15℃）/cm，≥	30	25	20	15	30	20	10	—			

注：① 表中135℃动力粘度可采用《公路工程沥青及沥青混合料试验规程》JTG E20—2011 中的"沥青布氏旋转粘度试验方法（布洛克菲尔德粘度计法）"进行测定。若在不改变改性沥青物理力学性质，并符合安全条件的温度下，易于泵送和拌和，或经证明适度提高泵送和拌和温度时，能保证改性沥青的质量，容易施工，可不要求测定；② 贮存稳定性指标适用于工厂生产的成品改性沥青。现场制作的改性沥青对贮存稳定性指标可不作要求，但必须在制作后，保持不间断的搅拌或泵送循环，保证使用前没有明显的离析。

2. 粗集料的技术要求

沥青混合料用粗集料包括碎石、破碎砾石（破碎卵石）、筛选砾石、钢渣、矿渣等，但高速公路和一级公路不得使用筛选砾石和矿渣。粗集料应该洁净、干燥、表面粗糙，质量应符合表 11 – 8 的规定。

表 11 – 8 沥青混合料用粗集料质量技术要求（JTG F40—2004）

指　标	高速公路及一级公路		其他等级公路
	表面层	其他层次	
石料压碎值/%，≤	26	28	30
洛杉矶磨耗损失/%，≤	28	30	35
表观相对密度，≥	2.60	2.50	2.45

216

续表 11-8

指　标		高速公路及一级公路		其他等级公路
		表面层	其他层次	
吸水率/%，≤		2.0	3.0	3.0
坚固性/%，≤		12	12	—
针片状颗粒含量/%，≤	混合料	15	18	20
	粒径≥9.5 mm	12	15	—
	粒径<9.5 mm	18	20	—
小于0.075 mm 颗粒含量(水洗法)/%，≤		1	1	1
软石含量/%，≤		3	5	5

注：① 坚固性试验可根据需要进行；② 用于高速公路、一级公路时，多孔玄武岩的表观密度可放宽至 2450 kg/m³，吸水率可放宽至 3%，但必须得到建设单位的批准，且不得用于 SMA 路面；③ 对 S14 即 3~5 规格的粗集料，针片状颗粒含量可不予要求，<0.075 mm 含量可放宽到 3%；④ 表观相对密度是指表观密度与同温度水的密度之比值；⑤ 软石是指 4.75~9.5 mm、9.5~16 mm、>16 mm 的颗粒分别在 0.15kN、0.25kN、0.34kN 荷载作用下破裂的颗粒。

粗集料的颗粒级配应符合表 11-9 的规定。

表 11-9　沥青混合料用粗集料规格(JTG F40—2004)

规格名称	公称粒径/mm	通过下列筛孔(mm)的质量百分率/%								
		37.5	31.5	26.5	19.0	13.2	9.5	4.75	2.36	0.6
S6	15~30	100	90~100	—	—	0~15	—	0~5		
S7	10~30	100	90~100			0~15		0~5		
S8	10~25		100	90~100	—	0~15		0~5		
S9	10~20			100	90~100	—	0~15	0~5		
S10	10~15				100	90~100	0~15	0~5		
S11	5~15				100	90~100	40~70	0~15	0~5	
S12	5~10					100	90~100	0~15	0~5	
S13	3~10					100	90~100	40~70	0~20	0~5
S14	3~5						100	90~100	0~15	0~5

高速公路、一级公路沥青路面的表面层(或磨耗层)的粗集料的磨光值应符合表 11-10 的要求。除 SMA、OGFC 路面外，允许在硬质粗集料中掺加部分较小粒径的磨光值达不到要求的粗集料，其最大掺加比例由磨光值试验确定。

粗集料与沥青的粘附性应符合表 11-10 的要求，当使用不符合要求的粗集料时，宜掺加消石灰、水泥或用饱和石灰水处理后使用，必要时可同时在沥青中掺加耐热、耐水、长期性能好的抗剥落剂，也可采用改性沥青的措施，使沥青混合料的水稳定性检验达到要求。外加剂的掺量由沥青混合料的水稳定性检验确定。

表 11 - 10　粗集料与沥青的粘附性、磨光值的技术要求（JTG F40—2004）

雨量气候区		1（潮湿区）	2（润湿区）	3（半干区）	4（干旱区）
年降雨量/mm		>1000	1000 ~ 500	500 ~ 250	<250
粗集料的磨光值 PSV（高速公路、一级公路表面层），≥		42	40	38	36
粗集料与沥青的粘附性，≥	高速公路、一级公路表面层	5	4	4	3
	高速和一级公路的其他层次及其他等级公路的各个层次	4	4	3	3

采用破碎砾石作为粗集料时，破碎砾石的破碎面应符合表 11 - 11 的要求。

表 11 - 11　粗集料对破碎面的要求（JTG F40—2004）

路面部位或混合料类型		具有一定数量破碎面颗粒的含量/%，≥	
		1 个破碎面	2 个或 2 个以上破碎面
沥青路面表面层	高速公路、一级公路	100	90
	其他等级公路	80	60
沥青路面中下层、基层	高速公路、一级公路	90	80
	其他等级公路	70	50
SMA 混合料		100	90
贯入式路面		80	60

筛选砾石仅适用于三级及三级以下公路的沥青表面处治路面。

经过破碎且存放期超过 6 个月以上的钢渣可作为粗集料适用。除吸水率允许适当放宽外，各项质量指标应符合表 11 - 8 的要求。钢渣在使用前应进行活性检验，要求钢渣中的游离氧化钙含量不大于 3%，浸水膨胀率不大于 2%。

粗集料的质量检验按《公路工程集料试验规程》JTG E 42—2005 有关规定进行。

3. 细集料的技术要求

沥青混合料用细集料包括天然砂、机制砂、石屑。细集料应洁净、干燥、无风化、无杂质，并具有适当的颗粒级配，其质量要求应符合表 11 - 12 的规定：

表 11 - 12　沥青混合料用细集料质量要求（JTG F40—2004）

指　标	高速公路及一级公路	其他等级公路
表观相对密度，≥	2.50	2.45
坚固性（>0.3 mm 的颗粒）/%，≥	12	—
含泥量（天然砂中≤0.075 mm 颗粒的含量）/%，≤	3	5
砂当量（石屑和机制砂）/%，≥	60	50
亚甲蓝值（石屑和机制砂）/(g·kg^{-1})，≤	25	—
棱角性（流动时间）/s，≥	30	—

注：坚固性试验可根据需要进行。

天然砂可采用河砂或海砂，通常采用粗砂、中砂，其颗粒级配应符合表 11-13 的规定。砂的含泥量超过规定时，应水洗后使用，海砂中的贝壳类材料必须筛除。热拌密级配沥青混合料中天然砂的用量通常不超过集料总量的 20%，SMA 和 OGFC 混合料不宜使用天然砂。

表 11-13　沥青混合料用天然砂的规格（JTG F40—2004）

筛孔尺寸/mm		9.5	4.75	2.36	1.18	0.60	0.30	0.15	0.075
通过质量百分率/%	粗砂	100	90~100	65~95	35~65	15~30	5~20	0~10	0~5
	中砂	100	90~100	75~90	50~90	30~60	8~30	0~10	0~5
	细砂	100	90~100	85~100	75~100	60~84	15~45	0~10	0~5

石屑是采石场生产碎石时通过 4.75 mm 或 2.36 mm 的筛下部分，其颗粒级配应符合表 11-14 的要求。高速公路、一级公路的沥青混合料，宜将 S14 与 S16 组合使用，S15 可在沥青稳定碎石基层或其他等级公路中使用。机制砂的颗粒级配应符合 S16 的要求。

表 11-14　沥青混合料用机制砂或石屑的规格（JTG F40—2004）

规格	公称粒径/mm	水洗法通过各个筛孔的质量百分率/%							
		9.5	4.75	2.36	1.18	0.60	0.30	0.15	0.075
S15	0~5	100	90~100	60~90	40~75	20~55	7~40	2~20	0~10
S16	0~3	—	100	80~100	50~80	25~60	8~45	0~25	0~15

细集料的质量检验按《公路工程集料试验规程》JTG E 42—2005 有关规定进行。

4. 填料的技术要求

沥青混合料用矿粉必须采用石灰岩或岩浆岩中的强基性岩石等憎水性石料经磨细得到的矿粉，原石料中的泥土杂质应除净。矿粉应干燥、洁净，能自由地从矿粉仓流出，其技术要求应符合表 11-15 的规定。

表 11-15　沥青混合料用矿粉技术要求（JTG F40—2004）

指标		高速公路及一级公路	其他等级公路
表观密度/(kg·m^{-3})，≥		2500	2450
含水率/%，≤		1	1
粒度范围/%	<0.6 mm	100	100
	<0.15 mm	90~100	90~100
	<0.075 mm	75~100	70~100
外观		无团粒结块	—
亲水系数		<1	
塑性指数/%		<4	
加热安定性		实测记录	

矿粉的质量检验按《公路工程集料试验规程》JTG E 42—2005 有关规定进行。

粉煤灰作为填料使用时，但用量不得超过填料总量的 50%，且粉煤灰的烧失量应小于

12%，与矿粉混合后的塑性指数应小于4，其余技术要求与矿粉相同。高速公路、一级公路的沥青表面层不宜采用粉煤灰做填料。

5. 纤维稳定剂的技术要求

在沥青混合料中掺加的纤维稳定剂宜选用木质素纤维、矿物纤维等。木质素纤维的技术要求应符合表 11 - 16 的规定。

表 11 - 16　木质素纤维质量技术要求（JTG F40—2004）

项　目	指　标	试验方法
纤维长度/mm，≤	6	水溶液用显微镜观测
灰分含量/%	18 ± 5	高温 590～600℃燃烧后测定残留物
pH 值，≥	7.5 ± 1.0	水溶液用 pH 试纸或 pH 计测定
吸油率，≥	纤维质量的 5 倍	用煤油浸泡后放在筛上经振敲后称量
含水率（以质量计）/%，≤	5	105℃烘箱烘 2h 后冷却称量

纤维在 250℃的干拌温度下应不变质、不变脆。纤维必须在混合料的拌和过程中能充分分散均匀。矿物纤维宜采用玄武岩等矿石制造，易影响环境及造成人体伤害的石棉纤维不宜直接使用。

纤维稳定剂的掺量以沥青混合料总量的质量百分率计算，通常情况下用于 SMA 路面的木质素纤维的掺量宜≥0.3%，矿物纤维的掺量宜≥0.4%，必要时可适当增加纤维用量。纤维掺量的允许误差宜不超过 ±5%。

纤维应存放在室内或有棚盖的地方，松散纤维在运输及使用过程中应避免受潮，不结团。

知识六　沥青混合料的技术性质及影响因素

1. 抗剪强度及影响因素

（1）抗剪强度

沥青混合料的抗剪强度主要由集料颗粒之间嵌锁力（内摩阻角）以及沥青与集料之间产生的粘聚力及沥青自身的粘聚力构成，一般采用库伦公式进行分析，按式（11 - 6）计算：

$$\tau = c + \sigma \tan\varphi \tag{11 - 6}$$

式中：τ——沥青混合料的抗剪强度，MPa；

c——沥青混合料的粘聚力，MPa；

σ——试验时的正应力（垂直压应力），MPa；

φ——沥青混合料的内摩擦角，rad（弧度）。

沥青混合料的抗剪强度可通过三轴试验或直剪试验来获得。

（2）影响因素

① 沥青粘度的影响：沥青混合料中的集料是分散在沥青中的分散系，因此它的抗剪强度与分散相的浓度和分散介质的粘度有着密切的关系，在其他因素固定的条件下，沥青的粘度越大，则沥青混合料的粘聚力就越大，沥青混合料的强度就越高，抗变形能力就越强。

② 矿料的级配类型和表面性质的影响：沥青混合料有密级配、开级配和间断级配等不同组成结构类型，集料级配类型是影响沥青混合料抗剪强度的因素之一，密级配沥青混合料的抗剪强度较高。此外，集料的种类、粒径、颗粒形状和表面粗糙度等特性对沥青混合料的抗剪强度也有较大影响，通常具有棱角，形状接近立方体，表面有明显的粗糙度的集料，配制的沥青混合料的抗剪强度较高；集料粒径越大，配制的沥青混合料内摩阻角也就越大，相同粒径组成的集料，卵石的内摩阻角比碎石的内摩阻角小。

③ 沥青与矿料化学性质的影响：沥青混合料的粘聚力既取决于结构沥青的比例，也取决于矿料颗粒之间的距离。当集料之间距离很近，并由粘度较高的结构沥青薄膜相互粘结时，则沥青混合料具有较大的粘聚力，反之，如果集料颗粒以自由沥青相互粘结，则沥青混合料的粘聚力就较小。

沥青与矿料相互作用不仅与沥青的化学性质有关，而且与矿料的性质有关。研究表明，在沥青混合料中，当采用石灰岩矿料时，矿料之间更有可能通过结构沥青来连接，因而具有较大的粘聚力。

④ 沥青用量的影响：在沥青和矿料的质量不变的情况下，沥青与矿料的比例是影响沥青混合料抗剪强度的重要因素。沥青用量过少，沥青不足以在矿料颗粒表面形成结构沥青薄膜来粘结矿料颗粒，随着沥青用量的增加，结构沥青逐渐形成，沥青更为完满地包裹在矿料表面，使沥青与矿料间的粘附力随着沥青的用量增加而增加；当沥青用量足以形成薄膜并充分粘附于矿料颗粒表面时，沥青胶浆具有最优的粘聚力；随后，若沥青用量继续增加，则由于沥青用量过多，逐渐将矿料颗粒推开，在颗粒间形成未与矿料交互作用的自由沥青，则沥青胶浆的粘聚力随着自由沥青的增加而降低；当沥青用量增加至某一用量后，沥青混合料的粘聚力主要取决于自由沥青，所以抗剪强度几乎不变，随着沥青用量的增加，沥青不仅起着粘结剂的作用，而且起着润滑剂的作用，降低了粗集料的相互密排作用，因而降低了沥青混合料的内摩擦角。

沥青用量不仅影响沥青混合料的粘聚力，同时也影响沥青混合料的内摩擦角。通常，当沥青薄膜达到最佳厚度（即主要以结构沥青粘结）时，具有最大的粘聚力；随着沥青用量的增加，沥青混合料的内摩擦角逐渐减小。

⑤温度的影响：沥青混合料是一种热塑性材料，它的抗剪强度随着温度的升高而显著降低，内摩擦角同时也受温度变化的影响，但变化幅度较小。

⑥ 变形速率的影响：沥青混合料是一种粘-弹性材料，它的抗剪强度与变形速率有密切关系。在其他条件相同的情况下，变形速率对沥青混合料的内摩擦角影响较小，而对沥青混合料的粘聚力影响较为显著。试验表明，粘聚力随变形速率的减小而显著提高，而内摩擦角随变形速率的变化相对较小。

综上所述，高强度沥青混合料的基本条件是：密实的矿物骨架，这可以通过适当地选择矿料级配来取得；对所用的混合料的技术性能及拌制和压实条件都适合的最佳沥青用量；能与沥青起化学吸附的活性矿料。过多的沥青用量和矿物骨架空隙率的增大，都会削弱沥青混合料结构粘聚力。应当指出的是，最好的沥青混合料结构，不是用最高强度来衡量，而是所需要的合理强度，这种强度应配合沥青混合料在低温下具有充分的变形能力以及耐久性。

显然，为使沥青混合料产生较高强度，应设法使自由沥青含量尽可能地少或完全没有。但是，必须有适量的自由沥青，以保证沥青混合料应有的耐久性和最佳的塑性。

2. 高温稳定性及影响因素

（1）高温稳定性

沥青混合料的高温稳定性是指混合料在夏季高温（通常为60℃）的条件下，经车辆荷载长期重复作用后，不产生车辙和波浪等病害的性能。我国现行行业标准《公路沥青路面施工技术规范》JTG F40—2004 规定，采用马歇尔稳定度试验来评价沥青混合料高温稳定性；对于高速公路、一级公路、城市快速路、主干路用沥青混合料，还应通过车辙试验检验其抗车辙能力。

马歇尔稳定度试验：该试验用于测定沥青混合料试件[当矿料公称最大粒径≤26.5 mm 时，宜采用 $\phi101.6 \times 63.5$ mm 的标准试件；当矿料公称最大粒径 >26.5 mm 时，宜采用 $\phi152.4 \times 95.3$ mm 的大试件]在规定温度和加荷速率下的破坏荷载和抗变形能力。目前普遍是测定马歇尔稳定度(MS)、流值(FL)两项指标。稳定度是试件破坏时承受的最大荷载(kN)；流值是指达到最大破坏荷载时试件的垂直变形(mm)。马歇尔稳定度试验仪见图 11 – 5。

车辙试验：该试验是一种模拟车辆轮胎在路面上滚动形成车辙的工程试验方法，试验结果较为直观，且与沥青路面车辙深度之间有着较好的相关性。目前我国的车辙试验是用标准成型方法，制成 300 mm ×300 mm ×（50～100）mm 的沥青混合料试件，在 60℃的温度条件下，以一定荷载的轮子在同一轨迹上作一定时间的反复行走，形成一定的车辙深度，然后计算产生 1 mm 车辙变形所需要的行走次数，即为动稳定度(次/mm)。车辙试验机见图 11 – 6。

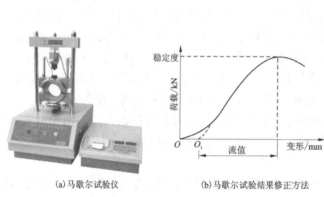

(a) 马歇尔试验仪　　　(b) 马歇尔试验结果修正方法

图 11 – 5　马歇尔试验仪及试验结果修正方法

图 11 – 6　车辙试验仪

我国现行行业标准《公路沥青路面施工技术规范》（JTG F40—2004）规定，对用于高速公路、一级公路的公称最大粒径≤19 mm 的密级配沥青混合料及 SMA、OGFC 混合料，必须在规定的试验条件下进行车辙试验。

（2）影响高温稳定性的主要因素

沥青混合料高温稳定性的形成主要来源于矿料颗粒间的嵌锁作用及沥青的高温粘度。

①矿料性质的影响

矿质材料的性质对沥青混合料耐热性的影响至关重要。主要是从它与沥青的相互作用表现出来，能与沥青起化学吸附作用的矿质材料，能够提高沥青混合料的抗变形能力。例如：石灰岩矿质材料表面上沥青的内聚力大大超过了花岗岩矿质材料表面上沥青的内聚力。而随着沥青内聚力的增大，沥青混合料的强度和抗变形能力也将提高。

使用接近立方体的有尖锐棱角和粗糙表面的碎石,可增加矿料颗粒间的嵌锁作用,从而提高沥青混合料的高温稳定性和高温下的抗变形能力。

在矿质混合料中,矿粉对沥青混合料耐热性影响最大。因为矿粉具有大的比表面积,特别是活性矿粉,影响更为明显。用石灰岩矿粉配制的沥青混合料具有较高的耐热性,而含有石英岩矿粉的沥青混合料耐热性较低。

活性矿粉对提高沥青混合料的抗剪切能力起特殊作用。由于活性作用,改变了矿粉与沥青的相互作用条件,改善了吸附层中沥青的性能,从本质上改善了沥青混合料结构的力学性质。活性矿粉与沥青相互作用形成了较厚的结构沥青膜,大大提高了沥青混合料的粘聚力,降低了沥青混合料的部分空隙率,因而降低了自由沥青的含量,这对沥青混合料抗剪切能力有很大的提高。

② 矿料级配的影响

矿料级配良好的沥青混合料(中粒式、细粒式)比一般使用的沥青砂塑性小得多,因此抗剪强度较高。间断级配的沥青混合料虽然具有良好的抗变形能力和密实度,但拌和与摊铺的离析较大。

矿粉数量(即矿粉与沥青的比值)的影响。在一定的范围内,其比值越大,则沥青混合料的抗剪强度和抵抗变形的能力就愈高。若沥青用量过多,则沥青混合料的抗剪强度将急剧下降;若矿粉用量过多,则沥青混合料的抗变形能力将降低。一般建议矿粉与沥青的比值在0.8~1.4的范围。

具有一定级配的矿粉对提高沥青混合料的抗变形能力将起积极影响。矿粉过粗,矿质混合料空隙率增大,为保证耐久性,必然用过量的沥青填充空隙,过量的沥青将导致剪切强度的下降;若矿粉过细,沥青混合料不仅易结团、和易性变差,而且矿粉中也不能形成骨架,因此,沥青混合料的抗剪强度也较低。

③沥青混合料剩余空隙率、矿料间隙率的影响

路面经碾压成型后,沥青混合料剩余空隙率对其高温下的抗变形能力有很大影响。研究表明,剩余空隙率达6%~8%的沥青混合料路面和剩余空隙率大于10%的沥青碎石(表面需加密实防水层)路面,其高温稳定性较好。

矿料间隙率过大或过小都会对沥青混合料的路用性能产生不利影响。矿料间隙率过小,沥青混合料耐久性较差,抗疲劳能力弱,使用寿命短。在实际施工时,部分矿料颗粒的表面仍未被沥青完全裹覆,混合料过于干涩,施工和易性差。有水分作用时,沥青与矿料容易剥离,使混合料松散、解体。矿料间隙率过大,沥青混合料路用性能的影响既有有利的方面,又有不利的方面。有利的一面是沥青混合料的抗疲劳性能较好,不易出现疲劳开裂;不利的一面是沥青混合料的高温稳定性差,容易出现车辙、拥抱、推挤等形式的病害。由此可见,在进行沥青混合料组成设计时,根据设计要达到的目的,首先确定沥青混合料的矿料间隙率,进而确定其他混合料组成参数,可使沥青混合料配合比设计针对性强、经济性好。

④ 沥青粘度的影响

沥青的粘度越大,与矿料的粘附性就越强,沥青混合料的抗高温变形能力就越强。可以采用合适的改性剂来提高沥青的高温粘度,从而改善沥青混合料的高温稳定性。

⑤ 沥青用量的影响

随着沥青用量的增加,矿料表面的沥青膜增厚,自由沥青比例增加,在高温条件下,这部分沥青在荷载作用下发生明显的流动变形,从而导致沥青混合料抗高温变形能力降低。对于细粒式和中粒式密级配沥青混合料,适当减少沥青用量有利于抗车辙能力的提高。但对于

粗粒式或开级配沥青混合料，不能简单地靠采用减少沥青用量来提高抗车辙能力。

⑥压实度的影响

压实度也是影响车辙大小的一个重要的外部因素。沥青混合料路面的碾压目的，就是提高混合料的密度，减少铺层材料间的空隙率，使路面达到规定的密实度，提高沥青路面的抗老化、高温抗车辙、低温抗开裂、耐疲劳破坏以及抗水剥离等能力。

3. 低温抗裂性及影响因素

沥青混合料的低温抗裂性是指沥青混合料在低温下抵抗断裂破坏的能力。当冬季气温降低时，沥青面层将产生体积收缩，而在基层结构与周围材料的约束作用下，沥青混合料不能自由收缩。当降温速率较慢时，不会对沥青路面产生较大的危害，但当气温骤降时，导致沥青路面出现裂缝而造成路面损坏。因此要求沥青混合料具有一定的低温抗裂性。

影响沥青混合料低温性能的主要因素是沥青粘度和温度敏感性。因此在沥青混合料组成设计中，应选用粘度和温度敏感性较低的沥青，以提高沥青混合料的低温抗裂能力。级配对沥青混合料的低温抗裂性能没有显著的影响。

我国现行行业标准《公路沥青路面施工技术规范》JTG F40—2004 规定，采用低温弯曲试验的破坏应变指标作为评价沥青混合料的低温抗裂性的指标。

4. 耐久性及影响因素

沥青混合料的耐久性，是指其在长期使用过程中抵抗环境因素及行车荷载反复作用下保持正常使用状态而不出现剥落和松散等损坏的能力。

影响沥青混合料耐久性的因素很多，如沥青的化学性质、矿料的矿物成分、沥青混合料的组成结构（残留空隙率、沥青饱和度）等。就沥青混合料的组成结构而言，影响其耐久性的首要因素是沥青混合料的空隙率。空隙率越小，越可以有效地防止水分渗入和日光中紫外线对沥青的老化作用等，但一般沥青混合料中均应残留一定的空隙，以备夏季沥青材料膨胀。

我国现行行业标准《公路沥青路面施工技术规范》JTG F40—2004 规定，采用空隙率、饱和度和残留稳定度等指标来表征沥青混合料的耐久性。

5. 表面抗滑性及影响因素

沥青路面的抗滑性对于保障道路交通安全至关重要。沥青路面的抗滑性与所用矿料的表面性质、颗粒形状与尺寸、混合料的级配组成以及沥青用量等因素有关。为了提高沥青路面的抗滑性，配料时应选用表面粗糙、坚硬、耐磨、抗冲击性好、磨光值大的碎石和破碎砾石集料。此外，应严格控制沥青混合料中的沥青用量，特别是应选用含蜡量低的沥青，以免沥青表层出现滑溜现象。

《公路沥青路面施工技术规范》JTG F40—2004 规定，采用集料的磨光值、磨耗值、冲击值三个指标来控制沥青路面的抗滑性。

6. 水稳定性及影响因素

沥青路面的水损害与两种过程有关，首先水能侵入沥青中使沥青粘附性减小，从而导致混合料的强度和劲度模量（沥青混合料在温度和加载时间一定的条件下，应力与应变的比值）减小；其次水能进入沥青薄膜和集料之间，阻断沥青与集料表面的相互粘结。由于集料表面对水的吸附力比沥青强，从而使沥青与集料表面的接触角减小，导致沥青从集料表面剥落，剥落破坏可导致坑洞、剥蚀。沥青与集料的粘附性同沥青和集料的物理化学性质有关，一般认为亲水性集料比憎水性集料更容易引起剥落。

混合料水稳定性可用沥青与石料的粘附性、沥青马歇尔残留稳定度(真空饱水后的马歇尔稳定度)及冻融劈裂试验的指标来评价。

影响沥青路面水稳定性的主要因素包括：沥青混合料的性质，包括沥青性质以及混合料类型；施工期的气候条件；施工后的环境条件；路面排水是否通畅等因素。

7. 渗水性及影响因素

沥青混合料路面的渗水是当雨水接触到沥青路面面层后，在动水压力作用下，水分在沥青混合料中连通或不连通的空隙中运动，导致沥青从集料表面剥落而形成坑洞，路面结构层的整体性被破坏。沥青混合料路面的渗水性以渗水系数的大小来评价。渗水系数愈大，则渗水愈严重，沥青混合料路面的耐久性就愈差。渗水试验仪见图 11-7。

影响沥青混合料路面渗水性的主要因素是沥青混合料的空隙率。当空隙率 <8% 时，几乎不渗水；当空隙率 >8% 时，渗水现象较明显。另外，沥青混合料的离析和压实程度(压实度)对沥青混合料路面的渗水也会产生直接影响。

8. 施工和易性及影响因素

沥青混合料应具备良好的施工和易性，能够在拌和、摊铺与碾压过程中，集料颗粒保持分布均匀，表面被沥青膜完整地包裹，并被压实到规定的密度，这是保证沥青路面使用质量的必要条件。影响沥青混合料施工和易性的因素很多，诸如当地气温、施工条件及混合料性质等。

组成材料的影响：当组成材料确定后，沥青混合料和易性的主要影响因素是矿料级配和沥青用量。在间断级配的矿质混合料中，粗细集料的颗粒尺寸相差过大，缺乏中间尺寸颗粒，沥青混合料容易离析。如果细集料太少，沥青层就不容易均匀地分布在粗颗粒表面；反之，则使拌和困难。当沥青用量过少，或矿粉用量

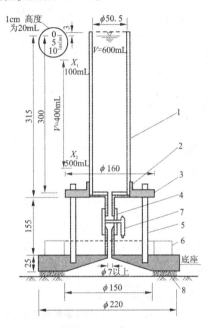

图 11-7 渗水试验仪示意图(单位：mm)
1—透明有机玻璃筒；2—螺纹连接；3—顶板；4—阀；
5—立柱支架；6—压重钢圈；7—把手；8—密封材料

过多时，混合料容易产生疏松且不易压实；反之，则容易使混合料粘结成团块，不易摊铺。

施工条件的影响：沥青混合料应在一定的温度下进行施工，以使沥青混合料达到要求的流动性，在拌和过程中能够充分均匀地粘附在矿料颗粒表面；沥青混合料需要一定的时间进行拌和，以保证各种组成材料在混合料中分布均匀，并使所有矿料颗粒全部被沥青所包裹。此外，拌和设备、摊铺机械和压实工具都对沥青混合料的施工和易性有一定的影响，应结合施工方式和施工条件综合考虑。

知识七 热拌沥青混合料的配合比设计

热拌沥青混合料(HMA)的配合比设计应通过目标配合比设计、生产配合比设计及生产配合比验证三个阶段，以确定沥青混合料的材料品种及配合比、矿料级配、最佳沥青用量。后两个

设计阶段是在目标配合比的基础上进行的，需借助于施工单位的拌和、摊铺和碾压设备来完成。热拌沥青混合料的配合比设计采用马歇尔试验配合比设计方法，该方法适用于密级配沥青混凝土及沥青稳定碎石混合料。混合料的拌和温度和试件制作温度应符合现行行业标准《公路沥青路面施工技术规范》JTG F40—2004 的有关规定，具体见表 11 - 17 及表 11 - 18。

表 11 - 17　热拌沥青混合料的施工温度　　　　　　　　　　　　　　　　　　/℃

施工工序		石油沥青的标号			
		50 号	70 号	90 号	110 号
沥青加热温度		160～170	155～165	150～160	145～155
矿料加热温度	间隙式拌和机	集料加热温度比沥青温度高 10～30			
	连续式拌和机	矿料加热温度比沥青温度高 5～10			
混合料出料温度		150～170	145～165	140～160	135～155
混合料贮料仓贮存温度		贮料过程中温度降低不超过 10			
混合料废弃温度，>		200	195	190	185
运输到现场温度，≥		150	145	140	135
混合料摊铺温度，≥	正常施工	140	135	130	125
	低温施工	160	150	140	130
开始碾压的混合料内部温度，≥	正常施工	135	130	125	120
	低温施工	150	145	135	130
碾压终了的表面温度，≥	钢轮压路机	80	70	65	60
	轮胎压路机	85	80	75	70
	振动压路机	75	70	60	55
开放交通时的路表温度，≤		50	50	50	45

　　注：① 沥青混合料的施工温度采用具有金属探测针的插入式数显温度计测量，表面温度可采用表面接触式温度计测量；② 表中未列入的 130 号、160 号及 30 号沥青施工温度由试验确定。

表 11 - 18　聚合物改性沥青混合料的正常施工温度范围　　　　　　　　　　　/℃

工　序	聚合物改性沥青品种		
	SBS 类	SBR 类	EVA、PE 类
沥青加热温度	160～165		
改性沥青现场制作温度	165～170	—	165～170
成品改性沥青加热温度，≤	175	—	175
集料加热温度	190～220	200～210	185～195
改性沥青 SMA 混合料出厂温度	170～185	160～180	165～180
混合料最高温度（废弃温度）	195		
混合料贮存温度	拌和出料后降低不超过 10		
混合料摊铺温度，≥	160		

续表 11 – 18

工序	聚合物改性沥青品种		
	SBS 类	SBR 类	EVA、PE 类
开始碾压的混合料温度，≥	150		
碾压终了的表面温度，≥	90		
开放交通时的路表温度，≤	50		

注：① 沥青混合料的施工温度采用具有金属探测针的插入式数显温度计测量，表面温度可采用表面接触式温度计测定；② 当采用表列以外的聚合物或天然沥青改性沥青时，施工温度由试验确定；③ SMA 混合料的施工温度应视纤维品种和数量、矿粉用量的不同，在改性沥青混合料的基础上作适当提高。

7.1 目标配合比设计步骤

目标配合比设计可分为矿质混合料组成设计和最佳沥青用量的确定两部分。

1.混合料矿料级配的确定

(1)混合料种类的确定

通常沥青路面工程设计文件或招标文件中均已确定了混合料种类，如没有具体规定，可根据公路等级、路面类型、所处结构层按表 11 – 19 选择沥青混合料种类。

表 11 – 19　热拌沥青混合料种类(JTG F40—2004)

混合料类型	密级配		间断级配	开级配		半开级配	公称最大粒径/mm	最大粒径/mm
	连续级配			间断级配				
	沥青混凝土	沥青稳定碎石	沥青玛蹄脂碎石	排水式沥青磨耗层	排水式沥青碎石基层	沥青碎石		
特粗式	—	ATB – 40	—	—	ATPB – 40	—	37.5	53.0
粗粒式	—	ATB – 30	—	—	ATPB – 30	—	31.5	37.5
	AC – 25	ATB – 25	—	—	ATPB – 25	—	26.5	31.5
中粒式	AC – 20	—	SMA – 20	—	—	AM – 20	19.0	26.5
	AC – 16	—	SMA – 16	OGFC – 16	—	AM – 16	16.0	19.0
细粒式	AC – 13	—	SMA – 13	OGFC – 13	—	AM – 13	13.2	16.0
	AC – 10	—	SMA – 10	OGFC – 10	—	AM – 10	9.5	13.2
砂粒式	AC – 5	—	—	—	—	—	4.75	9.5
设计空隙率/%	3 ~ 5	3 ~ 6	3 ~ 4	>18	>18	6 ~ 12	—	—

注：设计空隙率可按配合比设计要求适当调整。

(2)矿料级配范围的确定

根据确定的混合料种类确定矿料级配范围。密级配沥青混合料的设计级配宜在表 11 –20规定的级配范围内，根据公路等级、工程性质、气候条件、交通条件、材料品种等因素，通过对条件大体相当的工程使用情况进行调查研究后调整确定，必要时允许超出规范级配范围。

表 11-20　密级配沥青混凝土混合料矿料级配范围（JTG F40—2004）

级配类型		通过下列筛孔(mm)的质量百分率(%)												
		31.5	26.5	19.0	16.0	13.2	9.5	4.75	2.36	1.18	0.60	0.30	0.15	0.075
粗粒式	AC-25	100	90~100	75~90	65~83	57~76	45~65	24~52	16~42	12~33	8~24	5~17	4~13	3~7
中粒式	AC-20		100	90~100	78~92	62~80	50~72	26~56	16~44	12~33	8~24	5~17	4~13	3~7
中粒式	AC-16			100	90~100	76~92	60~80	34~62	20~48	13~36	9~26	7~18	5~14	4~8
细粒式	AC-13				100	90~100	68~85	38~68	24~50	15~38	10~28	7~20	5~15	4~8
细粒式	AC-10					100	90~100	45~75	30~58	20~44	13~32	9~23	6~16	4~8
砂粒式	AC-5						100	90~100	55~75	35~55	20~40	12~28	7~18	5~10

密级配沥青稳定碎石混合料可直接按表 11-21 规定的级配范围作工程设计级配范围使用。

表 11-21　密级配沥青稳定碎石混合料矿料级配范围（JTG F40—2004）

级配类型		通过下列筛孔(mm)的质量百分率(%)													
		53	37.5	31.5	26.5	19.0	16.0	13.2	9.5	4.75	2.36	1.18	0.60	0.30	0.15	0.075
特粗粒式	ATB-40	100	90~100	75~92	65~85	49~71	43~63	37~57	30~50	20~40	15~32	10~25	8~18	5~14	3~10	2~6
特粗粒式	ATB-30		100	90~100	70~90	53~72	44~66	39~60	31~51	20~40	15~32	10~25	8~18	5~14	3~10	2~6
粗粒式	ATB-25			100	90~100	69~80	48~68	42~62	32~52	20~40	15~32	10~25	8~18	5~14	3~10	2~6

开级配和半开级配混合料矿料级配范围详见现行行业标准《公路沥青路面施工技术规范》JTG F40—2004 的有关规定。

经确定的工程设计级配范围是配合比设计的依据，不得随意变更。

2. 材料选择与准备

配合比设计的各种矿料必须按现行行业标准《公路工程集料试验规程》JTG E42—2005 规定的方法，从工程实际使用的材料中取代表性样品。进行生产配合比设计时，取样至少应在干拌 5 次以后进行。配合比设计所用的各种材料必须符合气候和交通条件的需要。其质量应符合本模块"知识五沥青混合料组成材料的技术要求"的有关规定。

3. 矿料级配设计

高速公路和一级公路沥青路面矿料配合比设计宜借助电子计算机的 Excel 电子表格用试配法进行，其他等级公路沥青路面也可参照进行。矿料级配曲线按现行行业标准《公路工程沥青及沥青混合料试验规程》JTG E20—2011 规定的方法绘制，见"目标配合比设计实例"图 11-9。以原点与通过集料最大粒径 100% 的点的连线作为沥青混合料的最大密度线。

（1）组成材料原始数据的测定

根据现场取样，对粗集料、细集料和矿粉进行筛分试验，确定各材料的级配组成，同时按现行行业标准《公路工程集料试验规程》JTG E 42—2005 规定的方法测出各组成材料的毛体积相对密度、表观相对密度等技术指标。

（2）确定组成材料的用量比例

根据各组成材料的筛分试验结果，借助电子计算机的 Excel 电子表格用试配法（参照本教材模块五中的知识二中关于混凝土用石子"合成级配的计算方法"）进行，计算出符合要求级配范围的各组成材料的用量比例，对高速公路和一级公路，宜在工程设计级配范围内计算 1~3 组粗细不同的级配，绘制设计级配曲线，分别位于工程设计级配范围的上方、中值及下方。设计合成级配不得有太多的锯齿形交错，且在 0.3~0.6 mm 范围内不出现"驼峰"。当反复调整不能满意时，宜更换原材料重新设计。

（3）合成级配矿料物理指标的计算

① 合成级配矿料毛体积相对密度 γ_{sb} 按式（11-7）计算：

$$\gamma_{sb} = \frac{100}{\dfrac{P_1}{\gamma_1} + \dfrac{P_2}{\gamma_2} + \cdots \dfrac{P_n}{\gamma_n}} \tag{11-7}$$

式中：P_1，P_2，$\cdots$，P_n——各种矿料成分的配合比，其和为 100；

γ_1，γ_2，$\cdots$，γ_n——各种矿料相应的毛体积相对密度。

注：①沥青混合料配合比设计时，均采用毛体积相对密度（无量纲），不采用毛体积密度，故无需进行密度的水温修正。②生产配合比设计时，当细料仓中的材料混杂各种材料而无法采用筛分替代法时，可将 0.075 mm 部分筛除后以统货实测值计算。

② 合成级配矿料表观相对密度 γ_{sa} 按式（11-8）计算：

$$\gamma_{sa} = \frac{100}{\dfrac{P_1}{\gamma_1'} + \dfrac{P_2}{\gamma_2'} + \cdots \dfrac{P_n}{\gamma_n'}} \tag{11-8}$$

式中：γ_1'，γ_2'，$\cdots$，γ_n'——各种矿料相应的表观相对密度。

③ 合成级配矿料有效相对密度 γ_{se} 的计算。

对非改性沥青混合料，宜以预估的最佳油石比拌和 2 组混合料，采用真空法实测混合料的最大相对密度，取平均值。然后由式（11-9）反算合成矿料的有效相对密度：

$$\gamma_{se} = \frac{100 - P_b}{\dfrac{100}{\gamma_t} - \dfrac{P_b}{\gamma_b}} \tag{11-9}$$

式中：P_b——试验采用的沥青用量（占混合料总量的百分数），%；

γ_t——试验沥青用量条件下实测得到的混合料最大相对密度，无量纲；

γ_b——沥青的相对密度（25 ℃/25 ℃），无量纲。

对改性沥青及 SMA 等难以分散的混合料，有效相对密度宜直接由矿料的合成毛体积相对密度与合成表观相对密度按式（11-10）计算确定，其中沥青吸收系数 C 值根据材料的吸水率由式（11-11）求得，材料的合成吸水率按式（11-12）计算：

$$\gamma_{se} = C \cdot \gamma_{sa} + (1 - C) \cdot \gamma_{sb} \tag{11-10}$$

$$C = 0.033 w_x^2 - 0.2936 w_x + 0.9339 \tag{11-11}$$

$$w_x = \left(\frac{1}{\gamma_{sb}} - \frac{1}{\gamma_{sa}}\right) \times 100\% \qquad (11-12)$$

式中：C——合成矿料的沥青吸收系数；

$\quad\quad w_x$——合成矿料的吸水率，%；

$\quad\quad$其他符号同前。

4. 最佳沥青用量的确定

根据当地的实践经验选择适宜的沥青用量，分别制作几组级配的马歇尔试件，测定试件矿料间隙率（VMA），初选一组满足或接近设计要求的级配作为设计级配。我国现行行业标准《公路沥青路面施工技术规范》JTG F40—2004 规定的方法是采用马歇尔试验法确定沥青的最佳用量。具体步骤如下：

（1）试样的制备

按确定的矿质混合料级配，计算各种矿质材料的用量。

根据经验，估算适宜的沥青用量（油石比）。以估计的沥青用量为中值或以推荐的沥青用量范围的中间值为中值，按 0.3%~0.4% 的间隔变化，取 5 个不同的沥青用量，拌制沥青混合料，并按规定的方法制备马歇尔试件。马歇尔试件的制备及物理力学性能试验方法按《公路工程沥青及沥青混合料试验规程》JTG E20—2011 的有关规定进行。

（2）物理指标的测定

按规定的试验方法测定马歇尔试件的毛体积相对密度 γ_f、吸水率、最大理论相对密度等，并按式（11-13）计算空隙率、按式（11-14）计算沥青饱和度、按式（11-15）计算矿料间隙率：

$$VV = \left(1 - \frac{\gamma_f}{\gamma_t}\right) \times 100\% \qquad (11-13)$$

$$VMA = \left(1 - \frac{\gamma_f}{\gamma_{sb}} \times \frac{P_s}{100}\right) \times 100\% \qquad (11-14)$$

$$VFA = \frac{VMA - VV}{VMA} \times 100\% \qquad (11-15)$$

式中：VV——试件的空隙率，%；

$\quad\quad$VMA——试件的矿料间隙率，%；

$\quad\quad$VFA——试件的有效沥青饱和度，%；

$\quad\quad \gamma_f$——测定的试件的毛体积相对密度，无量纲；

$\quad\quad \gamma_t$——沥青混合料的最大理论相对密度，无量纲；

$\quad\quad P_s$——各种矿料占沥青混合料总质量的百分率之和，即 $P_s = 100 - P_b$，%；

$\quad\quad \gamma_{sb}$——矿料的合成毛体积相对密度，按式（11-7）计算。

（3）马歇尔试验

用马歇尔稳定度仪测定沥青混合料的力学指标，如马歇尔稳定度、流值。

（4）最佳沥青用量的确定

① 以沥青用量为横坐标，以马歇尔稳定度、空隙率、毛体积密度、沥青饱和度和流值为纵坐标，绘制沥青用量与马歇尔试验结果关系图，见图 11-8 所示。确定均符合规范规定的沥青混合料技术标准的沥青用量范围 $OAC_{min} \sim OAC_{max}$。选择的沥青用量范围必须涵盖设计

空隙率的全部范围，并尽可能涵盖沥青饱和度的要求范围，并使密度及稳定度曲线出现峰值。如果没有涵盖设计空隙率的全部范围，试验必须扩大沥青用量范围重新进行。

注：绘制曲线时含 VMA 指标，且应为下凹形曲线，但确定 $OAC_{min} \sim OAC_{max}$ 时不包括 VMA。

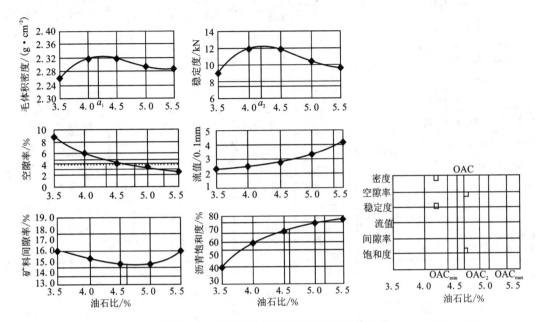

图 11 - 8　沥青用量与马歇尔试验结果关系图

② 根据试验曲线的走势，按下列方法确定沥青混合料的最佳沥青用量 OAC_1：

在曲线图 11 - 8 上求取相应于密度最大值、稳定度最大值、目标空隙率（或中值）、沥青饱和度范围的中值的沥青用量 a_1、a_2、a_3、a_4。按式（11 - 16）取平均值作为 OAC_1：

$$OAC_1 = (a_1 + a_2 + a_3 + a_4)/4 \qquad (11-16)$$

如果在所选择的沥青用量范围未能涵盖沥青饱和度的要求范围，按式（11 - 17）求取 3 者的平均值作为 OAC_1：

$$OAC_1 = (a_1 + a_2 + a_3)/3 \qquad (11-17)$$

对所选择试验的沥青用量范围，密度或稳定度没有出现峰值（最大值经常在曲线的两端）时，可直接以目标空隙率所对应的沥青用量 a_3 作为 OAC_1，但 OAC_1 必须介于 $OAC_{min} \sim OAC_{max}$ 的范围内，否则应重新进行配合比设计。

③ 以各项指标均符合技术标准（不含 VAM）的沥青用量范围 $OAC_{min} \sim OAC_{max}$ 的中值作为 OAC_2，按式（11 - 18）求得：

$$OAC_2 = (OAC_{min} + OAC_{max})/2 \qquad (11-18)$$

④通常情况下取 OAC_1 及 OAC_2 的中值作为计算的最佳沥青用量 OAC，按式（11 - 19）求得：

$$OAC = (OAC_1 + OAC_2)/2 \qquad (11-19)$$

⑤按式（11 - 19）计算的最佳油石比 OAC，从图 11 - 8 中得出所对应的空隙率和 VMA 值，检验是否能满足表 11 - 22 或表 11 - 23 关于最小 VMA 值的要求。OAC 宜位于 VMA 凹形曲线最小值的贫油一侧。当空隙率不是整数时，最小 VMA 按内插法确定，并将其画入图 11 - 8 中。

表 11-22　密级配沥青混凝土混合料马歇尔试验技术标准（JTG F40—2004）

试验指标		高速公路、一级公路				其他等级公路	行人道路
		夏炎热区 (1-1、1-2、 1-3、1-4区)		夏热区及夏凉区 (2-1、2-2、 2-3、2-4、3-2区)			
		中轻交通	重载交通	中轻交通	重载交通		
击实次数(双面)/次		75				50	50
试件尺寸/mm		$\phi101.6\times63.5$					
空隙率(VV)/%	深约90 mm以内	3~5	4~6	2~4	3~5	3~6	2~4
	深约90 mm以下	3~6	3~6	2~4	3~6	3~6	—
稳定度(MS)/kN,≥		8				5	3
流值(FL)/mm		2~4	1.5~4	2~4.5	2~4	2~4.5	2~5
矿料间隙率(VMA)/%,≥	设计空隙率/%	相应于以下公称最大粒径(mm)的最小VMA及VFA技术要求					
		26.5	19	16	13.2	9.5	4.75
	2	10	11	11.5	12	13	15
	3	11	12	12.5	13	14	16
	4	12	13	13.5	14	15	17
	5	13	14	14.5	15	16	18
	6	14	15	15.5	16	17	19
沥青饱和度(VFA)/%		55~70	65~75			70~85	

注：① 本表适用于公称最大粒径≤26.5 mm的密级配沥青混凝土混合料；② 对空隙率大于5%的夏炎热区重载交通路段，施工时应至少提高压实度1个百分点；③ 当设计的空隙率不是整数时，由内插法确定要求的VMA最小值；④ 对改性沥青混合料，马歇尔试验的流值可适当放宽。

表 11-23　沥青稳定碎石混合料马歇尔试验配合比设计技术标准（JTG F40—2004）

试验指标	密级配基层(ATB)		半开级配面层(AM)	排水式开级配磨耗层(OGFC)	排水式开级配基层(ATPB)
公称最大粒径/mm	26.5	≥31.5	≤26.5	≤26.5	所有尺寸
马歇尔试件尺寸/mm	$\phi101.6\times63.5$	$\phi152.4\times95.3$	$\phi101.6\times63.5$	$\phi101.6\times63.5$	$\phi152.4\times95.3$
击实次数(双面)/次	75	112	50	50	75
空隙率(VV)/%	3~6		6~10	不小于18	不小于18
稳定度(MS)/kN,≥	7.5	15	3.5	3.5	
流值(FL)/mm	1.5~4	实测	—	—	—
沥青饱和度(VFA)/%	55~70		40~70	—	—
密级配基层(ATB)的矿料间隙率(VMA)/%,≥	设计空隙率(%)		ATB-40	ATB-30	ATB-25
	4		11	11.5	12
	5		12	12.5	13
	6		13	13.5	14

注：在干旱地区，可将密级配沥青稳定碎石基层的空隙率适当放宽到8%。

⑥检查图 11-8 中相应于此 OAC 的各项指标是否均符合马歇尔试验技术标准。

⑦根据实践经验和公路等级、气候条件、交通情况,调整确定最佳沥青用量OAC。

对炎热地区公路以及高速公路、一级公路的重载交通路段,山区公路的长大坡度路段,预计有可能产生较大车辙时,宜在空隙率符合要求的范围内将计算的最佳沥青用量减小0.1% ~ 0.5%作为设计沥青用量。此时,除空隙率外的其他指标可能会超出马歇尔试验配合比设计技术标准,配合比设计报告或设计文件必须予以说明。但配合比设计报告必须要求采用重型轮胎压路机和振动压路机组合等方式加强碾压,以使施工后路面的空隙率达到未调整前的原最佳沥青用量时的水平,且渗水系数符合要求。如果试验路段试拌试铺达不到此要求时,宜调整所减小的沥青用量的幅度。

对寒区公路、旅游公路、交通量很少的公路,最佳沥青用量可以在OAC的基础上增加0.1% ~ 0.3%,以适当减小设计空隙率,但不得降低压实度要求。

⑧按式(11 – 20)及式(11 – 21)计算沥青结合料被集料吸收的比例及有效沥青含量:

$$P_{ba} = \frac{\gamma_{se} - \gamma_b}{\gamma_{se} \cdot \gamma_{sb}} \times \gamma_b \times 100\% \tag{11 – 20}$$

$$P_{be} = P_b - 0.01 P_{ba} \cdot P_s \tag{11 – 21}$$

式中:P_{ba}——沥青混合料中被集料吸收的沥青结合料比例,%;

P_{be}——沥青混合料中的有效沥青用量,%;

其他符号同前。

⑨检验最佳沥青用量时的粉胶比和有效沥青膜厚度。

按式(11 – 22)计算沥青混合料的粉胶比,宜符合0.6 ~ 1.6的要求。对常用的公称最大粒径为13.2 ~ 19 mm的密级配沥青混合料,粉胶比宜控制在0.8 ~ 1.2范围内。

$$FB = \frac{P_{0.075}}{P_{be}} \tag{11 – 22}$$

式中:FB——粉胶比,沥青混合料的矿料中0.075 mm通过率与有效沥青含量的比值;

$P_{0.075}$——矿料级配中0.075 mm的通过率(水洗法),%。

⑩ 按式(11 – 23)的方法计算集料的比表面积(SA),按式(11 – 24)估算沥青混合料的沥青膜有效厚度(DA)。各种集料粒径的表面积系数按表11 – 24采用。

$$SA = \sum (P_i \times FA_i) \tag{11 – 23}$$

$$DA = \frac{P_{be}}{\gamma_b \times SA} \times 10 \tag{11 – 24}$$

式中:SA——集料的比表面积,m^2/kg;

P_i——各种粒径的通过百分率,%;

FA_i——相应于各种粒径的集料的表面积系数,见表11 – 24;

DA——沥青膜有效厚度,μm;

其他符号同前。

表 11 – 24 集料的表面积系数表(JTG F40—2004)

筛孔尺寸/mm	>4.75	4.75	2.36	1.18	0.6	0.3	0.15	0.075
表面积系数 FA_i	0.0041	0.0041	0.0082	0.0164	0.0287	0.0614	0.1229	0.3277

注:各种公称最大粒径混合料中大于4.75 mm尺寸集料的表面积系数均取0.0041,且只计算一次。

5. 配合比检验

对用于高速公路和一级公路的密级配沥青混合料,需在配合比设计的基础上按规范要求进行各种使用性能的检验,不符合要求的沥青混合料,必须更换材料或重新进行配合比设计。其他等级公路的沥青混合料可参照执行。配合比设计检验按计算确定的设计最佳沥青用量在标准条件下进行。改变试验条件时,各项技术要求均应适当调整。

(1)高温稳定性检验

对公称最大粒径≤19 mm的混合料,按《公路工程沥青及沥青混合料试验规程》JTG E20—2011规定的方法进行车辙试验,动稳定度应符合表11-25的要求。

表11-25　沥青混合料车辙试验动稳定度技术要求(JTG F40—2004)

气候条件与技术指标		相应于下列气候分区要求的动稳定度/(次·mm^{-1})							
七月平均最高气温(℃)及气候分区		>30				20~30			<20
		夏炎热区				夏热区			夏凉区
		1-1	1-2	1-3	1-4	2-1	2-2	2-3	2-4	3-2
普通沥青混合料,≥		800		1000		600		800		600
改性沥青混合料,≥		2400		2800		2000		2400		1800
SMA 混合料	非改性,≥	1500								
	改性,≥	3000								
OGFC混合料		1500(一般交通路段)、3000(重交通量路段)								

注:① 如果其他月的平均最高气温高于七月时,可使用该月平均气温;② 在特殊情况下,如钢桥面铺装、重载车特别多或纵坡较大的长距离上坡路段、厂矿专用道路,可酌情提高动稳定度的要求;③ 对气候寒冷确需使用针入度很大的沥青(如>100),动稳定度难以达到要求,或因采用石灰岩等不很坚硬的石料,改性沥青混合料的动稳定度难以达到要求等特殊情况,可酌情降低要求;④ 为满足炎热地区及重载车要求,在配合比设计时采取减少最佳沥青用量的技术措施时,可适当提高试验温度或增加试验荷载进行试验,同时增加试件的碾压成型密度和施工压实度要求;⑤ 车辙试验不得采用二次加热的混合料,试验必须检验其密度是否符合试验规程要求;⑥ 如需要对公称最大粒径≥26.5 mm的混合料进行车辙试验,可适当增加试件的厚度,但不宜作为评定合格与否的依据。

(2)水稳定性检验

按《公路工程沥青及沥青混合料试验规程》JTG E20—2011规定的试验方法进行浸水马歇尔试验和冻融劈裂试验,其残留稳定度和残留强度比均必须符合表11-26的规定。

表11-26　沥青混合料水稳定性检验技术要求(JTG F40—2004)

气候条件与技术指标			相应于下列气候分区的技术要求			
年降雨量(mm)及气候分区			>1000	500~1000	250~500	<250
			1(潮湿区)	2(湿润区)	3(半干旱区)	4(干旱区)
浸水马歇尔试验残留稳定度/%,≥		普通沥青混合料	80(75)		75(70)	
		改性沥青混合料	85(80)		80(75)	
	SMA 混合料	普通沥青	75			
		改性沥青	80			

注:① 表11-26括号中的数字为冻融劈裂试验的残留强度比;② 调整沥青用量后,马歇尔试件成型可能达不到要求的空隙率条件。当需要添加消石灰、水泥、抗剥落剂时,需重新确定最佳沥青用量后试验。

（3）低温抗裂性能检验

对公称最大粒径 ≥19 mm 的混合料，按《公路工程沥青及沥青混合料试验规程》JTG E20—2011 规定的方法进行低温弯曲试验，其破坏应变宜符合表 11 – 27 的要求。

表 11 – 27　沥青混合料低温弯曲试验破坏应变技术要求（JTG F40—2004）

气候条件与技术指标	相应于下列气候分区要求的破坏应变/$\mu\varepsilon$							
年极端最低气温(℃)及气候分区	< – 37.0		– 21.5 ～ – 37.0			– 9.0 ～ – 21.5		> – 9.0
	冬严寒区		冬寒区			冬冷区		冬温区
	1 – 1	2 – 1	1 – 2	2 – 2	3 – 2	1 – 3	2 – 3	1 – 4	2 – 4
普通沥青混合料，≥	2600		2300			2000		
改性沥青混合料，≥	3000		2800			2500		

（4）渗水系数检验

利用轮碾机成型的车辙试件进行渗水试验检验的渗水系数宜符合表 11 – 28 的要求。

表 11 – 28　沥青混合料试件渗水系数技术要求（JTG F40—2004）

级配类型	渗水系数/(mL·min^{-1})
密级配沥青混凝土，≤	120
SMA 混凝土，≤	80
OGFC 混凝土，≥	实测

（5）其他

① 钢渣活性检验：对使用钢渣的沥青混合料，应按《公路工程沥青及沥青混合料试验规程》JTG E20—2011 规定的试验方法检验钢渣的活性及膨胀性试验，钢渣沥青混凝土的膨胀量不得超过 1.5%。

②根据需要，可以改变试验条件进行配合比设计检验，如按调整后的最佳沥青用量、变化最佳沥青用量 OAC ±0.3%、提高试验温度、加大试验荷载、采用现场压实密度进行车辙试验，在施工后的残余空隙率（如 7% ～8%）的条件下进行水稳定性试验和渗水试验等，但不宜用《公路沥青路面施工技术规范》JTG F40—2004 规定的技术要求进行合格评定。

6. 配合比设计报告

（1）配合比设计报告应包括工程设计级配范围选择说明、材料品种选择与原材料质量试验结果、矿料级配、最佳沥青用量，以及各项体积指标、配合比设计检验结果等。试验报告的矿料级配曲线应按规定的方法绘制。

（2）当按前述 7.1 第 4 项（4）款第⑦条调整沥青用量作为最佳沥青用量时，宜报告不同沥青用量条件下的各项试验结果，并提出对施工压实工艺的技术要求。

7.2　生产配合比设计

在目标配合比确定之后，应利用实际施工的拌和机进行试拌以确定施工配合比。在试验前，应首先根据级配类型选择筛号，各级粒径筛孔通过率应符合设计范围要求。试验时，与目标配合比设计一样进行矿料级配计算，得出矿料用量比例，接着按此比例进行马歇尔试验。规范规定由此确定的最佳沥青用量与目标配合比设计的结果的差值，不宜超过 ±0.2%。

7.3 生产配合比验证

此阶段即试拌试铺阶段。施工单位进行试拌试铺时，应报告监理部门和工程指挥部，会同设计、监理、施工人员一起进行鉴别。用拌和机按照生产配合比结果进行试拌，首先在场人员对混合料级配及沥青用量发表意见，如有不同意见，应适当调整再进行观察，力求意见一致。然后用此混合料在试验段上试铺，进一步观察摊铺、碾压过程和成型混合料的表面状况，判断混合料的级配和油石比。如不满意应适当调整，重新试拌试铺，直至满意为止；另一方面，试验室密切配合现场指挥，在拌和厂或摊铺机房采集沥青混合料试样，进行马歇尔试验，检验是否符合标准要求。同时还应进行车辙试验及浸水马歇尔试验以及高温稳定性及水稳定性验证。在试铺试验时，试验室还应在现场取样进行抽提试验，再次检验实际级配和油石比是否合适。同时按照规范规定的试验段铺设要求，进行各种试验。当全部满足要求时，便可进入正常生产阶段。

7.4 目标配合比设计实例

试设计某一级公路沥青混凝土路面用沥青混合料的配合比组成。

1. 原始资料

道路等级：一级公路；路面类型：沥青混凝土；结构层位：三层式沥青混凝土的上面层（细粒式沥青混凝土）；气候条件：最低月平均气温 −8℃，最高月平均气温 31℃，属于 1−4 夏炎热冬冷区；沥青材料：可供应 A 级 50 号、70 号和 90 号沥青，经检验技术性能均符合要求；矿质材料：石灰岩碎石，饱水抗压强度 120 MPa，洛杉矶磨耗率 12%、粘附性 V 级（水煮法），表观密度 2700 kg/m³；洁净中砂，含泥量及泥块量均小于 1%，表观密度 2650 kg/m³；石灰岩磨细矿粉，粒度范围符合技术要求，无团粒结块，密度 2580 kg/m³。

2. 设计步骤

（1）矿质混合料组成设计

① 确定沥青混合料类型

由于道路等级为一级公路，路面类型为沥青混凝土，路面结构为三层式沥青混凝土上面层，按表 11−19 选用细粒式 AC−13 沥青混凝土混合料。

② 矿料合成级配计算

组成材料筛分试验：根据现场取样，各组成材料的筛分结果见表 11−29。

组成材料配合比计算：借助计算机电子表格计算，由试算法确定的各材料用量（质量百分比）为碎石：石屑：砂：矿粉 = 34:32:26:8。各材料组成合成级配计算结果见表 11−29。

将计算得到的合成级配绘于矿料级配范围图中，见图 11−9。图中合成级配曲线为一接近级配范围中值的曲线，且在 0.3~0.6 mm 范围内未出现"驼峰"，符合规范要求。

表 11 - 29 组成材料合成级配设计计算表

材料名称		质量比/%	筛孔尺寸(方孔筛)/mm									
			16	13.2	9.5	4.75	2.36	1.18	0.60	0.30	0.15	0.075
			通过各筛质量百分率/%									
原材料级配	碎石	100	100	93	17	0	0	0	0	0	0	0
	石屑	100	100	100	100	84	14	8	4	0	0	0
	砂	100	100	100	100	100	92	82	42	21	11	4
	矿粉	100	100	100	100	100	100	100	100	100	96	87
各矿料在混合料中的级配	碎石	34	34.0	31.6	4.8	0	0	0	0	0	0	0
	石屑	32	32.0	32.0	32.0	26.9	4.48	2.6	1.3	0	0	0
	砂	26	26.0	26.0	26.0	26.0	23.9	21.3	10.9	5.5	2.9	1.0
	矿粉	8	8.0	8.0	8.0	8.0	8.0	8.0	8.0	8.0	7.7	7.0
合成级配			100	97.6	71.8	60.9	36.4	31.9	20.2	13.5	10.5	8.0
规范规定的级配范围			100	90~100	68~85	38~68	24~50	15~38	10~28	7~20	5~15	4~8
规范规定的级配中值			100	95	77	53	37	27	19	14	10	6

注:①各矿料在混合料中某个筛的通过质量百分率等于其原材料级配在该筛的通过质量百分率乘以其在混合料中所占质量百分比。例:混合料中的碎石在 **13.2** mm 筛上的通过质量百分率 = **93×34/100** = **31.6%**;其他筛以此类推。②合成级配中某个筛的通过质量百分率等于各矿料原材料级配在该筛的通过质量百分率乘以其在混合料中所占质量百分比之和。例:合成级配中 **9.5** mm 筛的通过质量百分率 = (**17×34 + 100×32 + 100×26 + 100×8**)/100 = **71.8%**;合成级配中 **0.6** mm 筛的通过质量百分率 = (**0×34 + 4×32 + 42×26 + 100×8**)/100 = **20.2%**;其他筛以此类推。

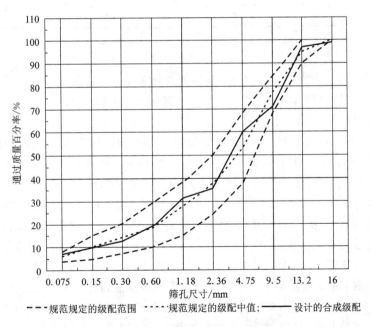

图 11 - 9 矿料级配范围及合成级配图

（2）确定最佳沥青用量（最佳油石比）

① 试件成型

根据当地气候条件属于1－4夏炎热冬冷区，采用70号道路石油沥青。以预估的油石比4.7%为中值，采用0.3%间隔变化，与计算的合成级配矿料制备5组试件，按规定每面击实75次的方法成型。

② 马歇尔试验

物理指标测定：按规定方法成型的试件，经24 h后测定其毛体积密度、空隙率、矿料间隙率、沥青饱和度等物理指标。

力学指标测定：测定物理指标后的试件，在60℃下测定其马歇尔稳定度和流值。马歇尔试验结果见表11－30，并将规范要求的一级公路用细粒式沥青混凝土的各项指标的技术标准列于表11－30中供对照评定。

表11－30　马歇尔试验物理力学指标测定结果汇总表

油石比/%	技术指标					
	毛体积密度 /(g·cm^{-3})	空隙率 （VV）/%	矿料间隙率 （VMA）/%	沥青饱和度 （VFA）/%	稳定度 /kN	流值 /0.1 mm
4.1	2.456	5.1	13.8	63	10.3	16.9
4.4	2.458	4.5	14.0	67.9	11.4	19.5
4.7	2.452	4.3	14.4	70.1	10.8	22.0
5.0	2.450	4.0	14.7	72.8	10.5	22.2
5.3	2.448	3.7	15.1	75.5	10.0	23.2
标准规定值	—	4～6	≥15	65～75	≥8	15～40

③ 马歇尔试验结果分析

绘制沥青用量与沥青混合料物理、力学性能指标关系图：根据表11－30马歇尔试验结果汇总表，绘制沥青用量与毛体积密度、空隙率、饱和度、矿料间隙率、稳定度、流值的关系图，见图11－10所示。

确定油石比OAC_1：从图11－10中求得相应于毛体积密度最大值所对应的油石比a_1＝4.3%；相应于稳定度最大值所对应的油石比a_2＝4.45%；相应于空隙率范围的中值所对应的油石比a_3＝4.1%；相应于沥青饱和度范围的中值所对应的油石比a_4＝4.68%。

$$OAC_1 = (a_1 + a_2 + a_3 + a_4)/4 = (4.3 + 4.45 + 4.1 + 4.68)/4 = 4.38\%$$

确定油石比OAC_2：从图11－10求得不含矿料间隙率（VMA）在内的各指标均符合沥青混合料技术指标的油石比范围为OAC_{min}＝4.2%；OAC_{max}＝4.94%，并取其中值作为OAC_2。

$$OAC_2 = (OAC_{min} + OAC_{max})/2 = (4.2 + 4.94)/2 = 4.57\%$$

通常情况下取OAC_1及OAC_2的中值作为计算的最佳油石比OAC。

$$OAC = (OAC_1 + OAC_2)/2 = (4.38 + 4.57)/2 = 4.48\% \approx 4.5\%$$

综合确定最佳油石比OAC：按上述方法确定的最佳油石比OAC＝4.5%，检查各项指标均能符合要求，根据实践经验和公路等级、气候条件、交通情况，调整最佳油石比为4.7%。

④ 其他性能检验

以油石比4.5%和4.7%分别按规定方法制备沥青混合料高温稳定性、水稳定性、低温抗裂性及渗水系数等试验用试件，并按规定方法进行试验，检验沥青混合料的高温稳定性、水稳定性、低温抗裂性及渗水系数是否满足规范要求，然后根据试验结果及以往工程实践经验综合确定该路面的最佳油石比（4.5%或4.7%）。

沥青混合料的物理、力学性能试验方法按《公路工程沥青及沥青混合料试验规程》JTG E20—2011 有关规定进行。

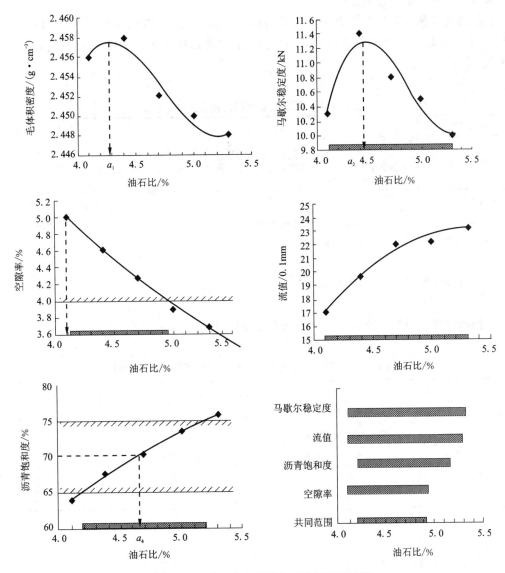

图 11-10　油石比与马歇尔试验结果关系图

项目二 职业技能

技能一 沥青及沥青混合料检测样品的抽取

1.沥青性能检测样品的抽取

沥青性能检测样品的取样方法应按现行国家标准《石油沥青取样法》GB/T 11147—2010和现行行业标准《公路工程沥青及沥青混合料试验规程》JTG E20—2011 的有关规定进行。具体见表 11 - 31。

表 11 -31 沥青检测样品的抽取方法与数量

沥青类型	取样部位与方法	最少取样数量
液体沥青	从贮罐中取样时,从贮罐的上、中、下取等量沥青,混合均匀	4kg
	从桶中取样时,根据总桶数随机抽取规定桶数,再从抽取的桶中抽取等量沥青,混合均匀	
固体或半固体沥青	随机抽取	4kg

注:液体(不包括乳化沥青)或半固体沥青宜采用带密封盖的广口金属容器;乳化沥青宜使用带密封盖的广口聚氯乙烯塑料桶;固体沥青可采用带密封盖的广口金属容器。

2.沥青混合料性能检测样品的抽取

(1)取样数量

常用沥青混合料的性能检测项目及所需样品数量见表 11 - 32。

表 11 -32 常用沥青混合料的性能检测项目及样品数量

试验项目	目的	最少试样量/kg	取样量/kg
马歇尔试验、抽提筛分	施工质量检验	12	20
车辙试验	高温稳定性检验	40	60
浸水马歇尔试验	水稳定性检验	12	20
冻融劈裂试验	水稳定性检验	12	20
弯曲试验	低温性能检验	15	25

(2)取样方法

①热拌沥青混合料试样的抽取

在沥青混合料拌和厂取样时,将一次可装 5～8 kg 的专用容器装在拌和机卸料斗下方,每放一次料取一次样,倒在干净的平板上,连续几次取样,混合均匀后,按四分法取足够数量的试样。

在沥青混合料运料车上取样时,宜在汽车装料一半后,分别从 3 辆不同的车上,用铁锹分别从不同位置的 3 个不同深度处取样,然后拌和均匀后,取出足够数量的试样。

在施工现场的运料车上取样时,应在卸料一半后,从不同方向取样,样品宜从 3 辆不同的车上抽取，混合均匀后，取出足够数量的试样。

在施工现场取样时，应在摊铺后未碾压前，摊铺宽度两侧的 1/2～1/3 位置处取样，用铁锹取该摊铺层的料，每摊铺一车料取一次样，连续 3 车取样后，混合均匀按四分法取足够数量的试样。

注：热拌沥青混合料每次取样时，都必须用温度计测量温度，准确至 1℃。

②乳化沥青混合料试样的抽取

乳化沥青混合料试样的抽取同热拌沥青混合料。但宜在乳化沥青破乳水分蒸发后装袋，对袋装常温沥青混合料亦可直接从储存的混合料中随机取样。取样袋数不少于 3 袋，试验时将 3 袋混合料倒出拌和均匀后，按四分法取出足够数量的试样。

③液体沥青常温沥青混合料试样的抽取

液体沥青常温沥青混合料试样的抽取同热拌沥青混合料。但是，当用汽油稀释时，必须在溶剂挥发后方可封袋保存；当用煤油或柴油稀释时，可在取样后即装袋保存，保存时应特别注意防火安全。

④从碾压成型的路面上抽取沥青混合料试样

从碾压成型的路面上抽取沥青混合料试样时，应随机选取 3 个以上不同地点，钻孔、切割或刨取该层混合料。需重新制作试件时，应加热拌匀按四分法取出足够数量的试样。

技能二　沥青及沥青混合料的性能检测

固体半固体石油沥青的针入度、软化点及延度的检测；沥青混合料马歇尔稳定度试验方法详见配套教材《建筑材料检测实训指导书与实训报告》。

模块十二　建筑用防水材料及其检测

【教学要求】　结合工程实例，重点讲述常用石油沥青与改性沥青及高分子防水卷材、防水涂料、建筑密封材料的技术性质及工程应用，以及建筑防水材料质量检测样品的抽取方法。

项目一　职业知识

知识一　防水卷材的分类、技术要求及应用

防水卷材是一种可卷曲的片状防水材料。根据其组成和生产工艺不同，分为有胎卷材（纸胎、玻璃布胎等）和辊压卷材（无胎，可掺入玻璃纤维）两类。根据其主要防水组成材料可分为沥青防水卷材、改性沥青防水卷材、合成高分子防水卷材等。

1. 沥青防水卷材

沥青防水卷材是在基胎上浸涂沥青后，在表面撒布粉状或片状的隔离材料而制成的防水卷材。其低温柔性差、延伸率低、拉伸强度低、耐久性差，但生产成本低，适用于要求不高的防水、防潮工程。

常用的沥青防水卷材有石油沥青玻璃纤维胎防水卷材。

石油沥青玻璃纤维胎防水卷材简称沥青玻纤胎卷材。是以玻纤毡为胎基，浸涂石油沥青，并在两面覆以隔离材料制成的防水卷材。卷材按单位面积质量分为15、25号；按上表面材料分为PE膜面和砂面两种，也可按生产厂要求采用的其他类型的上表面材料；按力学性能分为Ⅰ型、Ⅱ型。

沥青玻纤胎卷材的单位面积质量、可溶物含量、拉力、耐热性［(85 ± 2)℃受热2 h，卷材的涂盖层应无滑动、流淌和滴落］、低温柔性（在10℃或5℃下，卷材绕ϕ30 mm圆棒弯曲应无裂缝）、不透水性（在0.1 MPa的水压作用下，持续30 min，卷材应不透水）、钉杆撕裂强度、热老化等技术要求应符合现行国家标准《石油沥青玻璃纤维胎防水卷材》GB/T 14686—2008的有关规定。

沥青玻纤胎卷材适用于一般工业与民用建筑的多层防水，并用于包扎管道（热管道除外），作防腐保护层，也用于屋面、地下、水利等工程的多层防水。

2. 改性沥青防水卷材

普通沥青防水卷材的低温柔性、延伸性、拉伸强度等性能不理想，耐久性也不高，使用年限一般为5~8年。采用新型胎料和改性沥青，可有效地提高沥青防水卷材的使用年限、技术性能、冷施工及操作性能，还可降低污染，有效地提高防水质量。目前，我国改性沥青防水卷材主要有弹性体与塑性体改性沥青防水卷材，其分类见表12－1。

表 12 - 1 弹性体与塑性体改性沥青防水卷材的分类

卷材类别	简 称	改性剂	分 类		
			按胎基分	按表面隔离材料分	按材料性能分
弹性体改性沥青防水卷材	SBS 防水卷材	苯乙烯 - 丁二烯 - 苯乙烯(SBS)热塑性弹性体	聚酯毡(PY)、玻纤毡(G)、玻纤增强聚酯毡(PYG)	上表面为聚乙烯膜(PE)、细砂(S)或矿物粒料(M);下表面为聚乙烯膜(PE)或细砂(S)	I 型和 II 型
塑性体改性沥青防水卷材	APP 防水卷材	无规聚丙烯(APP)或聚烯烃类聚合物(APAO、APO 等)			

弹性体与塑性体改性沥青防水卷材的技术要求应分别符合现行国家标准《弹性体改性沥青防水卷材》GB 18242—2008 和《塑性体改性沥青防水卷材》GB 18243—2008 的有关规定。其单位面积质量、面积及厚度应符合表 12 - 2 的规定。

表 12 - 2 卷材单位面积质量、面积及厚度

规格(公称厚度)/mm		3			4			5		
上表面材料		PE	S	M	PE	S	M	PE	S	M
下表面材料		PE	PE、S		PE	PE、S		PE	PE、S	
面积/(m²/卷)	公称面积	10、15			10、7.5			7.5		
	偏差	±0.10			±0.10			±0.10		
单位面积质量/(kg·m⁻²),≥		3.3	3.5	4.0	4.3	4.5	5.0	5.3	5.5	6.0
厚度/mm	平均值,≥	3.0			4.0			5.0		
	最小单值	2.7			3.7			4.7		

弹性体与塑性体改性沥青防水卷材的性能要求应符合表 12 - 3 的规定。

表 12 - 3 弹性体与塑性体改性沥青防水卷材的性能要求

项 目		指 标				
		I 型		II 型		
		PY	G	PY	G	PYG
可溶物含量/(g·m⁻²),≥	厚度为 3 mm	2100				—
	厚度为 4 mm	2900				—
	厚度为 5 mm	3500				
	试验现象	—	胎基不燃	—	胎基不燃	—
耐燃性	试验温度/℃	90(110)		105(130)		
	试验现象	上表面和下表面的滑动平均值≤2 mm;浸涂材料无流淌、滴落				
低温柔性	试验温度/℃	-20(-7)		-25(-15)		
	厚度为 3 mm	绕 φ30 mm 圆棒弯曲无裂缝				
	厚度为 4、5 mm	绕 φ50 mm 圆棒弯曲无裂缝				
不透水性	试验水压/MPa	0.3	0.2	0.3		
	持压时间 30 min	不透水				
拉力/(N/50 mm)	最大拉力,≥	500	350	800	500	900
	次高峰拉力,≥	—	—	—	—	800
	试验现象	拉伸过程中,试件中部无沥青涂盖层开裂或与胎基分离现象				
延伸率/%	最大峰时延伸率,≥	30(25)		40		—
	第二峰时延伸率,≥	—	—	—	—	15

项 目		指 标				
		I 型		II 型		
		PY	G	PY	G	PYG
浸水后质量增加/%	PE、S	1.0				
	M	2.0				
渗油性/张，≤		2（仅对弹性体卷材）				
接缝剥离强度/(N·mm⁻¹)，≥		1.5				
钉杆撕裂强度/N，≥		—				300
矿物粒料粘附性/g，≤		2.0				
卷材下表面沥青涂盖层厚度/mm，≥		1.0				
老化试验 (80±2)℃受热 10d	拉力保持率/%，≥	90				
	延伸率保持率/%，≥	80				
	低温柔性	–15（–2）℃,弯曲无裂缝		–20（–10）℃,弯曲无裂缝		
	尺寸变化率/%，≤	0.7		0.7	—	0.3
	质量损失/%，≤	1.0				

注：表中指标未注明的为弹性体和塑性体卷材的共同要求，括号中的数字为塑性体卷材的要求。

SBS 改性沥青防水卷材具有弹性范围大、延伸率高、胎基耐腐蚀、抗拉强度大、断裂后有一定的延伸性、耐疲劳、耐久性好，既可用粘结剂进行冷施工，也可用喷灯热熔施工。

APP 防水卷材具有良好的橡胶质感，加之用优质聚酯或玻纤做胎基，故抗拉强度高，延伸率大，–50℃不龟裂，120℃不变形，150℃不流淌，老化期长。

SBS 防水卷材和 APP 防水卷材适用于工业与民用建筑的屋面及地下防水工程。玻纤增强聚酯毡（PYG）卷材可用于机械固定单层防水，但需要通过抗风荷载试验；玻纤毡（G）卷材适用于多层防水中的底层防水；表面隔离材料为细砂的防水卷材适用于地下工程防水。外露使用时，应采用上表面隔离材料为不透明的矿物粒料的防水卷材。APP 防水卷材因其耐紫外线能力强，适应温度范围广，适合用于有强烈阳光辐射的地区，尤其适用于较高气温环境的建筑防水。

3. 合成高分子防水卷材

合成高分子防水卷材是以合成橡胶、合成树脂或两者的共混体为基料，加入适量的化学助剂和填充剂等，经不同工序（混炼、压延或挤出）加工而成的可卷曲的片状防水材料。

其品种有橡胶系列（聚氨酯、三元乙丙橡胶、丁基橡胶等）、塑料系列（聚乙烯、聚氯乙烯等）和橡胶塑料共混系列防水卷材三大类。其中又分为加筋增强型与加筋非增强型两种类型。

合成高分子防水卷材具有拉伸强度和抗撕裂强度高、断裂伸长率大、耐热性和低温柔性好、耐腐蚀、耐老化等一系列优异的性能，是新型高档防水卷材。

（1）高分子防水材料——片材

以高分子材料为主材料，以挤出法或压延法生产的均匀片材（简称均质片）及以高分子材料复合（包括带织物加强层）的复合片材（简称复合片）和均质片材点粘合织物等材料的点粘（合）片材（简称点粘片）。

① 分类：按高分子材料类型分为硫化橡胶类、非硫化橡胶类及树脂类。

② 特点：高分子防水片材耐候性、耐老化性、化学稳定性好，耐臭氧性、耐热性和低温柔性甚至超过氯丁橡胶与丁基橡胶，具有质量轻、抗拉强度高、延伸率大、耐酸碱腐蚀等特点，对基层材料的伸缩或开裂变形适应性强，使用寿命长。

③ 技术要求：高分子防水片材的技术要求应符合现行国家标准《高分子防水材料 第1

部分：片材》GB 18173.1—2006、《高分子增强复合防水片材》GB/T 26518—2011 的有关规定。片材的规格尺寸及允许偏差见表 12 - 4；片材的物理性能分别见表 12 - 5、表 12 - 6。

表 12 - 4　片材的规格尺寸及允许偏差（GB 18173.1—2006）

项　目	厚度/mm	宽度/m	长度/m
橡胶类	1.0、1.2、1.5、1.8、2.0	1.0、1.1、1.2	20 以上
树脂类	0.5 以上	1.0、1.2、1.5、2.0	
允许偏差	±10%	±1%	不允许出现负值

表 12 - 5　均质片材的物理性能（GB 18173.1—2006）

项　目		指　标									
		硫化橡胶类				非硫化橡胶类			树脂类		
		JL1	JL2	JL3	JL4	JF1	JF2	LF3	JS1	JS2	JS3
断裂拉伸强度 /MPa，≥	常温	7.5	6.0	6.0	2.2	4.0	3.0	5.0	10	16	14
	60℃	2.3	2.1	1.8	0.7	0.8	0.4	1.0	4	6	5
扯断伸长率 /%，≥	常温	450	400	300	200	400	200	200	200	550	500
	-20℃	200	200	170	100	200	100	100	15	350	300
撕裂强度/(kN·m⁻¹)，≥		25	24	23	15	18	10	10	40	60	60
不透水性(在规定的水压下，持压 30 min 无渗漏)		0.3 MPa		0.2 MPa		0.2 MPa			0.3 MPa		
低温弯折温度/℃，≤		-40	-30	-30	-20	-30	-20	-20	-20	-35	-35
加热伸缩量 (80±2℃,168h)	延伸/mm，≤	2				2		4	2		
	收缩/mm，≤	4				4	6	10	6		
热空气老化 (80℃,168h)	断裂拉伸强度保持率/%，≥	80				90	60	80	80		
	扯断伸长率保持率/%，≥	70									
耐碱性(饱和 氢养化钙溶 液中常温浸 泡 168h)	断裂拉伸强度保持率/%，≥	80				80	70	70	80		
	扯断伸长率保持率/%，≥	80				90	80	70	80	90	90
粘接剥离强度 (片材与片材)	(标准试验条件)/(N·m⁻¹)，≥	1.5									
	浸水保持率(常温,168h)/%，≥	70									

表 12 - 6　复合片材的物理性能（GB 18173.1—2006）

项　目		指　标			
		硫化橡胶类	非硫化橡胶类	树脂类	
		FL	FF	FS1	FS2
断裂拉伸强度/ (N·cm⁻¹)，≥	常温	80	60	100	60
	60℃	30	20	40	30
扯断伸长率 /%，≥	常温	300	250	150	400
	-20℃	150	50	10	10
撕裂强度/N，≥		40	20	20	20

项 目		指 标			
		硫化橡胶类	非硫化橡胶类	树脂类	
		FL	FF	FS1	FS2
不透水性(0.3 MPa 水压下，持压 30 min)		无渗漏			
低温弯折温度/℃，≤		−35	−20	−30	−20
加热伸缩量 (80 ±2℃，168h)	延伸/mm，≤	2			
	收缩/mm，≤	4	4	2	4
热空气老化 (80℃，168h)	断裂拉伸强度保持率/%，≥	80			
	扯断伸长率保持率/%，≥	70			
耐碱性(质量分数为 10%的氢养化钙溶液 中常温浸泡 168h)	断裂拉伸强度保持率/%，≥	80	60	80	
	扯断伸长率保持率/%，≥	80	60	80	
粘接剥离强度 (片材与片材)	(标准试验条件)/(N·mm⁻¹)，≥	1.5			
	浸水保持率(常温，168h)/%，≥	70			
复合强度(FS2 型表层与芯层)/(N·mm⁻¹)，≥		—	—	—	1.2

注：非外露使用，可以不考虑60℃断裂拉伸强度、加热伸缩量性能。

④应用：广泛用于防水要求高、耐久年限长的防水工程中。主要用于建筑屋面防水、隧道防水及地下工程防水。

（2）高分子防水材料——防水板

① 分类：防水板按生产原材料不同分为乙烯 – 醋酸乙烯共聚物防水板，代号为 EVA；乙烯 – 醋酸乙烯与沥青共聚物防水板，代号为 ECB；聚乙烯防水板，代号为 PE。

② 特点：具有优良的柔韧性、防渗性、延伸性及耐磨性；具有较好的隔离性、抗穿刺性；无化学污染；耐酸碱及多种化学物质，尺寸稳定性好，粘结性好，便于施工等特点。

③ 技术要求：防水板的技术要求应符合现行行业标准《铁路隧道防水材料暂行技术条件 第1部分 防水板》科技基[2008]21 号的有关规定。防水板的规格尺寸及允许偏差应符合表12 –7 的规定；其物理力学性能应符合表12 –8 的规定。

表 12 –7 防水板的规格尺寸及允许偏差

项 目	厚度/mm	宽度/m	长度/m
规 格	1.5、2.0、2.5、3.0	2.0、3.0、4.0	>20
平均偏差	不允许出现负值	不允许出现负值	
极限偏差/%	−5	−1	

表 12 –8 防水板的物理力学性能

项 目	指 标		
	EVA	ECB	PE
断裂拉伸强度/MPa，≥	18	17	18
扯断伸长率/%，≥	650	600	600
撕裂强度/(kN·m⁻¹)，≥	100	95	95
不透水性(0.3 MPa 水压下，持压 24h)	无渗漏		

续表 12-8

项 目		指 标		
		EVA	ECB	PE
低温弯折温度/℃，≤		-35℃		
加热伸缩量 (80±2℃，168h)	延伸/mm，≤	2		
	收缩/mm，≤	6		
热空气老化(80℃， 168h)	断裂拉伸强度/MPa，≥	16	14	15
	扯断伸长率/%，≥	600	550	550
耐碱性(饱和氢氧化 钙溶液中常温浸泡 168h)	断裂拉伸强度/MPa，≥	17	16	16
	扯断伸长率/%，≥	600	600	550
刺破强度/N，≥	厚度为 1.5 mm	300		
	厚度为 2.0 mm	400		
	厚度为 2.5 mm	500		
	厚度为 3.0 mm	600		

④ 应用：防水板适用于公路、铁路隧道(不含明洞)的防排水工程及水利、市政、建筑等工程的防渗，隔离，补强，防裂加固；也可用于堤坝、排水沟渠的防渗处理以及废料场的防污处理。

（3）氯化聚乙烯防水卷材

氯化聚乙烯防水卷材简称 CPE 防水卷材。是以氯化聚乙烯(PE-C)为主要原料，加入适量的辅助材料和防老化剂、促进剂及其他的一些助剂，经混炼压延而制成的防水卷材。

① 分类：无复合层的为 N 类，用纤维单面复合的为 L 类，织物内增强的为 W 类。每类产品按理化性能分为 Ⅰ型和Ⅱ型。

② 特点：抗拉强度高、抗渗能力强、低温柔性好、膨胀系数小、温升效应低、变形适应能力强、摩擦系数大，可与多种粘接剂配合使用，粘结效果好；抗老化性能强，使用寿命可达50 年以上；用该产品施工后的防水层表面可直接进行装饰装修；施工方便，只要基层含水率在 9% 以内就可以施工，不受气温条件限制，而且施工质量可靠，无毒、无污染。

③技术要求：氯化聚乙烯防水卷材的技术要求应符合现行国家标准《氯化聚乙烯防水卷材》GB 12953—2003 的有关规定。氯化聚乙烯防水卷材的长度和宽度不小于规定值的99.5%；其他物理力学性能见表 12-9。

表 12-9 氯化聚乙烯防水卷材的物理力学性能（GB 12953—2003）

项 目	指 标			
	N 类		L、W 类	
	Ⅰ型	Ⅱ型	Ⅰ型	Ⅱ型
拉伸强度，≥	5.0 MPa	8.0 MPa	70N/cm	120 N/cm
断裂伸长率/%，≥	200	300	125	250
热处理尺寸变化率(80±2℃，24h)/%，≤	3.0	纵2.5；横1.5	1.0	1.0
低温弯折性	-20℃无裂纹	-25℃无裂纹	-20℃无裂纹	-25℃无裂纹
抗穿孔性	不渗水		不渗水	
不透水性(0.3 MPa水压下，持压2h)	不渗水		不渗水	

项 目		指 标			
		N 类		L、W 类	
		Ⅰ 型	Ⅱ 型	Ⅰ 型	Ⅱ 型
剪切状态下的粘合性/(N·mm⁻¹),≥		3.0 或卷材破坏		L 类 2.0、W 类 6.0 或卷材破坏	
热空气老化 (80℃,168h)	外观	无起泡、裂纹、粘结和孔洞		无起泡、裂纹、粘结和孔洞	
	拉伸强度	变化率:+50%, -20%	变化率:±20%	≥55 N/cm	≥100 N/cm
	断裂伸长率	变化率:+50%, -30%		≥100%	≥200%
	低温弯折性	-15℃无裂纹	-20℃无裂纹	-15℃无裂纹	-20℃无裂纹
耐化学侵蚀 (酸、碱、盐 的侵蚀)	拉伸强度	变化率:±30%	变化率:±20%	≥55 N/cm	≥100 N/cm
	断裂伸长率			≥100%	≥200%
	低温弯折性	-15℃无裂纹	-20℃无裂纹	-15℃无裂纹	-20℃无裂纹

④应用:适用于混凝土桥面、涵洞、隧道衬砌、屋面、地下等工程的防水防潮。

(4)氯化聚乙烯 - 橡胶共混防水卷材

氯化聚乙烯 - 橡胶共混防水卷材是以氯化聚乙烯树脂和合成橡胶为主体,加入适量的硫化剂、促进剂、稳定剂、软化剂和填充剂等,经塑炼、混炼、过滤、压延(或挤出)成型、硫化等工序加工制成的高弹性防水卷材。

① 分类:按其物理性能分为 S 型(以氯化聚乙烯与合成橡胶共混体制成)和 N 型(以氯化聚乙烯与合成橡胶或再生橡胶共混体制成)。

② 特点:它不仅具有氯化聚乙烯所特有的高强度和优异的耐臭氧、耐老化性能,而且具有橡胶类材料所特有的高弹性、高延伸性和良好的低温柔性,具有耐候性、抗酸性、抗变形、抗老化性、抗拉强度大等特点,能在 -40 ~ +80℃条件下使用。

③ 技术要求:氯化聚乙烯 - 橡胶共混防水卷材的技术要求应符合现行行业标准《氯化聚乙烯 - 橡胶共混防水卷材》JC/T 684—1997 的有关规定。其物理力学性能见表 12 - 10。

表 12 - 10 氯化聚乙烯 - 橡胶共混防水卷材的物理力学性能(JC/T 684—1997)

项 目		指 标	
		S 型	N 型
拉伸强度/MPa,≥		7.0	5.0
断裂伸长率/%,≥		400	250
直角形撕裂强度/(kN·m⁻¹),≥		24.5	20.0
不透水性(在规定的水压下,持压 30 min)		0.3 MPa 不渗水	0.2 MPa 不渗水
热空气老化 (80℃,168h)保持率/%,≥	拉伸强度	80	
	断裂伸长率	70	
脆性温度/℃,≤		-40℃无裂纹	-20℃无裂纹
热处理尺寸变化率(80±2℃,24h)/% ≤		≤ +1, ≥ -2	≤ +2, ≥ -4
粘接剥离强度(卷材与卷材)		剥离强度≥2.0kN/m;浸水 168h,剥离强度保持率≥70%	

④应用：适用于防水等级要求较高的建筑物防水工程。如屋面、地下室、隧道、山洞、水池、水库、水坝、厕所、浴室、地坪、污水处理、垃圾掩埋场的各种防水、防腐工程。特别适用于寒冷地区或变形较大的建筑防水工程。

知识二　防水涂料的分类、技术要求及应用

防水涂料是一种流态或半流态的胶状物质，涂布在基层表面，经溶剂或水分挥发或各组分间的化学反应，形成有一定弹性和一定厚度的连续薄膜，使基层与水隔绝，起到防水、防潮的作用。

防水涂料固化成膜后具有良好的防水性能，特别适合于各种复杂、不规则部位的防水，能形成无接缝的完整防水膜。它大多采用冷施工，不必加热熬制，既减少了环境污染，改善了劳动条件，又便于施工操作，加快了施工进度。此外，涂布的防水涂料既是防水的主体，又是胶粘剂，因而施工质量容易保证，维修也比较简单。防水涂料广泛应用于工业与民用建筑的屋面、地下室、桥涵及地面等防水、防潮、防渗工程。

防水涂料按液态类型可分为溶剂型、水乳型和反应型三种；按成膜物质的主要成分可分为沥青类、高聚物改性沥青类和合成高分子类。

1. 沥青基防水卷材用基层处理剂

沥青基防水卷材用基层处理剂俗称冷底子油或底涂料。是用稀释剂（汽油、柴油、煤油、苯等溶剂或乳化剂）对沥青进行稀释的产物。

（1）分类：水性（W）和溶剂型（S）。

（2）特点：粘度小，流动性好。涂刷在混凝土、砂浆或木材等基面上，能很快渗入基层孔隙中，封闭基层毛细孔隙，待溶剂挥发后，形成的涂膜便与基面牢固结合，从而提高基层的抗渗能力，又能增强后铺防水材料与基层之间的粘结。但必须涂刷在干燥的基层上，若基层潮湿，水分起了隔离作用，使沥青成分不能与基层粘合，更不能深入基层填塞毛细孔，起不到应有的作用。

（3）技术要求：沥青基防水卷材用基层处理剂的技术要求应符合《沥青基防水卷材用基层处理剂》JC/T 1069—2008 的有关规定。其物理性能见表 12 – 11。

表 12 – 11　沥青基防水卷材用基层处理剂的技术要求（JC/T 1069—2008）

项　目		技术指标	
		W 型	S 型
粘度/(mPa·s)		规定值的 ±30%	
表干时间/h，≤		4	2
固体含量/%，≥		40	30
剥离强度（处理剂与卷材）/(N·mm⁻¹)，≥	标准条件下	0.8	
	浸水后(168h)	0.8	
耐热性		40℃无流淌	
低温柔性		0℃无裂纹	
灰分/%，≤		5	

注：剥离强度应注明采用的防水卷材类型。

（4）应用：由于冷底子油形成的涂膜较薄，故一般不单独作防水材料使用，仅用作沥青基防水卷材施工配套使用的基层处理剂，以增强基层与其他防水材料的粘结。

2. 沥青与改性沥青防水涂料

以沥青为基料，用合成高分子聚合物进行改性，制成水乳型或溶剂型的防水涂料。

（1）分类：水乳型（W）和溶剂型（S）。主要品种有再生橡胶改性沥青防水涂料、水乳型氯丁橡胶沥青防水涂料、丁苯橡胶（SBS）弹性体改性沥青防水涂料、无规聚丙烯（APP）塑性体改性沥青防水涂料等。

（2）特点：柔韧性、抗裂性、拉伸强度、耐高低温性能、使用寿命等方面比沥青类涂料有很大的改善。可在常温下施工，无毒、无污染；能在潮湿基层施工，对混凝土、木材、石棉板都有优异的粘结性；低温延伸性特优，能良好地适应基层变形，确保工程防水质量；耐高温、耐腐蚀、耐老化。

（3）技术要求：沥青及改性沥青防水涂料的技术要求应分别符合现行行业标准《水乳型沥青防水涂料》JC/T 408—2005、《溶剂型橡胶沥青防水涂料》JC/T 852—1999、《道桥用防水涂料》JC/T 975—2005、《路桥用水性沥青基防水涂料》JT/T 535—2004 的有关规定。水乳型沥青防水涂料的技术要求见表 12 - 12：

表 12 - 12　水乳型沥青防水涂料的技术要求（JC/T 408—2005）

项　目		技术指标	
		L 型	H 型
固体含量/%，≥		45	
表干时间/h，≤		8	
实干时间/h，≤		24	
不透水性(0.1 MPa，持压 30 min)		不透水	
粘接强度/MPa，≥		0.30	
耐热性		(80 ±2)℃无流淌、滑动、滴落	(110 ±2)℃无流淌、滑动、滴落
低温柔性/℃	标准条件	-15℃绕 φ30 mm 圆棒弯曲无裂纹	0℃绕 φ30 mm 圆棒弯曲无裂纹
	(23 ±2)℃的 0.1% 的 NaOH 溶液与 Ca(OH)₂ 饱和溶液的混合液处理后	-10℃绕 φ30 mm 圆棒弯曲无裂纹	5℃绕 φ30 mm 圆棒弯曲无裂纹
	(70 ±2)℃热处理后		
	紫外线处理后		
断裂伸长率/%，≥	标准条件	600	
	(23 ±2)℃的 0.1% 的 NaOH 溶液与 Ca(OH)₂ 饱和溶液的混合液处理后		
	(70 ±2)℃热处理后		
	紫外线处理后		

（4）应用：适用于Ⅰ、Ⅱ、Ⅲ级防水等级的屋面、地面、混凝土地下室、卫生间及路桥、隧道等防水工程。

3. 合成高分子防水涂料

以合成橡胶或树脂为主要成膜物质制成的单组分或多组分的防水涂料。

（1）分类：按成膜机理和溶剂种类分为溶剂型、水乳型和反应型；按组分分为单组分和多组分；按产品性能分为Ⅰ类和Ⅱ类。主要品种有聚氨酯防水涂料、丙烯酸酯防水涂料、有机硅防水涂料和 EVA 防水涂料等。

(2)特点:无毒、无味,安全环保;强度高、延伸性大、柔韧性好、耐高低温性好;耐水、酸、碱、盐和抗紫外线能力强,使用寿命长;施工方便,在任何规则或不规则的基面上刷、刮均能形成连续不断的防水层,且可在潮湿基面上施工,不起泡,成膜效果好,固化快,能有效缩短工期。

(3)技术要求:合成高分子防水涂料的技术要求应分别符合《聚氨脂防水涂料》GB/T 19250—2003、《聚合物乳液建筑防水涂料》JC/T 864—2008、《聚合物水泥防水涂料》GB/T 23445—2009 的有关规定。聚氨脂防水涂料的技术要求见表12-13。

表 12-13 聚氨脂防水涂料的技术要求(GB/T 19250—2003)

项 目		指 标			
		单组分		多组分	
		Ⅰ类	Ⅱ类	Ⅰ类	Ⅱ类
拉伸强度/MPa,≥		1.90	2.45	1.90	2.45
断裂伸长率/%,≥		550	450	450	450
撕裂强度/(N·mm⁻¹),≥		12	14	12	14
低温弯折性		−40℃绕φ30 mm 圆棒弯曲无裂纹		−35℃绕φ30 mm 圆棒弯曲无裂纹	
不透水性(0.3 MPa 水压下,持压30 min)		不渗水		不渗水	
固体含量/%,≥		80		92	
表干时间/h,≤		12		8	
实干时间/h,≤		24		24	
热处理尺寸变化率(80±2℃,168h)/%		≥ +1, ≤ −4		≥ +1, ≤ −4	
潮湿基面粘结强度/MPa,≥		0.50		0.50	
热处理后(80±2℃,168h)	拉伸强度保持率/%	80~150		80~150	
	断裂伸长率保持率/%	500	400	400	
	低温弯折性	−35℃绕φ30 mm 圆棒弯曲无裂纹		−30℃绕φ30 mm 圆棒弯曲无裂纹	
碱处理后	拉伸强度保持率/%	60~150		60~150	
	断裂伸长率保持率/%	500	400	400	
	低温弯折性	−35℃ φ30 mm 圆棒弯曲无裂纹		−30℃绕φ30 mm 圆棒弯曲无裂纹	
酸处理后	拉伸强度保持率/%	80~150		80~150	
	断裂伸长率保持率/%	500	400	400	
	低温弯折性	−35℃绕φ30 mm 圆棒弯曲无裂纹		−30℃绕φ30 mm 圆棒弯曲无裂纹	

(4)应用:适用于Ⅰ、Ⅱ、Ⅲ级防水等级的屋面、地下室、水池、卫生间及路桥、隧道等防水工程。

知识三 建筑密封材料的分类、技术要求及应用

建筑密封材料又称嵌缝材料,用于嵌入建筑物缝隙中,承受位移、起到气密和水密的目的。分定型(如:压条、密封条、密封带、密封垫等)和非定型(如:嵌缝膏、密封膏、密封胶)两大类。

常用的密封膏、胶有:沥青嵌缝油膏、丙烯酸脂密封胶、聚氨酯密封胶、聚硫密封胶和硅

酮密封胶等。

常用密封带、条有：止水带、遇水膨胀橡胶等。

密封材料应具有一定的强度和良好的粘结性、弹塑性和耐老化性，在接缝发生震动或变形时，所填充的密封材料应能牢固粘结，不断、不裂，保持不透水、不透气，并有较长的使用寿命。

应用于建筑上的各种接缝或裂缝、变形缝（沉降缝、伸缩缝、抗震缝），以保持水密、气密性能。

1. 密封膏与密封胶

（1）沥青嵌缝油膏

建筑防水沥青嵌缝油膏是以石油沥青为基料，加入改性材料、稀释剂和填充料混合制成的冷用膏状嵌缝材料。所用改性材料有废橡胶粉和硫化鱼油，稀释剂有重松节油、机油，填充料有石棉绒和滑石粉等。按其耐热性和低温柔性分为702和801两个型号。

① 特点：具有良好的粘结性、耐热性和低温柔性，适用于冷施工。

② 技术要求：沥青嵌缝油膏的施工度、耐热性、低温柔性、拉伸粘结性、浸水后拉伸粘结性、渗出性、挥发性等技术要求及质量检验应符合现行行业标准《建筑防水沥青嵌缝油膏》JC/T 207－2011 的有关规定。

③ 应用：主要用作屋面、墙面、沟和槽的防水嵌缝材料。使用沥青嵌缝油膏嵌缝时，缝内应洁净干燥，先刷涂冷底子油一道，待其干燥后即嵌填油膏。油膏表面可加建筑石油沥青、油毡、砂浆、塑料为覆盖层。

（2）聚氨酯建筑密封胶

聚氨酯建筑密封胶是以聚氨基甲酸酯聚合物为主要成分的的建筑密封材料。

①分类：按包装形式分为单组分（Ⅰ）和多组分（Ⅱ）；按流动性分为非下垂型（N）和自流平型（L）。N型用于立缝或斜缝的密封，不下垂；L型用于水平接缝的密封，能自动流平。

②特点：具有优良的耐磨性和低温柔软性、性能可调节范围较广、拉伸强度高、粘结性好、弹性好；具有优良的复原性，适合于动态接缝；耐候性、耐油性能优良，但耐水性差，特别是耐碱水性欠佳。

③ 技术要求：聚氨酯建筑密封胶的技术要求应符合现行行业标准《聚氨酯建筑密封胶》JC 482—2003 的有关规定。

④应用：用于屋面、墙面的水平和垂直接缝，尤其适用于游泳池工程，也可用于玻璃、金属材料的嵌缝，它还是公路及机场跑道的补缝、接缝的好材料。

（3）聚硫建筑密封胶

聚硫建筑密封胶是以液态聚硫橡胶为基料的常温硫化双组分建筑密封材料。

① 分类：按流动性分为非下垂型（N）和自流平型（L）；按其伸长模量分为高模量（HM）和低模量（LM）两个次级别。

② 特点：具有良好的粘结性、耐水性、耐酸碱性、耐高低温性（－50～120℃）、耐辐射性，无毒、无污染，气密性好。

③ 技术要求：聚硫建筑密封胶的技术要求应符合现行行业标准《聚硫建筑密封胶》JC/T 483—2006 的有关规定。

④ 应用：LM型具有流淌性，适用于城市的休闲广场地面变形缝、停车场、给排水、机场跑道、混凝土公路、池底、地下工程、水利工程等水平面混凝土结构的变形缝密封；HM型适用于

混凝土屋面板、楼板、墙板、金属幕墙、玻璃窗、钢铝窗、贮水池、上下管道等的接缝密封。

(4)丙烯酸酯建筑密封胶

丙烯酸酯建筑密封胶是以丙烯酸酯为基料的单组分水乳型建筑密封胶。

① 分类：按移位能力分为12.5 和7.5 两个级别，其中，12.5 级密封胶按其弹性恢复率又分为12.5E(弹性体,弹性恢复率≥40%)和12.5P(塑性体,弹性恢复率<40%)两个次级别。

② 特点：粘结力强，具有很好的弹性，能适应一般伸缩变形的需要；耐候性好，能在-20~100℃情况下长期保持柔韧性,耐水、耐酸碱性差。

③ 技术要求：丙烯酸酯建筑密封胶的技术要求应符合现行行业标准《丙烯酸酯建筑密封胶》JC/T 484—2006 的有关规定。

④ 应用:主要用于屋面、墙板、门窗嵌缝。其中,12.5E 主要用于接缝密封,12.5P 和 7.5P 主要用于一般装饰装修工程的填缝。但它们的耐水性能较差,所以不宜用于经常泡在水中的部位,如不宜用于广场、公路、桥面等的接缝中,也不宜用于水池、污水厂、灌溉系统、堤坝等水下接缝中。丙烯酸类密封胶一般在常温下用挤枪嵌填于各种清洁、干燥的缝内。

(5)硅酮密封胶

硅酮密封胶是以聚硅氧烷为主要成分的单组分室温固化型的建筑密封胶。

①分类：按固化剂机理分为 A 型和 B 型；按用途分为镶装玻璃用(G)和建筑接缝用(F)两种；按移位能力分为25 和20 两个级别。

②特点：具有优异的耐热、耐寒性和良好的耐候性，与各种材料都有较好的粘结性能；具有良好的耐拉伸-压缩疲劳性能,耐水性好。

③ 技术要求：硅酮建筑密封胶的技术要求应符合现行国家标准《硅酮建筑密封胶》GB/T 14683—2003 的有关规定。

④应用：F 类适用于预制混凝土墙板、水泥板、大理石板的外墙接缝,混凝土和金属框架的粘结,卫生间和公路接缝的防水密封等;G 类主要用于镶嵌玻璃和建筑门窗的密封。

2. 止水带

止水带是采用天然橡胶与各种合成橡胶为主要原料，掺加各种助剂及填充料，经塑炼、混炼、压制成型。

(1)分类：按用途分为变形缝用止水带(B)、施工缝用止水带(S)和有特殊耐老化要求的接缝用止水带(J)；按材料分为塑料止水带(P)、橡胶止水带(R)和钢边止水带(G)；按设置位置分为中埋式止水带(Z)和背贴式止水带(T)。止水带外形见图12-1 所示。

(a)中埋式止水带　　　　　(b)背贴式止水带　　　　　(c)钢边止水带

图12-1　止水带外形图

(2)特点：具有良好的弹性，耐磨性、耐老化性和抗撕裂性能，适应变形能力强、防水性能好，温度使用范围在-45 ~ +60℃。

（3）技术要求：橡胶止水带和带钢边止水带应采用三元乙丙橡胶制作，不得采用再生橡胶；塑料止水带不得采用再生塑料制作；带钢边的止水带所用钢板应采用热镀锌钢板。止水带的技术要求应符合现行国家标准《高分子防水材料 第2部分 止水带》GB 18173.2—2000 或现行行业标准《铁路隧道防水材料暂行技术条件 第2部分 止水带》科技基［2008］21号的有关规定。止水带的技术要求见表12-14。

表12-14　橡胶止水带的技术要求

项　目		橡胶止水带			塑料止水带	
		B 型	S 型	J 型	EVA 类	ECB 类
硬度（邵尔 A）/度，≥		60 ± 5			—	
拉伸强度/MPa，≥		15	12	10	16	
扯断伸长率/%，≥		380（450）	380（450）	300	600	
压缩永久变形 /%，≤	70℃，24h	35（30）				
	23℃，168h	20				
臭氧老化（50pphm；20%，40℃，48h）		2 级（无龟裂）		0 级		
热空气老化 （70℃，168h）	硬度变化（邵尔 A）	≤ +8（+6）度			100% 伸长率时，无裂纹	
	拉伸强度，≥	12 MPa	10 MPa	—	80%（保持率）	
	扯断伸长率/%	300（400）			≥70（保持率）	
耐碱性［23℃ Ca(OH)₂饱和 溶中液浸168h］	硬度变化（邵尔 A）	≤（+6）度				
	拉伸强度，≥	≥（12）MPa	≥（10）MPa		90%（保持率）	
	扯断伸长率/%，≥	（400）			保持率：≥70	
橡胶与金属粘合		断面在弹性体内			—	

注：① 表中括号中的数字为铁路行业的要求；② 橡胶与金属粘合项仅使用于钢边止水带。

（4）应用：利用橡胶的高弹性和压缩变形性，在各种荷载下产生弹性变形，从而起到紧固密封，有效防止建筑构件的漏水、渗水，并起到减震缓冲作用，从而确保建筑物的使用寿命。主要用于建筑工程、地下设施、隧道、涵洞、水利、地铁等工程的变形缝、施工缝的密封。

3. 遇水膨胀橡胶

以水溶性聚氨酯预聚体、丙烯酸钠高分子吸水性树脂等吸水性材料与天然橡胶、氯丁橡胶等合成橡胶制得的遇水膨胀性防水橡胶。

（1）分类：按工艺分为制品型（PZ）和腻子型（PN）；按其在静态蒸馏水中的体积膨胀倍率可分为 PZ-150、PZ-250、PZ-400、PZ-600 及 PN-150、PN-220、PN-300 等。制品型断面结构示意图见图12-2所示。

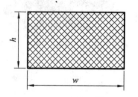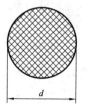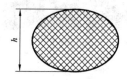

图12-2　制品型断面结构示意图

（2）特点：具有浸水膨胀，"以水止水"的效果；具有膨胀速度慢，浸水 168 h 其膨胀率不大于最大膨胀率的 50%；耐久性强，在长时间浸水作用下无溶解物析出；安装施工方便，能牢固地粘贴在混凝土表面，而不论基面是否潮湿、光滑粗糙；无毒无污染。

（3）技术要求：遇水膨胀橡胶的技术要求应符合现行国家标准《高分子防水材料 第 3 部分 遇水膨胀橡胶》GB 18173.3—2002 的有关规定。制品型的技术要求见表 12 - 15；腻子型的技术要求见表 12 - 16。

表 12 - 15 制品型遇水膨胀橡胶的技术要求

项　目		指　标			
		PZ - 150	PZ - 250	PZ - 400	PZ - 600
硬度(邵尔 A)/度，≥		40 ±7		45 ±7	48 ±7
拉伸强度/MPa，≥		3.5		3	
扯断伸长率/%，≥		450		350	
体积膨胀倍率/%，≥		150	250	400	600
反复浸水试验[(23 ±2)℃ 蒸馏水浸泡 16h，70℃下烘干 8h，共 4 个循环]	拉伸强度/MPa，≥	3		2	
	扯断伸长率/%，≥	350		250	
	体积膨胀倍率/%，≥	150	250	300	500
低温弯折(-20℃，2h)		无裂纹			

注：① 硬度为推荐项目；② 成品切片测试结果应达到表中规定的 80%；③ 接头部位的拉伸强度不得低于表中规定值的 50%。

表 12 - 16 腻子型遇水膨胀橡胶的技术要求

项　目	指　标		
	PN - 150	PN - 220	PN - 300
体积膨胀倍率/%，≥	150	220	300
高温流淌性(80℃，5h)	无流淌		
低温试验(-20℃，2h)	无脆裂		

（4）应用：主要用于各种隧道、顶管、人防等地下工程、基础工程的接缝、防水密封和船舶、机车等工业设备的防水密封。也可用于混凝土施工缝、后浇缝的止水，同时也适用于建筑构件拼装接缝、板缝、墙缝的防水工程。广泛用于贮水池、沉淀池、地下室、地下车库、地铁、隧道、涵洞、大坝、防洪堤坝等各种地下建筑工程和水利工程。

项目二　职业技能

技能　防水材料检测样品的抽取

防水卷材、片材、板材、涂料等检测样品的抽取按表 12 - 17 的规定进行。

表 12 - 17 防水材料检测样品的抽取

防水材料类别	组批规则	最少抽样数量	出厂检测项目
沥青类卷材	同类型、同规格 10000 m²/批,不足亦为一批	尺寸偏差、外观随机抽 3 卷;力学性能全幅宽度不少于 1 m长	尺寸偏差、外观、单位面积质量、可溶物含量、拉力、耐热性、低温柔性、不透水性
改性沥青类卷材	同类型、同规格 10000 m²/批,不足亦为一批		尺寸偏差、外观、单位面积质量、可溶物含量、拉力、延伸率、渗油性、耐热性、低温柔性、不透水性、卷材下表面沥青涂盖层厚度
氯化聚乙烯卷材			尺寸偏差、外观、拉伸强度及断裂伸长率、热处理尺寸变化率、低温弯折性、不透水性
氯化聚乙烯 - 橡胶共混防水卷材	同类型、同规格 250 卷/批,不足亦为一批		尺寸偏差、外观、拉伸强度及断裂伸长率、直角撕裂强度、不透水性
高分子防水片材	同类型、同规格 5000 m²/批,不足亦为一批		尺寸偏差、外观、常温拉伸强度及扯断伸长率、撕裂强度、耐热性、低温弯折性、不透水性、复合强度(FS2 型)
高分子防水板			
沥青基防水卷材用基层处理剂	同类型、同规格 10t/批,不足亦为一批	2kg	外观、粘度、表干时间、固体含量、剥离强度、耐热性、低温柔性
水乳型沥青防水涂料	同类型、同规格 5t/批,不足亦为一批	3kg	外观、固体含量、表干时间、实干时间、耐热性、低温柔性、断裂伸长率
聚氨脂防水涂料	同类型、同规格 15t/批(多组分的按配套组批),不足亦为一批	3kg	外观、固体含量、表干时间、实干时间、拉伸强度、断裂伸长率、低温弯折性、潮湿基面粘结强度
止水带	同类型、同规格 5000 m/批,不足亦为一批	1 m长	尺寸偏差、外观、硬度、拉伸强度、扯断伸长率、撕裂强度、压缩永久变形、热空气老化、金属粘结强度
遇水膨胀橡胶	以每月同标记的产量为一批	制品型:1 m长 腻子型:1kg	尺寸偏差、外观、硬度、拉伸强度、扯断伸长率、体积膨胀倍率

模块十三　给排水用管材及其检测

【教学要求】　结合工程实例，重点讲述建筑给排水工程常用金属管材、塑料管材、复合管材、混凝土与钢筋混凝土管材的特性、技术要求与工程应用，以及管材与管件质量检测样品的抽取方法。

项目一　职业知识

知识一　给排水用金属管材的分类及应用

建筑给排水用金属管材分为镀锌普通钢管、薄壁不绣钢管、铸铁管和铜管四大类。

1. 镀锌普通钢管

建筑给排水用镀锌普通钢管分为无缝钢管和焊接钢管。

（1）无缝钢管

建筑给排水用无缝钢管是用优质碳素结构钢或低合金高强度结构钢钢锭或钢坯经热轧或冷拔（冷轧）成型、精整制成，或用铸造方法生产的不带焊缝的钢管。

建筑给排水用无缝钢管的长度通常为 3～12.5 m；按生产用钢种分为 10、20（优质碳素结构钢）、Q295、Q345、Q390、Q420、Q460 牌号；其连接方式可采用焊接或螺纹连接。其表面质量、力学性能（拉伸性能、冲击性能）、工艺性能（压扁试验、扩口试验、弯曲试验）液压试验及镀锌层应符合现行国家标准《输送流体用无缝钢管》GB/T 8163—2008 的有关规定。

（2）焊接钢管

建筑给排水用焊接镀锌钢管是采用直缝高频电阻焊、直缝埋弧焊或螺旋缝埋弧焊工艺焊接，并在内外表面经热浸镀锌制造而成。

建筑给排水用焊接镀锌钢管的长度通常为 3～12 m；按生产用钢种分为 Q195、Q215A、Q215B、Q235A、Q235B、Q295A、Q295B、Q345A、Q345B 牌号；其连接方式可采用焊接或螺纹连接。其表面质量、力学性能（拉伸性能）、工艺性能（弯曲试验、压扁试验、导向弯曲试验）、液压试验及镀锌层应符合现行国家标准《低压流体输送用焊接钢管》GB/T 3091—2008 的有关规定。

镀锌钢管具有韧性好、抗拉强度大、管壁薄、耐高压、管材长、接口少、防火性能好、使用寿命长等优点，最大的缺点是耐腐蚀性差、价格高，且由于镀锌钢管的锈蚀造成水中重金属含量过高，影响人体健康，所以目前我国正在逐渐淘汰这种类型的管道。此类钢管适用于建筑室内外给水及消防管道系统。一般用于地上和室内。

2. 薄壁焊接不绣钢管

管材由添加或不添加填充金属的自动电弧焊接方法制作而成。按生产过程中热处理方式不同分为奥氏体或铁素体不锈钢管。

奥氏体不锈钢主要成分为铬、镍，含碳量＜0.25%，具有很高的耐腐蚀性、优良的塑性、良好的焊接性及低温韧性、易加工硬化等特点，不具有吸磁性。

铁素体不锈钢主要成分为铬，含碳量＜0.35%，具有抗大气、硝酸盐及盐水溶液的腐蚀能力强、高温抗氧化性能好等特点，但机械性能和工艺性能较差，具有吸磁性。

钢管的外径为DN12.7～DN108，壁厚为S0.6～S2.0，长度通常为3～6 m，其连接方式采用卡压式管件连接。其外观、尺寸偏差、化学成分、力学性能（拉伸性能）、工艺性能（压扁试验、扩口试验）、液压试验及卫生要求应符合现行国家标准《不锈钢卡压式管件组件 第2部分 连接用薄壁不锈钢管》GB/T 19228.2—2011 的有关规定；与其相匹配的管件应符合现行国家标准《不锈钢卡压式管件组件 第1部分 卡压式管件》GB/T 19228.1—2011 的有关规定。

不锈钢管具有耐腐蚀、性能优越，防火性能好，使用寿命长等优点；但其价格较高，且施工工艺要求较高，尤其其材质较硬，现场加工非常困难。其应用见表13-1。

表13-1 不锈钢管材的应用

类 型	牌 号	适用范围
奥氏体不绣钢管	06Cr19Ni10（统一代号 S30408）	用于饮用净水、生活饮用水、空气、医用气体、冷水、热水等管道系统。
	022Cr19Ni10（统一代号 S30403）	用于饮用净水、冷水、热水等管道系统。
	06Cr17Ni12Mo2（统一代号 S31608）	用于耐腐蚀性比 06Cr17Ni12Mo2 高的场合。
	022Cr17Ni12Mo2（统一代号 S31603）	用于耐腐蚀性比 022Cr17Ni12Mo2 更高的场合。
铁素体不绣钢管	019Cr19 Mo2NbTi（统一代号 S11972）	用于介质中含较高氯离子的环境。

3. 灰口铸铁管

灰口铸铁管简称铸铁管，是由灰口铸铁连续浇铸成型的管材。按其壁厚分为LA（薄）、A（中）和B（厚）三级；公称直径为DN75～DN600；按管材接口型式分为N（包括 N_1）型胶圈机械接口和X型胶圈机械接口两种，采用承插式或法兰盘式连接；其标准长度有4 m、5 m和6 m三种规格。

铸铁管的表面质量、拉伸性能、硬度、密封性能、涂覆层等技术要求应符合现行国家标准《柔性机械接口灰口铸铁管》GB/T 6483—2008、《排水用柔性接口铸铁管、管件及附件》GB/T 12772—2008 的有关规定；与其相匹配的管件应符合现行国家标准《灰口铸铁管件》GB/T 3420—2008 的有关规定。

铸铁管能承受较大工作压力（0.45～1.00 MPa）、耐腐蚀、价格便宜，管内壁涂沥青后较光滑，但其质硬而脆、重量大、施工困难。主要用于室内外及地下排水管道系统。

4. 球墨铸铁管

球墨铸铁管简称球铁管，用含球形石墨的铸铁（QT）铸造成型的铸铁管，又称高强度铸铁管。其公称直径为DN40～DN2600。按接口型式可分为滑入式柔性接口（T型）、机械柔性接口（K型、N_1型、S型）和法兰接口（离心铸造焊接法兰管、离心铸造螺纹连接法兰管、整体铸造法兰管）等型式，N_1型和S型常用于燃气管道；按公称压力分为PN10（1.0MPa）、PN16、PN25和PN40；按用途分为给水和排水用管。其表面质量、拉伸性能、硬度、密封性能、涂覆层等技术要求应符合现行国家标准《水及燃气管道用球墨铸铁管、管件和附件》GB/T13295—2008、《污水用球墨铸铁管、管件和附件》GB/T 26081—2010 的有关规定。

球铁管不仅保持了普通铸铁管的抗腐蚀性，而且具有强度高、韧性好、壁薄、质量轻、耐冲击、弯曲性能大、耐久性好、安装方便等优点。适合于埋地敷设。球铁管的应用见表 13 - 2。

表 13 - 2　球铁管的应用

管材类别	适用范围
水及燃气管道用球墨铸铁管	用于饮用水、人工煤气、天然气、液化石油气等输送管道系统。地上、地下均可铺设。
污水用球墨铸铁管	用于建筑物排放废水、污水、雨水管道系统。地上、地下均可铺设。

5. 无缝铜水管

无缝铜水管是用工业纯铜经拉制、挤制或轧制成型的无缝有色金属管，又称紫铜管。无缝铜水管按管材的化学成分分为 TP2(含残留磷)和 TU2(无氧铜)两个牌号；按其状态分为硬管、半硬管和软管三种，其中又分为直管和盘管两种。

铜水管的公称外径为 DN6 ~ DN325；壁厚为 S0.6 ~ S8，分 A、B、C 型；直管长度≤6 m，盘管长度≤15 m；最大工作压力为 1.27 ~ 19.23 MPa。无缝铜水管的表面质量、拉伸性能、硬度、扩口(或压扁)性能、弯曲性能及气密性等技术要求应符合现行国家标准《无缝铜水管和铜气管》GB/T18033—2007 的有关规定。

金属管中最具优势的是紫铜管，铜管接口方式多样，一般采用焊接、扩口或压接等方式与管件相连接，施工方便。但价格相对较高，且铜的析出量容易超标。

铜管适用于饮用水、生活冷热水的给水系统；民用天然气、煤气及对铜无腐蚀作用的其他介质的管道系统；也适用供热系统用管道。

6. 建筑给排水用金属管材的选用

(1)建筑给水用金属管材的选用

建筑给水用金属管道的管材及管件应根据建筑物标准、使用要求、管材材质等因素合理选用，同一给水系统宜选用同一种金属管材，并应符合现行行业标准《建筑给水金属管道工程技术规程》CJJ/T154—2011 的有关规定。具体选用见表 13 - 3。

表 13 - 3　建筑给水用金属管材的选用表(CJJ/T154—2011)

用　途	适用的金属管材与管件
室内明装或暗敷	薄壁不锈钢管、铜管或经防腐处理的钢管等。
小区埋地敷设	球墨铸铁管、有衬里的铸铁给水管(宜采用内涂敷水泥或衬覆塑料衬里)或经防腐处理的钢管等。
输送偏碱性水	TP2 牌号铜管。
输送偏酸性水或经软化处理的水	宜采用薄壁不锈钢管。
输送介质中氯化物含量较高的水	S30403 或 S31603 不锈钢管材和管件；当采用焊接连接方式时，宜采用 S30403、S31608 或超低碳不锈钢管材
消防管道系统	热镀锌钢管、焊接钢管或薄壁不锈钢管。

(2)建筑排水用金属管材的选用

建筑排水用金属管道的管材及管件应根据建筑物标准、使用要求、管材材质等因素合理选用，同一排水系统宜选用同一种金属管材，并应符合现行行业标准《建筑排水金属管道工程技术规程》CJJ127—2009 的有关规定。具体选用见表 13 - 4。

表 13 - 4　建筑排水用金属管材的选用表（CJJ127—2009）

管材类别	适用范围	连接方式
柔性接口排水铸铁管	建筑室内重力流生活排水、通气，单层和多层建筑的重力流雨水排水管道系统。	卡箍式或法兰式
镀锌焊接钢管	高层建筑的雨水系统，建筑物或小区内排水的提升，卫生器具的排水支管及空调冷凝水排水管道系统；超高层建筑的雨水系统可采用镀锌无缝钢管。	沟槽式、焊接式、法兰式或螺纹式
不锈钢管和碳素涂塑钢管	虹吸式屋面雨水排水管道系统；当工程对管道的防腐蚀性能要求较高时，宜选用。	焊接式、法兰式或沟槽式
球墨铸铁管	高层和超高层建筑的重力流雨水管道系统及建筑物或小区内排水的提升等；当工程对管道的防腐蚀性能要求较高时，宜选用。	K 型接口

知识二　给排水用塑料管材的分类及应用

建筑给排水用塑料管材种类繁多。目前我国所使用的塑料管材按其化学成分可分为聚氯乙烯（PVC）、聚乙烯（PE）、聚丁烯（PB）、聚丙烯（PP）、丙烯腈－丁二烯－苯乙烯（ABS）等类。

1. PVC 类管材及管件

目前我国建筑给排水工程常用的 PVC 类管材主要有硬聚氯乙烯（PVC－U）和抗冲改性聚氯乙烯（PVC－M）管材及管件。

（1）硬聚氯乙烯（PVC－U）管材及管件

PVC－U 管材按其使用功能分为给水用硬聚氯乙烯管材、排水用芯层发泡硬聚氯乙烯管材、水井用硬聚氯乙烯管材和无压埋地排污、排水用硬聚氯乙烯管材等类。

PVC－U 管材具有较高的硬度、刚度和许用应力；抗老化能力好，使用寿命可达 50 年；耐腐蚀；价廉；易于连接，安装方便简捷；密封性好；自熄；可回收。但不抗撞击。

① 给水用 PVC－U 管材：以聚氯乙烯树脂为主要原料，经挤出成型的给水用硬聚氯乙烯管材。其公称外径为 DN20～DN1000；按其公称压力 PN（系列 S）分为 PN0.63（S16）、PN0.8（S12.5）、PN1.0（S10）、PN1.25（S8）、PN1.6（S6.3）、PN2.0（S5）、PN2.5（S4）七个等级（系列）；其长度一般为 4 m 或 6 m；按连接方式不同分为弹性密封圈式和溶剂粘接式两种。

给水用 PVC－U 管材的外观、尺寸偏差、不圆度、弯曲度、密度、维卡软化温度（VST）、耐高温性、耐化学腐蚀、抗冲击性、耐液压、连接密封性及卫生性应符合现行国家标准《给水用硬聚氯乙烯（PVC－U）管材》GB/T 10002.1—2006 的有关规定；与其相匹配的管件的技术要求应符合现行国家标准《给水用硬聚氯乙烯（PVC－U）管件》GB/T 10002.2—2003 的有关规定。

适用于温度≤40℃的一般用途的压力输水和生活饮用水的输送。不适用于灭火系统和非水介质的流体输送系统。

② 排水用芯层发泡 PVC－U 管材：以聚氯乙烯树脂为主要原料，加入一定的添加剂，经复合共挤成型的芯层发泡复合管材。按管材环刚度分为 SN2、SN4、SN8 三个等级；其公称外径为 DN40～DN500；长度一般为 4 m 或 6 m；按管材连接形式不同分为弹性密封圈连接型管材和胶粘剂粘接型管材。

排水用芯层发泡 PVC－U 管材的技术要求应符合现行国家标准《排水用芯层发泡硬聚氯乙烯（PVC－U）管材》GB/T 16800—2008 的有关规定。

S2 型管材适用于建筑物内外排水用管材;S4、S8 型管材适用于埋地排水用管材,也可用于建筑物内外排水。在考虑管材许可的耐化学性和耐温性条件下,也可用于工业排污用管材。

③ 无压埋地排污、排水用 PVC – U 管材:其公称外径为 DN110 ~ DN1000;长度一般为 4 m 或 6 m;按公称环刚度分为 SN2、SN4、SN8 三个等级;按管材连接形式不同分为弹性密封圈连接型管材(适用 DN110 ~ DN1000)和胶粘剂连接型管材(适用 DN110 ~ DN200)。

无压埋地排污、排水用 PVC – U 管材的技术要求应符合现行国家标准《无压埋地排污、排水用硬聚氯乙烯(PVC – U)管材》GB/T 20221—2006 的有关规定。

适用于无压埋地排污、排水用管材。在考虑材料的耐化学性和耐热性条件下,也可用于工业用无压埋地排污用管材。不适用于建筑内埋地的排污、排水管道系统。

(2)抗冲改性聚氯乙烯(PVC – M)管材及管件

PVC – M 管材及管件是以聚氯乙烯树脂为主要原料,通过物理改性经挤出成型的给水用抗冲改性聚氯乙烯管材和注塑成型的管件。管材公称外径为 DN63 ~ DN800;按其公称压力 PN(系列 S)分为 PN0.63(S25)、PN0.8(S20)、PN1.0(S16)、PN1.25(S12.5)、PN1.6(S10)、PN2.0(S8)六个等级(系列);其长度一般为 4 m 或 6 m;按连接方式不同分为弹性密封圈式和溶剂粘接式两种。

给水用 PVC – M 管材的外观、尺寸偏差、不圆度、弯曲度、密度、维卡软化温度(VST)、耐高温性、耐化学腐蚀、抗冲击性、C 环韧性、长期耐液压、连接密封性及卫生性应符合现行行业标准《给水用抗冲改性聚氯乙烯(PVC – M)管材及管件》CJ/T272—2008 的有关规定。

PVC – M 管材兼具 PVC – U 管材的优点和 PE 管材的高抗冲性能,是综合性能优异的管材。具有良好的柔韧性、耐腐蚀,使用寿命在 50 年以上。适用于温度≤40℃的一般用途的压力输水和生活饮用水的输送。不适用于灭火系统。

2. PE 类管材及管件

目前我国建筑给排水工程常用的 PE 类管材主要有聚乙烯(PE)和耐热聚乙烯(PE – X 或 PE – RT)等管材及管件。

(1)聚乙烯(PE)管材与管件

目前我国建筑给排水工程常用的聚乙烯(PE)管材按其用途分为给水用聚乙烯(PE)管材、埋地用聚乙烯(PE)双壁波纹管材、埋地用聚乙烯(PE)缠绕结构壁管材及埋地排水用钢带增强聚乙烯(PE)螺旋波纹管材等类。

① 给水用聚乙烯(PE)管材:其公称外径为 DN16 ~ DN1000;按其材料类型和分级数分为 PE63、PE80 和 PE100 三级。各级根据其标准尺寸比(管材公称外径与公称壁厚的比值)SDR 及公称压力 PN 分类见表 13 – 5。

表 13 – 5　聚乙烯管材的规格与公称压力(GB/T 13663—2000)

PE63	标准尺寸比	SDR33	SDR26	SDR17.6	SDR13.6	SDR11
	公称压力/MPa	0.32	0.4	0.6	0.8	1.0
PE80	标准尺寸比	SDR33	SDR21	SDR17	SDR13.6	SDR11
	公称压力/MPa	0.4	0.6	0.8	1.0	1.25
PE100	标准尺寸比	SDR26	SDR21	SDR17	SDR13.6	SDR11
	公称压力/MPa	0.6	0.8	1.0	1.25	1.6

市政饮用水用 PE 管材的颜色为蓝色或黑色，黑色管上应有共挤出蓝色色条，色条沿管材纵向至少有三条；其他用途 PE 管材可为蓝色或黑色。曝露在阳光下的敷设管道(如地上管道)必须是黑色。管材的长度一般为 6 m、9 m、12 m。管材的连接采用电熔焊接和热熔对接。

管材的尺寸偏差、静压强度、断裂伸长率、耐高温性、卫生性能等技术要求应符合现行国家标准《给水用聚乙烯(PE)管材》GB/T 13663—2000 的有关规定；与其相匹配的管件的技术要求应符合现行国家标准《给水用聚乙烯(PE)管道系统 第 2 部分 管件》GB/T 13663.2—2005 的有关规定。

PE 管材具有无毒，不含重金属添加剂，不结垢，不滋生细菌，柔韧性好，抗冲击强度高，耐强震、扭曲，施工方便，且可回收再利用等特点。适用于温度≤40℃的一般用途的压力输水及生活饮用水的输送。不适用于灭火系统和非水介质的流体输送系统。

② 埋地用聚乙烯(PE)双壁波纹管：其公称外径为 DN110～DN1200；其有效长度一般为 6 m；按管材环刚度分为 SN2、SN4、SN6.3、SN8、SN12.5 和 SN16 六个等级；其连接方式为弹性密封圈连接，也可采用其他连接方式。适用于长期温度不超过 45℃的埋地排水和通讯套管用管材，亦可用于工业排水、排污用管材。

管材的外观、尺寸偏差、环刚度、抗冲击性、环柔性、耐高温性及连接密封性应符合现行国家标准《埋地用聚乙烯(PE)结构壁管道系统 第 1 部分 聚乙烯双壁波纹管》GB/T 19472.1—2004 的有关规定。

③ 埋地用聚乙烯(PE)缠绕结构壁管材：以聚乙烯(PE)为主要原料，以相同或不同材料作为辅助支撑结构，采用缠绕成型工艺，经加工制成的结构壁管材、管件(或实壁管件)。管材、管件的颜色应为黑色，且应色泽均匀。

管材的公称外径为 DN150～DN3000，有效长度一般为 6 m；按管材环刚度分为 SN2、SN4、SN6.3、SN8、SN12.5 和 SN16 六个等级；其连接方式可采用弹性密封件连接、承插口电熔焊接连接，也可采用双向承插弹性密封件连接、位于插口的密封件连接、承插口焊接连接、热熔对焊连接、V 型焊接连接、热收缩套连接、电热熔带连接及法兰连接的连接方式。适用于长期温度在 45℃以下的埋地排水、埋地农田排水等工程用管道系统。

管材的外观、尺寸偏差、环刚度、抗冲击性、环柔性、耐高温性、连接密封性及焊接或熔接接头的拉伸强度应符合现行国家标准《埋地用聚乙烯(PE)结构壁管道系统 第 2 部分 聚乙烯缠绕结构壁管材》GB/T19472.2—2004 的有关规定。

(2)耐热聚乙烯管材

耐热聚乙烯管材分为交联聚乙烯(PE－X)和耐热聚乙烯(PE－RT)管材。是以交联聚乙烯(PE－X)或耐热聚乙烯(PE－RT)树脂为原料，经挤出成型的管材。

管材的公称外径为 DN16～DN160；按使用条件级别分为 1(供应 60℃热水用)、2(供应 70℃热水用)、4(地板采暖和低温散热器采暖用)、5(高温散热器采暖用)四个级别；按设计压力分为 $P_D0.4$、$P_D0.6$、$P_D0.8$、$P_D1.0$ 四个等级。管材与管材及管材与管件的连接方式采用电熔连接。

管材的外观、尺寸偏差、耐静液压、耐高温性、卫生性及连接后系统适用性(耐静液压、热循环、循环压力冲击、耐拉拔、弯曲、真空)等技术要求应符合现行国家标准《冷热水用交联聚乙烯(PE－X)管道系统 第 2 部分 管材》GB/T 18992.2—2003 及现行行业标准《冷热水用耐热聚乙烯(PE－RT)管道系统》CJ/T 175—2002 的有关规定。

PE－X 管材具有优良的耐温性能，使用温度为－70～90℃；优良的隔热性能和耐压力；

导热系数低，热量损失小，节约能源；较长的使用寿命，可安全使用 50 年以上；抗振动，耐冲击；不含任何毒素，也不释放有害物质，焚烧后只产生水和二氧化碳，绿色环保。

PE－RT 管材既具有 PE 管材的性能，还具有接近 PE－X 管材的长期耐热性能，同时它还具有独特的柔韧性，是一种节能、环保型的塑料管材，且可回收再利用。

PE－X 和 PE－RT 管材适用于建筑物内冷热水管道系统，包括工业及民用冷热水、饮用水和采暖系统等。不适用于灭火系统和非水介质的流体输送系统。

3. 聚丁烯(PB)管材及管件

聚丁烯(PB)管材是以聚丁烯树脂为主要原料，经挤出成型的的管材。

管材的公称外径为 DN12～DN160；按尺寸分为 S10、S8、S6.3、S5、S4、S3.2 六个系列；按使用条件级别分为 1、2、4、5 四个级别(各级别含义同耐热聚乙烯管材)；按设计压力分为 $P_D0.4$、$P_D0.6$、$P_D0.8$、$P_D1.0$ 四个等级。管材与管材及管材与管件的连接方式采用电熔连接。

PB 管材的外观、尺寸偏差、耐静液压、耐高温性、卫生性及连接后系统适用性(耐静液压、热循环、循环压力冲击、耐拉拔、弯曲、真空)等技术要求应符合现行国家标准《冷热水用聚丁烯(PB)管道系统 第 2 部分 管材》GB/T 19473.2—2004 的有关规定；与其相匹配的管件的技术要求应符合现行国家标准《冷热水用聚丁烯(PB)管道系统 第 3 部分 管件》GB/T 19473.3—2004 的有关规定。

PB 管材具有良好的耐温性能，其长期使用温度为≤90℃(系指管道在此温度范围内使用寿命达 50 年)；耐压性能、抗蠕变(指在一定温度和较小的恒定外力作用下，其形变随时间逐渐增大的现象)能力、韧性、耐冲击力、抗腐蚀能力极强；较好的隔热性能；无毒；重塑性强；施工方便等特点。适用于建筑物内冷热水管道系统，包括工业及民用冷热水、饮用水和采暖系统等。不适用于灭火系统和非水介质的流体输送系统。

4. 聚丙烯(PP)类管材

聚丙烯管材是由聚丙烯热塑性树脂为主要原料，经挤出成型的管材。

目前我国建筑给排水工程常用的聚丙烯类管材主要有无规共聚聚丙烯(PP－R)管材和耐冲击共聚聚丙烯(PP－B)管材两种。

管材的公称外径为 DN20～DN110；按尺寸分为 S5、S4、S3.2、S2.5、S2 五个系列；管长一般为 4 m 或 6 m；管材与管材及管材与管件的连接方式可采用热熔、电熔或法兰连接。

PP－R 和 PP－B 管材的外观、尺寸、密度、导热系数、线膨胀系数、弹性模量、耐高温性、抗冲击性、耐静液压及连接后系统适用性(耐静液压、热循环)等技术要求及应用应符合现行国家标准《建筑给水聚丙烯管道工程技术规范》GB/T 50349—2005 的有关规定。

①PP－R 管材：市面上销售的 PP－R 管主要有三种颜色，白色、咖喱色和绿色。该管材具有良好的卫生性能，较好的耐热性能，使用寿命长，管材最高工作温度可达 95℃，在 1.0 MPa 压力下长期使用温度为 70℃，满足热水供应的上限温度，常温下使用寿命可达 100 年以上；具有导热性低、柔韧性好、弹性模量较小、耐腐蚀、防水垢、管道阻力小、可修补、可回收再利用等优点。但是管材造价较高、刚性和抗冲击性能比金属管道差、线膨胀系数较大、明敷或架空敷设所需管道支吊架较多、施工工艺要求高、易老化、可燃等缺点。主要应用于冷热水系统、直饮水系统、采暖系统(包括地板辐射采暖)。适合嵌墙和地坪面层内的直埋暗敷管道系统；也适用中央(集中)空调系统，输送或排放化学介质等工业用管道系统和气缸传

送的气路等管道系统。但不适用消防给水管道系统。

②PP-B管材：具有无毒、无味、无害、不结垢；良好的耐热性能；良好的刚性；优异的低温抗冲击性能。作为压力用管材，其缺点是抗蠕变性能欠佳。适用建筑内冷、热水供水、低温地板辐射采暖、空调、园林等工程领域；也适用于埋地排水、下水管道系统、室内污废水系统等领域。但不适用消防给水管道系统。

5. ABS管材

ABS管材是以丙烯腈-丁二烯-苯乙烯(ABS)树脂为主要原料，经挤出成型的压力管材，也称工程塑料管材。

管材的公称外径为DN12~DN400；按尺寸分为S20、S16、S12.5、S10、S8、S6.3、S5、S4八个系列；管材有效长度一般为4m或6m；管材与管件的连接可采用粘接或焊接方式。

ABS管材的技术要求应符合现行国家标准《丙烯腈-丁二烯-苯乙烯(ABS)压力管道系统 第1部分：管材》GB/T 20207.1—2006的有关规定；与其相匹配的管件的技术要求应符合现行国家标准《丙烯腈-丁二烯-苯乙烯(ABS)压力管道系统 第2部分：管件》GB/T 20207.2—2006的有关规定。

ABS管材和管件具有抗冲击、高强度、耐腐蚀、无毒、耐低温、使用寿命长等优点。适用于承压给排水输送、污水处理与水处理、石油、化工、电力电子、冶金、采矿、电镀、造纸、食品饮料、空调、医药等工业及建筑领域粉体、液体和气体等流体的输送。当用于输送易燃易爆介质时，应符合防火、防爆的有关规定。

知识三　给排水用复合管材的分类及应用

复合管是指采用两种或两种以上的材料，经复合工艺而制成为整体的圆管。按复合材料的性质可分为金属与金属、金属与非金属复合管材两大类。目前我国建筑给排水工程常用的复合管材包括涂塑钢管、衬塑钢管、涂塑铸铁管、铝合金衬塑复合管、钢塑复合螺旋管和加强型钢塑复合螺旋管等品种。

1. 涂塑复合钢管

涂塑钢管是以钢管为基材，以塑料粉末为涂层材料，在其内表面熔融涂敷上一层塑料层、在其外表面熔融涂敷上一层塑料层或其他材料防腐层的钢塑复合管材，代号为SP。

管材主要涂敷材料有聚乙烯(PE)树脂、乙烯-丙烯酸共聚物(EAA)、环氧(EP)粉末、无毒聚丙烯(PP)或无毒聚氯乙烯(PVC)等有机物。

给水用涂塑复合钢管的涂敷层主要有聚乙烯粉末和环氧树脂粉末。其公称外径为DN15~DN1200；管长一般为6m。

给水用涂塑复合钢管的外观、尺寸偏差、涂层厚度、涂层附着力、管材的弯曲性能、抗压扁性能、抗冲击性能及卫生性能等技术要求应符合现行行业标准《给水涂塑复合钢管》CJ/T120—2008的有关规定。

该管材不但具有钢管的高强度、易连接、耐水流冲击等优点，还克服了钢管遇水易腐蚀、污染、结垢及塑料管强度不高、消防性能差等缺点，设计寿命可达50年。主要缺点是安装时不得进行弯曲，热加工和电焊切割等作业时，切割面应用生产厂家配有的无毒常温固化胶涂刷。该管材属于国家推广使用的环保管材。主要用于输送饮用水，也可用于雨水、生活污水及其他介质流体的输送。

2. 钢塑复合压力管

钢塑复合压力管是以焊接钢管为中间层，内外层为聚乙(丙)烯塑料，采用专用热熔胶，通过挤出成型方法复合成一体的管材，简称钢塑管或钢塑复合管，代号为 PSP。

钢塑复合管的公称外径为 DN16~DN400；标准长度为 4 m、5 m、6 m、9 m 或 12 m。

钢塑复合管材的技术要求应符合现行行业标准《钢塑复合压力管》CJ/T183—2008 的有关规定。钢塑复合压力管的分类见表 13 – 6。

表 13 – 6 钢塑复合压力管的分类（CJ/T183—2008）

用途	管材外表颜色	用途代号	塑料代号	长期工作温度 T_0 /℃，≤	公称压力 PN/MPa			
					1.25	1.60	2.00	2.50
					最大允许工作压力 P_0/MPa			
冷水、饮用水	白色或带蓝色色条的黑色	L	PE	40	1.25	1.60	2.00	2.50
热水、供暖	白色或带橙红色色条的黑色	R	PE – RT、PE – X、PPR	80	1.00	1.25	1.60	2.00
燃气	黄色或带黄色色条的黑色	Q	PE	40	0.50	0.60	0.80	1.00
特种液体①	黄色或带红色色条的黑色	T	PE	40	1.25	1.60	2.00	2.50
			PE – RT、PE – X、PPR	80	1.00	1.25	1.60	2.00
排水	白色或黑色	P	PE	65②	1.25	1.60	2.00	2.50
保护套管	白色或黑色	B	PE、PE – RT、PE – X	—	—	—	—	—

注：①特种流体系指和复合管接触的塑料抗化学药品性能一致的液体；②瞬时排水温度不超过95℃。

钢塑复合管相对塑料管具有承压高、抗冲击力强等特点；内外层的塑料起到了防腐蚀作用，具有内壁光滑、耐化学腐蚀、无污染、流体阻力小、不结垢、不滋生微生物、使用寿命高达 50 年；线膨胀系数小、明装不变形、埋地管容易探测等优点。

3. 铝塑复合压力管

铝塑复合压力管是指用对焊铝管作为嵌入金属层增强，通过热熔粘合剂与内外层聚乙烯塑料复合而成的管材，简称铝塑管或铝塑复合管，代号 CPAP。

铝塑复合压力管按公称外径分为 DN16、DN20、DN25、DN32、DN40 和 DN50；直管长度一般为 4 m，DN16、DN20、DN25 盘管长度一般为 100 m，DN32 盘管长度一般为 50 m；按输送流体分类见表 13 – 7。

表 13 – 7 铝塑复合压力管的分类（CJ/T159—2006）

流体类别		管材外层颜色	用途代号	铝塑管代号	长期工作温度 T_0 /℃，≤	最大允许工作压力 P_0/MPa
水	冷水	白色 室外用为黑色	L	PAP3、PAP4	40	1.40
				XPAP1、XPAP2、RPAP5		2.00
	冷热水	白色或橙红色 室外用为黑色	R	PAP3、PAP4	60	1.00
				XPAP1、XPAP2、RPAP5	75	1.50
				XPAP1、XPAP2、RPAP5	95	1.25

流体类别		管材外层颜色	用途代号	铝塑管代号	长期工作温度 T_0/℃，≤	最大允许工作压力 P_0/MPa
燃气	天然气	白色室外用为黑色	Q	PAP4	40	0.40
	液化石油气					0.40
	人工煤气					0.20

注：①输送人工煤气时，应注意到冷凝剂中芳香烃对管材的不利影响；②XPAP1（一型铝塑管）——聚乙烯/铝合金/交联聚乙烯；XPAP2（二型铝塑管）——交联聚乙烯/铝合金/交联聚乙烯；PAP3（三型铝塑管）——聚乙烯/铝/聚乙烯；PAP4（四型铝塑管）——聚乙烯/铝合金/聚乙烯；RPAP5（五型铝塑管）——耐热聚乙烯/铝合金/耐热聚乙烯。

铝塑复合管材的技术要求应符合现行行业标准《铝塑复合压力管》CJ/T159—2006 的有关规定。

铝塑管具有良好的耐腐蚀性能，抗老化能力好，经久耐用，寿命可达 50 年；化学性能稳定，无毒无味；水力性能和卫生性能好，内壁光滑，不易结垢，不滋生微生物；机械性能、阻氧渗透性较高；保温性、抗冻性、耐高温性均较 PVC－U 管好；抗振动、耐冲击，能有效缓冲管路中的水锤作用，减少管内水流噪声；安装容易，可以弯曲而不反弹，弯曲操作简单，管线连接方便，使用专用铜质管配件，可与现行其他管材、管配件等相配接；质量轻，易于搬运等优点。

4. 铝合金衬塑复合管材与管件

铝合金衬塑复合管材是一种外管为铝合金管，内管为热塑性塑料（PP－R、PB、PE－RT）管，经预应力复合而成的两层结构的管材。

铝合金衬塑复合管材的公称外径为 DN20～DN160，按使用环境条件分为 1、2、4、5 四个级别（详见"耐热聚乙烯管材"），管长一般为 4 m，管材与管件采用电热熔承插连接方式进行连接。

铝合金衬塑复合管材的技术要求应符合现行行业标准《铝合金衬塑复合管材与管件》CJ/T321—2010 的有关规定。

铝合金衬塑复合管材的优缺点同铝塑复合管材。适用于冷热水管道系统，包括工业与民用冷热水、热水采暖、中央空调及饮用水管道系统。在考虑到材料的耐化学和耐热条件下，也可用于各种化学流体及气体输送管道系统。

5. 超高分子聚乙烯钢骨架复合管材

超高分子聚乙烯钢骨架复合管材是以超高分子聚乙烯内管为基础，以碳素弹簧钢丝和优质碳素结构钢冷轧钢带为骨架，以辐射交联聚乙烯热收缩胶带或超高分子聚乙烯管套为保护层，通过热熔胶复合而成的管材，代号为 SRUPE。

超高分子聚乙烯钢骨架复合管材的公称外径为 DN108～DN1000，公称压力为 PN1.0～PN5.0。按用途分为给水用复合管（S）、燃气用复合管（Q）和特种工业流体用复合管（T）三类，S、T 类管材工作温度应≤80℃，Q 类管材工作温度应≤60℃；按连接方式分为焊接、法兰连接、U 型承插三种连接方式。管材颜色一般为黑色。

复合管材的技术要求应符合现行行业标准《超高分子聚乙烯钢骨架复合管材》CJ/T323—2010 的有关规定。

超高分子聚乙烯钢骨架复合管材具有最佳的抗冲击强度、超凡的耐磨性、卓越的耐疲劳性、杰出的耐腐蚀性和耐温性、优良的刚度和柔韧性、承压能力高、安全可靠、工程造价低等优点。适用于输送城镇用水、燃气、特种工业流体（如原油、化工溶液、矿浆、工业废水、固体粉末、低温液体）等介质的管道系统。

6. 埋地双平壁钢塑复合缠绕排水管

双平壁钢塑复合缠绕排水管是用聚乙烯(PE)预制成 T 型板带,在管道成型机上缠绕熔接成管内壁的同时,将轧成的波型钢带嵌入两板带之间的槽中,并在钢带上包覆聚乙烯成为管道外壁,形成的双平壁钢塑缠绕复合管材。

管材的公称外径为 DN300 ~ DN3000;按管材环刚度分为 SN8、SN12.5 及 SN16 三个等级;连接方式分为电热熔带焊接和卡箍式弹性连接。管材有效长度为 6 m,颜色一般为黑色。

复合管材的外观、尺寸偏差、环刚度、环柔性、耐高温性能、蠕变比率、焊缝的拉伸强度、系统连接的密封性能等技术要求应符合现行行业标准《埋地双平壁钢塑复合缠绕排水管》CJ/T 329—2010 的有关规定。

该复合管材具有安全无毒、水流阻力小、使用寿命长(使用寿命可达 50 ~ 100 年)、绿色环保、可回收再利用;燃烧时只有二氧化碳和水汽产生,无其他有害气体排放;安装方便,适应非开挖施工;工程总体造价低等优点。适用于长期输送介质温度在 45℃ 以下的无压埋地城镇雨水、污水、工业废水的排水及农田排灌等工程用管材。

7. 埋地排水用钢带增强聚乙烯(PE)螺旋波纹管

以聚乙烯(PE)树脂为基体,用表面涂敷粘接树脂的钢带成型为波形作为主要支撑结构,并与内外层聚乙烯复合成整体,内壁平直的钢带增强螺旋波纹管。

波纹管的公称外径为 DN300 ~ DN2600;按管材环刚度分为 SN8、SN10、SN12.5 及 SN16 四个等级。管材长度一般为 6 m、9 m、10 m、12 m,颜色一般为黑色。

管材连接方式:对于螺旋形端口可采用热熔挤出焊接、电热熔带焊接和热收缩管(带)连接等方式;对于平面形端口可采用法兰连接、法兰端热熔对接、锥形承插焊接或承插式密封圈等连接方式。

复合管材的技术要求应符合现行行业标准《埋地排水用钢带增强聚乙烯(PE)螺旋波纹管》CJ/T 225—2011 的有关规定。

钢带增强聚乙烯(PE)螺旋波纹管具有环刚度高、埋设深、耐腐蚀性好、输水能力强、使用寿命在 50 年以上、施工连接方便快捷等优点。适用于输送介质温度 ≤40℃ 的雨水、污水等埋地排水管道系统。

8. 建筑给排水用复合管材的选用

建筑给排水用复合管材及管件应根据管道系统设计压力、工作水温和使用环境等因素选用,并应符合现行行业标准《建筑给水复合管道工程技术规程》CJJ/T 155—2011 和《建筑排水复合管道工程技术规程》CJJ/T 165—2011 的有关规定。

知识四 给排水用混凝土管材的分类及应用

给排水用混凝土管材分为混凝土管、钢筋混凝土管和预应力混凝土管。

混凝土管是指管壁内不配置钢筋骨架的混凝土圆管,代号为 CP;钢筋混凝土管是指管壁内配置有单层或多层钢筋骨架的混凝土圆管,代号为 RCP;预应力混凝土管是指在混凝土管壁内建立有双向预应力的预制混凝土圆管。

1. 混凝土和钢筋混凝土管

混凝土和钢筋混凝土管是采用离心、悬辊、芯模振动、立式挤压等工艺浇注成型的管材。

混凝土管的公称内径 D_0 为 100~600 mm，有效长度 ≥ 1.0 m；管材按外压荷载分为 Ⅰ（8~21 kN/m）、Ⅱ（12~24 kN/m）两级；施工方法为开槽施工。

钢筋混凝土管的公称内径 D_0 为 200~3500 mm，有效长度 ≥ 2.0 m；管材按外压荷载分为 Ⅰ（18~210 kN/m）、Ⅱ（23~347 kN/m）、Ⅲ（29~482 kN/m）三级；按施工方法分为开槽施工和顶进施工管（DRCP）等。

混凝土管和钢筋混凝土管按连接方式分为柔性接头和刚性接头管。其中柔性接头管又分为承插口（A、B、C 型）、钢承口（A、B、C 型）、企口、双插口和钢承插口管。

混凝土管和钢筋混凝土管的混凝土强度：开槽施工管应 $\geq$ C30；顶进施工管应 $\geq$ C40。

混凝土管和钢筋混凝土管的外观质量：管内外表面应平整，无粘皮、麻面、蜂窝、坍落、露筋、空鼓，局部凹坑深度应 ≤ 5 mm；混凝土管不允许有裂缝；钢筋混凝土管外表面不允许有裂缝，内表面裂缝宽度应 ≤ 0.05 mm；管子合缝处不应漏浆。按标准规定，在不影响管子其他性能的情况下，可对管材的局部缺陷进行修补。管子的尺寸偏差、耐内水压力、耐外压荷载及钢筋保护层厚度等技术要求应符合现行国家标准《混凝土和钢筋混凝土排水管》GB/T 11836—2009 及现行行业标准《混凝土低压排水管》JC/T 923—2003、《顶进施工法用钢筋混凝土排水管》JC/T 640—2010 的有关规定。

混凝土管和钢筋混凝土管具有节省钢材，价格低廉（与金属管材相比），防腐性能好，不会减少水管的输水能力，能够承受比较高的压力，具有较好的抗渗性、耐久性，能就地取材等优点。其缺点是管子质量大而质地较脆，装卸和搬运困难，管配件缺乏，日后维修难度大。适用于雨水、污水、引水及农田排灌等重力流管道系统用管材。

2. 预应力混凝土管

预应力混凝土管按成型工艺分为振动挤压工艺成型的一阶段管［传统一阶段管（YYG）、逊它布一阶段管（YYGS）］和采用管芯缠丝工艺生产的三阶段管［传统三阶段管（SYG）、罗克拉三阶段管（SYGL）］；按管子接头密封型式分为滚动密封胶圈柔性接头（如 YYG、YYGS、SYG）和滑动密封胶圈柔性接头（如 SYGL）。管子的公称内径 D_0 为 200~3500 mm，有效长度为 5.0 m；管线运行工作压力或静水头应 ≤ 1.2 MPa，管顶覆土深度应 ≤ 10 m。

管体混凝土强度：一阶段管管体混凝土强度等级应 $\geq$ C50；三阶段管管芯混凝土强度等级应 $\geq$ C40；管体混凝土内由纵向预应力钢筋建立的纵向预应力值应 ≥ 2.0 MPa。

预应力混凝土管的外观质量、尺寸偏差、抗渗性能、抗裂性能及管子接头允许转角应符合现行国家标准《预应力混凝土管》GB 5696-2006 的有关规定。

预应力混凝土管适用于城市给水系统、排水系统、工业和水利输水管线、农田灌溉、工厂管网及深覆土涵管等领域。

混凝土和钢筋混凝土管及预应力混凝土管的质量检验应按现行国家标准《混凝土输水管试验方法》GB/T15345—2003、《混凝土和钢筋混凝土排水管试验方法》GB/T 16752—2006 及《给水排水管道工程施工及验收规范》GB 50268—2008 的有关规定进行。

项目二　职业技能

技能　给排水用管材检测样品的抽取

建筑给排水用管材质量检测样品的抽取及出厂检测项目见表 13-8。

表 13-8 给排水用管材检测样品的抽取

管材类别		组批规则	出厂检测项目及试样数量
无缝钢管		同牌号、同炉号、同规格、同一热处理工艺组成一批。DN>76，且厚度不大于3 mm 时，400 根/批；DN>351 时，50 根/批；其他尺寸，200 根/批	外观逐根；尺寸、拉伸试验、冷弯试验、压扁试验、镀锌层、液压试验每批各2根
焊接钢管		同一牌号、同一炉号、同一规格、同一热处理工艺、同一镀锌层组成一批。DN≤33.7 时，1000 根/批；DN>33.7~60.3 时，750 根/批；DN>60.3~168.3 时，500 根/批；DN>168.3~323.9 时，200 根/批；DN>323.9 时，100 根/批	
不锈钢管		同牌号、同尺寸、同制造工艺组成一批 DN≤35 时，500 根/批；DN>35 时，300 根/批	外观逐根；尺寸、水压试验、气密性试验、拉伸试验每批2根
铸铁管		同公称直径、同接口型式、同管壁厚度、同标准长度及同一次化学成分分析结果组成一批，50 根/批	外观、尺寸、水压试验、气密性试验、涂覆层质量逐根；拉伸试验每批2根
球铁管		同公称直径、同接口型式、同管壁厚度、同标准长度及同退火工艺组成一批。DN40~DN300 时，200 根/批；DN350~DN600 时，100 根/批；DN700~DN1000 时，50 根/批；DN1100~DN2600 时，25 根/批	外观逐根；尺寸、水压试验、气密性试验、涂覆层质量、拉伸试验与硬度试验每批各1根
铜水管		同牌号、同状态、同规格组成一批，5t/批	拉伸试验、扩口(压扁)性能、弯曲性能每批各2根
PVC-U 管	相同原料、相同配方和相同工艺生产的同一规格的管材为一批	DN≤63 时，50t/批；DN>63 时，100t/批	外观逐根；尺寸、液压试验、纵向回缩率、落锤冲击试验每批各3根
PVC-M 管		DN50~DN63 时，50t/批；DN75~DN160 时，100t/批；DN180~DN355 时，150t/批；DN400~DN800 时，200t/批	外观逐根；尺寸、液压试验、纵向回缩率、二氯甲烷浸渍试验每批各3根
PE 管		100t/批	外观逐根；尺寸、液压试验、断裂伸长率、氧化诱导时间试验每批各3根
PE 波纹管		DN≤500 时，60t/批；DN>500 时，300t/批	外观逐根；尺寸、环刚度、环柔性、耐高温性试验各3根
PE 缠绕管			外观逐根；尺寸、纵向回缩率、烘箱试验、环刚度、环柔性及缝的拉伸强度试验每批各3根
PE-X 管		15t/批	外观逐根；尺寸、液压试验、纵向回缩率、交联度试验每批各3根
PE-RT 管		90km/批	外观逐根；尺寸、液压试验、纵向回缩率、熔体质量流动速率试验每批各3根
PB 管		50t/批	外观逐根；尺寸、液压试验、纵向回缩率试验每批3根
PP-R 管 PP-B 管		90km/批	外观逐根；尺寸、液压试验、纵向回缩率、熔体质量流动速率试验每批各3根
ABS 管		50t/批	外观逐根；尺寸、液压试验、纵向回缩率、落锤冲击试验每批各3根
涂塑复合钢管		DN<50 时，2000 根/批；DN≥50 时，1000 根/批	外观逐根；尺寸、钻孔试验每批2根；附着力、弯曲试验、压扁试验、冲击试验每批各1根
钢塑复合管		90km/批	外观逐根；尺寸、爆破强度、层间粘结强度、钢管焊缝强度、表面电阻、酒精喷灯燃烧性及交联度试验每批各3根
铝塑复合管		90km/批	外观逐根；尺寸、管环径向拉伸性能、复合强度、气密性和通气性能、静液压强度及交联度试验每批各3根
铝合金衬塑复合管		50t/批	外观逐根；尺寸、表面防腐层厚度、静液试验每批各3根

管材类别	组批规则		出厂检测项目及试样数量
聚乙烯钢骨架复合管	相同原料、相同配方和相同工艺生产的同一规格的管材为一批	20t/批	外观逐根;尺寸、短期静液压强度、复合层静液压稳定性每批各 3 根
钢带增强 PE 螺旋波纹管		300t/批	外观逐根;尺寸、纵向回缩率、烘箱试验、环刚度、环柔性及管材层压壁的拉伸强度试验每批各 3 根
混凝土和钢筋混凝土管	相同材料、相同生产工艺生产的同一规格、同一接头型式、同一外压荷载的管子组成一批。砼管: $D_0100 \sim D_0300$ 时, 3000 根/批; $D_0350 \sim D_0600$ 时, 2500 根/批。钢筋砼管: $D_0200 \sim D_0500$ 时, 2500 根/批; $D_0600 \sim D_01000$ 时, 2000 根/批; $D_01500 \sim D_02200$ 时, 1500 根/批; $D_02400 \sim D_03500$ 时, 1000 根/批		外观、尺寸每批 10 根;内水压力、外压荷载试验每批各 1 根
预应力混凝土管	相同材料、相同生产工艺生产的同一规格的管子组成一批, 200 根/批		外观逐根;尺寸、抗渗性试验每批 10 根;抗裂内压试验每批 2 根

注:管材试样长度要求,砼、钢筋砼和预应力砼管为整根成品管;其他管材除外观、尺寸、耐液压试验为整根成品管外,其他检测项目试样长度为 0.5 ~ 1.0 m。

模块十四　绝热与吸声材料及其检测

【教学要求】　结合工程实例,重点讲述建筑工程常用绝热材料与吸声材料及其制品的特性、技术要求与工程应用。

项目　职业知识

知识一　绝热材料的概念及基本要求

1. 绝热材料的概念

绝热材料是指用于建筑围护或者热工设备,阻抗热流传递的材料或者材料的复合体,既包括保温材料,也包括保冷材料。绝热材料一方面满足了建筑空间或热工设备的热环境,另一方面也节约了能源。按其成分分为无机绝热材料和有机绝热材料两大类。

在任何介质中,当两处存在着温度差时,在这两部分之间就会产生热传递现象,热能将由温度较高的部分传递至温度较低的部分。如房屋内部的空气与室外的空气之间存在着温差时,就会通过房屋外围结构,主要是外墙、门窗、屋顶等产生传热现象。冬天,由于室内气温高于室外气温,热量从室内经围护结构向外传递,造成热损失;夏天,室外气温高,热的传递方向相反,即热量经由围护结构传至室内而使室温提高。

为了保持室内有适于人们工作、学习与生活的气温环境,房屋的围护结构所采用的建筑材料必须具有一定的保温隔热性能,在冬天不致使热量从室内向外传递,在夏天不致使热量从室外向室内传递。围护结构保温隔热性能好,可使室内冬暖夏凉,节约供暖和降温的能源。因此合理使用绝热材料具有重要的节能意义。

2. 绝热材料的基本要求

(1)导热系数 λ

材料的导热系数(详见本教材模块一中的知识六的 6.1 关于"材料的热工性能"的介绍)是衡量材料保温隔热性或绝热性的主要指标,导热系数愈小,则绝热性愈好。一般把导热系数 $\lambda \leqslant 0.23 W/(m \cdot K)$ 的材料称为绝热材料。

(2)孔隙率与孔隙特征

由于密闭空气的导热系数非常小,因此材料的孔隙率愈大(表观密度愈小)、封闭不连通的孔隙愈多,则其绝热性能就愈好。故用于绝热的材料应是轻质(表观密度 $\rho \leqslant 600 \, kg/m^3$)多孔的材料。

(3)保持干燥

由于水的导热系数比密闭空气的导热系数大20倍,若绝热材料吸入了水分,其导热系数将增大,绝热性能下降,因此,绝热材料在使用过程中应保持干燥。在实际选用绝热材料时,应根据当地的气候条件、房间的使用性质、房间的朝向和围护结构的构造方式等综合考虑。

对多数绝热材料,可取空气相对湿度为80%~85%时,材料的平衡含水率作为参考值,对选用的材料作导热系数测定时,也尽量在此条件下进行。

(4)强度

由于绝热材料含有大量孔隙,其强度一般都较低,因此不宜用于承受外界荷载。

(5)其他

除上述要求外,尚应考虑其施工难易程度、造价、耐火、耐侵蚀性、耐老化和温度稳定性等要求。

知识二 常用无机绝热材料及其制品

无机绝热材料是由矿物材料制成的,呈纤维状、散粒状或多孔构造,可制成片、板、卷材或壳状等形式的制品。无机绝热材料的表观密度较大,但不易腐朽,不会燃烧,有的能耐高温。

1. 纤维状无机绝热材料

纤维状无机绝热材料是以矿棉、玻璃棉或石棉为主要原料的产品,由于不燃、吸音、耐久、价格便宜、施工简便而广泛用于房屋建筑和热工设备的表面。

(1)矿棉及其制品

矿棉是用岩石(玄武岩)或高炉矿渣的熔融体,以压缩空气或蒸汽喷成的玻璃质纤维材料。前者称为岩石棉,后者称为矿渣棉,它们的生产工艺和成品性能相近,所以统称为矿物棉或矿棉。矿棉及其制品具有质轻、耐久、不燃、不腐、不受虫蛀等优点,是优良的隔热保温、吸声材料。

矿棉的表观密度与纤维直径($\leqslant 7\ \mu m$)有关,如一级品的矿渣棉在19.6 kPa 压力下其表观密度在100 kg/m³以下,导热系数小于0.044W/(m·K)。岩棉最高使用温度为700℃,矿棉为600℃。

颗粒状矿棉:矿棉使用时易被压实,多制成8~10 mm 的矿棉粒填充在坚固外壳(如空心墙或楼板)中。

矿棉毡:是在熔融体形成纤维时,将熔融沥青喷射在纤维表面,再经加压而成。矿棉毡表观密度为40~200 kg/m³,导热系数为0.048~0.052W/(m·K),最高使用温度为250℃,适用于墙体及屋面的保温。

矿棉板:用酚醛树脂为粘结剂成型的矿棉板,表观密度为40~200 kg/m³,导热系数低于0.046W/(m·K),抗折强度为0.2 MPa,板的耐火性高,吸湿性小,可代替高级软木板用于冷藏库及建筑物的隔热。

建筑用岩棉、矿渣棉及其制品的外观、渣球含量、纤维平均直径、表观密度、热阻(或导热系数)、燃烧性能、压缩强度、施工性能及吸湿率等技术要求应符合现行国家标准《建筑用岩棉、矿渣棉绝热制品》GB/T 19686—2005 和《建筑外墙外保温用岩棉制品》GB/T25975—2010 的有关规定。

干法矿棉板和毡,可制作建筑物内、外墙的复合板以及屋顶、楼板、地面结构的保温、隔声材料。湿法、半干法刚性板可用于公共与民用建筑物的天花板及墙壁等内装修吸声材料。矿棉毡、管、板可用于工业热工设备和冷藏工厂的保温隔热材料。

（2）玻璃棉及其制品

玻璃纤维是由玻璃熔融物经高速离心或喷吹而形成乱向纤维，组织蓬松，类似棉絮，常称作玻璃棉。

玻璃棉的直径约为 12 μm，表观密度为 100 ~ 150 kg/m³，导热系数为 0.035 ~ 0 058 W/(m·K)。最高使用温度：含碱玻璃棉为 300℃，无碱玻璃棉为 600℃。与矿棉相似，也可制成沥青玻璃棉毡和酚醛树脂玻璃棉板、带、管壳等制品。玻璃棉具有大量微小的空气孔隙，使其起到保温隔热、吸声降噪及安全防护等作用，是钢结构建筑保温隔热、吸声降噪的最佳材料。

建筑绝热用玻璃棉及其制品的技术要求应符合现行国家标准《建筑绝热用玻璃棉制品》GB/T 17795—2008 和《绝热用玻璃棉及其制品》GB/T 13350—2008 的有关规定。

2. 粒状无机绝热材料

粒状绝热材料主要有膨胀蛭石和膨胀珍珠岩。

（1）膨胀蛭石及其制品

蛭石是一种天然矿物，在 850 ~ l000℃ 的温度下煅烧时，体积急剧膨胀，单个颗粒的体积能膨胀 8 ~ 20 倍，蛭石在热膨胀时很像水蛭（蚂蝗）蠕动，因此而得名。煅烧膨胀后为膨胀蛭石。

膨胀蛭石的主要特性：堆积密度为 100 ~ 300 kg/m³，导热系数为 0.046 ~ 0.070 W/(m·K)，可在 −30 ~ 900℃ 下使用，不蛀，不腐，但吸水性较大。膨胀蛭石可以呈松散状，铺设于墙壁、楼板和屋面等夹层中，作为隔热、隔声之用。使用时应注意防潮，以免吸水后影响隔热效果。

膨胀蛭石也可与水泥、水玻璃等胶凝材料配合浇制成板，用于墙体、楼板和屋面等构件的隔热。水泥制品通常用 10% ~ 15% 的水泥，85% ~ 90% 的膨胀蛭石（按体积计），用适量的水经拌和、成型和养护而成，其表观密度为 300 ~ 400 kg/m³，相应的导热系数为 0.08 ~ 0.10W/(m·K)，抗压强度为 0.2 ~ 1.0 MPa，耐热温度达 600℃。水玻璃膨胀蛭石制品是以膨胀蛭石、水玻璃和适量氟硅酸钠（Na_2SiF_6）配制而成，其表观密度为 300 ~ 400 kg/m³，相应的导热系数为 0.079 ~ 0.084W/(m·K)，抗压强度为 0.35 ~ 0.65 MPa，耐热温度达 900℃。

建筑绝热用膨胀蛭石及其制品的技术要求应符合现行行业标准《膨胀蛭石》JC/T 441—2009 的有关规定。

（2）膨胀珍珠岩及其制品

膨胀珍珠岩是由天然珍珠岩煅烧膨胀而得，呈蜂窝泡沫状的白色或灰白色颗粒，是一种高效能的绝热材料。具有表观密度小、导热系数低、低温绝热性好、吸声强、施工方便等特点。建筑上广泛用于围护结构、低温及超低温保冷设备、热工设备等处的保温绝热，也用于制作吸声材料。

膨胀珍珠岩制品是以膨胀珍珠岩为骨料，配合适量胶凝材料（如水泥、水玻璃、沥青、磷酸盐等），经过搅拌、成型、养护，干燥或焙烧而制成的具有一定形状的板、块、管壳等制品。膨胀珍珠岩制品按产品密度分为 200 kg/m³、250 kg/m³、350 kg/m³；按产品有无憎水性分为普通型和憎水型（用 Z 表示）；按用途分为建筑物用膨胀珍珠岩绝热制品（用 J 表示），设备及管道、工业炉窑用膨胀珍珠岩绝热制品（用 S 表示）；按制品外形分为平板（用 P 表示）、弧形板（用 H 表示）和管壳（用 G 表示）；按质量等级分为优等品（A）和合格品（B）；其导热系数为

0.060～0.087W/(m·K)，抗压强度为0.3～0.5 MPa。以水玻璃为胶结材料可获得表观密度和导热系数更低的膨胀珍珠岩制品。

建筑绝热用膨胀珍珠岩及其制品的技术要求应符合现行行业标准《膨胀珍珠岩》JC 209—1992及现行国家标准《膨胀珍珠岩绝热制品》GB/T 10303—2001的有关规定。

3. 多孔块状无机绝热材料

加气混凝土和泡沫混凝土即为常用的多孔块状无机绝热材料，此外尚有微孔硅酸钙和泡沫玻璃等。

（1）加气混凝土和泡沫混凝土

加气混凝土和泡沫混凝土属多孔混凝土。加气混凝土的毛体积密度为300～825 kg/m³，导热系数为0.10～0.20W/(m·K)，抗压强度为1.0～10.0 MPa，可制成各种墙体砌块和板材，作为外墙和内墙的墙体材料，既是轻质墙体又起保温隔热、吸声作用，亦可用于屋面的绝热材料。泡沫混凝土的毛体积密度为330～1030 kg/m³，导热系数为0.08～0.27W/(m·K)，抗压强度为0.5～7.5 MPa。由于泡沫混凝土具有强度偏低、开口孔隙率偏高、易开裂、吸水等缺点，故并未得到推广。

建筑用加气混凝土和泡沫混凝土的技术要求应符合现行国家标准《蒸压加气混凝土砌块》GB 11968-2006和现行行业标准《泡沫混凝土砌块》JC/T 1062—2007的有关规定。

（2）硅酸钙绝热制品

硅酸钙绝热制品是一种新型绝热材料，它是用65%硅藻土、35%石灰，再加入前两者总质量5%的石棉、水玻璃和水，经搅拌和、成型、蒸压处理和烘干等工艺过程而制成的瓦块或板材。按产品密度分为270 kg/m³、240 kg/m³、220 kg/m³、170 kg/m³、140 kg/m³；按材料最高使用温度分为Ⅰ型(650℃)、Ⅱ型(1000℃)；按增强纤维分为有石棉和无石棉两种；按制品外形分为平板、弧形板和管壳。其导热系数为0.058～0.130W/(m·K)，抗压强度为0.32～0.40 MPa。

硅酸钙绝热制品具有耐热度高，绝热性能好，耐久性好，无腐蚀，无污染等优点。可用于建筑工程的围护结构及管道的保温，其效果较水泥膨胀珍珠岩和水泥膨胀蛭石好。特别是近几年城市集中供热采用的地下直埋管道工艺，选用硅酸铝、硅酸钙、聚氨酯等复合保温，增强了保温材料的性能，提高了管道的使用寿命，减少了地上附着物，增强了城市的美化。

建筑绝热用硅酸钙制品的技术要求应符合现行国家标准《硅酸钙绝热制品》GB/T 10699—1998的有关规定。

（3）泡沫玻璃绝热制品

泡沫玻璃绝热制品是采用碎玻璃100份，发泡剂(石灰石、碳化钙或焦炭)1～2份，经粉磨混合、装模，在800℃下烧成，形成大量封闭不相连通的气泡，其气孔率达到80%～90%，气孔直径为0.1～5 mm。按其毛体积密度分为140、160、180、200 kg/m³；按制品外形分为平板、管壳和弧形板；按外观质量和物理性能分为优等品和合格品。其导热系数为0.037～0.070W/(m·K)，抗压强度为0.4～0.8 MPa，使用温度范围为-196～400℃。

泡沫玻璃绝热制品具有不透水，不透气，防火，抗冻性高，且易加工，可锯、钻、钉等优点。广泛用于墙体保温、石油、化工、机房降噪、高速公路吸音隔离墙、电力、军工产品等领域。

建筑绝热用泡沫玻璃制品的技术要求应符合现行行业标准《泡沫玻璃绝热制品》JC/T647—2005的有关规定。

知识三　常用有机绝热材料及其制品

1. 泡沫塑料及其制品

泡沫塑料是以各种合成树脂为基料，加入一定剂量的发泡剂、催化剂、稳定剂等辅助材料经加热发泡而成的一种新型绝热、吸声、防震材料。目前我国生产的有聚苯乙烯泡沫塑料、聚氯乙烯泡沫塑料、聚氨酯泡沫塑料及脲醛泡沫塑料等。在建筑上硬质泡沫塑料用得较为普遍。

聚苯乙烯泡沫塑料分为普通型和自熄型两种。普通型可燃烧，自熄型离火 2s 即能自行熄灭。聚苯乙烯泡沫塑料具有闭孔结构，吸水性小，具有优良的抗水性，密度一般为 0.015 ~ 0.03 g/cm³，机械强度好，缓冲性能优异，加工性好，易于模塑成型，着色性好，温度适应性强，抗放射性优异等优点，而且尺寸精度高，结构均匀，因此，在外墙保温材料中其占有率很高，但燃烧时会放出污染环境的苯乙烯气体。

硬质聚氯乙烯泡沫塑料具有良好的机械性能和冲击吸收性，是一种闭孔型柔软的泡体，其密度在 0.05 ~ 0.1 g/cm³ 之间，化学性能稳定，耐腐蚀性强，不吸水，不易燃烧，价格便宜，但它的耐候性差，有一定毒性等。

硬质聚氨酯泡沫塑料多为闭孔结构，具有绝热效果好、质量轻、比强度大、施工方便等优良特性，同时还具有隔音、防震、电绝缘、耐热、耐寒、耐溶剂等特点。广泛用于冰箱、冰柜的箱体绝热层、冷库、冷藏车等绝热材料，建筑物、储罐及管道保温材料，少量用于非绝热场合，如仿木材、包装材料等。一般而言，较低密度的聚氨酯硬泡沫塑料主要用作隔热（保温）材料，较高密度的聚氨酯硬泡沫塑料可用作结构材料（仿木材）。其使用温度应 ≤75℃。

脲醛泡沫塑料是泡沫塑料中质量最轻者，表面硬度大，有一定的机械强度，不易变形，但脆性较大；无臭、无味，着色力强，色彩鲜艳，形似美玉；耐热性好，不易燃烧；电绝缘性良好；但其耐酸、耐碱、耐水性较差，吸水性较大。具有质轻和良好的保温、隔热性能。

泡沫塑料与纯塑料相比，具有密度低，质轻，比强度高，其强度随密度增加而增大；有吸收冲击载荷的能力；有优良的缓冲减震性能；有隔音吸音性能；热导率低，隔热性能好；优良的电绝缘性能；具有耐腐蚀、耐霉菌性能。软质泡沫塑料具有弹性优良等性能。

泡沫塑料可用来制作各种绝热保温用泡沫塑料板材和配制保温砂浆等。

2. 软木及软木板

软木俗称木栓或栓皮。软木板是以橡树皮或黄菠萝树皮为原料，经适当破碎后，以皮胶、沥青或合成树脂为胶料，经模压和热处理制得的板材。软木板的毛体积密度为 105 ~ 437 kg/m³，导热系数为 0.044 ~ 0.079W/(m·K)。软木板具有密度低、可压缩、有弹性、不透气、隔水、防潮、耐油、耐酸、减振、隔音、隔热、阻燃、绝缘、耐磨、防霉等一系列优良特性。软木板多用于冷藏库隔热。

3. 木丝板

木丝板是以木材下脚料经机械制成均匀木丝，经化学浸渍稳定处理后，加入水玻璃溶液与普通水泥混合，经成型、冷压、干燥、养护而制成的板材，又称万利板。其毛体积密度为 300 ~ 600 kg/m³，抗弯强度为 0.4 ~ 0.5 MPa，导热系数为 0.11 ~ 0.26 W/(m·K)。

木丝板是纤维吸声材料中的一种有相当开口孔隙结构的硬质板材，具有吸声、隔热、防潮、防火、防长菌、防虫害、防结露、较高的强度和刚度、吸声构造简单,安装方便、价格低廉等特点。多用作天花板、隔墙板或护墙板。

知识四　吸声材料的基本要求及影响因素

声音(声波)的传播实际上就是通过传播介质进行能量的传递过程。吸声是指声波传播到某一边界面时,一部分声能被边界面反射(或散射),一部分声能在边界材料内转化为热能被消耗掉,或是转化为振动能沿边界构造传递转移,或是直接透射到边界另一面空间。对于入射声波来说,除了反射到原来空间的反射(散射)声能外,其余能量都被看作被边界面吸收。

1. 吸声材料的基本要求

吸声材料是指能在一定程度上吸收由空气传递的声波能量的材料。为了保持室内良好的音响效果,减少噪音,改善声波的传播,在音乐厅、电影院、大会堂、播音室及工厂噪音大的车间等内部的墙面、地面、天棚等部位,应选用适当的吸声材料。选用时应注意如下要求:

(1)必须选用具有大量内外连通微孔的多孔材料,开放连通的微细孔越多,吸声性能越好。当声波入射到多孔材料的表面时,便很快顺着微孔进入材料内部,使孔隙内的空气分子受到摩擦和粘滞阻力,或使细小纤维作机械振动,部分声能将转变为热能,从而达到阻止声波传播的目的。

(2)尽可能选用吸声系数 α(详见本教材模块一中的知识六的 6.1 关于"材料的声学性能"的介绍)较高的材料,以求得到较好的技术经济效果。

(3)安装时应考虑到减少材料受碰撞的机会和因吸湿引起的胀缩影响,因为多数吸声材料强度较低,多孔吸声材料吸湿性较大。

2. 影响材料吸声性能的主要因素

(1)材料的表观密度。对同一种多孔材料(如超细玻璃纤维),当其表观密度增大(即孔隙率减小)时,对低频的吸收效果有所提高,而对高频的吸收效果有所降低。

(2)材料的厚度。增加材料的厚度可提高对低频的吸收效果,而对高频的吸收无明显影响。

(3)孔隙特征。材料的孔隙愈多愈细小,吸声效果愈好,互相连通的开放的孔隙愈多,材料的吸声效果就愈好。如果材料中孔隙大部分为封闭气孔,因空气不能进入,就不能作为吸声材料(如聚氯乙烯泡沫塑料),当材料表面涂刷油漆或材料吸湿时,材料孔隙就被油漆或水分堵塞,吸声效果也将大大降低。

(4)吸声材料设置的位置。悬吊在空气中的吸声材料,可以控制室内的混响时间和降低噪声。多孔材料或饰物悬吊在空气中时,其吸声效果比布置在墙面或顶棚上要好,而且使用和安置也比较方便。

知识五　常用吸声材料及结构安装

建筑上常用的吸声材料及结构安装方法见表 14 - 1。

表 14 – 1 建筑常用吸声材料及结构安装

材料名称	厚度/cm	各种频率(Hz)下的吸声系数						安装方法
		125	250	500	1000	2000	4000	
石膏砂浆（掺有水泥、玻璃纤维）	2.2	0.24	0.12	0.09	0.30	0.32	0.83	粉刷在墙上
石膏砂浆（掺有水泥、石棉纤维）	1.3	0.25	0.78	0.97	0.81	0.82	0.85	喷射在钢丝网板条上，表面滚平，后有 15cm 空气层
水泥膨胀珍珠岩板	2	0.16	0.46	0.64	0.48	0.56	0.56	贴实
矿渣棉	3.13	0.10	0.21	0.60	0.95	0.85	0.72	贴实
	8.0	0.35	0.65	0.65	0.75	0.88	0.92	
青矿渣棉毡	6.0	0.19	0.51	0.67	0.70	0.85	0.86	贴实
玻璃棉	5.0	0.06	0.08	0.18	0.44	0.72	0.82	贴实
超细玻璃棉	5.0	0.10	0.35	0.85	0.85	0.86	0.86	贴实
	15.0	0.50	0.80	0.85	0.85	0.86	0.80	贴实
酚醛玻璃纤维板	8.0	0.25	0.55	0.80	0.92	0.98	0.95	贴实
泡沫玻璃	4.0	0.11	0.32	0.52	0.44	0.52	0.33	贴实
脲醛泡沫塑料	5.0	0.22	0.29	0.40	0.68	0.95	0.94	贴实
软木板	2.5	0.05	0.11	0.25	0.63	0.70	0.70	贴实
木丝板	3.0	0.10	0.36	0.62	0.53	0.71	0.90	钉在木龙骨上，后留 10cm 空气层
穿孔纤维板（穿孔率5%，孔径5 mm）	1.6	0.13	0.38	0.72	0.89	0.82	0.66	钉在木龙骨上，后留 5cm 空气层
胶合板（三夹板）	0.3	0.21	0.73	0.21	0.19	0.08	0.12	钉在木龙骨上，后留 5cm 空气层
穿孔纤维板（五夹板，孔径 5 mm，孔心距 25 mm）	0.5	0.01	0.25	0.55	0.30	0.16	0.19	钉在木龙骨上，后留 5cm 空气层
	0.5	0.23	0.69	0.86	0.47	0.26	0.27	钉在木龙骨上，后留 5cm 空气层，并在空气层内填充矿物棉
	0.5	0.20	0.95	0.61	0.32	0.23	0.55	钉在木龙骨上，后留 10cm 空气层，并在空气层内填充矿物棉
吸声蜂窝板	—	0.27	0.12	0.42	0.86	0.48	0.30	紧贴墙
工业毛毡	3	0.10	0.28	0.55	0.60	0.60	0.59	张贴在墙上
地毯	厚	0.20		0.30		0.50		铺于木格栅楼板上
帷幕	厚	0.10		0.50		0.60		有折叠、靠墙装置
木条子		0.25		0.65		0.65		4cm 木条，钉在木龙骨上，木条之间空开 0.5cm，后填 2.5cm 矿物棉

注：穿孔板吸声结构，以穿孔率为 0.5～5%，板厚为 1.5～10 mm，孔径为 2～15 mm，后面留腔深度为 100～250 mm 时，可获得较好效果。

模块十五　建筑装饰材料及其检测

【教学要求】　结合工程实例，重点讲述建筑装饰工程用木材、竹材、石膏、陶瓷、玻璃、石材、金属、塑料、复合材料及其制品的技术要求与工程应用，以及建筑装饰用涂料、壁纸、壁布的技术要求与应用。

项目　职业知识

知识一　装饰材料的功能及选用原则

1.装饰材料的功能

建筑装饰材料一般是指主体结构工程完成后，进行室内外墙面、顶棚、地面和室内空间装饰装修所需要的材料。装饰材料不仅要装饰、保护主体工程，使其在使用环境下稳定、耐久，而且要满足建筑物绝热、防火、吸声、防潮等多方面的功能。因此，对装饰材料的基本要求是：具有装饰功能、保护功能及其他特殊功能。

（1）装饰功能

建筑装饰材料的主要功能之一是装饰建筑物。一个建筑物的内外装饰是通过装饰材料的质感、线条和色彩来表现的。

根据建筑物的特点以及对外观效果、室内美化和使用功能的要求，选用性质不同的装饰材料或对一种装饰材料采用不同的施工方法，就可使建筑物获得所需要的色彩、色调，从而满足所要求的装饰效果。如同样是丙烯酸合成树脂乳液，可作有光、亚光和无光的装饰，也可作凹凸的、砂壁状和拉毛的装饰；同样是聚氯乙烯壁纸，可采用压花、印花、发泡等工艺，使壁纸产生不同的质感，用于室内墙面可产生不同的装饰效果。

（2）保护功能

建筑物外墙结构材料直接受到风吹、日晒、雨淋、霜雪和冰雹的袭击，以及腐蚀性气体和微生物的作用，耐久性受到威胁；内墙材料同样在水汽、阳光、磨损等作用下也会损坏，金属材料会锈蚀，木材会腐朽等。选用适当的装饰材料，能有效地保护建筑物主体，提高建筑物的耐久性，降低维修费用。如混凝土墙面采用面砖粘贴和涂料覆涂的方法能够保护墙面免受或减轻雨水、日光以及温度变化的破坏作用；各类地面涂料能够保护水泥砂浆地面，使其不被侵蚀和起灰。

（3）其他特殊功能

装饰材料除了有装饰和保护功能外，还有改善室内使用条件（如光线、温度、湿度）、吸声、吸湿、隔音、防火等功能。如现代建筑采用的热反射玻璃，不仅装饰建筑，而且可以产生很好的"冷房效应"，从而节约大量的冷气消耗；内墙使用的石膏板能起到"呼吸"作用，可调节室内空气的相对湿度；木地板、塑料地板、化纤地毯、纯毛地毯不仅美观，而且给人温暖、舒适的感觉，还有防潮、隔音、吸声的效果。

2. 装饰材料的选用原则

选用装饰材料的基本原则是：好的装饰效果、良好的适用功能、合里的耐久性和经济性。

（1）需要考虑到设计的环境、气氛。选用的装饰材料要运用对美的鉴别力和敏感性去着力表现材料的色泽，并且合理配置，充分表现装饰材料的质感与和谐，以获得优美的环境和舒适的气氛。

（2）需要充分考虑材料的色彩。色彩是构造人造环境的重要内容，合理而艺术地运用色彩去选择装饰材料，可以把建筑物外部点缀得丰富多彩、情趣盎然，可以让室内舒适、美观、整洁。

（3）需要考虑到功能的需要，并且要充分发挥材料的特性。如室内墙面装饰材料应具有良好的吸声、防火和耐洗刷性，外墙装饰材料必须具有足够的耐水性、耐污染性、自洁或耐洗刷性。

（4）需要做到经济合理。应有一个总体观点，即不仅要考虑一次性投资，还应考虑装饰材料的耐久性和维修费用，而且在关键性的问题上宁可加大投资，以延长使用年限，保证总体上的经济性。

知识二　木材及其制品的技术要求与应用

木材是天然生长的有机高分子材料，也是人类使用最早的建筑材料之一。根据树叶的外观形状，木材可分为针叶树和阔叶树两大类。

针叶树树叶细长，呈针状，多为常绿树，树干通直且高大，纹理顺直，材质均匀，木质较软而易于加工，故又称为软木材。针叶树材强度较高，表观密度和胀缩变形较小，耐腐蚀性较强，是土木建筑工程中的主要用材。常用树种有红松、白松、杉木、柏树等。

阔叶树树叶宽大，呈片状，多为落叶树，树干通直部分较短，材质坚硬，加工比较困难，故又称硬木材。阔叶树材表观密度大，强度高，胀缩和翘曲变形大，易开裂，在建筑工程中不适合用于承重构件，但它坚硬耐磨，纹理美观，适用于制作家具或作室内装修。常用树种有榆木、水曲柳、柞木等。

2.1　木材的特性及影响因素

1. 木材的特性

木材的宏观构造见图 15 - 1 所示，由图可见，树木由树皮、木质部、年轮和髓（suǐ）心几个主要部分组成。

树皮覆盖在木质部的外表面，起保护树木的作用，建筑上用途不大。

髓心形如管状，居于树干中心，是树木最早形成的木质部分，材质松软，强度低，易腐朽，故一般不用。

木质部是树皮和髓心之间的部分，是木材的主体。木质部的颜色不均匀，接近树干中心的部分色泽较深，称为心材；靠近树皮的部分色泽较浅，称为边材。由于心材的含水率低，材质较硬，不易翘曲变形，耐久性、耐腐性均比边材好，故心材比边材的利用价值要大。

从横切面上可以看到木质部具有深浅相间的同心圆环，即年轮。在同一年轮内，春天生长的木质生长快,色泽浅,质松软,强度低,称为春材(早材);夏秋两季生长的木质生长缓慢,色泽深,质坚硬,强度高,称为夏材(晚材)。相同的树种,年轮细密且均匀,材质越好;夏材部分愈多,表观密度愈大,木材强度愈高。

髓线是以髓心为中心呈放射状分布的横向细胞组织,在树干生长过程中起着横向输送和储藏养料的作用。髓线的细胞壁很薄,它与周围细胞组织的连接较弱,因此木材干燥时,容易沿髓线方向产生放射状裂纹。

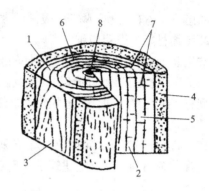

图 15-1 木材的宏观构造

1—横切面;2—径切面;3—弦切面;4—树皮;
5—木质部;6—年轮;7—髓线;8—髓心

由于木材具有独特的构造,从而使其具有如下特性:

(1)轻质高强。木材的表观密度平均为 1550 kg/m³ 左右,但其顺纹抗拉强度和抗弯强度均在 100 MPa 左右,因此木材的比强度高,属轻质高强材料。

(2)韧性和弹性好。木材的韧性较好,因而木结构具有较好的抗震性,加上木材具有较好的弹性,因而木地板在现代装饰工程中应用相当广泛。

(3)导热系数小。木材为多孔结构材料,其孔隙率可达 50%,木材的导热系数为 0.30 W/(m·K) 左右,具有良好的保温隔热性能。

(4)装饰性好。木材具有美丽的天然纹理,用做室内装饰时,给人以自然而高雅的美感。

(5)耐久性好。民间谚语称木材:"干千年,湿千年,干干湿湿两三年"。意思是说,木材只要一直保持通风干燥,就不会腐朽破坏。例如山西五台县的佛光寺大殿木结构建筑(建于公元 857 年)和山西应县佛宫寺木塔(建于公元 1056 年),至今仍保持十分完好。

(6)易于加工。木材材质较软,易于进行锯、刨(bào)、雕刻等加工,可制作成各种造型、线型、花饰的构件与制品,而且安装施工方便。

由于木材构造的特殊性,木材也存在一些缺陷,如各向异性、胀缩变形大、易腐、易燃、天然疵病(如木节、斜纹、裂纹、腐蚀、虫害、弯曲等)多等。这些缺陷的存在,对木材的应用有较大影响。

2. 影响木材物理力学性质和应用的最主要因素

影响木材物理力学性质和应用的最主要因素是纤维饱和点和平衡含水率。

纤维饱和点是指木材细胞壁内的吸附水达到饱和,而细胞腔和细胞间隙中无自由水存在时的含水率,其值随树种而异,一般为 25%～35%,它是木材物理力学性质是否随含水率而发生变化的转折点。当木材的含水率在纤维饱和点以上变化时,仅仅是自由水的变化,对木材强度没有影响;当含水率在纤维饱和点以下变化时,随着含水率的降低,即吸附水减少,细胞壁趋于紧密,木材强度提高,反之,木材强度将降低。试验表明,木材含水率的变化对其抗弯和顺纹抗压强度影响较大,对顺纹抗剪强度影响较少,而对顺纹抗拉强度几乎没有影响。

平衡含水率是指木材中的水分与周围空气中的水分达到吸收与挥发动态平衡时的含水率。平衡含水率因地域而异,我国西北和东北约为 8%,华北约为 12%,长江流域约为 18%,南方约为 21%。平衡含水率是木材和木制品使用时避免变形或开裂而应控制的含水率指标。

仅当木材细胞壁内吸附水的含量发生变化时才会引起木材的变形，即湿胀干缩变形。由于木材构造的不均匀性，木材的变形在各个方向上也不同；顺纹方向最小，径向较大，弦向最大。因此，湿材干燥后，其截面尺寸和形状会发生明显的变化。湿胀干缩变形会影响木材的使用特性，干缩会使木材翘曲，开裂，接榫(sǔn)松动，拼缝不严；湿胀可造成表面鼓凸，所以木材在加工或使用前应预先进行干燥，使其含水率达到或接近与环境湿度相适应的平衡含水率。

其他因素如环境温度的变化、负荷持续时间、木材的天然疵病等，均将对木材的强度构成影响。

2.2　木材制品的技术要求及应用

按用途和加工程度的不同，木材可分为原条、原木、枋材和板材(包括人造板材)四类。

原条是指除去树皮、根、树梢，尚未按一定尺寸加工成规定直径和长度的木材，主要用于建筑工程的脚手架等用材；原木是将原条按一定尺寸加工切取的木料，主要用于屋架、桩木、坑木、电杆等；板材是指宽度为厚度的3倍或3倍以上的木料，按板材的厚度不同，分为薄板、中板、厚板、特厚板，主要用于家具、桥梁、车辆、造船等；枋材是指宽度不足3倍厚度的木料，按枋材的体积大小分为小枋、中枋、大枋，主要用于门窗、家具、楼梯扶手等。

由于木材以其特殊的质感给人以自然美的享受，使室内空间产生温暖与亲切感，故在建筑室内装饰工程中被广泛使用。常用的木材制品有木地板、木线条、人造板材等。

1. 木地板

木地板具有自重轻，弹性好，脚感舒适，导热性小，故冬暖夏凉，且易于清洁等优点。木地板被公认为优良的室内地面装饰材料，适用于办公室、会议室、旅馆、住宅、幼儿园等场所。目前常用的木地板有实木地板、实木复合地板、浸渍纸层压板饰面多层实木复合地板、浸渍纸层压木质地板、抗静电木质活动地板等品种。

(1)实木地板

实木地板是指用木材直接加工而成的地板。按其形状分为榫接实木地板、平接实木地板和仿古实木地板(如表面为平面、凹凸面、拉丝面等结构和特殊色泽)；按其表面有无涂饰分为涂饰实木地板和未涂饰实木地板；按其表面涂饰类型分为漆饰实木地板和油饰实木地板；根据产品的外观质量、物理力学性能分为优等品、一等品和合格品。

实木地板的长度应≥250 mm，宽度应≥40 mm，厚度应≥8 mm，榫舌长度应≥3.0 mm；其宽度方向凸翘曲度应≤0.20%，凹翘曲度应≤0.15%；其长度方向凸翘曲度应≤1.00%，凹翘曲度应≤0.50%。

实木地板的外观质量、尺寸偏差、含水率及漆饰地板的漆膜表面耐磨性、漆膜附着力、漆膜硬度等技术要求应符合现行国家标准《实木地板第1部分：技术要求》GB/T 15036.1—2009的有关规定，质量检验按现行国家标准《实木地板　第2部分：检验方法》GB/T 15036.2—2009的有关规定进行。

(2)实木复合地板

实木复合地板是指以实木拼板或单板为面层、实木条为芯层、单板为底层制成的企口地板和以单板为面层、胶合板为基材制成的企口地板。以面层树种来确定地板树种名称。按其面层材料分为实木拼板作为面层的实木复合地板和单板作为面层的实木复合地板；按其结构分为三层结构实木复合地板和以胶合板为基材的实木复合地板；按其表面有无涂饰分为涂饰实木复合地板和未涂饰实木复合地板；按其甲醛释放量分为 A 类实木复合地板（甲醛释放量≤9 mg/100 g）和 B 类实木复合地板（甲醛释放量>9~40 mg/100 g）；按其外观质量、理化性能分为优等品、一等品和合格品。

　　三层结构实木复合地板的面层常用树种有水曲柳、桦（huà）木、山毛榉、栎（lì）木、榉木、枫木、楸（qiū）木、樱桃木等，面层由板条组成，板条常见规格：宽度为 50、60、70 mm，厚度为 3.5、4.0 mm；芯层常用树种有杨木、松木、泡桐、杉木、桦木等，芯层由板条组成，板条常用厚度为 8、9 mm，芯板条之间的缝隙应≤5 mm；底层单板树种通常为杨木、松木、桦木等，底层单板常见厚度规格为 2.0 mm。以胶合板为基材的实木复合地板面层通常为装饰单板，树种通常为水曲柳、桦木、山毛榉、栎木、榉木、枫木、楸木、樱桃木等，常见厚度规格为 0.3、1.0、1.2 mm。三层结构实木复合地板的幅面宽度为 180、189 或 205 mm，幅面长度为 2100 或 2200 mm；胶合板为基材的实木复合地板的幅面宽度为 180、189、225 或 303 mm，幅面长度为 2200 或 1818 mm。

　　实木复合地板的外观质量、尺寸偏差、含水率、静曲强度（抗折强度）、弹性模量及漆饰地板的漆膜表面耐磨性、漆膜附着力、表面耐污染性、甲醛释放量等技术要求与质量检验应符合现行国家标准《实木复合地板》GB/T18103—2000 的有关规定，地板甲醛释放量检验按《室内装饰装修材料 人造板及其制品中甲醛释放限量》GB 18580—2001 的有关规定进行。

　　（3）浸渍纸层压板饰面多层实木复合地板

　　浸渍纸层压板饰面多层实木复合地板是指以浸渍纸层压板为饰面层，以胶合板为基材，经压合并加工制成的企口地板。按其表面的模压形状分为浮雕面和平面；按其甲醛释放量分为 E_0 级（甲醛释放量≤0.5 mg/L）和 E_1 级（甲醛释放量≤1.5 mg/L）；按其外观质量、理化性能分为优等品和合格品。地板的幅面尺寸为（450~2430）mm×（60~600）mm；厚度为 7~20 mm；榫舌宽度应≥3 mm。

　　浸渍纸层压板饰面多层实木复合地板的外观质量、尺寸偏差、含水率、静曲强度、弹性模量、浸渍剥离、表面耐磨性、表面耐冷热循环、表面耐划痕、表面耐龟裂、表面耐污染腐蚀性、甲醛释放量等技术要求与质量检验应符合现行国家标准《浸渍纸层压板饰面多层实木复合地板》GB/T24507—2009 的有关规定。

　　（4）浸渍纸层压木质地板

　　浸渍纸层压木质地板是指以一层或多层专用纸浸渍热固性氨基树脂，铺装在刨花板、高密度纤维板等人造板基材表面，背面加平衡层、正面加耐磨层，经热压、成型的地板。商品名称为强化木地板。按其用途分为商用级（耐磨性≥9000 转）、家用Ⅰ级（耐磨性≥6000 转）和家用Ⅱ级（耐磨性≥4000 转）；按地板基材分为刨花板和高密度纤维板浸渍纸层压木质地板；按其装饰层分为单层浸渍装饰纸和热固性树脂浸渍纸高压装饰层积板层压木质地板；按其表面的模压形状分为浮雕面和平面浸渍纸层压木质地板；按其甲醛释放量分为 E_0 级和 E_1 级；按其外观质量、理化性能分为优等品和合格品。地板的幅面尺寸为（600~2430）mm×（60~600）mm；厚度为 6~15 mm；榫舌宽度应≥3 mm。

　　浸渍纸层压木质地板的外观质量、尺寸偏差、含水率、静曲强度、内结合强度、密度、表面胶合强度、吸水厚度膨胀率、抗冲击性能、表面耐磨性、表面耐冷热循环、表面耐划痕、表面耐龟裂、表面耐污染腐蚀性、甲醛释放量等技术要求与质量检验应符合现行国家标准《浸渍纸层压木质地板》GB/T18102—2007 的有关规定。

（5）抗静电木质活动地板

抗静电木质活动地板是以木质材料为基材，与其他材料组合而成的具有抗静电功能的可拆装活动地板。其幅面尺寸为 500 mm × 500 mm、600 mm × 600 mm；厚度分为 20 mm、25 mm、30 mm、35 mm、40 mm 等；系统高度（地板上表面到安装平面的距离）为 175～350 mm，可调范围为 ±20 mm；安装高度（地板下表面到安装平面的距离）应≥150 mm。适用于计算机房、通讯枢纽机房、金融数据中心、电力调度中心及其他需要防静电和布线的活动地板。

抗静电木质活动地板的外观质量、尺寸偏差、吸水厚度膨胀率、表面耐冷热循环性、表面耐污染性、表面耐磨性、脚轮磨损、抗冲击性、集中载荷和滚动载荷作用下的变形量、系统电阻（活动地板的板面与支架接地处之间的电阻值）、燃烧性能、甲醛释放量等技术要求与质量检验应符合现行行业标准《抗静电木质活动地板》LY/T 1330—2011 的有关规定。

2. 木线条

装饰用木线条是采用材质较好的树材加工而成。木线条种类繁多，立体造型各异。按其形状分为角线条、边线条和工艺线条；按其使用材料不同分为实木、指接材（采用齿型接合而成的较长木材）、人造板和木塑复合材线条等。建筑室内采用木线条装饰，可增添古朴、高雅、亲切的美感。主要用于建筑物室内的墙、洞口、门框装饰线及高级家具的镶边等。其外观质量、尺寸偏差、含水率、甲醛释放量等技术要求与质量检验应符合现行国家标准《木线条》GB/T 20446—2006 的有关规定。

3. 人造板材

以木材或非木材植物纤维材料为主要原料，加工成各种材料单元，施加（或不施加）胶粘剂和其他添加剂，组坯胶合而成的板材或成型制品。主要包括胶合板、纤维板、刨花板、表面装饰板及抗菌防霉木质装饰板等产品。

（1）胶合板

胶合板是由木段旋切成单板或由木方刨切成薄木，再用胶粘剂胶合而成的三层或多层的板状材料，通常用奇数层单板，并使相邻层单板的纤维方向互相垂直胶合而成。

胶合板按其构成分为单板胶合、复合胶合板和木芯胶合板；按其耐久性分为Ⅰ类胶合板（耐气候胶合板）、Ⅱ类胶合板（耐水胶合板）、Ⅲ类胶合板（不耐潮胶合板）；按其表面加工状况分为未砂光板、砂光板和贴面板（装饰单板、薄膜、浸渍纸等）；按其用途分为涂饰用胶合板（用于表面需要涂饰透明涂料的家具、缝纫机台板和各种电器外壳等制品）、装修用胶合板（用作建筑、家具、车辆和船舶的装修材料），一般用胶合板（适用于包装、垫衬及其他方面用途）和薄木装饰胶合板（用作建筑、家具、车辆、船舶等的高级装饰材料）；按其甲醛释放量分为 E_0 级（可直接用于室内）、E_1 级（可直接用于室内）和 E_2 级（甲醛释放量≤5.0 mg/L，必须饰面处理后才允许使用于室内）胶合板。

胶合板厚度一般有 3、5、9、12、15、18 mm 等；板的平面尺寸一般为 2440 mm × 1220 mm。建筑工程中常用的胶合板有三合板、五合板、九合板等。

①单板胶合板：又称为木皮、面板、面皮。是由旋切或锯制方法生产的木质薄片状材料。其厚度通常为 0.4～10 mm 之间。主要用作生产胶合板和其他胶合层积材。一般优质单板用于胶合板、细木工板、模板、贴面板等人造板的面板，等级较低的单板用作背板和芯板。

②复合胶合板：是以单板作表层，以碎料（或碎料板）、纤维（或纤维板）、层迭的单板条

等作芯层而制造成的一种胶合板。

③木芯胶合板：又分为细木工板和层积板。细木工板俗称大芯板，是由两片单板中间胶压拼接木板而成，中间木板是由优质天然的木板方经热处理（即烘干室烘干）以后，加工成一定规格的木条，由拼板机拼接而成，拼接后的木板两面各覆盖两层优质单板，再经冷、热压机胶压后制成。细木工板的两面胶粘单板的总厚度不得小于 3 mm，各类细木工板的边角缺损，在公称幅面以内的宽度不得超过 5 mm，长度不得大于 20 mm。层积板是用全部纵向单板胶合而成。

胶合板提高了木材的利用率，并且材质均匀，强度高，吸湿变形小，不翘曲开裂，板面具有美丽的木纹，装饰性好。可用于室内隔墙、顶棚板、门面板、家具等装修。

胶合板的外观质量、尺寸偏差、含水率、胶合强度及甲醛释放量等技术要求应符合现行国家标准《胶合板 第 4 部分 普通胶合板外观分等技术条件》GB/T 9846.4—2004 的有关规定，质量检验按现行国家标准《胶合板 第 5 部分 普通胶合板检验规则》GB/T 9846.5—2004 及《室内装饰装修材料 人造板及其制品中甲醛释放限量》GB 18580—2001 的有关规定进行。

（2）纤维板

纤维板又名密度板。是以木质纤维或其他植物素纤维为原料，施加脲醛树脂或其他适用的胶粘剂制成的人造板。制造过程中可以施加胶粘剂和（或）添加剂。

按其密度分为低、中和高密度纤维板，硬质纤维板密度 >0.8 g/cm^3；根据板坯成型工艺可分为湿法纤维板、干法纤维板和定向纤维板；按后期处理方法不同又可分为普通纤维板和特殊纤维板。

纤维板具有材质均匀、纵横强度差小、不易开裂等优点。但纤维板的背面有网纹，造成板材两面表面积不等，吸湿后因产生膨胀力差异而使板材翘曲变形；硬质板材表面坚硬，钉钉困难，耐水性差；干法纤维板虽然避免了某些缺点，但成本较高。

①中密度纤维板：是指以木质纤维或其他植物素纤维为原料，经纤维制备，施加合成树脂，在加热加压条件下，压制成厚度 $\geqslant 1.5$ mm，名义密度范围在 $0.65 \sim 0.80$ g/cm^3 之间的板材。按其使用环境条件分为干燥、潮湿、高湿度、室外用中密度纤维板；按其使用功能分为普通型、家具型和承重型中密度纤维板；按其附加功能分为阻燃（FR）、防虫害（I）和抗真菌（F）等类型；按其外观质量分为优等品和合格品。板材幅面长度为 2440 mm，幅面宽度为 1220（或 1830）mm。

中密度纤维板结构均匀，密度和强度适中，有较好的再加工性，产品厚度范围较宽，具有多种用途，如家具、装修等用板材。

中密度纤维板的外观质量、尺寸偏差、密度、含水率、静曲强度、弹性模量、内结合强度、吸水厚度膨胀率、甲醛释放量等技术要求及质量检验应符合现行国家标准《中密度纤维板》GB/T 11718—2009 的有关规定。

②难燃中密度纤维板：难燃中密度纤维板分为室内用、室内防潮用和室外用三类。板材幅面长度为 2440 mm，幅面宽度为 1220（或 1830）mm。

难燃中密度纤维板的技术要求与质量检验应符合现行国家标准《难燃中密度纤维板》GB18958—2003 和《中密度纤维板》GB/T 11718—2009 的有关规定；其难燃性能与检验方法应符合现行国家标准《建筑材料及制品燃烧性能分级》GB8624—2006 中 B$_1$ 级的规定。

难燃中密度纤维板除了具有普通中密度纤维板的优点外，还具有良好的阻燃性。

③ 湿法硬质纤维板：是指以木质纤维或其他植物素纤维为原料，板坯成型含水率高于20%，且主要是运用纤维间的粘性与其固有的粘合特性使其结合的纤维板。其密度 >800 kg/m³；按其使用环境条件分为干燥、潮湿、高湿和室外条件下使用的普通用板，干燥和潮湿条件下使用的承载用板。

湿法硬质纤维板的技术要求与质量检验应符合现行国家标准《湿法硬质纤维板》GB/T12626.1～9—2009 的有关规定。

硬质纤维板产品厚度在 3～8 mm 之间，强度较高，3～4 mm 厚度的硬质纤维板可代替 9～12 mm 锯材薄板材使用。适用于室内墙壁、门窗、家具及车船等装修。

（3）刨花板

刨花板是由木材碎料（木刨花、锯末或类似材料）或非木材植物碎料（亚麻屑、甘蔗渣、麦秸、稻草或类似材料）与胶粘剂一起热压而成的板材。

刨花板按其所使用的原料分为木材、甘蔗渣、亚麻屑、麦秸、竹材和其他原料刨花板；按其密度分为低密度（0.25～0.45 g/cm³）、中密度（0.55～0.70 g/cm³）、高密度（0.75～1.3 g/cm³）三种，但通常生产的密度多为 0.65～0.75 g/cm³ 的刨花板；按其表面状态分为未砂光板、砂光板、涂饰板和装饰材料饰面板（如装饰单板、浸渍胶膜纸、装饰层压板、薄膜等）；按板的构成分为单层结构、三层结构、多层结构和渐变结构刨花板；按其用途分为在干燥状态下使用的普通用板、在干燥状态下使用的家具及室内装修用板、在干燥状态下使用和在潮湿状态下使用的结构用板、在干燥状态下使用和在潮湿状态下使用的增强结构用板。

刨花板的公称厚度为 4 mm、6 mm、8 mm、10 mm、12 mm、14 mm、16 mm、19 mm、22 mm、25 mm、30 mm 等；幅面尺寸为 1220 mm×2440 mm。其外观质量、尺寸偏差、密度、含水率、翘曲度、弹性模量、内结合强度、吸水厚度膨胀率、甲醛释放量等技术要求与质量检验应符合现行国家标准《刨花板 第 1 部分 对所有板型的共同要求》GB/T 4897.1—2003 的有关规定。

刨花板具有良好的绝热、吸声性能；内部为交叉错落结构的颗粒状，各部方向的性能基本相同，横向承重力好；表面平整，纹理逼真，密度均匀，厚度误差小，耐污染，耐老化，美观，可进行各种贴面；在生产过程中，用胶量较小，环保系数相对较高等优点。但有释放游离甲醛污染环境的缺点。主要用于家具和建筑工业及火车、汽车车厢制造。

（4）抗菌防霉木质装饰板

抗菌防霉木质装饰板是指具有抗菌防霉功能的木质装饰板材，包括各类地板和饰面人造板等。板材的物理力学性能应符合相应类别产品现行国家或行业标准的规定，其抗菌防霉性能及检验方法应符合现行行业标准《抗菌防霉木质装饰板》JC/T 2039—2010 的有关规定。

知识三　竹材及其制品的技术要求与应用

建筑用竹材主要是毛竹，又称楠竹，属草本植物。与木材相比，竹材具有色泽柔和、纹理清晰、手感光滑、富有弹性，给人以良好的视觉、嗅觉和触觉感受，生长快、产量高、成材早，质量轻、韧性好、强度高、硬度大，导热系数小[0.30W/(m·K)左右]；经高温蒸煮和烘干，成型后尺寸稳定（不易膨胀或收缩，不易弯曲）等优点。3～5 年成材的毛竹，其静压弯曲强度、弹性模量、抗拉强度、抗压强度是一般木材的 2 倍，其主要力学性能可与硬阔叶树材相媲美。原竹可作为建筑结构用材料（受力构件）、脚手架及装饰用材料等，也可加工成屋面用材料(如半回竹瓦、片状竹瓦、竹席波形瓦等)和人造板材(如竹地板、竹编胶合板、竹材刨花板、竹层压板等)等建筑装饰用材料。建筑装饰用竹材制品主要有竹地板、竹编胶合板和竹材刨花板。

1. 竹地板

竹地板是将原竹加工成竹片,经防腐处理后,再用胶粘剂胶合、加工成的长条企口地板。竹地板具有色泽清新自然、平整光滑、强度大、韧性好、耐磨损等特点,广泛应用于室内装修。

竹地板按其结构分为多层胶合竹地板和单层侧拼竹地板;按其表面有无涂饰分为涂饰竹地板(包括有光竹地板和柔光竹地板)和未涂饰竹地板;按其表面颜色分为本色竹地板、漂白竹地板和炭化竹地板(竹片经湿热处理后制成的褐色竹地板);按其外观质量、理化性能分为优等品、一等品和合格品。竹地板的面层净长分为900、915 mm、920 mm、950 mm,面层净宽分为90 mm、92 mm、95 mm、100 mm,厚度有9 mm、12 mm、15 mm、18 mm四种规格。

竹地板的外观质量、尺寸偏差、含水率、浸渍剥离性能、静曲强度、表面漆膜耐磨性、漆膜附着力、表面耐污染性、表面抗冲击性能及甲醛释放量等技术要求与质量检验应符合现行国家标准《竹地板》GB/T20240—2006的有关规定。

2. 竹编胶合板

竹编胶合板是指竹蔑(miè)席或以竹蔑席为表层、以竹帘添加少量竹碎料为芯层,经施加胶粘剂、热压而成的板材。

竹编胶合板按其胶粘性能分为Ⅰ类板(耐气候竹编胶合板)和Ⅱ类板(耐水竹编胶合板);按其厚度分为薄型板(公称厚度≤6 mm)和厚型板(公称厚度>6 mm);按其结构分为竹蔑席竹编胶合板和以竹蔑席为表层、以竹帘添加少量竹碎料为芯层竹编胶合板及浸渍纸覆面竹编胶合板;按其外观质量、理化性能分为优等品、一等品和合格品。板材幅面尺寸有1830 mm×915 mm、2135 mm×1000 mm和2440 mm×1200 mm三种规格。

竹编胶合板具有材质密实、抗拉强度高、冲击韧性好,比木质胶合板耐水、耐候、防蛀、耐腐蚀,可钉可锯等优点。表面层竹席若由经过染色和漂白的薄篾编织成精细、美丽图案者,称装饰竹编胶合板,可供家具和室内装修使用;表面层竹席为普通薄篾编织而成,称为普通竹编胶合板,薄板主要用做包装板,厚板也可用做车厢底板和建筑混凝土模板。

竹编胶合板的外观质量、尺寸偏差、含水率、静曲强度、弹性模量、冲击韧性、水煮-干燥处理后的静曲强度及水浸-干燥处理后的静曲强度等技术要求与质量检验应符合现行国家标准《竹编胶合板》GB/T 13123—2003的有关规定。

3. 竹材刨花板

竹材刨花板是以竹材刨花为构成单元,或以竹材刨花和竹帘为芯层、竹席为表层,经施胶、组坯、热压而成的板材。

竹材刨花板按其构成单元分为A类(以竹材刨花为构成单元)和B类(以竹材刨花和竹帘为芯层、竹席为表层)板;按其表面有无处理(B类板)分为Ⅰ型(表面未覆膜)和Ⅱ型(表面覆膜)板。板材幅面尺寸为2440 mm×1220 mm;厚度有6 mm、9 mm、12 mm、15 mm、18 mm、20 mm五种规格。主要用于家具和室内装修用板材。

竹材刨花板的外观质量、尺寸偏差、含水率、静曲强度、弹性模量、吸水厚度膨胀率、内结合强度、握螺钉力、表面耐磨性(B类板)及甲醛释放量等技术要求与质量检验应符合现行行业标准《竹材刨花板》LY/T 1842—2009 的有关规定。

知识四　建筑用石膏及其制品的技术要求与应用

4.1　建筑石膏的技术要求与应用

1. 建筑石膏的生产及凝结硬化机理

建筑石膏是由天然石膏($CaSO_4 \cdot 2H_2O$)或工业副产石膏，经脱水处理制得的以 β 半水硫酸钙($\beta - CaSO_4 \cdot 1/2H_2O$)为主要成分，不预加任何外加剂或添加物的粉状气硬性无机胶凝材料。天然二水石膏在非密闭的窑炉中加热至 $107 \sim 170℃$，经脱水后可制得 β 型半水石膏。其反应式如下：

$$CaSO_4 \cdot 2H_2O \xrightarrow{107 \sim 170℃} CaSO_4 \cdot \frac{1}{2}H_2O + \frac{3}{2}H_2O$$

建筑石膏与适量的水拌和后，最初成为可塑的浆体，但很快就会失去塑性而产生强度，并逐渐发展成为坚硬的固体，这一现象称为凝结硬化。建筑石膏的凝结硬化是一连续的、复杂的物理化学变化过程，其反应式如下：

$$CaSO_4 \cdot \frac{1}{2}H_2O + \frac{3}{2}H_2O \longrightarrow CaSO_4 \cdot 2H_2O$$

建筑石膏按其生产原材料不同分为天然建筑石膏(N)、脱硫建筑石膏(S)和磷建筑石膏(P)三类；按其 2 h 的抗折强度分为 3.0、2.0、1.6 三个等级。建筑石膏的密度为 $2.6 \sim 2.75\ g/cm^3$。

2. 建筑石膏的特性及应用

(1)建筑石膏的特性

① 凝结硬化快。建筑石膏一般加水后在 $3 \sim 5\ min$ 内便开始失去可塑性，$30\ min$ 内完全失去可塑性而产生强度。为便于使用，满足施工操作的要求，往往需掺加适量的缓凝剂，其作用在于降低半水石膏的溶解速度和溶解度。常用的缓凝剂有 $0.1\% \sim 0.2\%$ 的动物胶、1% 亚硫酸纸浆废液、$0.2\% \sim 0.5\%$ 的硼砂或柠檬酸等，其中硼砂的缓凝效果最好。

② 硬化后体积微膨胀。建筑石膏硬化后一般会产生体积膨胀，膨胀率可达 $0.05\% \sim 0.15\%$，使得石膏制品形体饱满，干燥时不开裂。

③ 质量轻、强度低。建筑石膏水化的理论需水量为石膏质量的 18.6%，但为了满足施工要求的可塑性，实际加水量可达 $60\% \sim 80\%$，石膏凝结后多余水分蒸发，在内部形成大量的孔隙，导致石膏制品质量轻、强度较低，抗压强度仅为 $3 \sim 6\ MPa$。

④ 具有良好的保温隔热和吸声性能。石膏硬化体中微细的毛细孔孔隙率大，导热系数小，一般为 $0.121 \sim 0.205W/(m \cdot K)$，隔热保温性能好，是理想的节能材料。同时，石膏中含有大量连通微孔，使其对声音传导或反射的能力显著下降，因此具有较强的吸声能力。

⑤ 具有一定的调温调湿性。由于石膏具有多孔结构，故其热容量大、吸湿性强、保温隔热性能好，能够在一定程度上调节室内环境的温度和湿度，营造一个怡人的生活和工作环境，有利于人体健康。

⑥ 防火性能好，耐火性能差。石膏硬化后的结晶物为二水石膏，遇到火灾时结晶水蒸发，吸收热量，并在表面形成"蒸汽幕"，既能够延缓石膏表面温度的升高，还可以有效抑制

火焰蔓延,起到一定的防火作用。但石膏脱水后结构松散,易脱落,故其耐火性能差。

⑦ 耐水性、抗冻性差。石膏硬化后孔隙率大,吸水性强,并且二水石膏微溶于水,长期浸水会使其强度下降。如果石膏制品吸水后再受冻,会因孔隙中水分结冰膨胀而破坏,因此,石膏的耐水性、抗冻性较差。

⑧ 具有良好的装饰性和可加工性。石膏不仅表面光滑饱满,而且质地细腻,颜色洁白,无毒无害,装饰性好,是一种较好的室内饰面材料。此外,石膏制品可锯、可粘、可刨,具有良好的加工性。

(2)建筑石膏的应用

二水石膏可作为生产石膏板和调节水泥凝结时间的原料;煅烧的硬石膏可用来浇筑地板和制造人造大理石,也可作为水泥的原料;半水石膏在建筑工程中可用作室内抹灰、粉刷、油漆打底等材料,还用于制作建筑装饰制品、石膏板,以及水泥原料中的调凝剂和激发剂。

3. 建筑石膏的技术要求

建筑石膏的组分中 β – $CaSO_4 \cdot 1/2H_2O$ 的含量(质量分数)应≥60.0%;细度(0.2 mm 方孔筛筛余)应≤10%;初凝时间应≥3 min,终凝时间应≤30 min;抗折抗压强度应符合现行国家标准《建筑石膏》GB/T 9776—2008 的有关规定;建筑石膏中放射性核素镭–226,钍–232、钾–40 的内照射指数 I_{Ra} 和外照射指数 I_r($I_{Ra} = \dfrac{C_{Ra}}{200}$;$I_r = \dfrac{C_{Ra}}{370} + \dfrac{C_{Th}}{260} + \dfrac{C_K}{4200}$;$C_{Ra}$、$C_{Th}$、$C_K$ 分别为建筑材料中天然放射性核素镭–226,钍–232、钾–40 的放射性比活度)应符合现行国家标准《建筑材料放射性核素限量》GB 6566—2010 的有关规定。

4.2 建筑石膏制品的技术要求与应用

在建筑石膏中掺入各种填料可加工制成各种石膏制品。主要有装饰用石膏板材(如装饰石膏板、纸面石膏板、嵌装式装饰石膏板、吸声用穿孔石膏板、石膏空心条板等)和艺术装饰石膏制品两大类。

石膏板材具有质轻、强度高、吸湿、防蛀、防火、隔热、吸声,可锯、刨、钉、钻等优点,不仅可以用作吊顶材料,也可以用来做墙体、管线的防护材料,甚至可以用作地面上地板的基层铺装材料。

石膏线、石膏柱、石膏浮雕、石膏饰角、石膏花饰、石膏壁挂等产品则显得大方、美观,用在室内装饰装修中具有明显的异国情调。

但是石膏制品在使用时要注意防止吸水,因为石膏制品的缺点是吸湿性强,吸水后其强度明显下降。

1. 装饰石膏板

装饰石膏板是以建筑石膏为主要原料,掺入适量纤维增强材料和外加剂,与水一起搅拌成均匀的料浆,经浇注成型、干燥而成的不带护面纸的装饰板材。

装饰石膏板为正方形,其棱(léng)边断面形状有直角型和倒角型两种。按其正面形状分为平板(P)、孔板(K)和浮雕板(D)三种;按其防潮性能分为普通板和防潮板两种;按板的规格尺寸分为 500 mm × 500 mm × 9 mm 和 600 mm × 600 mm × 11 mm 两种。主要用于室内墙面装饰和吊顶装饰。

装饰石膏板正面不应有影响装饰效果的气孔、污痕、裂纹、缺角、色彩不均匀和图案不完整等缺陷。其尺寸允许偏差,不平度和直角偏离度、单位面积质量、含水率、吸水率、断裂荷载及受潮挠度等技术要求和质量检验应符合现行行业标准《装饰石膏板》JC/T 799 – 2007 的有关规定。

2. 嵌装式装饰石膏板

嵌装式装饰石膏板是以建筑石膏为主要原料，掺入适量的纤维增强材料和外加剂，与水一起搅拌成均匀的料浆，经浇注成型干燥而成的不带护面纸的板材。板材背面四边加厚，并带有嵌装企口，板材正面为平面、带孔或带浮雕图案。

嵌装式装饰石膏板为正方形，其棱边断面形状有直角型和倒角型两种。按其使用功能分为普通嵌装式装饰石膏板(QP)和吸声用嵌装式装饰石膏板(QS)两类。板的规格尺寸有边长为 600 mm × 600 mm、边厚大于 28 mm 和边长为 500 mm × 500 mm、边厚大于 25 mm 两种，其他形状和规格的板材，可由供需双方商定。主要用于室内吊顶装饰。

嵌装式装饰石膏板的技术要求和质量检验应符合现行行业标准《嵌装式装饰石膏板》JC 800—2007 的有关规定。对于吸声用嵌装式装饰石膏板，其对 125、250、500、1000、2000、4000Hz 六个频率混响室法的平均吸声系数 $\alpha_s \geqslant 0.3$，对于每种吸声石膏板产品必须附有贴实和采用不同构造安装的吸声频谱曲线。

3. 纸面石膏板

纸面石膏板是以建筑石膏为主要原料，并掺入适量纤维(有机合成纤维或耐火无机纤维等)增强材料和外加剂(普通型或耐水型)等，与水搅拌均匀后，浇注于护面纸(普通型、耐水型)的面纸和背纸之间，并与护面纸牢固地粘结在一起的建筑板材。

纸面石膏板按其功能分为普通纸面石膏板(P)、耐水纸面石膏板(S)、耐火纸面石膏板(H)及耐水耐火纸面石膏板(SH)四种；按其棱边形状分为矩形(J)、倒角形(D)、楔(xiē)形(C)和圆形(Y)四种。板材的公称长度分为 1500 mm、1800 mm、2100 mm、2400 mm、2440 mm、2700 mm、3000 mm、3300 mm、3600 mm、3660 mm 十种；公称宽度分为 600 mm、900 mm、1200 mm、1220 mm 四种；公称厚度分为 9.5 mm、12.0 mm、15.0 mm、18.0 mm、21.0 mm、25.0 mm 六种。适用于建筑用非承重内隔墙体和吊顶装饰用板材。

纸面石膏板板面应平整，不应有影响使用的波纹、沟槽、亏料、漏料和划伤、破损、污痕等缺陷。其尺寸允许偏差，不平度和直角偏离度、面密度、断裂荷载、硬度、抗冲击性、护面纸与芯材粘结性、受潮挠度及含水率、表面吸水率、遇火稳定性(仅对 S 和 SH 板材)等技术要求和质量检验应符合现行国家标准《纸面石膏板》GB/T 9775—2008 的有关规定。

4. 艺术装饰石膏制品

采用优质的建筑石膏以纤维增强材料、胶粘剂等，与水拌匀制成料浆，经注模成型、硬化、干燥而成。主要有浮雕艺术石膏角线、板线、灯圈、石膏柱、石膏壁炉、花饰、壁挂等品种。常见的浮雕艺术石膏制品分别见图 15 –2、图 15 –3 和图 15 –4。

图 15 –2　浮雕石膏线条

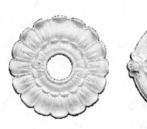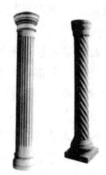

图 15-3　浮雕石膏灯圈　　　　　　　　　图 15-4　浮雕石膏柱头与柱

知识五　建筑用陶瓷制品的技术要求与应用

陶瓷是用粘土及其他天然矿物原料，经配料、制坯、干燥、焙烧制成的。陶瓷制品又可分为陶、瓷、炻（shí）三类。陶的原料含杂质较多，烧结程度低，孔隙率较大（吸水率 >10%），断面粗糙无光，不透明，敲击时声音粗哑。瓷是由较纯的瓷土烧成的，坯体致密，烧结程度高，基本不吸水（吸水率≤0.5%），断面有一定的半透明性，敲击时声音清脆。炻是介于陶和瓷之间的制品，其孔隙率比陶小（吸水率 <10%），但烧结程度和密实度不及瓷，坯体大多带有灰、黄或红等颜色，断面不透明，但其热稳定性好，成本较瓷低。

陶瓷通常又各分为精（细）、粗两类。建筑装饰陶瓷一般属于精陶、炻和粗瓷类的制品。建筑装饰陶瓷通常是指用于建筑物内外墙面、地面及卫生洁具的陶瓷材料和制品，另外还有在园林或仿古建筑中使用的琉璃制品。建筑装饰陶瓷具有强度高、耐久性好、耐腐蚀、耐磨、防水、防火、易清洗以及花色品种多、装饰性好等优点，因此在建筑装饰工程中得到了广泛的应用。

建筑陶瓷包括陶瓷砖（各类室内、室外、墙面、地面用陶瓷砖、陶瓷板、陶瓷马赛克、防静电陶瓷砖、广场砖等）、建筑琉璃制品、微晶玻璃陶瓷复合砖、陶瓷烧结透水砖、建筑幕墙用陶瓷板等。

1. 陶瓷砖

陶瓷砖是指由粘土和其他无机非金属原材料制成的用于覆盖墙面和地面的薄板制品。陶瓷砖在室温下通过挤压、干压或其他方法成型，干燥后，在满足性能要求的温度下烧制而成。分为有釉（GL，釉是不透水的玻化覆盖层）和无釉（UGL）两种，陶瓷砖是不可燃、不怕光的。

陶瓷砖按其成型方法不同分为挤压型（A 型）、干压型（B 型）和其他型（C 型）三类；按其吸水率的大小分为 I 类（$E \leq 3\%$）、II a 类（$3\% < E \leq 6\%$）、II b 类（$6\% < E \leq 10\%$）和III类（$E > 10\%$）砖；按其用途分为外墙砖、内墙砖和地板砖。

釉面砖色彩图案丰富，防污能力强，主要用于卫生间、厨房的墙面和地面；无釉砖主要包括瓷质砖、玻化砖、抛光砖等。玻化砖是所有瓷质砖中最硬的一种；抛光砖是将玻化砖表面抛光成镜面，呈现出缤纷多彩的花色，但是，抛光后，砖的闭口微气孔成为开口孔，所以耐污染性相对较弱。

陶瓷砖的外观质量（表面平整度、边直度、直角度等）、尺寸偏差、吸水率、破坏强度、断裂模数(破坏强度除以沿破坏断裂面的最小厚度的平方得出的量值,单位为 N/mm²)、抗釉裂性(GL 砖)、表面耐磨性、抗冲击性、耐污染性及耐化学腐蚀性等技术要求应符合现行国家标准《陶瓷砖》GB 4100—2006 的有关规定;陶瓷砖的放射性核素限量应符合现行国家标准《建筑材料放射性核素限量》GB 6566—2010 的有关规定。

防静电陶瓷砖:是指在生产过程中加入特殊材料,使其具有永久防静电性能的陶瓷砖。适用于有防静电要求的室内装修工程。

防静电陶瓷砖的技术要求除了应满足《陶瓷砖》GB 4100—2006 的有关规定外,其点对点电阻、表面电阻、体积电阻、耐用性及地砖防滑性尚应符合现行国家标准《防静电陶瓷砖》GB 26539—2011 的有关规定。

广场用陶瓷砖:是用无机非金属粉料、粒料混合压制成型,经高温烧制而成的用于广场、步行街、社区园林等室外场所地面装饰的陶瓷制品。其技术要求应符合现行国家标准《广场用陶瓷砖》GB/T 23458—2009 的有关规定。

陶瓷砖的质量检验按现行国家标准《陶瓷砖试验方法》GB/T 3810.1~16—2006 的有关规定进行。

2. 陶瓷马赛克

陶瓷马赛克是指用于装饰与保护建筑物地面及墙面的由多块小砖(表面面积不大于 55 cm²)拼贴成联的陶瓷砖。按其表面性质分为有釉、无釉两种;按砖联分为单色、混色和拼花三种。单块砖边长不大于 95 mm,表面面积不大于 55 cm²;砖联分正方形、长方形和其他形状,特殊要求可由供需双方商定;按其尺寸允许偏差和外观质量分为优等品和合格品两个等级。适用于建筑物墙面、地面的保护及装饰。

陶瓷马赛克不允许出现夹层、釉裂、开裂,表面不应有明显的斑点、粘疤、起泡、坯粉、麻面、波纹、缺釉、桔釉、棕眼、落脏、溶洞、缺角、缺边、变形等影响装饰效果的缺陷。成联陶瓷马赛克的色差目测应基本一致,合格品目测稍有色差。其吸水率、耐磨性、抗热震性、抗冻性、耐化学腐蚀性,成联陶瓷马赛克铺贴衬材的粘结性、铺贴衬材的剥离性、铺贴衬材的露出等技术要求应符合现行行业标准《陶瓷马赛克》JC/T 456—2005 的有关规定。质量检验按现行国家标准《陶瓷砖试验方法》GB/T 3810.1~16—2006 的有关规定进行。

3. 琉璃制品

建筑琉璃制品是以粘土为主要原料,经成型、施釉、烧成而得的用于建筑物的瓦类(板瓦、筒瓦、滴水瓦、沟头瓦、J 形瓦、S 形瓦和其他异形瓦等)、脊类(扣脊、正吻等)、饰件类(兽、博古、花窗、栏杆等)陶瓷制品。琉璃制品是具有中华民族文化特色与风格的传统建筑装饰材料。

琉璃制品表面色彩鲜艳、光亮夺目、质地坚密、造型古朴典雅、经久耐用。主要用于建造纪念性仿古建筑及园林建筑中的亭、台、楼、阁等装饰。

瓦之间及配件搭配使用时必须保证搭接合适;对以拉挂为主铺设的瓦,应有 1~2 个孔,能有效拉挂的孔为 1 个以上,钉孔或钢丝孔铺设后不能漏水;瓦的正面或背面可以有加固、挡水等为目的加强筋、凹凸纹等。其表面不应有明显的磕碰、釉粘、缺釉、斑点、落脏、棕眼、溶洞、图案缺陷、烟熏、釉缕、釉泡、釉裂、变形、裂纹、分层等影响装饰效果的缺陷;其吸水率、弯曲破坏荷载、抗冻性、耐急冷急热性等技术要求及质量检验应符合现行行业标准《建筑琉璃制品》JC/T765—2006 的有关规定。

知识六　建筑用玻璃及其制品的技术要求与应用

玻璃是由石英砂、纯碱、长石及石灰岩等在1600℃左右高温熔融后经拉制或压制而成。若在玻璃中加入某些金属氧化物、化合物，或经特殊工艺处理后，又可制得具有某些特殊功能的玻璃。

玻璃的种类很多，按其化学成分分为钠钙玻璃、钾玻璃、硼砂玻璃、铅玻璃和石英玻璃等；根据功能和用途，建筑玻璃可分为平板玻璃、安全玻璃、隔热隔声玻璃、饰面玻璃及玻璃制品等。

1. 平板玻璃

平板玻璃是板状的钠钙硅玻璃。按其颜色属性分为无色透明平板玻璃和本体着色平板玻璃；按其厚度不同可分为2 mm、3 mm、4 mm、5 mm、6 mm、8 mm、10 mm、12 mm、15 mm、19 mm、22 mm、25 mm十二种规格（毫米俗称为"厘"）；按其外观质量分为合格品、一等品和优等品；按其表面状态可分为无色透明平板玻璃、着色平板玻璃、压花玻璃、磨砂玻璃等。

平板玻璃的尺寸一般不小于600 mm×400 mm，最大尺寸可达3000 mm×2400 mm。

平板玻璃是典型的脆性材料，其抗拉强度远小于抗压强度，硬度高，耐磨性好，耐化学腐蚀性好，通常情况下，对酸、碱、盐及化学试剂和气体有较强的抵抗能力，但长期遭受侵蚀性介质的作用也能导致其质变和破坏，如玻璃的风化和发霉都会导致外观的破坏和透光能力的降低；尺寸稳定性好，其膨胀系数为$(8 \sim 10) \times 10^{-6}$/K，但受急冷急热时，易发生爆裂。

（1）无色透明玻璃

无色透明玻璃具有良好的透光性和透视性，对太阳光中紫外线的透过率较低，具有一定的隔声和保温性能，其导热系数为$0.73 \sim 0.82$W/（m·K）。主要用于建筑物的门窗、墙面、室内装饰等。

（2）着色玻璃

着色玻璃，也称彩色玻璃。是在玻璃生产过程中，在其原料中加入适量的着色剂（金属氧化物）而使玻璃呈现一定颜色的平板玻璃，分为透明和不透明两种。透明彩色玻璃的透光性、透视性均比无色透明玻璃要差，但阻隔紫外线的透射效果好，主要用于建筑物的内外墙面、门窗及对光波有特殊要求的采光部位；不透明彩色玻璃主要用于建筑装饰及对光波有特殊要求的采光部位。

（3）压花玻璃

压花玻璃又称花纹玻璃或滚花玻璃。是用压延法生产的表面带有花纹图案、透光但不透明的平板玻璃。厚度有3 mm、4 mm、5 mm、6 mm、8 mm五种规格，其理化性能与透明平板玻璃基本相同，仅在光学上具有透光不透明的特点，可使光线柔和，并具有隐私的屏护作用和一定的装饰效果。适用于建筑的室内间隔、卫生间门窗、宾馆、办公楼、会议室的门窗及需要阻断视线的各种场合，超白压花玻璃也被广泛用于光伏（太阳能发电）领域。

（4）磨砂玻璃

磨砂玻璃又称毛玻璃。是用普通平板玻璃经机械喷砂、手工研磨或氢氟酸溶蚀等方法将其光滑表面处理成粗糙表面而制成。由于表面粗糙，使光线产生漫反射，透光而不透视，它可以使室内光线柔和而不刺目。主要用于需要隐蔽的浴室、卫生间、办公室的门窗及隔断。

使用时应将毛面向窗外。

（5）喷砂玻璃

喷砂玻璃是以水混合金刚砂，高压喷射在玻璃表面，以此对其打磨和形成各种图案的一种工艺。多用于室内隔断、装饰、屏风、浴室、家具、门窗等处，让生活更美妙有情调。

平板玻璃的外观质量、尺寸偏差、弯曲度及光学性能等技术要求与质量检验应符合现行国家标准《平板玻璃》GB 11614—2009 的有关规定；压花玻璃的技术要求与质量检验应符合现行行业标准《压花玻璃》JC511—2002 的有关规定。

2. 安全玻璃

安全玻璃是指当玻璃被外力破坏时，碎片会成类似蜂窝状的碎小钝角颗粒，不易对人体造成伤害的玻璃。建筑用安全玻璃包括钢化玻璃（半钢化玻璃、均质钢化玻璃）、夹层玻璃、防火玻璃、釉面钢化及釉面半钢化玻璃等品种。主要用于建筑幕墙、外墙、室内隔墙、门窗及有特殊安全要求的装修用玻璃。

（1）钢化玻璃

钢化玻璃是将平板玻璃经热处理工艺之后的玻璃。其特点是在玻璃表面形成压应力层，机械强度和耐热冲击强度得到提高，并具有特殊的碎片状态。按其生产工艺分为垂直法钢化玻璃（在钢化过程中采取夹钳吊挂的方式生产出来的钢化玻璃）和水平法钢化玻璃（在钢化过程中采取水平辊支撑的方式生产出来的钢化玻璃）；按其形状不同分为平面钢化玻璃和曲面钢化玻璃。

钢化玻璃的外观质量、尺寸偏差、弯曲度、抗冲击性、碎片状态、霰（xiàn）弹袋［皮革制作的吊袋，内装 $\phi2.5 \sim 3.0$ mm 铅球（45 ± 0.1）kg］冲击性能、耐热冲击性能及表面应力等技术要求与质量检验应符合现行国家标准《建筑用安全玻璃 第 2 部分：钢化玻璃》GB 15763.2—2005 的有关规定。

（2）均质钢化玻璃

均质钢化玻璃也称热浸制钢化玻璃。是将平板玻璃经过特定工艺条件（升温、保温、降温）处理的钢化玻璃，简称 HST。

均质钢化玻璃的技术要求与质量检验应符合现行国家标准《建筑用安全玻璃 第4部分：均质钢化玻璃》GB 15763.4—2009 的有关规定。

（3）半钢化玻璃

半钢化玻璃是通过控制加热和冷却过程，在玻璃表面引入永久压应力层，使玻璃的机械强度和耐热冲击性能提高，并具有特定的碎片状态的玻璃制品。按其生产工艺分为垂直法半钢化玻璃和水平法半钢化玻璃。

半钢化玻璃的技术要求与质量检验应符合现行国家标准《半钢化玻璃》GB/T 17841—2008 的有关规定。

（4）夹层玻璃

夹层玻璃是指玻璃与玻璃和/或塑料等材料，用中间层分隔，并通过处理使其粘结为一体的复合材料的统称。常见和大多使用的是玻璃与玻璃，用离子性中间层或 PVB、EVA 塑料中间层分隔，并通过处理使其粘结为一体的玻璃构件。按其形状不同分为平面夹层玻璃和曲面夹层玻璃；按其霰弹袋冲击性能分为 Ⅰ 类夹层玻璃（对霰弹袋冲击性能不做要求的夹层玻璃，该类玻璃不能作为安全玻璃使用）、Ⅱ－1 类夹层玻璃（霰弹袋冲击高度可达 1200 mm，冲击结果玻璃未破坏和/或安全破坏的安全夹层玻璃)、Ⅱ－2 类夹层玻璃(霰弹袋冲击高度可达 750 mm)及Ⅲ类夹层玻璃(霰弹袋冲击高度可达 300 mm)四类。

夹层玻璃的技术要求与质量检验应符合现行国家标准《建筑用安全玻璃 第 3 部分: 夹层玻璃》GB15763.3—2009 的有关规定。

（5）防火玻璃

防火玻璃是采用物理与化学的方法，对平板玻璃进行处理而得到的。按其结构分为单片防火玻璃(由单层玻璃构成，并满足相应耐火性能要求的特种安全玻璃，代号为 DFB)和复合防火玻璃(由两层或两层以上玻璃复合而成，或由一层玻璃和有机材料复合而成，并满足相应耐火性能要求的特种安全玻璃，代号为 FFB)两种；按其耐火性能分为隔热型防火玻璃(A)和非隔热型防火玻璃(C)两种；按其耐火极限分为 0.50 h、1.00 h、1.50 h、2.00 h、3.00 h 五个等级。

防火玻璃在 1000℃火焰冲击下能保持 0.5～3h 不炸裂，从而有效地阻止火焰与烟雾的蔓延，是一种措施型的防火材料，其防火的效果以耐火性能进行评价。

防火玻璃的技术要求与质量检验应符合现行国家标准《建筑用安全玻璃 第 1 部分: 防火玻璃》GB15763.1—2009 的有关规定。

（6）釉面钢化及釉面半钢化玻璃

釉面钢化及釉面半钢化玻璃是将玻璃釉料涂布在平板玻璃表面，经过钢化或半钢化处理，在玻璃表面形成牢固釉层的玻璃产品。按其用途分为建筑外墙或室内作隔断使用的建筑用釉面玻璃和仪表面板、家电、家具、灯具等用的建筑以外用釉面玻璃。

釉面钢化及釉面半钢化玻璃的外观质量、尺寸偏差、弯曲度、耐热冲击性、碎片状态、霰弹袋冲击性能、附着玻璃性能、耐酸性、耐碱性等技术要求与质量检验应符合现行行业标准《釉面钢化及釉面半钢化玻璃》JC/T 1006—2006 的有关规定。

（7）家具用钢化玻璃板

家具用钢化玻璃板是将普通平板玻璃经热处理工艺后，并经过边部加工，没有锐边或尖角的用于家具制作、装饰的平面钢化玻璃。

家具用钢化玻璃板的外观质量、尺寸偏差、弯曲度、边部加工、圆孔、抗冲击性、碎片状态、弯曲强度及表面应力等技术要求与质量检验应符合现行国家标准《家具用钢化玻璃板》GB/T 26695—2011 的有关规定。

3. 镀膜玻璃

镀膜玻璃也称反射玻璃。是在平板玻璃表面涂镀一层或多层金属、合金或金属氧合物薄膜，以改变玻璃的光学性能，满足某种特定要求。按特性不同分为阳光控制镀膜玻璃、低辐射镀膜玻璃、镀膜抗菌玻璃、导电膜玻璃等。

（1）阳光控制镀膜玻璃

阳光控制镀膜玻璃是指对波长范围 350～1800nm 的太阳光具有一定控制作用的镀膜玻璃。按其外观质量、光学性能差值、颜色均匀性分为优等品和合格品；按其热处理加工性能分为非钢化、钢化和半钢化阳光控制镀膜玻璃。适用于对阳光有控制要求的建筑幕墙、外门窗等部位。

阳光控制镀膜玻璃的技术要求与质量检验应符合现行国家标准《镀膜玻璃 第 1 部分 阳光控制镀膜玻璃》GB/T14915.1—2002 的有关规定。

（2）低辐射镀膜玻璃

低辐射镀膜玻璃又称低辐射玻璃、"Low－E"玻璃，是一种对波长范围 4.5～25μm 的远红外线有较高反射比的镀膜玻璃。低辐射镀膜玻璃还可以复合阳光控制功能,称为阳光控制低辐射玻璃。按其外观质量分为优等品和合格品;按其生产工艺分为离线低辐射镀膜玻璃(用真空磁控溅射方法,将辐射率极低的金属银及其他金属和金属氧化物均匀地镀在玻璃表面)和在线低辐射镀膜玻璃(在玻璃生产过程中,在热玻璃表面喷涂以锡盐为主要成分的化学溶液,形成单层具有一定低辐射功能的氧化锡薄膜)。低辐射镀膜玻璃可以进一步加工,根据加工的工艺可以分为钢化低辐射镀膜玻璃、半钢化低辐射镀膜玻璃、夹层低辐射镀膜玻璃等。适用于对阳光辐射有控制要求的建筑幕墙、外门窗等部位。

低辐射镀膜玻璃的技术要求与质量检验应符合现行国家标准《镀膜玻璃 第2部分低辐射镀膜玻璃》GB/T14915.2—2002 的有关规定。

(3)镀膜抗菌玻璃

镀膜抗菌玻璃是在玻璃表面镀有抗菌功能膜,常态下,对接触玻璃表面的微生物具有持续灭杀或抑制其生长繁殖作用的玻璃制品。按其外观质量、抗菌率分为优等品(抗菌率≥95%)和合格品(抗菌率≥90%)。适用于有空气净化要求、抗菌要求和防霉要求高的场所。

镀膜抗菌玻璃的技术要求与质量检验应符合现行行业标准《镀膜抗菌玻璃》JC/T 1054—2007 的有关规定。

4. 玻璃制品

目前常用的玻璃制品有真空玻璃、中空玻璃、玻璃锦砖、空心玻璃砖、玻璃镜等。

(1)真空玻璃

真空玻璃是将两片或两片以上平板玻璃(一般至少有一片是低辐射玻璃)以支撑物隔开,四周密封,将其间隙抽成真空并密封抽气孔,在玻璃间形成真空层的玻璃制品。按其保温性能(传热系数 K 值)分为1类($K \leq 1.0$)、2类($1.0 < K \leq 2.0$)、3类($2.0 < K \leq 2.8$)。适用于建筑、家电和其他保温隔热、隔音等场所。

真空玻璃的外观质量、尺寸偏差、封边质量、支撑物、保温性能、耐辐照性、气候循环耐久性、高温高湿热耐久性、隔声性能等技术要求与质量检验应符合现行行业标准《真空玻璃》JC/T 1079 – 2008 的有关规定。

(2)中空玻璃

中空玻璃是将两片或多片玻璃以有效支撑均匀隔开并粘接密封,使玻璃层间形成有干燥气体空间的玻璃制品。中空玻璃可采用普通平板玻璃、夹层玻璃、钢化玻璃、幕墙用钢化玻璃和半钢化玻璃、着色玻璃、镀膜玻璃和压花玻璃等加工制作。中空玻璃具有良好的隔热、隔音效果,适用于建筑外墙门窗、冷藏等场所。

中空玻璃的外观质量、尺寸偏差、密封性能、露点(玻璃表面局部冷却达到一定温度后,内部水气在冷点部位结露,该温度为露点)、耐紫外线辐射性能、气候循环耐久性能和高温高湿耐久性能等技术要求与质量检验应符合现行国家标准《中空玻璃》GB11944 – 2002 的有关规定。

(3)玻璃锦砖

玻璃锦砖也称玻璃马赛克。由天然矿物质和玻璃粉熔融制成,它是一种小规格的彩色饰面玻璃。单块规格为 20 mm × 20 mm、25 mm × 25 mm、30 mm × 30 mm、25 mm × 50 mm、50 mm × 50 mm、50 mm × 105 mm;厚度为 4 ~ 6 mm。按其颜色和外观分为无色透明型、着色透明型,半透明型,带金或银色斑点型、带花纹或条纹型等类型。玻璃锦砖的外形见图 15 – 5。

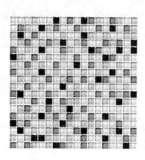

图 15－5　玻璃锦砖

玻璃锦砖的正面光泽滑润细腻，背面带有较粗糙的槽纹，以便于用砂浆粘贴。具有色调柔和、朴实、典雅、美观大方、化学稳定性好、冷热稳定性好、不变色、不积尘、质量轻、粘结牢等优点。适用于建筑内外墙的装饰。

玻璃锦砖的外观质量、尺寸偏差、色差、玻璃锦砖与铺贴纸粘合牢固度、脱纸时间、耐急冷急热性能、化学稳定性(耐酸、碱性)等技术要求与质量检验应符合现行行业标准《玻璃锦砖》JC/T 875—2001 和现行国家标准《玻璃马赛克》GB/T7679—1996 的有关规定。

（4）空心玻璃砖

空心玻璃砖是以烧熔的方式将两片玻璃胶合在一起，再用白色胶与水泥搅和将边隙密封而成。按其外形分为正方形、长方形和异型；按其颜色分为无色和本体着色两类。其常见规格有 145 mm × 145 mm × 80(95) mm、190 mm × 190 mm × 80(95) mm、190 mm × 90 mm × 80 mm 等。其外形见图 15－6。

图 15－6　空心玻璃砖

由于空心玻璃砖的中间是密闭的腔体并且存在一定的微负压，具有透光、不透明、隔音、热导率低、强度高、耐腐蚀、保温、隔潮、装饰效果高贵典雅、富丽堂皇等特点。主要应用于银行、办公、医院、学校、酒店、机场、车站、景观、影墙、民用建筑、室内隔断、舞台等场所的装饰。

空心玻璃砖的外观质量、尺寸偏差、色差、单位质量、抗压强度、抗冲击性、抗热震性等技术要求与质量检验应符合现行行业标准《空心玻璃砖》JC/T 1007—2006 的有关规定。

（5）玻璃镜

目前使用的玻璃镜主要有镀银玻璃镜和无铜镀银玻璃镜两类。

镀银玻璃镜是在平板玻璃基片上镀有一层反光银层，银层上镀一层铜膜，再以镜背漆为保护层的镜子，代号为 SGM。主要用于室内装饰。

无铜镀银玻璃镜是以平板玻璃为基片，镀覆不含铜的反射层和保护层。具有反光率高、晶莹剔透、耐腐蚀、防水、经久耐用、不含铅、不含铜，有效地克服了传统镀银工艺中使用硫酸铜铁粉置换反应而造成的环境污染等优点。适用于高档家具、高级浴室镜子、化妆镜、高级商业场所、豪华酒店、宾馆、商场、体育馆、健身房等场所。

在室内装饰中，利用玻璃镜子的反射和折射，可达到增加空间感和距离感，或改变光照的效果。

玻璃镜按其颜色分为无色和有色两种；按其厚度分为 2 mm、3 mm、4 mm、5 mm、6 mm、8 mm、10 mm 七种规格。其外观质量、尺寸偏差、反射层银含量、保护层的铅含量、保护层铅笔硬度、保护层的附着力、耐湿热性能、可见光反射率、光学变形等技术要求与质量检验应符合现行行业标准《镀银玻璃镜》JC/T 871—2000 和现行国家标准《无铜镀银玻璃镜》GB/T 28804—2012 的有关规定。

知识七　建筑装饰用石材的技术要求与应用

建筑装饰用石材分为天然石材和人造石材两种。

1. 天然石材

天然石材是指经选择和加工而成的特殊尺寸或形状的天然岩石。按照材质分主要有大理石、花岗石、石灰石、砂岩、板石等。建筑装饰用天然建筑石材主要有天然大理石建筑板材、天然花岗石建筑板材、天然砂岩建筑板材和天然石灰石建筑板材及荒料等。

（1）天然大理石建筑板材

天然大理石板材是用天然大理石荒料（形状大致规则的大块石料），经锯切、研磨、抛光后裁切为一定规格的板材。按其形状分为普型板（PX：正方形或长方形平板）和圆弧板（HM）两种；按其表面加工程度分为镜面板（JM：表面平整，具有镜面光泽）和亚光板（YG：表面平整光滑，也称细面板）；按其加工和外观质量分为优等品（A）、一等品（B）和合格品（C）三个等级。

天然大理石板材硬度小，易于加工和磨光，其纹理因生成时所含的杂质分布不匀，形成仿佛山水的天然纹路，具有极高的观赏感，且耐久年限可达 150 年左右，是用于建筑物室内高级饰面的材料，可用于墙面、地面、柱面、栏杆、踏步等。当用于室外时，因碳酸钙在大气中受硫化物及水的作用，容易被腐蚀，使面层很快变色，失去光泽，并逐渐破损。所以只有少数几种，如汉白玉、艾叶青等质地纯、杂质少的品种，可用于室外饰面。

天然大理石建筑板材的外观质量、尺寸偏差、体积密度、吸水率、干燥压缩强度、弯曲强度及耐磨度等技术要求应符合现行国家标准《天然大理石建筑板材》GB/T 19766—2005 的有关规定。

（2）天然花岗石建筑板材

天然花岗石建筑板材是用天然花岗岩荒料加工制成的板状产品。按其形状分为毛光板（MG：有一面经抛光具有镜面效果的毛板）、普型板（PX）、圆弧板（HM）、异型板（YX）四种；按其表面加工程度分为镜面板（JM）、亚光板（YG）和粗面板（CM）三种，而粗面板按加工方法不同又分为剁斧板（用斧头加工而成）、锤击板（用花锤加工而成）、烧毛板（用火焰法加工而成）和机刨板（机刨法加工而成）四种；按其加工和外观质量分为优等品（A）、一等品（B）和合格品（C）三个等级。

天然花岗石板材具有构造致密、强度高、密度大、吸水率极低、质地坚硬、耐磨、耐久性好、耐酸性好、色泽多样等优点。适用于建筑物室内外墙面、地面、柱面、栏杆、踏步等装饰。

天然花岗石建筑板材的技术要求应符合现行国家标准《天然花岗石建筑板材》GB/T18601—2009 的有关规定。

（3）天然砂岩建筑板材

天然砂岩建筑板材是用天然砂岩荒料加工制成的板状产品。按其矿物组成种类分为杂砂岩（石英含量为 50%～90%）、石英砂岩（石英含量＞90%）和石英岩（经变质的石英砂岩）三类；按其形状分为毛光板（MG）、普型板（PX）、圆弧板（HM）、异型板（YX）四种；按其加工和外观质量分为优等品（A）、一等品（B）和合格品（C）三个等级。

砂岩具有防潮、防滑、吸音、吸光、无味、无辐射、不褪色、冬暖夏凉、温馨典雅、通风透气的特点，是一种暖色调的装饰用材，具有石的质地，木材的纹理，还有壮观的山水画面，色彩丰富，贴近自然，古朴典雅。适用于公共建筑、别墅、家装、酒店宾馆的装饰、园林景观及城市雕塑等。

天然砂岩建筑板材的技术要求应符合现行国家标准《天然砂岩建筑板材》GB/T23452—2009 的有关规定。

建筑装饰用天然饰面石材的质量检验方法按现行国家标准《天然饰面石材试验方法》GB/T 9966.1～7—2001 和《建筑饰面材料镜向光泽度测定方法》GB/T13891—2008 的有关规定进行。

（4）天然岩石荒料

天然岩石荒料是指经加工而成的具有直角六面体形状料石。主要用于城市景观、园林及纪念性建筑的修建。

天然大理石和天然花岗石荒料的外观质量、尺寸偏差、体积密度、吸水率、抗压强度、抗折强度、放射性等技术要求应符合现行行业标准《天然大理石荒料》JC/T 202—2011、《天然花岗石荒料》JC/T 204—2011 的有关规定。

2. 人造石材

人造石材是以不饱和树脂为粘结剂，配以天然大理石或花岗石、白云石、硅砂、玻璃粉等无机物粉料，以及适量的阻燃剂、颜料等，经配料混合、瓷铸、振动压缩、挤压等方法成型固化制成的。按其生产所用胶结剂不同分为树脂型（不饱和聚脂树脂）、复合型（水泥和树脂）、水泥型和烧结型人造板材等。建筑装饰工程常用的有人造大理岩板材、人造花岗岩板材、水磨石等。

人造石材与天然石材相比，人造石材具有色彩艳丽、光洁度高、颜色均匀一致，强度高、耐磨性好、韧性好、结构致密、硬度高、耐磨、耐腐蚀、质量轻、不吸水、颜色丰富、色差小且不褪色、放射性低、加工性能好等优点。

人造大理岩板材和人造花岗岩板材主要用于建筑物室内外的装饰。室内装饰工程中采用的人造石材主要是树脂型的。

水磨石是将大理岩或花岗岩碎石与水泥和水拌和均匀，浇筑养护硬化后，用专用磨光机进行水磨抛光而成。主要用于室内地面的装饰。

知识八　金属装饰材料的技术要求与应用

金属材料具有独特的光泽与颜色，作为建筑装饰材料，其庄重华贵、经久耐用，优于其他各类建筑装饰材料。装饰用金属材料主要有铝及铝合金制品、钢材制品、不锈钢制品及铜制品等。

1. 建筑装饰用铝及铝合金制品

铝属于金属中的轻金属，密度为 2.7 g/cm^3，银白色。固态铝塑性很好，易加工成各种管材、板材、薄壁空腹型材。铝的抛光面对白光反射率达 80%，对紫外线、红外线也有较强的反射能力。

在铝中添加镁、锰、硅、铜、锌等元素组成铝合金，可使其机械强度大大提高，并保持质轻的优点。铝合金还可以进行阳极氧化和电解着色，使表面获得良好的装饰效果。

由于铝及铝合金具有以上优异性能，在建筑装饰工程中得到广泛运用。除门窗大量采用铝合金外，外墙贴面、外墙装饰、室内装饰、建筑回廊、城市大型隔音壁、亭阁等也大量采用铝合金制品。

（1）铝合金装饰板

铝合金装饰板属现代流行的建筑装饰材料。它具有质轻、耐久性好、施工方便、装饰华丽等优点，其中冲孔板还具有防震、防水、吸音性能。主要品种有建筑装饰用铝单板、铝及铝合金花纹板、铝及铝合金波纹板、铝及铝合金压型板等。

① 建筑装饰用铝单板：以铝或铝合金板（带）为基材，经加工成型且装饰表面具有保护性和装饰性涂层或阳极氧化膜的建筑装饰用单层板。按膜的材质不同分为氟碳漆涂层（FC）、聚酯涂层（PET）、丙烯酸涂层（AC）、陶瓷涂层（CC）和阳极氧化（AF）等类；按成膜工艺分为辊涂（GT）、液体喷涂（YPT）、粉末喷涂（FPT）和阳极氧化（YH）四类；按使用环境分为室外用（W）和室内用（N）两种；按其表面装饰花纹分为无花纹板、冲孔板、仿木纹板、仿大理石板、镂空板等。铝单板适用于民用建筑和公共建筑的墙体、梁、柱、顶棚、雨棚等部位的装饰。其外观质量、尺寸偏差、膜的光泽度、膜的附着力、膜的铅笔硬度（用不同硬度的铅笔，在规定的荷载作用下，对漆膜表面进行刻画，观察漆膜划破情况）、耐化学腐蚀性能、耐磨性、耐冲击性和耐候性等技术要求与质量检验应符合现行国家标准《建筑装饰用铝单板》GB/T 23443—2009 的有关规定。

② 铝合金花纹板：是采用防锈铝合金坯料，用特别的花纹轧辊轧制而成。按其防滑面花纹型式分为方格型、扁豆型、五条型、三条型、指针型、菱型、四条型和星月型等。其具有花纹图案美观大方、不易磨损、防滑性能好、防腐蚀性能强等优点。广泛用于现代建筑物的墙面装饰、楼梯踏步板及车站、船舶、飞机等防滑部位。其外观质量、尺寸偏差、拉伸性能、弯曲性能等技术要求与质量检验应符合现行国家标准《铝及铝合金花纹板》GB/T 3618—2006 的有关规定。

③ 铝合金压型板：是用防锈铝毛坯料轧制而成，板型有波纹型和瓦楞型。具有质轻、外形美观、耐久、耐腐蚀、容易安装等优点。通过表面处理，可以得到各种色彩的压型板。铝合金压型板主要用于屋面和墙面的装饰。其外观质量、尺寸偏差、拉伸性能、弯曲性能等技术要求与质量检验应符合现行国家标准《铝及铝合金压型板》GB/T 6891—2006 的有关规定。

（2）铝合金型材

建筑铝合金型材的生产方法分为挤压和轧制两类，在国内外生产中绝大多数采用挤压方法。挤压法不仅可以生产断面形状较简单的管、棒、线等铝合金型材，而且可以生产断面变化、形状复杂的型材和管材，如阶段变化的断面型材、空心型材和变断面管材等。经挤压成型的建筑铝合金型材表面存在着不同的污垢和缺陷，同时自然氧化膜薄而软，耐蚀性差，因此必须对其表面进行阳极氧化和表面着色装饰处理，以提高其表面硬度、耐磨性、耐蚀性及美观性。

建筑用铝合金型材所使用的合金，主要是铝镁硅合金，它具有良好的耐蚀性能和机械加工性能，广泛用于加工各种门窗、建筑幕墙的框架及建筑工程的内外装饰制品。目前建筑装饰用铝合金型材主要有阳极氧化型材、电泳涂漆型材、粉末喷涂型材、氟碳漆喷涂型材和隔热型材。

① 阳极氧化型材：将铝合金经热挤压成型后，将其表面再经阳极氧化、电解着色或有机着色而制成的建筑用型材。按其阳极氧化膜膜厚级别和典型用途不同分为 AA10 级（室内外建筑或车辆部件用）、AA15 级（室外建筑或车辆部件用）、AA20 级和 AA25 级（室外苛刻环境下使用的建筑部件）四级；按其表面处理方式不同分为阳极氧化、阳极氧化加电解着色和阳极氧化加有机着色三种。

阳极氧化型材具有很强的耐磨性、耐候性、耐蚀性，可以在基材表面形成多种色彩且硬度高的优点。建筑用阳极氧化型材的技术要求应符合现行国家标准《铝合金建筑型材 第 2 部分 阳极氧化型材》GB/T5237.2—2008 的有关规定。

② 电泳涂漆型材：将铝合金经热挤压成型后，将其表面再经阳极氧化和电泳涂漆复合处理而制成的建筑用型材。按其阳极氧化膜膜厚级别、漆膜类型和典型用途不同分为 A 级（表面漆膜为有光或亚光透明漆，适用于室外苛刻环境下使用的建筑部件）、B 级（表面漆膜为有光或亚光透明漆，适用于室外建筑或车辆部件）和 C 级（表面漆膜为有光或亚光透明漆，适用于室外建筑或车辆部件）三级。

电泳涂漆型材具有色彩丰富，对喷涂而言，绝不会出现边角、凹面的露底现象；具有很强的漆膜硬度、抗冲击力强；具有很高的漆膜附着力，不易脱落老化；比氧化铝型材有更强的耐磨性、耐候性、耐碱性的优点。

建筑用电泳涂漆型材的技术要求应符合现行国家标准《铝合金建筑型材 第 3 部分 电泳涂漆型材》GB/T5237.3—2008 的有关规定。

③ 粉末喷涂型材：将铝合金经热挤压成型后，将其表面再经阳极氧化和喷涂热固性有机聚合物粉末涂层复合处理而制成的建筑用型材。

粉末喷涂型材具有颜色品种繁多，美观大方，极富高档欧式建筑情调；抗腐蚀性能好，耐盐雾性能特好；耐候性能好，涂层可保持 30 年以上不粉化，失光率和变色率至少达到一级；耐磨性能好，涂层铅笔硬度大于 2H；抗灰浆腐蚀；涂层结合力好，型材弯曲加工时，涂层不开裂，适合各种形状造型；不易附着油腻物，易于清洁擦洗等优点。

建筑用粉末喷涂型材的技术要求应符合现行国家标准《铝合金建筑型材 第 4 部分 粉末喷涂型材》GB/T5237.4—2008 的有关规定。

④ 氟碳漆喷涂型材：将铝合金经热挤压成型后，将其表面再经阳极氧化和喷涂聚偏二氟乙烯漆涂层复合处理而制成的建筑用型材。

氟碳漆喷涂型材具有抵挡恶劣天气的超凡功能及不受臭氧的侵袭；具有抗紫外线降解，抗粉化性能好，能长期保持固有颜色和光泽；具有抗酸、碱的侵蚀及不受空气污染、酸雨的侵袭；具有极佳的耐冲击性、耐腐性及优良的漆膜柔韧性；耐湿性优良；具有不积尘埃、污垢的特性。

建筑用氟碳漆喷涂型材的技术要求应符合现行国家标准《铝合金建筑型材 第5部分 氟碳漆喷涂型材》GB/T5237.5—2008的有关规定。

⑤隔热型材：隔热型材按复合形式不同分为穿条式隔热型材（代号为CT。由铝合金型材和建筑用硬质塑料隔热条通过滚齿、穿条、滚压等工序进行结构连接，形成的有隔热功能的复合铝合金型材）和浇注式隔热型材（代号为JZ。将双组分的液态胶混合注入铝合金型材预留的隔热槽中，待胶体固化后，除去铝型材隔热槽上的临时铝桥，形成有隔热功能的复合铝合金型材）；按其用途不同分为门窗用隔热型材（W）和幕墙用隔热型材（CW）两类。

隔热型材具有良好的保温性、隔音性、耐冲击、气密性、水密性和防火性等优点。

建筑用隔热型材的铝合金型材除应符合GB/T 5237.1～GB/T 5237.5—2008的规定外，其外观质量、纵向抗剪特征值、横向抗拉特征值、穿条式隔热型材耐高温持久负荷性能、浇注型隔热型材抗热循环性能等技术要求应符合现行国家标准《铝合金建筑型材 第6部分 隔热型材》GB/T5237.6—2004的有关规定及现行行业标准《建筑用隔热铝合金型材》JG 175—2011的有关规定。

（3）其他铝合金装饰制品

①铝合金吊顶材料：铝合金吊顶材料具有质轻、不锈蚀、美观、防火、安装方便等优点，适用于较高档的室内吊顶。全套部件包括铝龙骨、铝平顶筋、铝天花板以及相应的配套吊挂件等。

②铝及铝合金箔：铝箔是纯铝或铝合金加工成的0.0045～0.2000 mm的薄片制品。铝及铝合金箔不仅是优良的装饰材料，还具有防潮、绝热的功能。因此铝及铝合金箔以全新多功能的绝热材料和防潮材料广泛用于民用建筑装饰及工业防潮、绝热等工程中。

其外观质量、尺寸偏差、化学成分、拉伸性能、粘附性能、表面润湿张力、直流电阻等技术要求应符合现行国家标准《铝及铝合金箔》GB/T 3198—2010的有关规定。

2. 建筑装饰用钢材制品

建筑装饰用钢材制品主要有彩色涂层钢板及型材、不锈钢板及型材和不锈钢管等。

（1）彩色涂层钢板及钢带

彩色涂层钢板是在经过表面预处理的基板上连续涂覆有机涂料（正面至少为二层），然后进行烘烤固化而成，以提高普通钢板的装饰性能及防腐蚀性的产品，简称彩涂板。

彩涂板的牌号由彩涂代号（T）、基板特性代号（冷轧电镀基板DC、冷轧热镀基板）和基板类型代号三个部分组成，其中基板特性代号和基板类型代号之间用加号"＋"连接。按基板类型不同分为热镀锌基板（Z）、热镀锌铁合金基板（ZF）、热镀铝锌合金基板（AZ）、热镀锌铝合金基板（ZA）和电镀锌基板（ZE）等类型；按用途不同分为建筑外用（JW）、建筑内用（JN）、家电用（JD）和其他用（QT）等类型；按其涂层表面状态不同分为涂层板（TC）、压花板（YA）和印花板（YI）等类型；按面漆种类不同分为聚酯（PE）、硅改性聚酯（SMP）、高耐久性聚酯（HDP）和聚偏氟乙烯（PVDF）等类型。

彩色涂层钢板的外观质量，尺寸偏差，涂层种类、厚度、色差、光泽度、硬度、柔韧性、附着力及耐久性等技术要求应符合现行国家标准《彩色涂层钢板及钢带》GB/T 12754—2006的有关规定。

（2）彩色压型钢板

彩色压型钢板是采用彩色涂层钢板，经辊压冷弯成型各种波型的压型板。这些彩色压型钢板可以单独使用，用于不保温建筑的外墙、屋面或装饰，也可以与岩棉或玻璃棉组合成各种保温屋面及墙面。它具有质轻、高强、色泽丰富、施工方便快捷、抗震、防火、防雨、寿命长、免维修等特点。

（3）建筑用轻钢龙骨

建筑用轻钢龙骨是以连续热镀锌钢板(带)或以连续热镀锌钢板(带)为基材的彩色涂层钢板(带)作原料，采用冷弯工艺生产的薄壁型钢，简称龙骨。

建筑用轻钢龙骨按其用途不同分为墙体龙骨(代号为 Q，用于墙体骨架，由 U 型横龙骨、CH 型或 C 型竖龙骨、U 型通贯龙骨及支撑卡等组成)和吊顶龙骨(用于吊顶骨架，由 U 型、T 型、H 型、V 型、C 型、L 型或 CH 型龙骨及吊、挂件等组成)两类。适用于以纸面石膏板、装饰石膏板、矿(岩)棉吸声板等轻质板材作饰面的非承重墙体和吊顶用轻钢龙骨。

建筑用轻钢龙骨的外观质量、尺寸偏差、表面防锈、截面形状、墙体抗冲击性、吊顶龙骨的吊挂力(静载荷试验)等技术要求应符合现行国家标准《建筑用轻钢龙骨》GB/T11981—2008 的有关规定。

（4）不锈钢板及型材

① 建筑装饰用不锈钢板：按生产用钢种的组织特征不同分为奥氏体和铁素体等类型；按生产方法不同分为热轧和冷轧钢板两种；按表面特征不同可分为银白色无光泽(亚光)、银白色有光泽(镜面光泽)、彩色无光泽、彩色有光泽、表面有花纹、表面拉丝等品种。

不锈钢板表面光洁，有较高的塑性、韧性和机械强度，不易生锈、耐酸、碱性气体、溶液和其他介质的腐蚀等优点。适用于建筑室内外的墙体、梁、柱、顶棚及家具等部位的装饰。

②不锈钢建筑型材：是由不锈钢板材、带材经冷弯成型的建筑型材。按其表面状态不同分为 1 类(表面光亮，代号为 G)、2 类(表面发纹，代号为 F)、3 类(表面喷涂，代号为 P)、4 类(表面镀饰，代号为 D)；按其外形不同可分为角钢、槽钢和其他异型材等。适用于建筑装饰、吊顶用龙骨、建筑门窗等领域。

不锈钢建筑型材的外观质量，尺寸偏差，化学成分，型材弯曲度、扭曲度、弯曲圆角半径、平面间隙、表面粗糙度等技术要求应符合现行行业标准《不锈钢建筑型材》JG/T 73—1999 的有关规定。

（4）装饰用焊接不锈钢管

装饰用焊接不锈钢管按其截面形状不同可分为圆管(R)、方管(S)和矩形管(Q)三种；按其表面交货状态不同可分为表面未抛光(SNB)、表面抛光(SB)、表面磨光(SP)和表面喷砂(SA)四种。适用于建筑装饰、家具、市政设施、车船制造、道桥护栏、钢结构网架等领域的装饰用管材。

装饰用焊接不锈钢管的外观质量，尺寸偏差，化学成分，拉伸性能、硬度、压扁性能、扩口性能、弯曲性能、表面粗糙度等技术要求应符合现行行业标准《装饰用焊接不锈钢管》YB/T 5363—2006 的有关规定。

知识九　建筑装饰用塑料制品的技术要求与应用

塑料即是以合成树脂或天然树脂为主要原料，在一定温度和压力下塑制成型，且在常温下保持产品形状不变的材料。

塑料作为建筑装饰材料具有优良的可加工性能，比强度大，良好的电绝缘性及化学稳定性，具有保温、隔热、隔声等优点。

塑料的品种很多，按照受热后塑料的变化情况来分，可以把塑料分为热塑性塑料，如聚氯乙烯等；热固性塑料，如环氧树脂，酚醛树脂等。建筑装饰常用的塑料制品有塑料地板、塑料型材、塑料扣板等。

1. 塑料地板

塑料地板品种很多，分类方法各异。按照生产塑料地板所用树脂不同可以分为聚氯乙烯卷材地板，半硬质聚氯乙烯块状地板，橡胶地板等。

塑料地板的装饰性好，其色彩、图案不受限制，能满足各种用途的需要，也可仿制天然材料，十分逼真。塑料地板施工铺设方便，可以粘贴在水泥混凝土或木材等基层上，构成饰面层；耐磨性好，使用寿命较长；便于清扫；脚感舒适且有多种功能，如隔声、隔热、隔潮和绝缘等。使用时，应根据使用环境条件合理选择。

（1）聚氯乙烯卷材地板

聚氯乙烯(PVC)卷材地板是以聚氯乙烯树脂为主要原料，加入适当助剂，在片状连续基材上，经涂敷工艺生产的有基材有背涂层聚氯乙烯卷材地板。分为带基材的聚氯乙烯卷材地板和有基材有背涂层聚氯乙烯卷材地板两类。

聚氯乙烯卷材地板是由基材、中间层和表面耐磨层复合而成。按其中间层的结构不同分为发泡聚氯乙烯卷材地板(FB)和致密聚氯乙烯卷材地板(CB)两种；按其耐磨性分为通用型(G)和耐用型(H)两种。其宽度有 1800 mm、2000 mm，每卷长度 20 mm、30 mm，总厚度有1.5 mm、2 mm 等规格。

聚氯乙烯卷材地板的外观质量、尺寸偏差、单位面积质量、加热尺寸变化率、加热翘曲性、色牢度、抗剥离性、残余凹陷度、耐磨性、有害物质含量等技术要求及质量检验应符合现行国家标准《聚氯乙烯卷材地板 第 1 部分 带基材的聚氯乙烯卷材地板》GB/T 11982.1—2005 和《聚氯乙烯卷材地板第 2 部分 有基材有背涂层聚氯乙烯卷材地板》GB/T 11982.2—1996 的有关规定。

（2）半硬质聚氯乙烯块状地板

半硬质聚氯乙烯块状地板按其结构分为同质地板(代号为 HT。整个厚度由一层或多层相同成分、颜色和图案组成)和复合地板(代号为 CT。由耐磨层和其他不同成分的材质层组成)两种；按其施工工艺分为拼接型(M)和焊接型(W)两种；按其耐磨性分为通用型(G)和耐用型(H)两种。其规格为 300 mm×300 mm×1.5 mm。

半硬质聚氯乙烯块状地板的技术要求及质量检验应符合现行国家标准《半硬质聚氯乙烯块状地板》GB/T 4085—2005 的有关规定。

（3）阻燃聚氯乙烯地板

阻燃聚氯乙烯地板按其结构形式分为块状阻燃聚氯乙烯地板(简称 PVC 块材)、卷状阻燃聚氯乙烯地板(简称 PVC 卷材)。规格尺寸由供需双方协商确定。

阻燃聚氯乙烯地板除了具有普通聚氯乙烯地板的特性外，还具有阻燃作用，其技术要求与质量检验应符合现行行业标准《橡塑铺地材料 第 3 部分：阻燃聚氯乙烯地板》HG/T 3747.3—2006 的有关规定。

（4）橡胶地板

橡胶地板是以橡胶为主要原料生产的均质和非均质的浮雕面、光滑面室内用地板。按地板结构类型分为块材地板和卷材地板；按表面特征分为浮雕面（浮点、锤击纹等）和光滑面。板材地板常用尺寸有 500 mm × 500 mm × 3.0（3.5）mm、600 mm × 600 × 3.0（3.5）mm、1000 mm × 1000 mm × 3.0（3.5）mm；卷材常用尺寸为有 12000 mm × 1000 mm × 2.0（3.0）mm、12000 mm × 1200 mm × 2.0（3.0）mm。

橡胶地板的外观质量、尺寸偏差、邵尔硬度、撕裂强度、抗弯曲性、加热尺寸变化率、色牢度、残余凹陷度、耐磨性、阻燃型、有害物质含量等技术要求与质量检验应符合现行行业标准《橡塑铺地材料 第 1 部分 橡胶地板》HG/T 3747.1—2011 的有关规定。

2. 塑料型材

塑料型材主要有建筑门窗用型材和墙角用护角条等。

（1）门窗用型材

建筑门窗用型材主要品种有未增塑聚氯乙稀（PVC – U）彩色型材和玻璃纤维增强塑料拉挤中空型材两种。

① 未增塑聚氯乙稀（PVC – U）彩色型材：是以未增塑聚氯乙烯型材为基材，以共挤、覆盖、涂装、通体着色工艺加工而成的建筑门窗用塑料型材。按其着色方式不同分为彩色共挤型材（G）、彩色覆膜型材（F）、彩色涂装型材（C）和彩色通体型材（T）四种；按其老化时间长短分为 M 类（4000 h）和 S 类（6000 h）两类。

建筑门窗用未增塑聚氯乙烯彩色型材的技术要求与质量检验应符合现行国家标准《门、窗用未增塑聚氯乙烯（PVC – U）型材》GB/T 8814—2004 和现行行业标准《建筑门窗用未增塑聚氯乙烯彩色型材》JG/T 263—2010 的有关规定。

②玻璃纤维增强塑料拉挤中空型材：是以树脂为基体材料，以玻璃纤维为增强材料，经拉挤工艺加工而成的建筑门窗用塑料型材，也称玻璃钢型材。

建筑门窗用玻璃纤维增强塑料拉挤中空型材的技术要求与质量检验应符合现行行业标准《门窗用玻璃纤维增强塑料拉挤中空型材》JC/T 941—2004 的有关规定。

（2）墙角护角条

建筑装饰用护角条主要是 PVC 护角条。按其用途不同分为墙角用直角形角条（阳角条、阴角条）和瓷砖用角条（正面为圆弧面）两大类。

护角条是一种在墙体上作业使用的，使墙角更加整洁美观的一种型材。具有耐腐蚀、抗冲击、防老化，粘接性好，与腻子充分结合等优点，大大增强了墙角的抗冲击性，保持墙角的长期美观而不被破坏，避免墙角出现凹痕和其他损坏。使用过程中无需使用靠尺板，操作简便，施工效率是一般的 2～5 倍，简化了施工程序，加快了施工速度，降低了工程成本，提高了工程质量。

3. 塑料扣板

PVC 塑料扣板是以聚氯乙烯（PVC）树脂为基料，加入一定量抗老化剂、改性剂等助剂，经混炼、压延、真空吸塑等工艺而制成的吊顶材料。这种 PVC 扣板特别适用于厨房、卫生间的吊顶装饰，具有质量轻、防潮湿、隔热保温、不易燃烧、不吸尘、易清洁、可涂饰、易安装、价格低等优点。

　　PVC扣板吊顶图案品种较多，可供选择的花色品种有乳白、米黄、湖蓝等；图案有昙花、蟠桃、熊竹、云龙、格花、拼花等种类。

　　PVC吊顶型材若发生损坏，更新十分方便，只要将一端的压条取下，将板逐块从压条中抽出，用新板更换破损板，再重新安装好压条即可。

知识十　建筑装饰用涂料的技术要求与应用

　　涂敷于物体表面能与基体材料很好粘结并形成完整而坚韧的保护膜的物料称作涂料。装饰涂料是一种常见的建筑装饰材料，它简便、经济且维修重涂方便，涂装在材料表面，不仅可以使建筑物内外整洁美观，而且保护被涂覆的建筑材料，延长其使用寿命。

　　涂料基本上由主要成膜物质（胶粘剂或固着剂）、次要成膜物质（主要是指涂料中所用的颜料）和辅助成膜物质（主要包括溶剂和催干剂、增塑剂、固化剂、乳化剂、稳定剂、紫外线吸收剂等辅助材料）组成。

　　涂料按涂层使用的部位可分为外墙涂料、内墙涂料、地面涂料等；按主要成膜物质可分为无机涂料、有机高分子涂料、有机无机复合涂料；按涂料所使用的稀释剂不同可分为溶剂型涂料（以有机溶剂作为稀释剂）和水溶型涂料（以水作为稀释剂）；按涂料使用功能不同可分为防火涂料、防水涂料、防霉涂料、防结露涂料等。

1. 建筑外墙用涂料

　　外墙涂料主要是装饰和保护建筑物的外墙面，使建筑物外貌整洁美观，从而达到美化城市环境的目的，同时能够起到保护建筑物外墙壁的作用，延长使用时间，从而获得良好的装饰和保护效果。

　　由于建筑外墙长期处于风吹、日晒、雨淋的恶劣环境中，所以外墙涂料必须具有足够好的耐水性、耐候性、耐沾污性和耐冻融性，才能保证外墙体有较好的装饰性效果和耐久性。外墙涂料也可用于内墙涂刷。

　　目前常用的建筑外墙用涂料主要有合成树脂乳液外墙涂料、合成树脂乳液砂壁状建筑涂料、外墙无机建筑涂料、复层建筑涂料、建筑外表面用热反射隔热涂料等品种。

　　（1）合成树脂乳液外墙涂料

　　合成树脂乳液外墙涂料是以合成树脂乳液为基料，与颜料、体质颜料及各种助剂配制而成的、施涂后能形成表面平整的薄质涂层的外墙涂料。按其物理化学性能划分为优等品、一等品和合格品三个等级。其技术要求与质量检验应符合现行国家标准《合成树脂乳液外墙涂料》GB/T 9755—2001的有关规定。其主要技术要求见表15-1。

表 15-1　合成树脂乳液外墙涂料技术要求（GB/T 9755—2001）

项目	指 标		
	优等品	一等品	合格品
容器中状态	无硬块，搅拌后呈均匀状态		
施工性	刷涂二道无障碍		
低温稳定性[在(-5±2)℃下静置18h后，再在(23±2)℃下静置6h]	不变质		
表干时间，≤	2h		

项目		指　标		
		优等品	一等品	合格品
涂膜外观		正常		
对比率(白色和浅色)，≥		0.93	0.90	0.87
耐水性(96h)		无异常		
耐碱性(48h)		无异常		
耐洗刷性/次，≥		2000	1000	500
耐人工气候老化性	白色和浅色	600h 不起泡、不剥落、无裂纹	400h 不起泡、不剥落、无裂纹	250h 不起泡、不剥落、无裂纹
	粉化/级，≤	1		
	变色/级，≤	2		
耐沾污性(白色和浅色)/%，≤		15	15	20
涂层耐温变性(5 次循环)[(23±2)℃水中浸泡 18h，(-20±2)℃冷冻 3h，(50±2)℃烘 3h 为一次循环]		无异常		

（2）合成树脂乳液砂壁状建筑涂料

合成树脂乳液砂壁状建筑涂料是以合成树脂乳液为主要粘结剂，以砂粒、石材微粒和石粉为骨料，在建筑物表面上形成具有石材质感饰面涂层的建筑涂料。这种涂料质感丰富，色彩鲜艳且不易褪色、变色，而且耐水性、耐气候性优良。

合成树脂乳液砂壁状建筑涂料按其用途可分为 N 型(室内用)和 W 型(室外用)两种。其技术要求与质量检验应符合现行行业标准《合成树脂乳液砂壁状建筑涂料》JG/T24—2000 的有关规定。其主要技术要求见表 15 – 2。

表 15 – 2　合成树脂乳液砂壁状建筑涂料技术要求(JG/T24—2000)

项目		指　标	
		N 型	W 型
容器中状态		搅拌后无结块，呈均匀状态	
施工性		喷涂无困难	
低温贮存稳定性		3 次试验后无结块凝聚及组成物的变化	
热贮存稳定性[(50±2)℃]		1 个月试验后，无结块、霉变、凝聚及组成物的变化	
表干时间，≤		4h	
初期干燥抗裂性		无裂纹	
耐水性		—	96h 涂层无起鼓、开裂、剥落，与未浸泡部分相比允许颜色轻微变化
耐碱性		48h 涂层无起鼓、开裂、剥落，与未浸泡部分相比允许颜色轻微变化	96h 涂层无起鼓、开裂、剥落，与未浸泡部分相比允许颜色轻微变化
耐冲击性		涂层无裂纹、剥落及明显变形	
耐人工气候老化性		—	500h 涂层无开裂、起鼓、剥落，粉化 0 级，变色≤1 级
粘结强度/MPa	标准状态	≥0.70	
	浸水后	—	≥0.50
涂层耐温变性		—	10 次循环，涂层无粉化、开裂、剥落、起鼓，与标准板相比，允许颜色轻微变化

（3）外墙无机建筑涂料

外墙无机建筑涂料是以硅酸钾、硅酸钠等碱金属硅酸盐（俗称水玻璃）或硅溶胶为主要粘结剂的外墙无机建筑涂料。采用涂刷、喷涂或滚涂的施工方法，在建筑物外墙表面形成薄质装饰涂层。具有健康环保、防火、抗污、防霉、抗碱、耐老化、不褪色、粘结力强，抗冲击力强等优点。

外墙无机建筑涂料按其主要粘结剂种类分为碱金属硅酸盐类（Ⅰ类）和硅溶胶类（Ⅱ类）；按其耐人工老化性分为Ⅰ型（耐 800 h 老化）和Ⅱ型（耐 500 h 老化）两种。其技术要求和质量检验应符合现行行业标准《外墙无机建筑涂料》JG/T26—2002 的有关规定。

（4）复层建筑涂料

复层建筑涂料是以水泥系、硅酸盐系和合成树脂乳液系等胶结料及颜料和骨料为主要原料作为主涂层，用刷涂、辊涂或喷涂等方法，在建筑物外墙面上至少涂布二层的立体或平状复层涂料。

复层建筑涂料一般由底涂层、主涂层和面涂层组成。底涂层用于封闭基层和增强主涂料的附着能力的涂层；主涂层用于形成立体或平状装饰面的涂层，厚度至少 1 mm 以上；面涂层用于增强装饰效果、提高涂膜性能的涂层，其中溶剂型面涂层为 A 型，水性面涂层为 B 型。按主涂层所用粘结剂不同可分为聚合物水泥类（CE）、硅酸盐类（Si）、合成树脂乳液类（E）、反应固化型合成树脂乳液类（RE）四大类；按其耐沾污性和耐候性分为优等品、一等品和合格品三个等级。

水泥类复层涂料的优点是成本低，但装饰效果不够理想，属于复层涂料中的低档类型。硅酸盐类复层涂料具有施工方便、固化速度快、不泛碱、粘结力强等特点，与合成树脂乳液型复层涂料相比，该类复层涂料具有耐老化性好，粘结力强、成膜温度较低等特点，其缺点是装饰效果不是很好。反应固化型合成树脂乳液类复层涂料具有粘结强度高，耐水性好，耐污染性优良等优点，它是复层涂料中性能最好的一种，但是，该类复层涂料也存在使用不方便，两组分一旦混合，必须在一定的时间内用完，且耐候性较差等缺点。这四类复层涂料各有优点与缺点，因而在使用时应根据具体情况和要求合理选择。

复层建筑涂料的技术要求和质量检验应符合现行国家标准《复层建筑涂料》GB/T9779—2005 的有关规定。

（5）建筑外表面用热反射隔热涂料

建筑外表面用热反射隔热涂料是具有较高太阳反射比和较高红外发射率的涂料。按其组成可分为水性（W）和溶剂型（S）两类。

这种涂料用于建筑物时可以减少建筑物和构筑物的热载荷，降低太阳辐射热造成的建筑物内部温度上升，节约制冷空调费用，营造舒适的环境等，是一种节能环保的新产品。

建筑外表面用热反射隔热涂料的技术要求和质量检验应符合现行行业标准《建筑外表面用热反射隔热涂料》JC/T1040—2007 的有关规定。

2. 建筑内墙用涂料

内墙涂料是用于建筑物室内装修的涂料的总称。内墙涂料就是一般装修用的乳胶漆。乳胶漆即是乳液性涂料，按照基材的不同，分为聚醋酸乙烯乳液和丙烯酸乳液两大类。乳胶漆以水为稀释剂，是一种施工方便、安全、耐水洗、透气性好的的涂料，它可根据不同的配色方案调配出不同的色泽。作为乳胶漆而言，可能含毒的主要是成膜剂中的乙二醇和防霉剂中的有机汞。目前常用的内墙涂料主要有合成树脂乳液内墙涂料和水溶性内墙涂料。

（1）合成树脂乳液内墙涂料

合成树脂乳液内墙涂料是以合成树脂乳液为基料，与颜料、体质颜料及各种助剂配制而成的、施涂后能形成表面平整的薄质涂层的内墙涂料，包括底漆和面漆。按其物理化学性能划分为优等品、一等品和合格品三个等级。其技术要求与质量检验应符合现行国家标准《合成树脂乳液内墙涂料》GB/T 9756—2009 的有关规定。其主要技术要求见表 15 - 3。

表 15 - 3　合成树脂乳液内墙涂料技术要求（GB/T 9756—2009）

项目	指标			
	底漆	面漆		
	—	优等品	一等品	合格品
容器中状态	无硬块，搅拌后呈均匀状态			
施工性	刷涂无障碍	刷涂二道无障碍		
低温稳定性［在（-5±2）℃下静置18h后，再在（23±2）℃下静置6h］	3 次循环不变质			
表干时间，≤	2h			
涂膜外观	正常			
对比率（白色和浅色），≥	—	0.95	0.93	0.90
耐碱性(24h)	无异常			
抗泛碱性(48h)	无异常			
耐洗刷性/次，≥	—	5000	1000	300

（2）水溶性内墙涂料

水溶性内墙涂料是以水溶性化合物为基料，加入一定量的填料、颜料和助剂经过研磨、分散后而成的水溶性内墙涂料。这种涂料一般用于建筑物内墙装饰，分为Ⅰ类（浴室、厨房内墙用）和Ⅱ类（室内一般墙面用）。其技术要求与质量检验应符合现行行业标准《水溶性内墙涂料》JC/T 423—1991 的有关规定。其主要技术要求见表 15 - 4。

表 15 - 4　水溶性内墙涂料技术要求（JC/T423—1991）

项目	指标	
	Ⅰ类	Ⅱ类
容器中状态	无结块沉淀和絮凝	
粘度/s	30 ~ 75	
细度/μm	≤100	
遮盖力/(g·m⁻²)	≤300	
涂膜外观	平整、色泽均匀	
白度（白色涂料）/%	≥80	
耐水性(24h)	无脱落、起泡和皱皮	
附着力/%	100	
耐干擦性/级	—	≤1
耐洗刷性/次	≥300	—

知识十一　建筑装饰用壁纸、壁布的技术要求与应用

壁纸和壁布图案多变、色泽丰富，通过压花、印花可以仿制出许多传统材料的外观，如仿木纹、仿石纹、仿锦缎、仿瓷砖等。广泛应用于室内墙面装饰。

1. 壁纸

壁纸又称墙纸，主要以纸为基材，通过胶粘剂贴于墙面或天花板上的装饰材料。

按材质不同分为纯纸壁纸、纯无纺纸壁纸、纸基壁纸和无纺纸基壁纸。

纯纸壁纸又称纸面层壁纸，是以纸为原料，直接涂布、印刷、轧花而制成的壁纸。

纯无纺纸壁纸又称无纺纸面层壁纸，是以无纺纸为原料，直接涂布、印刷、轧花而制成的壁纸。

纸基壁纸是以纸为基材，以聚氯乙烯塑料、金属材料或两者的复合材料为面层，经压延或涂布以及印刷、轧花或发泡复合而制成的壁纸。

无纺纸基壁纸是以无纺纸为基材，以聚氯乙烯塑料、金属材料或两者的复合材料为面层，经压延或涂布以及印刷、轧花或发泡复合而制成的壁纸。

按壁纸的外观不同可分为印花壁纸、压花壁纸、发泡(浮雕)壁纸、印花压花壁纸、印花发泡壁纸、压花发泡壁纸、印花压花发泡壁纸等。

常用的壁纸主要为聚氯乙烯(PVC)塑料壁纸。塑料壁纸原材料便宜，花色多样，具有耐腐蚀、难燃烧、可擦洗、装饰性好等优点，因此广泛用于民用住宅等建筑物的内墙、顶棚、梁柱等贴面装饰。

成品壁纸的宽度为 500～530 mm 或 600～1400 mm。500～530 mm 宽的成品壁纸的面积应为 $(5.326 \pm 0.03) m^2$；10 m/卷的成品壁纸每卷为 1 段，15 m/卷或 50 m/卷的成品壁纸每卷段数及段长应符合表 15-5 的规定。

表 15-5　成品壁纸每卷最多段数和每段最小段长

项　目	指标		
	优等品	一等品	合格品
每卷段数/段，≤	2	3	5
最小段长/m，≥	5	3	3

壁纸的外观质量、色差、褪色性、耐摩擦色牢度、遮蔽性、湿润拉伸荷载、可洗性等技术要求与质量检验应符合现行行业标准《壁纸》QB/T 4034—2010 的有关规定。

2. 壁布

壁布也称墙布或纺织壁纸，是通过运用材料、设备与工艺手法，以色彩与图纹设计组合为特征，表现力无限丰富，可便捷满足多样性个性审美要求与时尚需求的室内墙面装饰材料。壁布具有视觉舒适、触感柔和、吸音、透气、亲和性佳、耐洗刷、典雅、高贵等优点。

壁布按材料的层次构成可分为单层和复合型两种。单层壁布即由一层材料编织而成，或丝绸，或化纤，或纯绵，或布革，其中一种锦缎壁布最为绚丽多彩，由于其缎面上的花纹是在三种以上颜色的缎纹底上编织而成，因而更显古典雅致。复合型壁布是由两层以上的材料复合编织而成，分为表面材料和背衬材料，背衬材料主要有发泡和低发泡两种，除此之外，还有防潮性能良好、花样繁多的玻璃纤维壁布，其中一种浮雕壁布因其特殊的结构，具有良好

的透气性而不易滋生霉菌，能够适当地调节室内的微气候，在使用时，如果不喜欢原有的色泽，还可以涂上自己喜爱的有色乳胶漆来更换房间的铺装效果。

玻璃纤维壁布是以定长玻璃纤维纱或玻璃纤维变形纱的机织物为基材，经表面涂覆处理而成的，用于建筑内墙装饰装修的玻璃纤维织物。其外观质量、尺寸偏差、单位面积质量、可燃物含量、拉伸断裂强力、可溶出有害物质限量等技术要求与质量检验应符合现行行业标准《玻璃纤维壁布》JC/T 996—2006 的有关规定。

无缝壁布是墙布的一种，也称无缝墙布，是近几年来国内开发的一款新的墙布产品，它是根据室内墙面的高度设计的，可以按室内墙面的周长整体粘贴的墙布，一般幅宽在 2.7 ~ 3.10 m 的墙布都称为无缝墙布，可根据居室周长定剪，墙布幅宽大于或等于房间的高度，一个房间用一块布粘贴，无需拼接。

无缝壁布按底基材料划分为布面纸底、布面胶底、布面浆底和布面针刺棉底等种类；按其功能不同可划分为阻燃无缝型、节能型、防霉型、防静电型和抗菌型等种类。

无缝壁布与普通壁布相比，无缝壁布可以无缝拼接，方便快捷，与壁纸相比，无缝壁布款式丰富、色彩缤纷、色泽稳定、质感柔和、吸音透气、不易爆裂、护墙耐磨、裱贴简单、更换容易和可用水清洗等优点，并有阻燃、保温节能、吸音、隔音、抗菌、防霉、防水、防油、防污、防尘、抗静电等功能，是现代室内墙面较为高档的装饰材料。

知识十二 建筑装饰用复合材料的技术要求与应用

复合材料是由两种或两种以上不同性质的材料，通过物理或化学的方法，在宏观上组成具有新性能的材料。各种材料在性能上互相取长补短，产生协同效应，使复合材料的综合性能优于原组成材料而满足各种不同的要求。

建筑装饰工程常用的复合材料有普通装饰用铝塑复合板、木塑装饰板、建筑装饰用石材蜂窝复合板、金属及金属复合材料吊顶板等。

1. 铝塑复合板

铝塑复合板简称铝塑板，是指以塑料为芯层，两面为铝材的 3 层复合板材，并在产品表面覆以装饰性和保护性的涂层或薄膜(若无特别注明则通称为涂层)作为产品的装饰面。

按其用途不同分为普通装饰用铝塑复合板和建筑幕墙用铝塑复合板。

普通装饰用铝塑复合板按其燃烧性能分为普通型(G)和阻燃型(FR)两种；按其装饰面层工艺分为涂层型[氟碳树脂涂层装饰面(FC)、聚酯树脂涂层装饰面(PET)、丙烯酸树脂涂层装饰面(AC)]和覆膜型(F)两类。板材常见规格尺寸：长度为 2000 mm、2440 mm、3200 mm，宽度为 1220 mm、1250 mm，厚度为 3 mm、4 mm、5 mm、6 mm 等规格。

建筑幕墙用铝塑复合板按其燃烧性能分为普通型(G)和阻燃型(FR)两种，其装饰面通常为氟碳树脂涂层(FC)。板材规格尺寸：长度为 2000 mm、2440 mm、3000 mm、3200 mm，宽度为 1220 mm、1250 mm、1500 mm，厚度为 4 mm。

铝塑复合板的技术要求与质量检验应分别符合现行国家标准《普通装饰用铝塑复合板》GB/T 22412—2008 和《建筑幕墙用铝塑复合板》GB/T 17748—2008 的有关规定。

2. 木塑装饰板

木塑装饰板是利用聚乙烯、聚丙烯和聚氯乙烯等代替通常的树脂胶粘剂，与超过 35% ~70%

以上的木粉、稻壳、秸秆等废植物纤维混合成新的木质材料,再经热挤压成型的板材(含线条)。

木塑装饰板具有防水、防潮;防虫、防白蚁、不长真菌、耐酸碱;多姿多彩,既具有天然木质感和木质纹理,又可以根据自己的个性来定制需要的颜色;可塑性强,能非常简单的实现个性化造型;高环保性、无污染、无公害、可循环利用;高防火性,能有效阻燃,防火等级达到 B1 级,遇火自熄,不产生任何有毒气体;不龟裂,不膨胀,不变形,无需维修与养护,便于清洁,节省后期维修和保养费用;吸音效果好,节能性好,使室内节能高达 30% 以上;可加工性好,可钉、刨、锯、钻,表面可上漆等优点。主要用于室内非结构型的墙板、壁板和天花等的装饰。

木塑装饰板按其表面是否有装饰层分为饰面(浸渍胶膜纸饰面、聚氯乙烯薄膜饰面、涂饰饰面等)和裸面木塑装饰板;按其使用场所分为室外用(W)和室内用(N)木塑装饰板;按其耐老化性能分为 I 类(耐 1000h 老化)、II 类(耐 500h 老化)、III 类(耐 300h 老化)三类。

木塑装饰板的技术要求与质量检验应符合现行国家标准《木塑装饰板》GB/T 24137—2009 的有关规定。

3. 蜂窝板

蜂窝板是由两块面板和充填其中用以保证两块面板粘合在一起共同工作的蜂窝中间层所组成的复合板材。

蜂窝板按其用途分为外装饰板(W)和内装饰板(N)两种;按面板所用材料不同可分为铝蜂窝板(以铝蜂窝为芯材,两面粘结铝板,代号为 L)、钢蜂窝板(以铝蜂窝为芯材,两面粘结镀铝锌钢板,代号为 G)、玻纤蜂窝板(以铝蜂窝为芯材,两面粘结玻璃纤维增强树脂板,代号为 B)、石材蜂窝板[以铝蜂窝为芯材,两面粘结天然岩石板材,如花岗岩板(HG)、大理石板(DL)、砂岩板(SY)和石灰岩板(SH)]、塑料蜂窝板(以铝蜂窝为芯材,两面粘结聚氯乙烯树脂板)等类。蜂窝板的构造见图 15 - 7。

蜂窝板结构的设计思想来源工字梁结构,面板相当于工字梁的翼板,主要承受正应力;中间蜂窝层相当于工字梁的腹板,主要承受剪应力。两个面板的结构强度大,有较大的剖面惯性矩,因而刚度好、弯曲强度大;中间夹心层仿生于天然蜂窝结构,所用材料少,但剪切强度大、稳定性好;面板和蜂窝中间层优化组

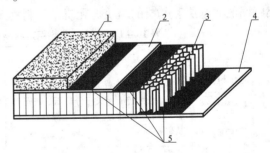

图 15 - 7　石材蜂窝板示意图

1—石材;2—与石材面板粘结的蜂窝面板(铝板、镀铝锌钢板、玻纤板);
3—铝蜂窝芯;4—蜂窝板面板(铝板、镀铝锌钢板、玻纤板);5—胶粘剂层

合,使得蜂窝板具有质量轻、强度大、刚度好等优点。面板与蜂窝选择适当,还可获得良好的抗震、隔热、隔音等性能,做成防火蜂窝板、隔热蜂窝板、隔音蜂窝板等。

蜂窝板适用于建筑幕墙、室内隔墙、屋面及其他装饰部位。

建筑装饰用蜂窝复合板的技术要求与质量检验应符合现行行业标准《建筑装饰用石材蜂窝复合板》JG/T 328—2011 的有关规定。

模块十六 无机结合料稳定材料及其检测

【教学要求】 结合工程实例，重点讲述无机结合料稳定材料的技术要求与工程应用，以及配合比的设计与确定。

项目 职业知识

知识一 无机结合料稳定材料的分类与应用

在粉碎的或原来松散的材料(包括各种粗、中、细粒土)中，掺入适量的无机结合料(水泥、石灰粉、粉煤灰及其他工业废渣)和水，经拌和得到的混合料，在压实和养生后，当其无侧限抗压强度符合规定要求时，称为无机结合料稳定材料。

无机结合料稳定材料按所用无机结合料的种类不同分为水泥稳定土、石灰稳定土、水泥石灰综合稳定土和石灰工业废渣稳定土四类，常用的为水泥稳定土和石灰稳定土；按所稳定的土颗粒的粗细、类别分为稳定粗粒土、稳定中粒土、稳定细粒土、稳定级配碎石、稳定级配砂粒等种类。

无机结合料稳定材料具有稳定性好、抗冻性强、结构本身自成板体等优点，但其强度低、耐磨性差。主要用于铁路、公路等土方填筑工程的不良土质的改良，以及桥涵与土路基过渡段、公路路面的底基层和基层的填筑。无机结合料稳定材料的分类与应用见表16-1。

表16-1 无机结合料稳定材料的分类与应用

稳定土类别		适应土类	应用
水泥稳定土	稳定粗粒土	液限 $w_L \leqslant 40\%$，塑性指数 $I_p \leqslant 17$ 的粘性土、级配碎石、未筛分碎石、破碎砾石、砂砾、碎石土、砂砾土、煤矸石、粒状矿渣等	适用于各级公路的基层和底基层，但不得用做二级和二级以上公路高级路面的基层；水泥稳定中粒土和粗粒土用做基层时，水泥剂量不宜超过6%；桥涵台背回填
	稳定中粒土		
	稳定细粒土		
水泥石灰综合稳定土	稳定粗粒土	塑性指数 $I_p > 17$ 的粘性土、级配碎石、未筛分碎石、砂砾、碎石土、砂砾土、煤矸石、粒状矿渣等	适用于各级公路的底基层，以及二级和二级以下公路的基层，不得用做二级公路的基层和二级以下公路高级路面的基层；不宜用于冰冻地区的潮湿路段以及其他地区的过分潮湿路段的基层
	稳定中粒土		
	稳定细粒土		
石灰稳定土	稳定粗粒土		
	稳定中粒土		路基填筑用不良土质的改良
	稳定细粒土		
石灰工业废渣(粉煤灰、矿渣粉等)稳定土	稳定粗粒土		适用于各级公路的基层和底基层，但不应用做二级和二级以上公路高级路面的基层
	稳定中粒土		
	稳定细粒土		

注：① 粗粒土是指颗粒最大粒径 $\leqslant$ 53 mm，19 mm < 公称最大粒径 $\leqslant$ 37.5 mm 的土或集料，包括砂砾土、碎石土、级

配砂砾、级配碎石等；② 中粒土是指颗粒最大粒径≤**26.5 mm**，**2.36 mm**<公称最大粒径≤**19 mm**的土或集料，包括砂砾土、碎石土、级配砂砾、级配碎石等；③ 细粒土是指颗粒最大粒径≤**4.75 mm**，公称最大粒径≤**2.36 mm**的土或集料，包括粘质土、粉质土、砂和石屑等；④ 公称最大粒径是指通过率为**90～100%**的最小标准筛孔尺寸。

知识二　无机结合料稳定材料的技术要求

1. 稳定土的技术要求

（1）水泥稳定土

《公路路面基层施工技术规范》JTJ 034—2000 规定，对于高速公路和一级公路，水泥稳定土所用的粗粒土和中粒土应满足如下要求：

① 水泥稳定土用做底基层时，单个颗粒的最大粒径应≤37.5 mm。水泥稳定土的颗粒组成应在表 16-2 所列 1 号级配范围内，土的均匀系数 C_u >5。

对于细粒土，其液限 w_L≤40%，塑性指数 I_p≤17；对于中粒土和粗粒土，如土中小于 0.6 mm 的颗粒含量 <30% 时，塑性指数可稍大；实际工作中，宜选用均匀系数 C_u >10、塑性指数 I_p <12 的土；塑性指数 I_p >17 的土，宜采用石灰稳定，或用水泥和石灰综合稳定。

对于中粒土和粗粒土，宜采用表 16-2 中 2 号级配，但小于 0.075 mm 的颗粒含量和塑性指数可不受限制。

② 水泥稳定土用做基层时，单个颗粒的最大粒径应≤31.5 mm。水泥稳定土的颗粒组成应在表 16-2 所列 3 号级配范围内。

表 16-2　水泥稳定土的颗粒组成范围（JTJ 034—2000）

项 目	方孔筛筛孔边长/mm	通过质量百分率/%		
		1 号级配	2 号级配	3 号级配
颗粒级配	37.5	100	100	—
	31.5	—	90～100	100
	26.5	—	—	90～100
	19.0	—	67～90	72～89
	9.5	—	45～68	47～67
	4.75	50～100	29～50	29～49
	2.36	—	18～38	17～35
	0.6	17～100	8～22	8～22
	0.075	0～30	0～7	0～7
液限 w_L/%				<28
塑性指数 I_p				<9

注：集料中 0.5 mm 以下细粒土有塑性指数时，小于 0.075 mm 的颗粒含量应≤5%；细粒土无塑性指数时，小于 0.075 mm 的颗粒含量应≤7%。

③ 水泥稳定土用做基层时，对所用的碎石或砾石，应预先筛分成 3～4 个不同粒级，然后配合，使颗粒组成符合表 16-2 所列级配范围。

④ 水泥稳定粒径较均匀的砂时，宜在砂中添加少部分塑性指数 I_p <10 的粘性土或石灰土，也可添加部分粉煤灰，加入比例可按使混合料的标准干密度接近最大值确定，一般为 20%～40%。

⑤ 土中有机质含量 >2% 的土，必须先用石灰进行处理，闷料一夜后再用水泥稳定；硫酸盐含量 >0.25% 的土，不应用水泥稳定。

（2）石灰稳定土

《公路路面基层施工技术规范》JTJ 034—2000 规定，塑性指数 I_p =15~20 的粘性土以及含有一定数量粘性土的中粒土和粗粒土均适宜用石灰稳定。

① 用石灰稳定无塑性指数的级配砂砾、级配碎石和未筛分碎石时，应添加 15% 左右的粘性土。

② 塑性指数 I_p >15 的粘性土更适宜用石灰和水泥综合稳定。塑性指数 I_p <10 的亚砂土和砂土用石灰稳定时，应采取适当的措施或采用水泥稳定。

③ 塑性指数偏大的粘性土，应加强粉碎，粉碎后土块的最大尺寸应 ≤15 mm。可以采用两次拌和法，第一次加部分石灰拌和后，闷放 1~2d，再加入其余石灰，进行第二次拌和。

④ 石灰稳定土用做高速公路和一级公路的底基层时，颗粒的最大粒径应 ≤37.5 mm，用做其他等级公路的底基层时，颗粒的最大粒径应 ≤53 mm。

⑤ 石灰稳定土用做基层时，颗粒的最大粒径应 ≤37.5 mm。

⑥ 级配碎石、未筛分碎石、砂砾、碎石土、砂砾土、煤矸石和各种粒状矿渣等均适宜用做石灰稳定土的材料。石灰稳定土中碎石、砂砾或其他粒状材料的含量应在 80% 以上，并应具有良好的级配，如碎石、碎石土、砂砾、砂砾土等的级配不好，宜先改善其级配。

⑦ 硫酸盐含量 >0.8% 的土和有机质含量 >10% 的土，不宜用石灰稳定。

（3）碎石或砾石压碎值

水泥稳定土和石灰稳定土中碎石或砾石的压碎值应符合表 16-3 的要求。

表 16-3　稳定土中的碎石或砾石压碎指标值要求（JTJ 034—2000）

项目	指标			
	基层		底基层	
	高速和一级公路	二级和二级以下公路	高速和一级公路	二级和二级以下公路
土中碎石或砾石压碎值/%	≤30	≤35	≤30	≤40

2. 无机结合料的技术要求

（1）水泥的技术要求

普通硅酸盐水泥、矿渣硅酸盐水泥和火山灰质硅酸盐水泥都可用于稳定土，但应选用初凝时间在 3 h 以上和终凝时间较长（宜在 6 h 以上）的水泥。不应使用快硬水泥、早强水泥以及已受潮变质的水泥。宜采用标号 325 或 425 的水泥，其技术要求应符合现行国家标准《通用硅酸盐水泥》GB 175—2007 的有关规定。

（2）石灰的技术要求

综合稳定土中用的石灰应是消石灰粉或生石灰粉，对于高速公路和一级公路，宜采用磨细生石灰粉。石灰的技术要求应符合表 16-4 的规定。

（3）粉煤灰的技术要求

粉煤灰中 SiO_2、Al_2O_3 和 Fe_2O_3 的总含量应 >70%，粉煤灰的烧失量应 ≤20%；比表面积宜 >2500 cm^2/g（或在 0.3 mm 筛孔的通过率为 90%，在 0.075 mm 筛孔的通过率为 70% 以

上）；干粉煤灰和湿粉煤灰都可以应用，但湿粉煤灰的含水率宜≤35%。

表16-4　石灰的技术要求（JTJ 034—2000）

项　目	指　标											
	钙质生石灰粉			镁质生石灰粉			钙质消石灰粉			镁质消石灰粉		
	Ⅰ	Ⅱ	Ⅲ	Ⅰ	Ⅱ	Ⅲ	Ⅰ	Ⅱ	Ⅲ	Ⅰ	Ⅱ	Ⅲ
有效钙加氧化镁含量/%，≥	85	80	70	80	75	65	65	60	55	60	55	50
未消化残渣含量/%，≤	7	11	17	10	14	20	—	—	—	—	—	—
含水率/%，≤	—	—	—	—	—	—	4	4	4	4	4	4
0.71 mm方孔筛筛余/%，≤	—	—	—	—	—	—	0	1	1	0	1	1
0.125 mm方孔筛筛余/%，≤	—	—	—	—	—	—	13	20	—	13	20	—
钙镁石灰的分类界限，氧化镁含量/%	≤5			>5			≤4			>4		

注：硅、铝、镁氧化物含量之和大于5%的生石灰，有效钙加氧化镁含量指标，Ⅰ等≥75%，Ⅱ等≥70%，Ⅲ等≥60%。

3. 无机结合料稳定材料的强度要求

无机结合料的设计强度，通常采用1:1标准圆柱体试件7 d龄期的无侧限抗压强度作为设计依据。即以标准试件在温度为(20±2)℃、相对湿度≥95%的标准养护室中养生7d，最后一天浸水养护，所测得的无侧限抗压强度标准值。标准试件尺寸（直径×高度）的规定：细粒土为$\phi 50 \times 50$ mm；中粒土为$\phi 100 \times 100$ mm；粗粒土为$\phi 150 \times 150$ mm。稳定材料的抗压强度及压实度应符合表16-5的规定。

表16-5　抗压强度标准值R_d及压实度K（JTJ 034—2000）

层　位	水泥稳定土				石灰稳定土			
	高速和一级公路		二级和二级以下公路		高速和一级公路		二级和二级以下公路	
	强度/MPa	压实度/%	强度/MPa	压实度/%	强度/MPa	压实度/%	强度/MPa	压实度/%
基　层	3~5	98	2.5~3	97(93)	—	—	≥0.8	97(93)
底基层	1.5~2.5	97(95)	1.5~2.0	95(93)	≥0.8	97(95)	0.5~0.7	95(93)

注：① 对于水泥稳定土，当设计累计标准轴次小于12×10^6的公路可采用低限值；当设计累计标准轴次大于12×10^6的公路可采用中值；主要行驶重载车辆的公路应采用高限值。二级以下公路可取低限值；二级公路可取中值；行驶重载车辆的公路应采用高限值。② 在低塑性土（塑性指数$I_p < 7$，100 g平衡锥测得的液限）地区，石灰稳定砂砾土和碎石土的7d浸水抗压强度应大于0.5 MPa；低限用于塑性指数$I_p < 7$的粘性土，且宜仅用于二级以下公路；高限用于塑性指数$I_p > 7$的粘性土。③ 括号中的数字为稳定细粒土的压实要求。

知识三　无机结合料稳定材料的配合比设计

无机结合料稳定材料配合比设计包括原材料质量检验、材料组成设计、试料的制备、击实试验（求稳定材料的最大干密度和最佳含水率）、强度验证试件的制作和养生、抗压强度的测定、配合比的确定等步骤。

1. 原材料的检验

根据无机结合料稳定材料的用途确定无机结合料类型，选取合适的原材料并进行品质检验。

2. 材料组成设计

根据所确定的无机结合料类型和计划采用的原材料,对被稳定的土的颗粒最大粒径和颗粒级配进行调配,使其符合现行行业标准《公路路面基层施工技术规范》JTJ 034—2000 所规定的级配范围。

3. 试料的制备

分别按表 16 – 6 规定的五种无机结合料剂量配制同一种土样、不同无机结合料剂量的混合料。

表 16 – 6　无机结合料剂量(JTJ 034—2000)

用 途	稳定土类别	无机结合料剂量/%	
		水泥稳定土	石灰稳定土
基层	中粒土和粗粒土(砂砾土和碎石土)	3、4、5、6、7	3、4、5、6、7
	塑性指数 I_p < 12 的细粒土	5、7、8、9、11	10、12、13、14、16
	其他细粒土	8、10、12、14、16	5、7、9、11、13
底基层	中粒土和粗粒土	3、4、5、6、7	—
	塑性指数 I_p < 12 的细粒土	4、5、6、7、9	8、10、11、12、14
	其他细粒土	6、8、9、10、12	5、7、8、9、11

将被稳定的土样先行风干,并测定其含水率。根据所采用的击实方法,称取按表 16 – 7 规定数量的风干试料 25 ~ 30 份(每个剂量至少 5 ~ 6 份)备用。然后按每份试样的含水率依次相差 0.5% ~ 1.5% 以内,且至少有两个大于最佳含水率和两个小于最佳含水率,称量每份试料所需的用水量,在每份试料中加入预定的水并拌和均匀后,装入塑料袋中密封好,浸润至规定时间,再进行击实试验。浸润时间要求:粘质土为 12 ~ 24 h;粉质土为 6 ~ 8 h;砂类土、砂砾土、级配砂砾为 4 h;含土很少的未筛分碎石、砂砾、砂为 2 h。无机结合料若为水泥应在准备击实试验时加入,若为石灰可以在备料时一并加入。

表 16 – 7　无机结合料稳定材料击实试验方法及所需试料量(JTG E51—2009)

击实方法	击实仪规格				锤击层数	每层锤击次数	容许最大公称粒径/mm	适用土类	每份试料风干质量/kg	
	击锤质量/kg	锤击面直径/mm	击锤落高/mm	试筒尺寸/mm					细粒土	中粒土
甲法	4.5	50	450	$\phi 100 \times 127$	5	27	19.0	细粒土	2.0	2.5
乙法				$\phi 152 \times 120$	5	59		中粒土	4.4	5.5
丙法					3	98	37.5	粗粒土	5.5	

注:JTG E51—2009 为《公路工程无机结合料稳定材料试验规程》。

4. 击实试验

(1)按选定的击实方法进行击实试验,按式(16 – 1)计算击实后的稳定材料的湿密度 ρ,精确至 0.01 g/cm³:

$$\rho = \frac{m_1 - m_2}{V} \tag{16 – 1}$$

式中:m_1——试筒与湿试样的总质量,g;

m_2——试筒的质量,g;

V——试筒的容积，cm^3。

（2）用脱模器脱去试筒，同时取试件中部的稳定材料进行含水率测定（烘干法），然后按式（16 - 2）计算稳定材料的干密度 ρ_{dmax}，精确至 0.01 g/cm^3：

$$\rho_d = \frac{\rho}{1 + 0.01w} \tag{16 - 2}$$

式中：w——稳定材料的实测含水率，%。

（3）绘制含水率与干密度曲线图。以干密度 ρ_d 为纵坐标，以含水率 w 为横坐标绘制 $\rho_d - w$ 关系曲线图，曲线图上的峰值点所对应的含水率和干密度即为最佳含水率 w_{0p} 和最大干密度 ρ_{dmax}，见图 16 - 1 所示。

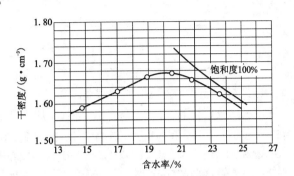

图 16 - 1　$\rho_d - w$ 关系曲线图

（4）最佳含水率和最大干密度的校正。当稳定材料中含有超尺寸颗粒时，尚应进行最佳含水率和最大干密度的校正。当超尺寸颗粒含量在 5% ~ 30% 时，按式（16 - 3）校正最大干密度，按式（16 - 4）校正最佳含水率。

$$\rho'_{dmax} = \rho_{dmax}(1 - 0.01p) + 0.9 \times 0.01p \cdot \gamma_a \tag{16 - 3}$$

$$w'_{0p} = w_{0p}(1 - 0.01p) + 0.01p \cdot w_a \tag{16 - 4}$$

式中：ρ'_{dmax}——校正后的最大干密度，g/cm^3；

　　　p——稳定材料中超尺寸颗粒含量，%；

　　　γ_a——超尺寸颗粒的毛体积相对密度；

　　　w'_{0p}——校正后的最佳含水率，%；

　　　w_a——超尺寸颗粒的吸水率，%。

按上述方法对其他剂量的稳定材料进行击实试验，并求得其最佳含水率和最大干密度。

5. 强度验证试件的制作与养生

（1）试料用量的计算

根据击实试验所测得的无机结合料稳定材料的最大干密度和最佳含水率、施工要求的压实度及所采用的标准试件的规格，按式（16 - 5）计算出一个预定干密度试件所需的干土质量：

$$m_1 = \rho'_{dmax} \cdot V(1 - 0.01P) \cdot K \tag{16 - 5}$$

式中：m_1——一个试件所需的干土质量，g；

　　　V——试模的体积，cm^3；

　　　P——无机结合料的剂量，%；

　　　K——无机结合料稳定材料施工要求的压实度，%。

一个预定干密度试件所需无机结合料的质量 m_2（g）按式（16 - 6）计算：

$$m_2 = m_1 \cdot P/100 \tag{16 - 6}$$

一个预定干密度试件所需用水量 m_w（g）按式（16 - 7）计算：

$$m_w = (m_1 + m_2)w'_{0p}/100 \tag{16 - 7}$$

（2）试件数量要求

每种剂量所需强度试验的最少试件数量应符合表16-8的规定。

表16-8　强度试验所需最少试件数量（JTJ 034—2000）

土类	试件数量/个		
	强度偏差系数<10%	强度偏差系数为10%~15%	强度偏差系数为15%~20%
细粒土	6	9	—
中粒土	6	9	13
粗粒土	—	9	13

（3）试料的制备

称取每个试件所需干土、无机结合料和加水量，拌和均匀后，装入密闭容器或塑料袋内（封口）浸润备用，浸润时间要求同击实试验试料的制备。

注：① 无机结合料若为水泥，应在成型试件时再加入，其他结合料可在浸润时加入；② 对于细粒土（特别是粘性土），浸润时的含水率应比最佳含水率小3%；对于中粒土和粗粒土可按最佳含水率加水；对于水泥稳定类材料，加水量应比最佳含水率小1%~2%。剩余的水在试件成型前1 h内再加入。

（4）试件的成型

在试件成型前1 h内，加入预定数量的水泥并拌和均匀。在拌和过程中，应将所预留的水加入土中，使混合料达到最佳含水率。拌和均匀的加有水泥的混合料应在1 h内完成试件的成型，超过1 h的水泥混合料应作废，其他混合料虽不受此限，但也应尽快成型试件。

成型试件前，事先在试模的内壁及上下压柱的底面涂一薄层机油。将试模配套的下压柱放入试模的下部，但需外露2 cm左右，将制备好的稳定土混合料分2~3次灌入试模中（利用漏斗），每次灌入后用夯棒轻轻均匀插实。如制取 φ50×50 mm 的小试件，则可以将混合料一次倒入试模中，然后将配套的上压柱放入试模内，也应使其外露2 cm左右（即上、下压柱露出试模外的部分应该相等）。

将整个试模（连同上、下压柱）放到反力框架内的千斤顶上（千斤顶下应放一扁球座）或放到压力试验机的下压板上，以1 mm/min的加载速率加压，直到上、下压柱都压入试模为止，并维持压力2 min。

解除压力后，取下试模，并放到脱模器上将试件顶出。用水泥稳定有粘结性的材料（如粘性土）时，制件后可以立即脱模；用水泥稳定无粘结性的土时，制件后最好过2~4 h再脱模；对于中、粗粒土的无机结合料稳定材料，也最好过2~6 h再脱模。

脱模后，称取试件的质量 m_3，小试件和中试件应准确至0.01 g，大试件应准确至0.1 g。然后用游标卡尺测量试件的高度 h_1，准确至0.1 mm。检查试件的高度和质量，不满足成型标准的试件应作废。试件的高度误差要求：小试件为 -1~1.0 mm；中试件为 -1~1.5 mm；大试件为 -1~2.0 mm。试件的质量损失要求：小试件应不超过标准质量5 g；中试件应不超过标准质量25 g；大试件应不超过标准质量50 g。

（5）养生

试件从试模内脱出并称量后，应立即放到塑料袋中，排净袋内空气后扎紧袋口，放入温度为(20±2)℃、相对湿度≥95%的标养室内进行养护，试件表面应保持有一层水膜，并避免用水直接冲淋。养护龄期为7d，但在最后一天，应将试件浸泡在水中。在浸水之前，应观察

318

试件的边角有无磨损和缺块，并称取试件的质量 m_4 和测量试件的高度 h_2。在养生期间，试件质量的损失应该符合下列规定：小试件不超过 1 g；中试件不超过 4 g；大试件不超过 10 g。质量损失超过此规定的试件应作废。

6. 强度测定与结果整理

（1）将已浸泡一昼夜的试件从水中取出，用软的旧布吸去试件表面的可见自由水，并称取试件的质量 m_5；用游标卡尺测量试件的高度 h_3，准确到 0.1 mm。

（2）将试件放到路面材料强度试验仪的升降台上（台上先放一扁球座），或在压力试验机上进行抗压试验。试验过程中，应使试件的形变等速增加，并保持速率约为 1 mm/min，记录试件破坏时的最大荷载 F_m。

（3）从试件内部取有代表性的样品（经过打碎）测定其含水率 w。

（4）按式（16–8）计算试件的无侧限抗压强度 R_c，精确至 0.1 MPa：

$$R_c = \frac{F_m}{A} \tag{16-8}$$

式中：F_m——试件破坏时的最大荷载，N；

A——试件受压面积（根据试件的直径计算），mm^2。

（5）计算强度平均值 $\overline{R}_c$、标准差 S、变异系数 C_v（详见本教材模块一中的知识四中关于"检测结果的处理与分析"介绍），并按式（16–9）计算 95% 保证率的值 $R_{c0.95}$，精确至 0.1 MPa：

$$R_{c0.95} = \overline{R}_c - 1.645S \tag{16-9}$$

同一组试验的变异系数 C_v（偏差系数）应符合：小试件 $C_v \leqslant 6\%$；中试件 $C_v \leqslant 10\%$；大试件 $C_v \leqslant 15\%$，方为有效。若不能保证试验结果的变异系数小于规定值，则应按允许误差 10% 和 90% 概率重新计算所需的试件数量，增加试件数量并另做新试验。新、老试验结果一并重新进行统计评定，直到变异系数满足上述规定。

7. 配合比的确定

根据设计强度标准值 R_d（见表 16–5）和室内实测的抗压强度值，选定合适的无机结合料的剂量，此剂量试件室内试验结果的平均抗压强度 $\overline{R}_c$ 应符合式（16–10）的要求：

$$\overline{R}_c \geqslant \frac{R_d}{1 - Z_a \cdot C_v} \tag{16-10}$$

式中：Z_a——标准正态分布表中随保证率（或置信度 α）而变的系数，高速公路和一级公路应取 95% 保证率，即 $Z_a = 1.645$；其他公路取 90% 保证率，即 $Z_a = 1.282$。

所确定的抗压强度满足设计要求的无机结合料稳定材料中，结合料的最小剂量应符合表 16–9 的规定。

表 16–9　结合料的最小剂量要求

稳定土类	拌和方法	
	路拌法	集中厂拌法
中粒土和粗粒土	4%	3%
细粒土	5%	4%

工地实际采用的无机结合料的剂量应比室内试验确定的剂量增加 0.5% ~ 1.0%；采用集中厂拌法施工时，可只增加 0.5%；采用路拌法施工时，宜增加 1%。

参考文献*

［1］范红岩、范文昭.建筑材料.武汉：武汉理工大学出版社，2010
［2］付刚斌.建筑材料.北京：中国铁道出版社，2009
［3］康忠寿.道路建筑材料.大连：大连理工大学出版社，2011
［4］东南大学、天津大学、同济大学、东南大学.土木工程材料.北京：中国建筑工业出版社，2005
［5］黄晓明、潘钢华、赵永利.土木工程材料.南京：东南大学出版社，2001
［6］殷凡勤、张瑞红.建筑材料与检测.北京：机械工业出版社，2011

　＊注：由于本教材涉及的中国标准出版社、中国建筑工业出版社、中国建材工业出版社、中国计划出版社、中国铁道出版社和人民交通出版社所出版的各种建筑材料及其制品、建筑工程的设计、施工、验收等技术标准、规范、规程较多，在此未予列出，编者在此表示抱歉和感谢。

图书在版编目（CIP）数据

建筑材料与检测／王四清主编．--长沙：中南大学出版社，2013.5
ISBN 978 - 7 - 5487 - 0875 - 9

Ⅰ．建… Ⅱ．王… Ⅲ．建筑材料－检测－高等职业教育－教材
Ⅳ．TU502

中国版本图书馆 CIP 数据核字（2013）第 101279 号

建筑材料与检测

（第2版）

王四清　主编

□责任编辑	周兴武		
□责任印制	易红卫		
□出版发行	中南大学出版社		
	社址：长沙市麓山南路	邮编：410083	
	发行科电话：0731 - 88876770	传真：0731 - 88710482	
□印　　装	长沙印通印刷有限公司		

□开　　本	787×1092　1/16	□印张 21	□字数 518 千字
□版　　次	2015 年 1 月第 2 版	□2018 年 12 月第 3 次印刷	
□书　　号	ISBN 978 - 7 - 5487 - 0875 - 9		
□定　　价	52.00 元		

图书出现印装问题，请与经销商调换